Management

管理學

張世佳

◆學歷
　國立臺灣大學商學博士

◆經歷
　國立臺北商業技術學院企業管理系教授
　國立臺北商業技術學院教務長
　國立臺北商業技術學院應用外語系系主任
　國立臺北商業技術學院技術合作處處長
　國立臺北商業技術學院附設專科進修學校校務主任
　銘傳大學管科所暨企業管理系副教授
　經濟部中小企業處專案評審委員
　中國生產力中心講座教授
　台灣管理學會副秘書長
　中華民國企業管理顧問協會輔導專案審查委員

◆現職
　國立臺北商業技術學院商學研究所教授兼 EMBA 執行長

三民書局

具備紮實的管理理論基礎與實務應用能力,成為企業未來的卓越經營人才。

　　本書能夠順利完稿付梓,實非個人可獨力完成,在此要感謝中華大學楊振隆博士與科管所黃楣棋研究生在編撰素材搜集的全力幫忙,使本書內容能夠更具完整性;而龍華科技大學林如貞副校長及陳榮輝老師在內文校對過程的鼎力協助,亦大幅降低本書疏漏與錯誤之處;當然,在整個編撰過程中,承蒙三民書局編輯部的全力配合與指正,於此皆一併致上最深的謝意。本書在撰寫過程中,雖然已盡可能力求文辭簡潔順暢及觀念清晰表達,但因個人才疏學淺,謬誤之處在所難免,尚祈先進賢達及各方讀者能不吝指正。

張世佳　謹識

國立臺北商業技術學院教務處

民國九十三年十月

管理學

目次

第二篇　規　劃

第四章　決　策

第五章　策略規劃

第三篇　組　織

第四篇　用　人

第五篇 領 導

第六篇　控　制

◆ 第十三章　控　制

◆ 第十四章　管理控制系統與工具

第七篇　變革與創新管理

◆ 第十五章　變革與創新

參考資料

➤ 表 次 ➤

➤ 圖　次 ◄

第一篇　管理基礎

第一章　管理概論

◎ 導　論

　　管理原則的應用與人類的生活品質息息相關，自遠古時代以來人們就已經知道如何善用管理原則從事大型的建築工程如埃及金字塔、中國的萬里長城或古代帝王的陵寢等，或規劃大規模的戰役如古羅馬帝國戰役或三國時代的大小戰役等，皆充分的應用管理五大功能：規劃、組織、用人、領導及控制，而大幅提高工程的品質效率及戰役的成功性。因此，歷經老祖先千年的智慧累積，所傳承的管理精神、方法與經驗，已成為目前管理理論的重要立足點。

　　然而隨著企業組織規模的不斷擴大與營運範圍的日益複雜化，管理原則與方法的應用已普遍受到人們的重視與關注。自工業革命後，許多學者陸續地提出各種管理理論，並已廣泛運用於各個企業組織體；一般而言，企業內從事管理活動的主要內容大致包括：規劃、組織、用人、領導與控制等項目；因此，本章將分別就組織構成要素、管理功能、管理者技能與職責等方面進行探討，俾作為管理初學者的入門基礎。

◎ 本章綱要

*組織要素與層級
　　*組織的構成要素
　　*組織層級架構
*管理的定義
*管理的功能
*管理者的技能、角色與職責
　　*管理者的技能

*管理者的角色

*管理者的職責

◎ 本章學習目標

1. 瞭解組織的基本概念與架構

2. 瞭解管理的定義與五大功能的範疇

3. 瞭解管理者所應具備的技能，在組織內所應扮演的角色及擔負的職責

第一節　組織要素與層級

一、組織的構成要素

在闡述管理的定義之前，首先需對於組織 (organization) 用詞做適當的說明。組織係指一群人為了達成已設定的目標，系統性的結合各種資源如人力、財務、機器設備、原物料、產品等所形成的運作團體。組織一般分為兩種類型：營利組織及非營利 (non-profit) 組織，前者之類型如電腦公司、石油公司、汽車製造公司、建設公司、飯店、銀行、便利商店、速食店、超級市場、量販店或 KTV 連鎖企業等；而後者之類型如政府機關、教會、醫療院所、學校、軍隊等；根據上述所列舉的各種組織類型，將可體認到一個組織皆具備下列三個基本構成要素（參見圖 1.1）。

1. 組織目標

不同的組織類型將設定不同的願景目標，組織有了明確化的目標才能夠促使組織內員工同心協力地共同努力與奮鬥；一般常見的企業組織目標包括：銷售額、利潤率、來客數、市場佔有率、住房率、會員加入數等。

2. 組織員工

組織是由一群員工所組合而成，這些員工的組成可能包括總經理（或執行

長）、副總經理、協理、經理（或店經理）、副理、襄理、課長（或科長）、組長、班長（或店長）、工程師、作業員等。

3.組織作業規範

由於組織係由一群不同背景的員工所組成，為了避免組織運作的不協調性與混亂性，必須訂定一套標準的組織管理作業規範如組織架構圖、作業程序及工作規範說明書等，來共同規範組織內員工的工作項目、工作內容、擔負的工作責任、直屬的主管、指揮的同仁對象或溝通的管道，如此才能有效地團結組織內所有員工的力量，共同為組織目標的達成而努力。

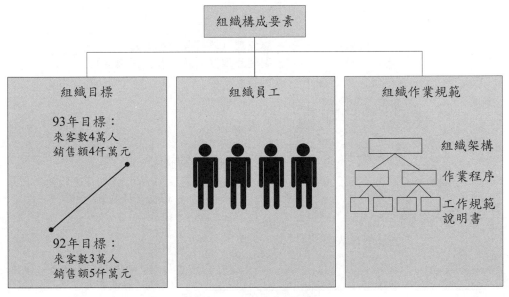

圖 1.1　組織的構成要素

二、組織層級架構

在各種不同的企業組織內員工大致可分為兩類：一為管理人員 (managers)，另一則為基層作業人員 (operators)。基層作業人員在組織內大部分負責執行高例行性或重複性的工作，而且較不需擔負監督他人工作的責任；例如便利商店的店員、百貨公司的收銀員或專櫃的售貨員、加油站的加油人員、汽車裝配站的組裝作業人員、證券公司營業員、保險公司業務員或理賠員等。管理人員在

組織內除了執行部分例行性的事務工作外，尚須指揮及督導較低階管理人員或基層作業人員的工作進度及執行成果；例如便利商店的店長除了需負責指揮及督導店員從事貨品的進貨、出貨及店面清潔工作外，可能仍必須負責櫃檯的收銀工作。一般而言，管理人員大致可分為三個不同的階層（參見圖 1.2）；高階管理人員主要包括：總經理（或執行長、總監）、副總經理（或副執行長、副總監）或協理等；中階管理人員主要包括：經理、副理、襄理（金融服務業）、連鎖便利商店的區督導、區主任或店經理等；而基層管理人員則包括：課長（科長）、組長、股長、班長、連鎖便利商店的店長、副店長或餐飲業的領班。

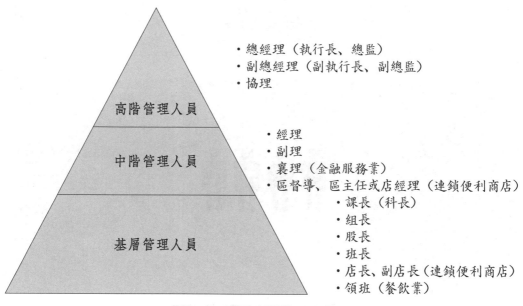

圖 1.2　管理人員的不同階層

第二節　管理的定義

　　管理是指管理者結合組織內員工的集體力量，有效率 (efficiency) 地運用組織內的人力、資源、原物料、土地或廠房等資源，並能有效果 (effectiveness) 地達成組織目標的一種運作程序。根據管理的定義，有三個值得深入瞭解與討論的觀念就是效率、效果及管理程序。

　　首先就效率和效果的觀念而言，雖然效率和效果的本質涵意不同，但在管理的運作上卻是相輔相成的。根據管理界著名的學者彼得‧杜拉克 (Peter Drucker, 1993) 的看法，認為效率是將事情做好 (doing things right)，而效果則是做正確的事 (doing right things)。效率著重於做事情的方法，以確保執行任何事情能達到省時省事的目的；然而效果則著重於如何將所賦予的事情做出成果；換言之，效率強調做事情的過程，而效果則強調做事情後所顯現的成果（參見圖 1.3）。例如某位作業員的每天生產量比其他同事高，但卻生產出比其他同事更多的不良產品，該作業員就是屬於高效率、低效果的例子；雖然該作業員很有效率的生產出較其同事更多的生產量，但卻由於不良品過多而未能達到工作的效果。一般而言，健全的組織管理應屬於高效率及高效果兼備型，而屬於低效率或低效果型的組織則為經營者所不願樂見的情形。

效率		效　果	
		高	低
高	花費較低成本 達到預期目標		花費較低成本 未達預期目標
低	花費較高成本 達到預期目標		花費較高成本 未達預期目標

圖 1.3　效率與效果的比較

　　管理程序係指管理者為了整合組織內的資源，有效率且有效果地達成組織目標所從事的一連串活動，它主要包括：規劃、組織、用人、領導與控制五個程序，綜合本節的論述，管理的定義可依據圖 1.4 整合性的加以明確表達。本書將於後節的管理功能單元更明確及詳細地介紹管理程序的本質及運作內涵。

第三節　管理的功能

　　管理程序就是管理者為了執行不同管理功能所進行的一連串活動，而管理功能主要包括：規劃 (planning)、組織 (organizing)、用人 (staffing)、領導 (leading)及控制 (controlling)。組織內每一個單位如生產部門、銷售部門、人力資源部門、

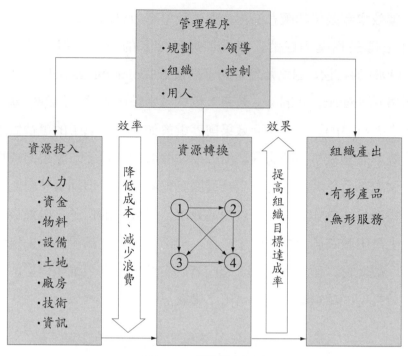

圖 1.4　**管理概念圖**

財務部門或研究發展部門的主管人員，都必須透過規劃、組織、用人、領導及控制等程序來執行管理活動，才能獲得良好的績效成果。至於管理功能的運作程序與內容，詳述說明如次（參見圖 1.5）。

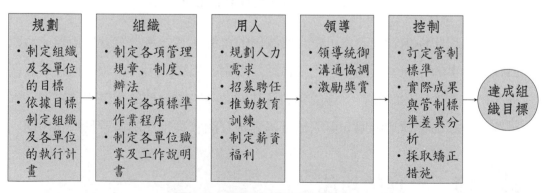

圖 1.5　**管理功能與運作程序**

一、規　劃

規劃就是管理者針對企業組織所面對的環境情勢來發展經營策略方向與目

標，並制定執行策略目標可行方案所進行的活動內容。具體而言，管理者將考慮組織所面臨的環境因素如顧客需求偏好、競爭對手的策略、產品競爭程度及組織的核心能力等，制定組織未來所應採取的策略目標與方法；同時，亦應根據已制定的策略目標，而規劃一套整合組織資源的具體可行方案，以達成策略目標。事實上，組織內各部門的主管亦需根據企業組織整體目標，訂定所轄部門單位的目標，並發展執行該部門單位目標的具體可行方案；譬如某公司設置有生產、行銷、人力資源及財務部門，則該些部門的單位主管必須針對已設定的部門目標，擬妥一套可達成部門目標的行動方案，提供該部門基層員工執行的依循方向。

二、組　織

組織就是一個企業在運作過程中，管理者從事有關組織層級結構設計、指揮系統訂定、部門人員配置規範及部門溝通機制建立的各項活動內容與程序。管理者透過組織功能之運作，除了可決定需要何種專業能力的員工來執行已制定的行動方案外，亦可藉由工作人員權責的明確劃分及分工合作機制的充分發揮，而順利達成組織目標。

三、用　人

用人係指管理者從事人力需求規劃、人員的招募聘任、教育訓練、生涯發展規劃及薪資福利制度設計等各項活動內容與程序。為了推動組織目標設定後所必須執行的各種行動方案，管理者將提出組織的人力需求計畫，並針對需求計畫進行組織成員的公開招募及聘任作業；人員聘任完成後，將對聘任人員或現職人員不斷的施行教育訓練以提升員工的工作效率及執行成果。此外，制定健全的薪資福利制度如休假、退撫基金等，並按部就班的培養員工未來發展潛力，皆屬於管理者執行用人功能的作業範圍。事實上，組織應該建立公平合理的薪資、獎懲、安全與福利制度，才能完整達成選才、用才、育才、晉才及留才的各項目的。

四、領　導

領導就是管理者為了激發員工工作動機與潛能，而從事指導與影響員工工作方法、態度及價值觀的各項活動內容與過程。在企業組織，各單位部門主管必須能有效的領導基層人員，才能發揮組織內每位員工的潛能與才幹。一般而言，主管人員從事領導功能的兩個主要目的就是有效的激勵部屬及建立主管與部屬的良好溝通關係；一個卓越管理者透過有效的激勵部屬及良好溝通管理，將可激發部屬專業潛能與向心力，而順利達成上司所賦予的任務職責。

五、控　制

控制就是管理者針對工作的執行成效與設定的目標值進行差異比較分析，並提供組織內人員採取矯正行動的管理程序。事實上，控制係屬於績效回饋(feedback)程序，它可涵蓋下列四個循環性的活動內容（參見圖1.6），以達到逐漸改善組織績效的目的。

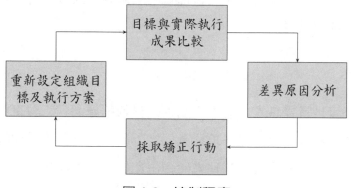

圖1.6　控制程序

1.目標與實際執行成果比較

管理者將組織在特定時間的執行成果與已設定的目標進行比較，以瞭解組織的績效成果是否順利達成目標；例如某飯店在年初設定的經營目標為住房率達到90%，而在年底時實際的住房率卻只有80%；很顯然地，該飯店的實際執行成果與設定的經營目標之間的差異為10%。

2.差異原因分析

　　管理者可透過腦力激盪 (brain storming) 法，邀集組織內相關人員共同討論與分析實際績效成果未達到目標的差異原因；例如上述飯店總經理可邀集相關人員，共同討論住房率未能達到 90% 的原因為何？例如可能原因有服務品質不佳、餐飲不好、實體設施老舊或宣傳不足等。

3.採取矯正行動

　　管理者須針對的差異原因，透過組織內的團隊共同討論而提出矯正的各種行動方案，以徹底消除或解決造成差異的源頭。譬如，某飯店的住房率無法達成預定目標的差異原因是服務人員態度不佳及實體設施不良時，則該飯店可針對服務人員進行接待、服務禮儀方面的教育訓練，及採取重新整修裝潢的矯正行動。

4.重新設定組織目標及執行方案

　　基於管理者已針對差異原因而採取適當的矯正行動後，此時將可重新設定另一階段歷程的組織或部門目標，並針對該目標提出另一階段歷程所應執行的行動方案；透過上述四個活動的循環性實施，將可不斷地強化與提升組織績效成果。

第四節　管理者的技能、角色與職責

一、管理者的技能

　　根據凱茲 (Katz, 1974) 所提出之觀點，一位管理者在從事管理活動必需具備的技能主要有三項：

1.邏輯分析能力 (logical analysis competencies)

　　管理者應具備的邏輯分析能力可區分為三種：

　　(1)環境分析能力：管理者能針對外部環境情勢的變化及組織內部門所擁有的核心資源進行分析與評估，而發展出組織可採行策略方法的能力。

　　(2)診斷分析能力：管理者能診斷組織內所產生的各種不同管理問題，並分析歸納出有效解決管理問題的能力。

　　(3)因果分析能力：管理者能有效判定各種管理問題或現象因果關係的能力。

2.人際關係能力 (human relations competencies)

　　人際關係能力係指管理者透過與他人的良好合作、互動及溝通關係，而能達到有效領導、激勵員工或妥善處理組織衝突的能力。由於人才係一個企業組織最重要的資產，因此擁有良好的人際關係能力，並塑造組織內部人才的和諧、互動、合作與溝通的良好氣氛，將是管理者必備的重要技能之一。

3.專業技術能力 (technical competencies)

　　專業技術能力係指在某一特定的專業領域如電腦專業、電機工程專業、土木工程專業或會計師等方面，所擁有的知識與技術能力；且專業技術能力尚包括如何將上述知識能力應用於企業組織的管理運作及產品的製造能力。管理者所擁有的專業技術能力通常可透過學位教育、工作的經驗、在職教育訓練等方式來加以培養。對於任何一位管理者而言，擁有特殊的專業技術能力對其執行管理作業是具有相輔相成的效果存在，它可使管理者更易於瞭解與評估基層技術人員的專業能力缺失及所需的技術教育訓練內容，而發揮更良好的管理效果。

　　事實上，組織內不同職位層級的管理者在上述三種技術的要求皆不盡相同，高階主管人員由於所處理的管理問題較為錯綜複雜，且較偏於整合性之策略決策，因此需具備的技能必須較著重邏輯分析能力；而基層管理者因為直接面對第一線作業的管理問題，因此較著重於專業技術能力，至於人際關係能力，則不管是處於何種管理階層，皆屬於重要的管理技能之一，故而在各階層之管理者對人際關係能力的需求差異性並不大（參見圖 1.7）。

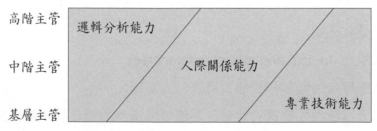

資料來源：Katz, R. L., "The Skills of an Effective Administrator," *Harvard Business Review*, Sep.–Oct. 1974, pp. 90–102.

圖 1.7　不同管理者的技能要求

二、管理者的角色

在 1970 年初期密茲・伯格 (Mintzberg) 針對企業界管理者的工作行為特徵進行調查分析，將管理者的角色區分為三種類型，並將每一種類型予以細分，共分為十種不同的角色（參見表 1.1）。

表 1.1　管理者的角色

管理角色	定義	行為範例
第一類：決策性角色 (decisional role)		
・創業家 (entrepreneur)	負責開拓組織新市場機會及促進組織的變革與創新	・主持新事業創立專案計畫
・危機處理者 (disturbance handler)	負責組織重大危機的處理	・召開危機處理小組會議
・資源分配者 (resource allocator)	負責組織資源、工作時程的分配與調派	・召開預算會議 ・召開產銷協調會議
・談判者 (negotiator)	負責組織內外爭議或契約條件的談判與協商	・進行產品責任賠償談判 ・進行策略聯盟協商 ・進行各種商業交易談判
第二類：人際關係角色 (interpersonal role)		
・最高階代表者 (figurehead)	組織最高階主管的象徵，負責重要外賓的來訪接待、主持組織重大會議、簽署組織對外的重要法律文件	・校長在畢業典禮頒發畢業證書 ・企業董事長與其他企業簽署策略聯盟協議書
・領導者 (leader)	負責組織內員工甄選、訓練及激勵的領導工作	・進行新進員工甄試面談、激勵與訓練
・聯絡者 (liaison)	負責組織內外的協調與聯繫工作	・行銷經理舉辦產品發表會
第三類：資訊角色 (informational role)		
・監督者 (monitor)	負責搜集組織營運的各種資訊與情報、定期或不定期評估與監控組織內個人、單位或整體組織的執行績效	・舉辦消費者滿意度調查 ・辦理員工績效考核
・傳訊者 (disseminator)	負責將經營理念、文化價值觀、組織政策傳達給組織內員工	・發佈公司重要訊息
・發言人 (spokesperson)	負責將組織計畫、決策及營運成果傳達給外界相關利益團體	・辦理股東大會 ・舉辦法人公開說明會 ・舉辦記者說明會

參考資料：Mintzberg, H., *The Nature of Managerial Work*, New York: Haper and Row, 1973, pp. 93–94.

1. 第一類：決策性角色 (decisional role)

決策性角色就是管理者在組織中利用所搜集的資訊與情報進行重要決策的行為；決策性角色在組織管理運作體系中，扮演著關鍵性的影響，它又可細分為四種角色。

(1)創業家 (entrepreneur)：就是管理者根據環境情勢的變動，負責不斷尋求及開拓組織新的市場機會，並持續地推動組織進行各項變革與創新活動。

(2)危機處理者 (disturbance handler)：管理者扮演預測與監控企業組織的可能危機，如 921 地震、SARS 危機、罷工危機等，並採取適當因應措施的角色。

(3)資源分配者 (resource allocator)：管理者根據組織的目標定位，負責組織內資源如人員、預算或時程的分配與調派。

(4)談判者 (negotiator)：管理者負責組織內部爭議及外部契約條件的談判與協商。

2. 第二類：人際關係角色 (interpersonal role)

人際關係角色就是管理者透過職權授予正式組織或非正式組織如學長關係、校友關係、親朋關係等人際互動的影響，而建立人與人之間良好的溝通交流行為。一般而言，它又可細分為三種角色。

(1)最高階代表者 (figurehead)：組織內最高階主管的象徵代表，他負責組織對外的文件簽署、重大典禮儀式的主持及重要來訪貴賓的接待，例如公司的董事長或總經理。

(2)領導者 (leader)：領導者就是組織內負責員工甄選、訓練及激勵部屬的領導人員，領導者的任務功能可確保員工的執行方向與組織目標具一致性。

(3)聯絡者 (liaison)：就是負責組織內、外協調與聯繫工作的人員。

3. 第三類：資訊角色 (informational role)

資訊角色就是管理者根據所獲得有關組織營運的資訊，負責對組織內、外部人員傳達與溝通的行為。資訊角色又可細分為下列三種不同角色：

(1)監督者 (monitor)：他負責尋求和搜集有關組織營運的各種資訊與情報，藉以定期與不定期地評估與監控組織的營運成果。

⑵傳訊者 (disseminator)：他負責將組織的經營理念、文化價值觀或組織政策所牽涉的各種相關資訊，適時地傳達給組織的員工。

⑶發言人 (spokesperson)：負責將組織的計畫、決策及營運成果適時的對外傳達與公告；如公司召開記者會的發言人。

三、管理者的職責

　　管理者從事的主要職責內容包括組織、規劃、用人、領導及控制，但是處於不同組織層級職責的人員，所從事的管理職責比例是有所差異的。在組織層級愈高的管理者從事策略目標規劃及員工激勵領導的職權比重較大，而從事領導與控制的工作比例則較少；相對的，在組織層級較低的管理者從事策略目標規劃及人員激勵領導的職責比重則較少，而從事直接監督控制員工的職責比重則較多；然而，對於中階管理者而言，從事層級結構調整、部門溝通順暢性及員工甄選訓練的職責比重較大於高階主管及低階主管者。

　　此外，中小型企業與大企業對於管理人員所扮演不同角色的重要性是否有差異，亦是一個值得討論的議題。根據伯利 (Paolill, 1984) 的研究結果顯示，中小型企業管理者較重要的角色是發言人，因此中小企業的經理人員會花較多時間從事組織訊息對外溝通的工作，如適時地對顧客或銀行業者發佈公司正面的訊息，以建立企業良好的形象。然而，中小企業由於組織層級較少、人員的互動較緊密及溝通較順暢，因此中小企業經理人員則花費較少的時間從事組織內部人員的訊息傳播與溝通工作；而較少從事傳播者的角色與職責。另一方面，大型企業的經理人員花較多時間從事組織內部資源如人員、預算經費及工作時程等調配的職責；但相對的，大型企業經營管理者較少具備創業家的角色，也就是較少從事市場新機會探尋、組織變革創新及開拓新產品的管理職責（參見圖 1.8）。

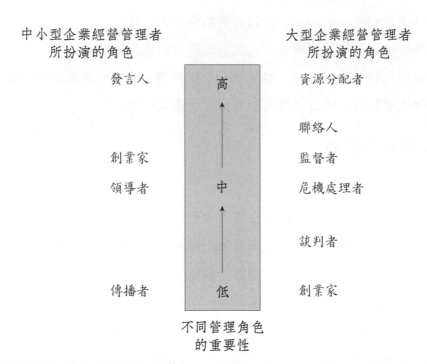

資料來源：Paolill, J. G. (1984),"The Manager's Self Assessments of Managerial Roles: Small vs. Large Firms," *American Journal of Small Business*, Jan.–Mar., pp. 61–62.

圖 1.8　中小型企業與大型企業經營管理者所扮演角色的差異性

個案研討：經營之神——台塑企業集團王永慶董事長

一、台塑企業集團簡介

　　王永慶先生於 1954 年創立台灣塑膠公司，生產 PVC 粉；於 1965 年設立台化公司，正式跨入紡織業；1974 年是臺灣唯一能同時生產四種紡織用纖維且提供染整加工的企業，也是世界較大規模的纖維生產廠商之一；1984 年成立南亞科技公司設廠生產印刷電路板及銅箔基板，開始跨入電子與資訊產業；歷經持續不斷的多角化發展，目前台

塑企業集團擁有台塑、南亞、台化、台塑石化等 20 餘家關係企業，分別在臺灣、美國、中國大陸及印尼都設有工廠；此外，並擁有龐大的教育和醫療機構如長庚大學、長庚醫院等。

二、用心勤儉的領導風範

在臺灣提到經營管理的良好典範，通常第一個讓人想到的就是台塑集團董事長王永慶先生，享有經營之神的美譽，他係許多企業人士的學習標竿，更是 2000 年《中國時報》調查最受臺灣大學生崇拜的企業家。他是以石化製造業起家，進入煉油業再到汽電共生業，再逐漸擴展到電子、半導體等高科技產業，憑藉著遠見、智慧與魄力，白手起家打造擁有橫跨世界的企業版圖，不但個人成為全球前五百位億萬富豪之一，所經營的企業集團更是早期帶動臺灣經濟起飛的主力。

王永慶先生在小學畢業後擔任米店工人時，就很用心的記錄顧客每次來店內購買米的間隔時段，等到顧客米快用盡時，自動提醒顧客續購米並親自送達，充分展現關懷用心的態度，深獲顧客的好感。此外，由於王永慶先生出身貧寒，深切體會克勤克儉才是成功立業的關鍵基石，個人辦公室的地毯數十年來都不曾換過，家中的肥皂用到剩一小塊時，就和新的黏在一起使用，絲毫不浪費。而此勤儉的特質也展現在企業經營的成本控制方面，在自己的辦公室內安裝人員進出感應器，一離開辦公室數秒後感應器就自動切斷所有電器開關如冷氣機、電燈、電風扇等，如此縱使上廁所的數分鐘亦節省不少的電費成本；又如員工原子筆用完只能換筆芯，不得整支丟棄，而工廠作業員工手套要換新時，必須先檢查是否有破損才得以更換。上述的各種例子皆顯示王永慶先生用心勤儉的領導風範。

王永慶先生認為適當的壓力能磨練人的心志，使員工有毅力及耐心接受新事物挑戰及突破困境；同時，亦體會嚴格的管理要求才能激

發員工學習成長及發揮潛能，有效的培養出專業的人才；當然，同樣的要求亦展現在個人的以身作則上，他勤於工作、樂於工作，甚而享受工作，縱使已達八十幾歲之高齡亦無時無刻兢兢業業的經營企業集團，如此以身作則的示範作用，致使台塑集團的員工絲毫不敢懈怠的努力於自己的工作崗位。

他經常藉由午餐會報瞭解各單位的營運狀況與管理問題，一發現有任何管理的問題時必定追根究柢，若沒有獲得主管人員滿意的解答則絕不罷休，據說不適任的主管人員常常一開完會，就發現自己已被調職了，這就是屬於王永慶先生處置明快迅速的管理鞭子；但王永慶先生也會適時的給予員工胡蘿蔔，除了公司的獎勵制度外，往往會給予表現優異的員工額外的高額獎金，以補獎勵制度之不足；然而，在強勢領導之下，也有其溫情的一面，在業務溝通的過程中他會不厭其煩地指導員工，並展現對員工家庭生活真誠的關懷之情。

王永慶先生認為紮實的專業能力才是競爭的基礎，因此非常強調員工必須從「基層做起」；公司內各級的人員雖然不乏擁有高學歷者，但仍然規定每位員工不論職務的高低皆必須經過六個月基層的工廠輪班歷練，以培養實務的經驗能力。

雖然王永慶先生採取強勢領導風格，但卻秉持「追根究柢、實事求是、點點滴滴追求合理化」的管理理念，認為一個成功的企業必定奠基於萬事求本的管理精神，也就是從任何問題的根本尋求最合理的管理方式及最適合的管理制度，使員工所從事的工作任務有能力做、願意做，而且要做得快樂。事實上，台塑企業集團員工從上而下的工作觀念與行事方法皆遵循上述的管理理念，隨時觀察週遭的工作事務是否有辦法進一步簡化及節省成本的空間，並提出改善對策；正如王永慶先生所言：「經營管理與成本分析要追根究柢，分析到最後關鍵點，我們台塑就靠這一點吃飯」。

三、研討題綱

1. 請說明一位領導者以身作則的示範作用，可為企業帶來的管理效益
   為何。

2. 「從基層做起」的訓練概念，對於組織內管理人才的培育有何重要
   的意義性？

3. 請舉例說明王永慶先生如何運用「追根究柢、實事求是、點點滴滴
   追求合理化」的管理理念。

4. 請論述王永慶先生成功創造台塑企業集團的管理關鍵因素為何。

個案主要參考資料來源：

1. 台塑企業集團網站：http://www.fpg.com.tw/

2. 許龍君，《台灣世界級企業家領導風範》，智庫文化，民 93 年。

3. 狄英，〈王永慶談經營管理要合理〉，《天下雜誌》，第 3 期，民 70 年
   8 月，頁 30。

4. 郭泰，《王永慶的管理鐵鏈》，遠流出版社，民 75 年。

第二章 管理理論的演進

◎ 導 論

近百年來隨著工業革命浪潮的興起，許多著名的管理學者根據個人的實務經驗或個案研究的成果，發展出各種不同的管理理論與原則，有鑑於學者們係針對所處的不同經濟情勢與環境，而提出可應對的管理理論與作法，因此一位管理者若能研析過去百年來各種不同管理理論的發展歷程、形成背景與主要論點，將可達到鑑往知來的成效，以提升組織的管理能力。

本書依照各種不同管理理論的發展先後歷程及管理原則的類似性，歸納成四種學派：傳統管理理論、近代管理理論、系統管理理論及權變管理理論（參見表 2.1），至於當前管理的新理論如學習型組織或知識管理等議題將於第十五章進行論述。

◎ 本章綱要

*傳統管理理論
　　*官僚式組織管理學派
　　*科學管理學派
　　*行政管理學派
*近代管理理論
　　*行為管理學派
　　*管理科學學派
*系統管理理論
*權變管理理論
　　*伯恩斯與史脫克的著作
　　*伍華德的著作

　　*羅倫斯和洛區的著作

　　*密茲伯格的著作

　　*權變理論的情境因素

◎ 本章學習目標

1. 瞭解各種管理理論的演進歷程與形成背景。

2. 描述不同管理學派的主要論點及對現代管理的貢獻性。

3. 論述權變管理理論中的權變因素對組織結構與管理模式的影響性。

表 2.1　管理理論之歷史分期

時間	理論與學派	主要論點／貢獻	代表性學者
1895 ｜ 1920	傳統管理理論 ・官僚式組織管理學派	權威式組織結構，明定組織內不同層級的權責與法令規章	韋伯 (Max Weber)
	・科學管理學派	以科學方法尋找工作的最佳方法，並以科學方法訓練員工	泰勒 (Frederick Taylor) 甘特 (Henry Gantt) 吉爾博斯 (Frank Gilbreth)
	・行政管理學派	如何將科學方法應用於行政管理原則及組織結構設計	費堯 (Henri Fayol) 莫尼 (James Mooney) 歐威克 (Lyndall Urwick)
1920 ｜ 1970	近代管理理論 ・行為管理學派	良好的人際互動關係是員工獲得工作滿足與社會歸屬感的主要來源	梅爾 (Elton Mayo) 麥格瑞哥 (Douglas McGregor) 馬斯洛 (Abraham Maslow)
	・管理科學學派	利用數學模式或統計方法，解決管理決策問題	麥那瑪拉 (Robert McNamara)
1960 ｜ 1970	系統管理理論	將組織視為開放性系統，運用數量模型追求系統的整體績效 (含外部系統及子系統)	孔茲 (Harold Koontz)
1970 ｜ 1980	權變管理理論	沒有一種特定的組織結構或管理模式可適用於所有的情境，管理者應依照所處的不同管理情境採取不同的管理作為	伯恩斯和史脫克 (Burns and Stalker) 伍華德 (Woodward) 羅倫斯和洛區 (Lawrence and Lorsch) 密茲伯格 (Mintzberg)

（續表 2.1）

時間	理論與學派	主要論點／貢獻	代表性學者
管理新論	學習型組織理論	組織唯有不斷學習、成長、變革與創新，才能維持競爭力	獻茲 (Peter Senge) 馬格特 (Michael Marquardt) （本書將於十五章進行論述）
	知識管理	企業組織的知識要透過獲得、儲存、內化、移轉及分享而成為員工成長與創新的動力，以開創未來的競爭優勢	諾納卡和田口 (Nonaka and Takeuchi) 納實 (Ellen Knapp) 柯尼 (Koenig) 伊爾 (Earl) （本書將於十五章進行論述）

第一節　傳統管理理論

在管理理論的演進歷程中，最早被採用而且最廣泛被運用的就是傳統管理理論。傳統管理理論可細分為三種學派：官僚式組織管理、科學管理及行政管理學派。

一、官僚式組織管理學派

德國社會學家韋伯 (Weber, 1864–1920) 發展一套具有威權關係的組織結構，明確地界定不同組織層級的權責、嚴明的法令規章及理性無私人情誼關係的理想型組織系統，稱之為官僚式組織 (bureaucratic organization)。組織內成員各憑藉著在組織層級結構所處地位進行工作任務的執行決策、接受指揮或發號施令，而形成一個具有權威關係的組織結構體。事實上，韋伯先生係為了因應當時興起之資本主義強調專業分工及大量生產的原則，而發展官僚式組織管理理論，雖然該理論已發展多年，但目前幾乎已成為許多大型企業的組織設計原則；韋伯先生認為官僚式組織管理具有下列六個原則：

1. 專業分工 (division of labor) 原則

專業分工就是將一件工作或事情細分為不同的小動作或小程序，每位員工則每天固定地執行被分配的動作或程序，由於組織內的員工皆專精於同一個工作內容，而大幅提升組織的效率。

2. 層級權責 (authority of hierarchy)

在組織內不同層級的人員，按照其職位的高低訂定主管與部屬的服務與命令關係，除了組織的最高階主管外，每一位員工均應只有一位直屬主管，部屬必須嚴格的服從上級直屬主管的指揮與命令。此外，亦要根據組織內層級的不同，而賦予擔任該職位員工所應擁有的權力與應盡的責任。

3. 甄才制度化 (formal selection) 原則

組織內的所有成員皆必須根據學歷、經歷及人格特質性向等背景條件，透過公開正式的甄選程序與評核制度，才得以錄用。

4. 法令與規章 (formal rules and regulations) 明確化原則

組織必須制定明確的法令與規章，以公開方式告知組織的每一位成員；制定正式的法令與規章，可作為管理者指導與規範組織內不同層級人員決策及行為方向的準則，促使組織成員同心協力的為達成組織目標而努力。

5. 不徇私 (impersonality) 原則

組織內對於人、事、物的處理，必需以制定的法令與規章為依循原則，不得基於個人喜好憎惡等情感因素，而採取不公正的決策行為。

6. 職涯導向 (career orientation)

組織應明確地規劃員工升遷管道，制定每一晉陞職位所應具備的專業能力與資格；此外，組織內員工的表現符合可晉陞職位的資格條件時，則應確保在未來的職場生涯過程獲得晉升。

二、科學管理學派

十九世紀末期工業革命的興起，由於企業經濟的蓬勃發展，而組織規模亦日趨龐大；組織內各專業部門如何明確地劃分或人員如何專精地從事符合其專長的任務內容，以提升組織的經營效率，逐漸受到大多數經營管理者的關注與重視。直到 1911 年管理界譽為「科學管理之父」的泰勒博士 (Taylor) 出版《科學管理原理》(*Principles of Scientific Management*) 之後，普遍受到全世界管理者的接受與採用，該書主要內容是在指導企業如何應用科學管理的方法，以提升組織的生產效率；例如探討企業如何為每一工作找出最佳化的工作方法或如何

選擇適當合格的工人加以訓練，以高效率的方式來完成工作；除了泰勒博士之外，尚有其他科學管理學派的代表性人物如吉爾博斯 (Frank Gilbreth) 及甘特 (Henry Gantt)；下列將逐序介紹上述三位學者提出有關科學管理的論點。

㈠泰勒的科學管理論點

泰勒在所發表的《科學管理原理》乙書中，提出下列四個論點，作為企業改善生產效率的指導原則。

(1)管理者在改善員工的工作效率時，應摒棄過去僅憑個人的直覺或經驗進行判定分析，而代之以科學化的方法，進行動作元素 (element) 分析，藉以獲得最佳化的作業或操作方法。科學化的方法係指透過對員工工作的資料搜集、分類、整理及分析等步驟，而歸納出最佳化工作方法的一連串活動。

(2)管理者應透過科學化的方法來甄選適才的員工；同時應分析員工專業能力的優缺點，利用循序漸進的方法來教導培訓員工，而不宜由員工自行摸索，以提升員工的生產效率。

(3)員工彼此之間必須誠心地互動合作，以發揮團隊合作精神；此外，管理者與工人之間需密切的結合，確保組織內員工係依照科學化原理所發展的最佳化方法來執行業務，以真正提升效率與生產力。

(4)管理者應改變過去將工作與責任完全由工人承擔的不適當作為，而必須明確劃分管理者與工人所應擔負的不同工作與責任內容，譬如管理者應擔負規劃與管制的責任，而工人則擔負工作執行的責任，如此的權責區分將可使企業組織內所有的員工依其專業發揮所長，以達到最大的企業組織效率。

泰勒認為使用上述的四種科學管理原理，將可提高組織的生產效率及增加工人的收入；但亦有管理學者們批評組織充分運用上述四種原則，將導致員工處於每日重複地執行一成不變的單調工作環境中，因而忽略了管理的人性面。如果組織為了提升生產效率，而要求每位員工數年來皆重複地執行相同的工作內容，將使員工的工作充滿乏味、枯燥與無趣，員工被視為生產機器僅為金錢

的目的而一味的工作，缺乏工作價值與成就感的認同，久而久之勢必影響員工的士氣，並損及科學管理追求效率的目標表現。

㈡吉爾博斯的主要論點

吉爾博斯受到泰勒科學管理原理的影響甚鉅，他是最早運用攝影器材從事動作程序的分析研究，藉由消除多餘不必要的動作程序，以提升員工的工作效率。他們的主要研究內容就是將工人執行一件工作劃分成各種不同的動作，每一個動作稱之為「動素」(Therbligs)，再依據不同動素的先後組合順序進行工作的合理化程序分析，並根據合理化的程序訂定每一個工作的標準動作及標準工時。例如利用高速攝影機將工人砌磚的動作程序拍攝下來，並分析每個動素的必要性，而將砌磚工作由十八個動素經過合併、剔除及簡化的過程而縮減為五個，以發展出更有效率從事砌磚工作的標準作業程序，並訂定砌磚的標準工時。

㈢甘特的科學管理論點

甘特 (Henry Gantt) 是泰勒的工廠同事，與泰勒一起進行科學管理之研究與推廣，甘特最主要的貢獻在於提出圖示化的排程作業控管，稱之為甘特圖 (Gantt Chart)；甘特圖將工作項目與工作時程的關係以矩陣圖來表示，橫軸標示時間的間隔，縱軸則是各項預計要完成的工作事項，並以長條圖標示每項工作事項必須在特定的時程內完成（參見圖 2.1）。甘特圖是企業界普遍引用的時程控制工具，至今已發展成為管理者在從事各種專案管理控管的主要工具之一。

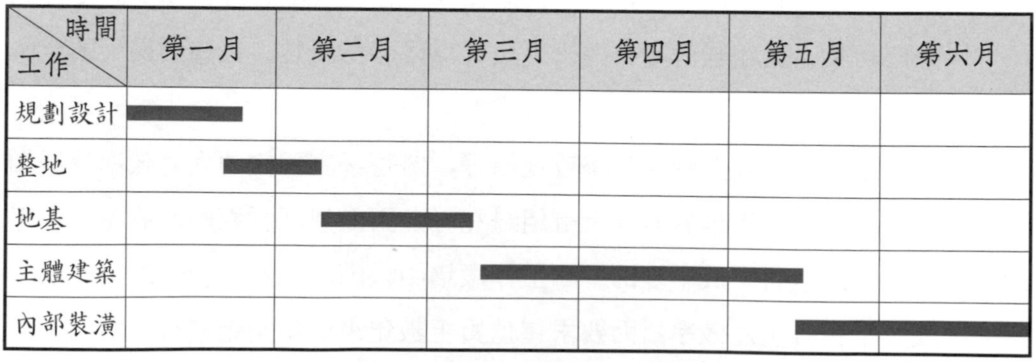

時間　工作	第一月	第二月	第三月	第四月	第五月	第六月
規劃設計	▬					
整地		▬				
地基			▬			
主體建築				▬▬		
內部裝潢						▬

圖 2.1　辦公大樓建築甘特圖

三、行政管理學派

科學管理學派所闡述的管理原則，著重於如何利用科學化方法來管理生產作業現場及提升現場人員的效率；而行政管理學派則將科學化的方法運用於組織結構的設計及組織的行政作業管理方面，由於該學派的論點主要著重於規範組織內上下級指揮溝通管道，或制定各種紀律法規制度的行政管理問題，故稱之為行政管理學派。該學派的主要代表性人物有費堯 (Henri Fayol)、莫尼 (James Mooney) 及歐威克 (Lyndall Urwick)。

㈠費堯的行政管理論點

費堯 (Henri Fayol, 1841–1925) 是一家法國大型礦業公司的高階主管，由於費氏係第一位完整地提出行政管理理論的實務家，而享有「行政管理學派之父」的聲譽。費堯於 1916 年根據其個人長達 35 年的工作經驗，將企業活動區分為六種不同性質的專業功能活動，並提出管理十四點原則，對管理理論的發展深具影響性。

1.企業活動

費堯係第一位將企業的活動項目區分為技術性活動、商業性活動、財務性活動、安全性活動、會計性活動及管理性活動的管理者；該六種活動項目的區分方式亦成為目前許多企業管理將組織結構區分為技術研發部門、製造部門、行銷部門、財務部門、會計部門、工安部門及管理部門的重要依據。

(1)技術性活動：組織從事有關生產產品的各種活動內容；它包括：製造、加工、品質管理、物料管理、生產管理、設備維修及產品設計等有關技術性的活動內容。

(2)商業性活動：組織從事有關產品銷售的各種活動內容；它包括：採購、銷售及交貨等有關商業性行為的活動內容。

(3)財務性活動：組織從事資金集結、調度及控制的相關活動內容；它包括：資金取得及預算控制等有關財務規劃與控制的活動內容。

(4)安全性活動：組織從事產品安全及工作人員安全維護的相關活動內容；

它包括商品安全及人員工作安全等有關產品安全品質及人員工作環境安全的活動內容。

(5)會計性活動：組織從事內部財貨資金稽核的相關活動內容；它包括：盤點、會計報表、成本統計與控管等有關會計制度的活動內容。

(6)管理性活動：組織從事策略規劃、人員領導激勵、人員指揮及績效成果控管的相關活動內容；它包括：規劃、指揮、協調及控制等有關各類管理工作的活動內容。

2. 管理原則

費堯提出十四項管理原則，主要的內容說明如下：

(1)專業分工 (division of labor) 原則

工作應加以細分成不同的小動作，藉由工人專精地從事特定動作，以提升生產效率。

(2)權責 (authority and responsibility) 原則

權責係指員工處於組織內特定職位所擁有的權力及應負的責任；權力的賦予與責任的擔負必須相當，不可有權無責，亦不可有責無權。

(3)紀律 (discipline) 原則

紀律係指員工必須遵守組織所制定的法令與規章，組織維護良好的紀律才能促使員工與管理當局依照法令與規章行事；而對於違反法令與規章的行為，必須施予適當的懲罰。

(4)指揮統一 (unity of command) 原則

強調組織內的每一位員工僅有一位直屬主管，亦即只接受一位直屬主管的指揮命令，不可同時接受二位以上主管的指揮命令。

(5)目標一致性 (unity of direction) 原則

組織內每一個部門或單位必須設定共同的目標，並且由該部門或單位的最高主管擬定一套執行共同目標的計畫，以引導部門內的員工一致性的朝共同目標努力。

(6)團體利益優先 (subordination of individual interests to the commond good) 原則

組織在進行決策與運作時，任何個人或小團體的利益考量不宜凌越組織整體利益之上。

(7)員工獎酬 (remuneration of the staff) 原則

組織賦予工作人員的薪資獎酬應追求公平性與合理性，並儘量尋求個人與組織皆可接受的獎酬制度。

(8)集權化 (centralization) 原則

集權與授權係相對應的名詞；一個組織管理當局賦予下級單位決策的程度愈低，代表一個組織愈傾向於集權化，亦即授權程度較少；一個組織應該針對環境因素的變動性，而決定其授權程度。

(9)指揮鏈 (scalar chain) 原則

指揮鏈係指在組織架構內，從最高主管直到最低層的員工，由上而下逐層逐級間的指揮溝通與報告管道，如同一鏈條般一個環節扣連另一個環節，而稱之為指揮鏈；組織內的下級單位向上級單位的溝通報告管道必須沿著此鏈逐級向上呈報，而上級對下級的指揮亦須同樣地沿此鏈逐層指揮；若非管理當局依照情勢不同特定許可，不得越級報告或指揮。

(10)秩序 (order) 原則

組織內的人、事、物都各有其適當的職位安排及妥善的場所安置，不可有職稱與工作性質不符的混亂情事發生。

(11)公平 (equity) 原則

管理者應該公平、公正及合理的對待組織內的員工，促使正義及公理的原則佈滿於組織的各種運作中。

(12)人事穩定 (stability of staff) 原則

高度的人事流動比率將造成組織運作的無效率，管理當局應規劃完善的人力資源管理制度，以維持人事的穩定。

(13)主動 (initiative) 原則

組織內的所有員工應保有積極、主動及熱忱的精神，才得以維持企業的活力。

(14)團隊精神 (esprit de corps) 原則

組織應塑造成員之間的和諧關係，並建立團隊合作的精神。

㈡莫尼的行政管理論點

莫尼 (James Mooney, 1884–1957) 係行政管理學派另一代表性人物，曾任通用汽車公司總裁，於 1931 年根據個人的實務工作經驗出版名為《進步的工業》(*Onward Industry*) 乙書，該書再版後則更名為《組織原則》(*The Principles of Organization*)，強調下列四個組織的運作原則：

(1)組織的階層原則

強調組織的階層結構，並說明每個不同階層所賦予的權力和責任。

(2)功能原則

組織應由不同的專業功能部門分別負責執行不同的工作任務，就如同生產部門負責製造任務，而財務部門負責資金規劃與調度任務。

(3)協調原則

部門與員工之間必須建立合作協調機制，以確保員工的任何決策與行事作為均能一致性地朝著組織目標邁進。

(4)幕僚原則

組織將員工區分為直線人員與幕僚人員；直線人員負責工作的執行，而幕僚人員則負責提供建議與諮詢；該兩者人員的權責必須明確的區分，不得混淆運作。

㈢歐威克的主要論點

歐威克 (Lyndall Urwick, 1894–1983) 原本是英國的軍人，從軍中退役後，擔任企業的管理顧問，他根據在政府部門及私人企業的服務經驗，於 1944 年出版名為《管理要素》(*The Elements of Administration*) 乙書，該書係將泰勒、費堯及莫尼等人所提出有關行政管理原則及觀點，加以擴充性分析，並將規劃、組織和控制等功能納入現代化的管理思維，而發展出一套改進管理效果的整合性行政管理指導原則。由於歐威克主要是彙整和整合其他學者的研究成果，因此其貢獻相較其他人而言是較不受到注目的。

表 2.2 傳統管理理論的不同學派說明

管理理論	理論背景	代表人物	主要論點／貢獻
官僚式組織管理學派	資本主義興起，強調專業分工及大量生產	韋伯 (Max Weber)	發展一套具威權關係的組織結構，明確地界定不同組織層級的權責、嚴明的法令規章及理性無私人情誼關係的理想型組織系統，稱之為官僚式組織
科學管理學派	十九世紀末期工業革命，組織規模日趨擴大，管理者尋求工作效率	泰勒 (Frederick Taylor)	以科學方法獲得最佳作業方法，並進行員工的甄才及教育訓練。強調員工互動合作及管理者與工人的密切結合，並提出要明確劃分管理者與工人的工作與責任內容
		吉爾博斯 (Frank Gilbreth)	以攝影器材從事動作研究，將工作的動作程序加以分類為動素，以簡化工作動作程序
		甘特 (Henry Gantt)	提出圖示化的排程，以利控制工作時程，稱之為甘特圖
行政管理學派	科學管理學派忽略了對管理階層運作及組織結構設計原則的規範	費堯 (Henri Fayol)	將企業活動區分成六種管理活動，並提出十四點管理原則
		莫尼 (James Mooney)	提出四個組織運作原則，包括：階層原則、功能原則、協調原則及幕僚原則
		歐威克 (Lyndall Urwick)	整合泰勒、費堯及莫尼等之觀點，而提出整合性的行政管理論點

第二節 近代管理理論

由於傳統管理理論中，官僚式管理學派、科學管理學派及行政管理學派較側重於如何透過科學化方法來提升員工生產力，而忽視員工人際關係對於生產力的影響探討，因此促使行為管理學派的興起；此後另有許多學者們試圖利用

數學模式或統計方法，來解決管理決策問題，並稱之為管理科學學派。本節將針對行為管理學派及管理科學學派的精神及論點，詳細說明之。

一、行為管理學派

由於管理者逐漸體認到組織成員彼此的良好人際關係，已成為員工獲得工作滿足及社會歸屬感的主要來源，因此促使行為管理學派學者從如何滿足員工心理需求的觀點，來探索管理原則及解決管理問題。行為管理學派的代表性學者主要包括：梅爾 (Elton Mayo)、麥格瑞哥 (Douglas McGregor) 及馬斯洛 (Abraham Maslow)。

㈠梅爾的霍桑實驗

行為管理學派理論的起始性研究就是霍桑實驗 (Hawthorn experiment)。哈佛大學教授梅爾於 1927 年至 1932 年進行著名的霍桑實驗，該實驗發現許多人性管理面的研究成果。事實上，霍桑實驗主要分為二個階段：

第一階段：1924 年美國國家科學院所隸屬之國家研究委員會 (National Research Council of the National Academy of Sciences) 與美國西屋電器公司 (Western Electric) 的霍桑工廠共同進行工作場地照明度對員工生產力影響關係的專業研究計畫。研究結果發現當工作場地的照明度逐漸增加時，員工的生產力也持續增加，但令人意外的是，當逐漸降低工作場地的照明度，員工的生產力不僅未減少，反而仍然有增加的現象。因此，該計畫的研究結論認為工作場地的明亮度並非員工生產力的主要影響因素，尚有許多未發掘的因素可能影響員工生產力，而有待深入探討與解釋。

第二階段：1927 年西屋電器公司敦聘哈佛大學心理學家梅爾教授繼續主持霍桑實驗計畫，以發掘可能影響員工生產力的人群互動及社會需求因素。此階段的實驗主要在探討其他的工作環境因素，如工作空間的大小、不同的薪資制度、不同的休息時間、每天工作時數的調整、工作場所的通風性等因素對員工產量的影響情形，研究結果卻顯示上述工作環境因素的變化調整，對員工生產力不具明顯關聯性。然而，由於在該計畫的執行過程中，允許管理人員與被觀

察的作業員彼此建立友善關係，例如管理人員與作業員作非正式交談、讚賞作業員的表現及讓作業員參與部分決策；同時，亦鼓勵員工透過非正式組織建立彼此的親切，互助關係；因此梅爾教授認為，管理者對工作人員的稱讚與肯定、主管人員賦予屬下的決策參與權、非正式組織中同仁們的互相關懷或認同彼此等有關人群關係的行為特質均對員工生產力的增加具正面影響性。事實上，霍桑實驗亦開啟了梅爾後許多人群關係學者陸續投入相關管理問題的研究。

㈡麥格瑞哥的 X、Y 理論

麥格瑞哥根據人性正反面的不同假設前提下，提出著名的 X 理論及 Y 理論；其中，X 理論係假設人類沒有工作企圖心及逃避責任，而管理者在面對該種負面人性假設下，必須嚴格地監督員工才能得到預期的工作績效表現，其主要的人性假設論點如下：

⑴一般人不喜歡工作，甚至於設法逃避工作。

⑵一般人偏好被別人指揮與指導、逃避責任及沒有工作企圖心。

⑶由於一般人不喜歡工作，因此管理者必須對部屬嚴加控制，並利用強迫、威脅及處罰的方式，才能達成組織的目標。

另一方面，Y 理論則是假設人類能自動自發、勇於承擔責任，視工作為休息及遊戲般自然的正面人性觀。因此，管理者對於員工無需給予太多的監督與管理，員工就能自發性地表現出良好的工作績效，其主要的人性假設論點如下：

⑴一般人生來就喜歡工作，工作為生活的一部分。

⑵處罰與恐嚇不是促使員工完成組織目標的唯一方法。

⑶激勵員工達成組織目標的方法就是滿足員工工作的成就感。

⑷在有利的情況下，一般人將尋求或承擔工作責任。

⑸一般人願意主動積極地解決組織的問題。

雖然 X 理論及 Y 理論各有其適用的情境，管理者也應該視所處的管理情境採取適合之管理模式，但是麥格瑞哥卻認為 Y 理論是比較適合管理者推動的管理哲學，而大多數的管理學者也認為 Y 理論對於目前的企業經營情境較具有激勵員工的效果。

表 2.3　X 理論與 Y 理論的比較

項目	X 理論	Y 理論
人性假說	人性本惡	人性本善
員工與組織目標的關係	衝突性	一致性
員工控制方法	組織的監督控制	員工自制
員工工作態度	消極、被動任事、逃避工作責任	積極及主動任事、勇於承擔責任
適用情境	較通用基層員工的管理	較通用中、高階主管的管理

　　在第二次世界大戰後，由於日本經濟快速的發展，引發許多管理學者們對於日本企業管理方法的研究興趣，並體認到日本企業許多值得學習的管理作法如終身僱用制度或集體決策等；其中歐曲 (William Ouchi, 1981) 整合美國與日本企業的管理實務作法發展出 Z 理論。該理論除了強調美國企業重視個人責任外，亦涵蓋了日本企業重視集體決策及全面關心員工之管理作法，有關 Z 理論的管理論點如圖 2.2 所示。

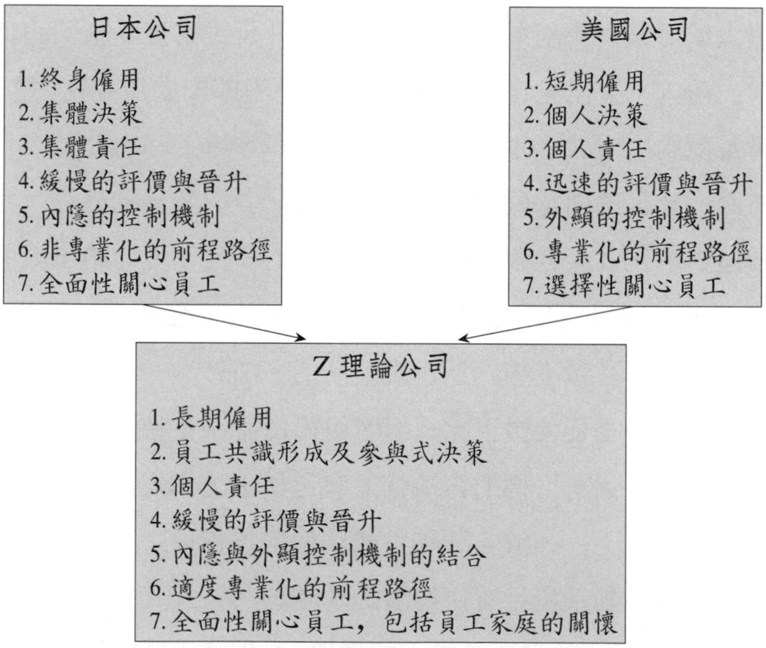

日本公司
1. 終身僱用
2. 集體決策
3. 集體責任
4. 緩慢的評價與晉升
5. 內隱的控制機制
6. 非專業化的前程路徑
7. 全面性關心員工

美國公司
1. 短期僱用
2. 個人決策
3. 個人責任
4. 迅速的評價與晉升
5. 外顯的控制機制
6. 專業化的前程路徑
7. 選擇性關心員工

Z 理論公司
1. 長期僱用
2. 員工共識形成及參與式決策
3. 個人責任
4. 緩慢的評價與晉升
5. 內隱與外顯控制機制的結合
6. 適度專業化的前程路徑
7. 全面性關心員工，包括員工家庭的關懷

資料來源：William, C. O., *Theory Z*, MA: Addison-Wesley, 1981.

圖 2.2　日本公司、美國公司與 Z 理論公司的比較

(三)馬斯洛的需求理論

馬斯洛 (Abraham Maslow, 1908–1970) 係一位心理學家，將人類的需求區分為五個層級（參見圖 2.3）。馬斯洛認為人類必先在次高需求層級獲得適度的滿足後，才會追求更高需求層級的滿足；同時，人類並非要等到特定層級需求獲得完全的滿足之後，才會追求更高層級的需求。

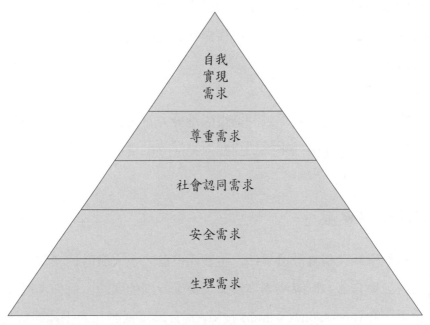

自我
實現
需求

尊重需求

社會認同需求

安全需求

生理需求

資料來源：Maslow, A. H., *Motivation and Personality*, New York: Harper & Row, 1954, p.82.

圖 2.3 馬斯洛的五個需求層級

1.生理需求

生理需求屬於個人的基本需求，係指維持人類生存所必須的基本生理需求，如：飲食、穿衣、居屋等。從組織的角度而言，提供員工薪資及合理工作環境，則可以滿足員工在飲食、穿衣、居屋方面的基本需求水準。

2.安全需求

安全需求係指個人免於生命受到威脅的需求，如：生活環境的安全、工作環境的安全及穩定性。就組織的角度而言，應提供員工合乎工業安全標準的作業環境、良好的工作保障；譬如：提供外務員意外保險、穩健的退休制度及保

健措施等。

3.社會認同需求

社會認同需求係指個人需要所屬團體成員的認同、接納、友誼、情感和互動的歸屬感。就組織角度而言，塑造組織內成員的互動和諧關係、主管與部屬的良好溝通管道及適度的授權，將可滿足員工的社會認同需求。

4.尊重需求

尊重需求係指個人希望獲得別人的肯定與尊重。就組織的角度而言，晉升或公開讚揚工作表現良好的員工，將可滿足員工在成就、地位或能力受到肯定與尊重的需求。

5.自我實現需求

自我實現需求就是個人不計利益得失地努力實現個人的理想或目標；譬如億萬富翁攀登喜馬拉雅山或乘帆船橫越太平洋等壯舉，即是為了滿足自我實現的需求。

二、管理科學學派

管理科學學派又稱為計量學派，主要源自於二次大戰時，參與國家利用數學模式或統計學方法，以解決軍事決策及後勤管理的問題，例如美國反潛艇小組利用作業研究 (operation research) 技術，提升聯軍橫越北太平洋的成功率。二次大戰後，一批在戰時利用計量方式解決軍事管理決策問題的專家，於 1940 年後紛紛投入民間企業（如福特公司），將管理科學的技術與方法，充分運用到企業的管理實務，因而促使管理科學學派的萌芽與發展。根據凱斯特和威格 (Kast and Rosenzweig, 1970) 的觀點，認為管理科學學派具有下列的特質：

(1)採用系統方法分析管理問題。

(2)利用科學方法進行管理問題的決策。

(3)建立管理問題的數學計量模型。

(4)建構管理決策問題模型，並透過數學或統計方法來求得解答。

(5)較關注經濟與技術面的理性因素，而較不關注心理面或社會行為面的感性因素。

⑹利用電腦作為管理模式的主要運算工具。

⑺強調系統整合性觀點。

⑻在封閉式的管理系統中尋求最佳決策方式。

　　管理科學學派主張利用數量模型或統計技術，以解決管理決策問題，而這些具重要貢獻性的技術方法包括：線性規劃、機率理論、最佳化 (optimum) 模型、作業研究的經濟批量模式、賽局理論、等候理論或排程理論等；換言之，管理科學學派認為管理決策的問題係具有邏輯性的，它可透過數學符號及方程式，以模型方式建構管理問題變數間的因果關係，並透過數量方法來找到最佳的決策方案。由於近年來資訊技術的日趨成熟，複雜的數學運算已可快速的獲得解決，因而促使管理科學學派更普遍廣泛運用於管理實務方面。

表 2.4　近代管理理論

管理理論	理論背景	代表人物	主要論點／貢獻
行為管理學派	管理者體認到良好的人際互動關係是員工工作滿足及社會歸屬感的主要來源	梅爾 (Elton Mayo)	進行霍桑實驗，發現許多人群關係的行為特質對員工生產力具正面影響性
		麥格瑞哥 (Douglas McGregor)	提出 X 理論與 Y 理論。X 理論對人性提出負面假設，並認為管理者必須嚴格地監督員工才能得到預期的工作績效表現；Y 理論則對人性提出正面假設，並認為管理者對於員工無需給予太多的監督與管理，員工能自發性地表現出良好的工作績效
		馬斯洛 (Abraham Maslow)	將人類的需求區分為五個層級，包括生理、安全、社會認同、尊重及自我實現等。人類必先在次高需求層級獲得適度的滿足後，才會追求更高需求層級的滿足

(續表 2.4)

管理理論	理論背景	代表人物	主要論點／貢獻
管理科學學派	二次大戰後，一批在戰時利用計量方式解決軍事管理決策問題的專家投入民間企業，將相關技術與方法運用到企業的管理實務	麥那瑪拉 (Robert McNamara)	利用數量模型或統計技術，以解決管理決策問題，其中較具重要貢獻性的技術方法包括：線性規劃、機率理論、最佳化 (optimum) 模型、作業研究的經濟批量模式、賽局理論、等候理論或排程理論等

第三節　系統管理理論

　　1960 年初期許多管理學者有鑑於各種管理理論大都屬於片斷性的見解，在面對實務上更為複雜的管理問題時，通常由於針對管理的全面性考量不足，而難以有效地解決管理問題；因此開始尋求各種不同管理理論的整合，遂促成系統管理理論的興起。根據系統管理理論的觀點，系統係指二個以上互相關聯與依賴的個體所組成的集合體，例如汽車系統、動物生理系統、血液循環系統、空調系統或學校教務行政系統等。大體而言，系統具備下列的特性：

(1)每一個系統本身可細分為許多的次系統 (subsystem)；如教育部技職教育本身就是一個系統，可再分為高職教育次系統、專科教育次系統及大學教育次系統；每一個高職教育、專科教育或大學教育次系統之下，又可再細分為各個學校次系統，而每一個學校又可細分為教務行政次系統、學務次系統及總務次系統；同樣地，教務行政次系統又可再細分為註冊次系統、課務次系統及研教次系統。

(2)每一個系統都有特定的系統目標，系統中的成員將朝該目標共同努力。

(3)在整體系統中，不論是主系統或次系統，彼此間皆具有緊密的關聯性；若其中一個系統發生變化，大都會直接或間接影響其他系統的運作，因此整體系統的運作是相當複雜與多變的。

一般而言，一個系統基本上具備投入、內部轉換、產出及回饋四個部分，

亦即一個系統經由資源的投入後，透過內部的轉換程序而成為產出，然而為了確保產出的效率與品質，必須利用回饋機制來加以控管（參見圖 2.4）。系統可分為封閉性系統 (closed system) 及開放性系統 (open system) 兩種；前者意指一個整體系統係獨立存在，而不須依賴與外界環境的互動來維持其運作；而後者則是指一個整體系統與外界環境保持互動的關係，不斷地調整系統的運作內容與方式，以因應環境的變動。

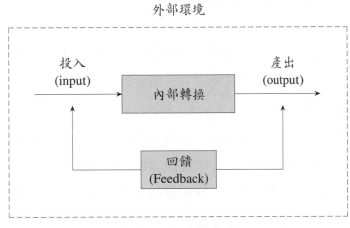

圖 2.4　系統模式

　　就企業組織的角度而言，它本身屬於一個開放性系統，內部包括許多的次系統，例如生產系統、會計系統、財務系統、人力資源系統、物流系統或倉儲系統等，這些次系統雖然是獨立的個體，但卻彼此互相依賴與影響，並且皆須從外界環境取得人力、原物料或資金等資源的投入，再經由各個次系統的轉換作用而產出，例如生產系統所製造的產品、財務系統的財務報表等。此外，它必須與外部環境維持緊密互動的開放性系統，其中外部環境係指總體環境及產業環境，而所謂的總體環境因素包括：經濟環境、政治環境、科技環境及社會環境；而產業環境因素則包括：政府主管機關、競爭對手、顧客、供應商、特殊利益團體關係人等。企業組織系統為了因應外部環境的變動性，必須隨時調整資源的投入，經由內部的轉換過程，而達到最佳化的產出結果。

　　傳統的管理學派通常視企業組織為一封閉性的系統，不關注組織與外部環境的實質互動關係；由於將組織視為獨立的個體，因此較重視組織系統內各部

門效率的極大化，而忽略整體組織系統如何在與環境互動的情境下，尋求最佳化的運作模式。相對的，系統管理學派則視企業組織為一開放性的系統，除了考慮組織系統與外部環境的互動情況外，亦考量企業組織內各個次系統如何互相影響與交互運作，並透過數量模型以尋求整體系統的最佳化績效，而非僅尋求個別獨立系統的效率極大化。

第四節　權變管理理論

前述許多著名管理學者如泰勒、費堯或韋伯等所提出的官僚式組織結構及效率管理理論大都未考量組織可能因人、事、時、地、物之不同情境，而採取不同的管理模式。權變理論 (contingency theory)，有人亦稱之為情境理論，此理論認為沒有一種特定的組織結構或管理原則可以完全適用於各種不同的情境，而充分發揮其管理成效。換言之，某種組織結構能夠在特定的情境產生管理成效，但卻難以確保在其他的情境下亦能發揮同樣的效果。權變理論屬於較近期的組織結構設計與管理理論，就組織結構設計的觀點而言，權變理論認為一個理想的組織結構設計並非一成不變的，而是必須隨著企業所面臨的不同環境而進行適當的調整，才能展現組織結構的成效。

因此，組織結構的規劃者應事先審慎評估主客觀的人、事、時、地、物等管理情勢，才得以設計出理想的組織結構。同樣地，沒有特定的管理理論與原則，完全適用於不同的管理情境，因此管理者必須針對不同的管理情境因素，而採取不同的管理與領導方法。事實上，權變理論的著作與論述陸續發表，促使權變理論於 70 年代達到高峰，而受到管理學界的極大關注。本節將介紹較具代表性的研究著作、研究方向及重要的研究結論（參見表 2.5）。

一、伯恩斯和史脫克 (Burns and Stalker) 的著作

伯恩斯和史脫克於 1961 年所發表的著作主要在探討廠商面對不同的環境情勢下，企業所應採行的適當組織架構；該二位學者的著作論點認為處於二十世紀後半期的企業組織所面臨的環境係較具不穩定性的，企業家若仍沿用以往

表 2.5　權變管理理論

理論背景	代表人物	主要論點／貢獻
許多著名管理學者如泰勒、費堯或韋伯等所提出的官僚式組織結構及效率管理理論大都未考量組織可能因人、事、時、地、物之不同情境，而採取適當的管理	伯恩斯和史脫克 (Burns and Stalker)	・處於二十世紀後半期的企業組織所面臨的環境係較具不穩定性的，企業必須尋找一個更具彈性運作的新組織體制，才得以適應未來的環境變動 ・兩種理想型的組織架構類型為機械式 (mechanistic) 組織和有機式 (organismic) 組織
	伍華德 (Woodward)	・將生產型態區分為小批量與單件生產、大批量與大量生產及連續性生產三種，並認為不同生產型態應搭配不同之組織結構要素（包括指揮路線、直線－幕僚人員的劃分、第一線基層主管的控制幅度、組織設計類型、組織層級及管理者佔全體員工比例）的配適組合
	羅倫斯和洛區 (Lawrence and Lorsch)	・組織內不同功能部門在各種組織特性（包括常規化運作程度、人際關係導向程度、時間導向及目標導向）上的表現是不同的 ・企業組織面對不明確的外部環境時，公司須加強內部的變革力量來加以應變
	密茲伯格 (Mintzberg)	・將組織架構區分為五種不同類型，分別為簡單組織、機械官僚、專業官僚、區域化架構及專職移體架構，並探討各種類型的特徵、組織運作行為、運作的優缺點及適用的環境

所普遍採行的舊有組織體制，將無法如過去般發揮運作的成果，甚至可能妨礙企業組織未來的發展前景；因此，必須尋找一個更具彈性運作的新組織體制，才得以適應未來的環境變動。該兩位學者的研究成果導引出兩種理想型的組織架構類型：機械式 (mechanistic) 組織和有機式 (organismic) 組織（參見表 2.6）。

㈠機械式組織的特徵

⑴高度集權化

機械式組織主要是依照韋伯官僚體制的精神所衍生出來的，因此組織的

表 2.6 伯恩斯和史脫克研究結果摘要

組織類型 組織特性	機械式組織	有機式組織
適合的環境類型	高穩定性	高變動性
集權化程度	高度集權	高度分權
政策、手續及規定的規範	較常規化	較彈性化
組織結構運作	採功能式組織運作為主	採專案式組織運作為主
直線—幕僚人員	劃分明確	劃分不明確
指揮系統	較明確	較不明確
組織層級	較多層級	較少層級

資料來源：Burns, T. and G. Stalker, *The Management of Innovation*, London: Tavistock, 1961.

決策權高度集中於少數的高階主管手中。

⑵各種政策、程序及規定制度化

機械式組織的各種政策、程序及規定，都有應透過法定的程序來加以制度化。

⑶職責分工明確化

機械式組織的分工相當仔細而明確，且每項工作都明定於工作說明書內，闡述說明每項工作的作業程序與規範。

⑷依照各單位功能劃分部門基礎

配合專業分工的原則，機械式組織的部門劃分主要係以專業功能的差異性作為部門的劃分基礎；譬如劃分為研發部門、製造部門、行銷部門、人力資源管理部門及財務部門，皆以每一部門的專長特性來加以劃分組織架構。

⑸直線與幕僚單位劃分清楚

由於分工及部門劃分相當明確，各單位的直線與幕僚單位的權責關係亦相當清楚。

⑹指揮系統明確

機械式組織的指揮系統遵從單一指揮鏈的原則，亦即每一位員工或部門只會有單一的直屬主管上級部門進行指揮號令，而不宜出現一位員工有兩位以上直屬主管同時指揮的現象。

(7)明確規範員工的任務內容與作業程序

機械式組織依照專業功能的不同而劃分各單位部門所管轄的任務範圍，而組織內每位員工的工作內容亦有其明確的規範。此外，組織嚴格要求每位員工依照已制定的程序及方法來執行工作任務。至於部門或員工的協調方面，完全由主管負責主導處理，主管對部屬的工作表現採取嚴格督導方式，以確保員工的工作成果符合預期目標。

(8)明確規範員工的責任

組織明確地制定員工的責任項目、內容及衡量指標；此外，亦規範員工處理事情的權限，若遇到非其權限內的事務或問題，則要求員工依照組織層級逐步往上級呈報，由上級負責解決，避免越級報告。

(9)由上而下的溝通管道

組織強調員工各部門的溝通，按照組織層級由上往下直接命令，或由下往上逐層呈報資料。當由下往上呈報資料或決策方案時，應逐層不斷地過濾資料及扼要地評估各種可行方案，以期能讓最高層決策者易於進行裁決。事實上，由上而下的命令或由下而上的逐層提報的溝通，係在於強調部屬對於主管絕對服從的精神。

(10)適合單純及穩定性較高的企業經營環境

由於機械式組織運作時，要求各部門及員工遵循已制定的規章及作業規範，具有穩定易控制的管理特質，但較不具彈性調整的能力，因此較適合競爭環境單純且穩定性高的企業組織環境。

㈡有機式組織的特徵

(1)授權及分權程度高

為提高組織對外在環境變化的快速反應能力，有機式組織通常對於部屬會有較充分的授權，例行性的事務則多半直接分權由下屬單位主管直接進行裁決。

(2)部門與員工的任務規範具較高的彈性

由於有機式組織需要應付經常出現的新問題與環境，使得員工任務內容

的常規化無法順應管理需求。因此，組織將針對不斷面臨的新問題或事務，隨時調整及重新分配各部門或員工個人的任務內容；換言之，有機式組織為了因應高度變動性的競爭環境，將無法如機械式組織般，清楚明確地規範各部門及員工的任務範圍。

(3)部門與員工的責任劃分較不明確

　　誠如上述，由於部門與員工的任務內容與規範較具彈性，以因應環境高度變化的需求，因此相對應的責任劃分也較不明確。

(4)較具彈性的組織架構運作

　　機器式組織架構的層級較多，且運作系統較具僵固性；然而，為了因應競爭環境的高度變動性，有機式組織架構較少，管理系統的運作較具彈性，以提高決策的快速性。

(5)直線與幕僚人員劃分較具彈性

　　為求有效反應環境變換的需求所進行的部門任務調整，有機式組織通常採用專案式或矩陣式的組織結構；有機式組織內的人員往往參與各種不同性質的專案小組，並同時扮演直線人員與幕僚人員之角色，因此直線與幕僚人員的劃分較具彈性。

(6)較具彈性的指揮系統

　　有機式組織採用專案式或矩陣式組織結構勢將破除單一指揮鏈的原則，雖然在指揮調度上較具彈性，但管理者也面臨多頭馬車的管理問題；一般而言，採專案式組織的運作過程中，有關一般性事務由原部門主管進行決策，而屬專案內容的決策則聽從專案經理人的命令，以解決上述多頭馬車之現象。

(7)較適用於高度變動的環境

　　通常有機式組織的彈性較大，而能依據外界環境的變化進行快速的反應與調整，因此較適合市場及技術環境變動快速的競爭環境。本書將上述兩種組織架構的比較彙整如表 2.6。

二、伍華德 (Woodward) 的著作

伍華德於 1965 年發表的著作探討三種不同生產類型與組織結構要素配適關係的研究，該研究首先將生產型態區分為小批量生產或單件生產、大批量生產或大量生產及連續性生產三種，並探究該三種生產型態與組織結構要素（包括指揮路線、直線—幕僚人員的劃分、第一線基層主管的控制幅度、組織設計類型、組織層級及管理者佔全體員工比例）的配適關係；至於研究結果茲詳細說明如下，並請參見表 2.7 的彙整表。

表 2.7　伍華德研究結果摘要

生產型態 組織結構要素	小批量生產 或單件生產	大批量生產 或大量生產	連續性生產
指揮路線	較不明確	較明確	較不明確
直線—幕僚人員劃分	無嚴格劃分	嚴格劃分	無嚴格劃分
第一線基層主管控制幅度	中	大	小
組織設計類型	有機式組織	機械式組織	機械式組織
組織結構層級	少	中	多
管理人員佔全體人員比例	小	中	大（約為小批量生產及單件生產的 3 倍）

資料來源：Woodward, J., *Industrial Organization: Theory and Practice*, London: Oxford University Press, 1965.

㈠小批量生產或單件生產 (small batch and unit production)

小批量生產的特色為依照客戶訂單的規格需求，進行少量生產，它屬於訂單式生產型態；而單件生產則是每次的訂單生產僅一件，如造船業，此種生產類型所製造的訂單規格很少出現重複現象，每位員工參與整個訂單的全部或大部分的生產流程。企業屬於小批量生產或單件生產的型態時，較適合採取有機式組織結構設計，直線與幕僚人員的權責劃分較不明確；同時，組織結構的層級不可太多，且管理人員佔全體人員的比例會較少。

㈡大批量生產或大量生產 (large batch and mass production)

　　大批量生產的特色為生產規格一致性的大量產品，一般採裝配線的生產方式，如電腦組裝業、冰箱組裝業等；此種生產型態的員工大都專精於整個生產程序的特定組裝或加工部分，而不會參與整個的生產流程。企業屬於大批量生產或大量生產型態時，較適合採取機械式組織結構設計方式，直線與幕僚的權責內容劃分非常明確，同時第一線基層主管擁有較大的管理控制幅度。

㈢連續性生產 (process production)

　　連續性生產型態主要是透過全自動化生產設備的連續式生產，如煉油業、製糖業等，員工只負責原料投入及生產設備的儀表控制來進行生產。企業屬於連續性生產時，較適合採用機械式結構的設計方式，組織層級結構較多，管理人員佔全體人員的比例也較多。

　　根據伍華德的研究成果顯示：連續式生產所涉及的生產技術係三種型態中較為先進和複雜；而第一種小批量及單件生產型態所涉及的生產技術則較為單純。

三、羅倫斯和洛區 (Lawrence and Lorsch) 的著作

　　羅倫斯和洛區於 1969 年所發表著作探討的議題有二：其一、討論組織內不同功能部門在組織特性之差異，此處之組織特性包括：常規化運作程度 (formality of structure)、人際關係導向程度 (interpersonal orientation)、時間導向 (time orientation) 及目標導向 (goal orientation)。研究結果顯示各種不同的功能部門在上述的四個組織特性的表現是不同的，如表 2.8 所示。

　　根據羅倫斯和洛區的研究成果，研發部門的人員較少受企業組織常規化的處理程序所控制與束縛；換言之，研發部門在處理組織事務方面較具彈性；反之生產部門人員則較嚴格遵守組織所制定的常規化運作模式。在人際關係導向方面，研發部門與生產部門人員在處理相關人、事、物時，較少考量人際關係的因素，而通常以任務的達成作為執行事務的主要考量；而銷售部門人員則較傾向於透過良好人際關係的建立，以完成其職責。另一方面，研發部門係以追

表 2.8　羅倫斯和洛區的研究結果摘要

功能部門＼組織特性	研發 (R&D) 部門	銷售部門	生產部門
常規化運作程度	較低（較少受常規控制與束縛）	介於其中	較高（嚴謹遵守常規）
人際關係導向	較關心任務	較重視人際關係	較關心任務
時間導向	較不傾向以時間為衡量績效的指標	介於其中	較傾向以時間為衡量績效的指標
目標導向	以技術紮根為追求目標	以掌握市場為追求目標	以追求生產效率為目標

資料來源：Lawrence, P. R. and J. W. Lorsch, *Organization and Environment: Managing Differentiation and Integration*, Irwin, Homewood, Illinois, 1969.

求組織技術紮根為目標，由於研發成果較難於短期內顯現，因此較不傾向於以時間期限作為研發部門的績效衡量指標。而生產部門係以生產效率為追求目標，生產成果較易於短期內展現，因此較傾向於以時間期限為其生產績效的衡量指標之一。

　　羅倫斯和洛區的另一研究議題則是討論組織功能部門所應擔負任務的分割化 (differentiation) 程度與組織整體行動一致化的關係；此處分割化程度係指組織內各功能部門所擔負不同專業任務的明確分割性；如果各功能部門所負責的任務內容重疊性愈少，則代表分割程度愈高；若重疊性愈多，代表分割程度愈低。該論點認為企業組織面對外部環境的變動情勢愈不明確時，組織必須從事更多的變革活動才能有效因應；然而變革力量的產生則須將公司各功能部門的任務更加分割化。換言之，在面對高度不確定性的變動環境時，組織針對各功能部門採取高度分割化的管理，才能維持良好的績效表現。此外，羅倫斯和洛區的研究亦指出，各功能部門任務高度拆解化，將使企業組織較難以達到整體一致行動的效果，因此，在高度不確定的環境下，如何克服功能部門高度分割化及整體行動一致性的困境，係企業組織內決策當局關注的重要管理學議題。

四、密茲伯格 (Mintzberg) 的著作

　　密茲伯格（1979 及 1983）所發表的著作將組織架構區分為五種不同類型，

並探討各種類型的特徵、組織運作行為、運作的優缺點及適用的環境，而於學術界享有盛名。該五種不同類型之組織架構為簡單組織 (simple structure)、機械官僚 (machine bureaucracy)、專業官僚 (professional bureaucracy)、區域化架構 (divisionalized form) 及專職移體架構 (adrocray)，以下將分別介紹密茲伯格針對五種不同的組織架構所推衍的主要論述，各種組織架構特性比較如表 2.9 所示。

表 2.9　密茲伯格五種組織架構之特性比較表

組織架構	特徵	運作方式	優點	缺點	適用情境
簡單組織	・人員較少 ・功能部門劃分不明確 ・組織層級少 ・缺少明確策略規劃 ・高度集權	・高階主管控制幅度大 ・以非正式方式溝通	・策略具高度彈性 ・組織人際關係和諧 ・領導者較關懷員工	・決策風險高 ・缺乏正式行政組織支援 ・決策方式對員工較不具激勵性 ・決策者易產生濫權	簡單及易變的經營環境
機械官僚組織	・專業分工、部門專業化 ・專精員工 ・指揮鏈、正式作業程序 ・高度集權	・作業標準化程序 ・專業分工和作業標準化 ・中階管理者扮演溝通橋樑	・高效率 ・避免資源浪費 ・溝通容易 ・中、低階管理者無需太高能力要求	・忽略人性考量 ・不利跨部門溝通 ・高階主管能力影響全公司 ・對外部環境反應較慢	・年資久 ・規模大 ・作業內容穩定 ・外部環境穩定
專業官僚組織	・基層由專業人員組成 ・靠標準化技能來協調 ・高度分權架構	・高度分權，基層有高度自主性 ・集體決策 ・較少的中間協調部門 ・支援性功能發達	・人員具責任感與熱忱 ・專業人員得累積經驗與技能	・協調部門較鬆散 ・專業人員水準參差不齊 ・缺乏彈性革新架構	・複雜但穩定的環境 ・不需高難度或高自動化的技術體系 ・私人性質服務組織 ・多元特性市場
區域化架構組織	重心在中階管理者	・為市場區分單位部門 ・區域獨立運作決策 ・區域單位內實施集權	・利於培養高階管理人才 ・分散投資風險 ・有效分配資源	・總部侵奪區域單位權力 ・控制體系易忽視社會責任	・多元分散市場 ・穩定不複雜但具競爭的環境 ・規模較大組織

(續表 2.9)

組織架構	特 徵	運作方式	優 點	缺 點	適用情境
專職移體架構組織	·大量專業知識員工 ·以功能及市場作為部門劃分基礎 ·員工參與 ·跨功能部門協調人員 ·高度分權架構	整合式 ·以完成提案為目標 ·以專責小組完成任務 行政式 ·專職架構只運用在行政 ·決策權屬於智能者 ·高層管理將時間應用於監督提案	·富創作能力 ·充滿靈活性	·成員處於高度流動性和模糊狀態 ·對日常性事務缺乏效率	·複雜且快速變遷的環境 ·以研究為基礎的組織 ·產品生命週期短 ·組織年資淺 ·高難度技術體系

㈠簡單組織

⑴組織特徵

　　a.組織人員較少：組織內技術人員非常少，只擁有少數的非技術性工人。

　　b.未明確劃分各功能部門。

　　c.組織層級非常少，較不重視常規化的運作程序。

　　d.缺少明確的策略規劃程序，較不重視員工的教育訓練。

⑵組織運作行為

　　a.決策權集中於最高層管理者，最高層管理者本身可能就是組織的唯一擁有者。

　　b.最高層管理者的管理控制幅度很大，組織內所有員工可能全部遵從最高層管理者一人的指揮與領導。

　　c.組織內的溝通以非正式溝通為主。

⑶優點

　　a.決策集中於一人，決策具高度彈性。

　　b.人際關係較為和諧。

　　c.領導者較關懷員工。

(4)缺點

　　a.組織成敗全部集中於一人的決策，經營風險較高。

　　b.缺乏正式的行政組織支持，若遭遇重大危機時可能較難以從容地有效
　　　因應。

　　c.員工沒有決策參與權，無法有效激勵員工的士氣。

　　d.決策者可能濫用權力，破壞組織的各種規章與規定。

(5)適用環境

　　適用於簡單及易變的經營環境,國內小型或微型企業較常採用簡單組織。

㈡機械官僚組織

(1)組織特徵

　　a.強調員工專業分工及單位部門專業化原則。

　　b.強調員工專精於特定的例行性工作。

　　c.組織的各項決策依循指揮鏈 (chain of command) 原則運作，制定正式
　　　之行事規範與作業程序及溝通系統。

　　d.組織決策權集中於少數較高階管理者。

(2)組織運作行為

　　a.組織由各項專業技術人員制定相關作業標準化程序，以簡化組織內部
　　　日常決策與作業；譬如工作說明書、績效評核制度、作業研究、生產
　　　規劃、品質管制、預算、管理資訊系統、會計制度……等。

　　b.功能部門專業化和作業程序標準化的要求，致使員工工作特性屬於高
　　　度重複及簡單性，因此組織對員工之技能訓練需求極低；此外，部門
　　　專業化及作業標準化的實施大幅降低基層管理者所扮演的協調角色。

　　c.中階管理者主要的職責之一就是扮演組織內上層及下層人員之間的溝
　　　通橋樑。

　　d.由於組織的高度集權，高階管理者擁有較大的決策權，對內可協調不
　　　同功能單位以達成整體目標；對外則負責尋找投資機會及決定企業發
　　　展方向。

⑶優點

　　a.以標準化的工作方式，有效率地達成工作目標。

　　b.類似專長技能的人員配置於同一部門，可避免組織內人力資源及設備的重複浪費，同時亦有益於員工彼此間的技術交流與溝通。

　　c.由於高度的制度化，致使組織對於中、低階管理者能力的要求不需太高，即可維持公司的正常運作。

⑷缺點

　　a.工作設計較傾向於將人們視為「生產器具」而忽略人性面的考量。

　　b.專業功能部門的僵固性配置較不利於跨部門間的溝通與交流。

　　c.高階管理者的能力影響公司全體的應變能力。

　　d.高度標準化的作業程序，往往延誤決策時機而導致組織難以因應外部環境的快速變動。

⑸適用環境

　　a.組織歷史較久及規模較大者。

　　b.作業內容簡單穩定者。

　　c.外部環境穩定者。

㈢專業官僚組織

⑴組織特徵

　　a.基層員工完全由擁有專業知識的人員所組成，負責具有相同特性的產品製造與服務提供。

　　b.透過制度化的溝通機制維持內部的協調與合作。

　　c.組織架構具有高度權力分散的特質。

⑵組織運作行為

　　a.組織權力高度分散，強調基層的專業技能訓練，由於基層員工擁有相當高的自主決策權力，只需少量的基層管理者來從事管理協調作業，一般聯合律師事務所或企業顧問公司大都屬於專業官僚組織。

　　b.一般皆透過集體的形式來形成決策。

c.由於基層人員擁有高度自主決策與協調的權力和能力，因此，組織不需要太多的中間管理者及中間協調部門。

d.組織內支援性部門的行政業務功能相當發達，專業性地提供支援性行政服務以降低基層專業技術人員的日常性工作負荷。

e.高階管理者並不直接控管專業基層技術人員，其主要的扮演角色包括：處理部門間具爭議性的問題、負責內外部疏通、尋求外界組織支持及保障專業基層人員不受外界壓力而影響其專業獨立性。

(3)優點

a.相較於機械官僚而言，專業基層技術人員對工作及客戶都較有責任感與熱忱。

b.專業技術人員獨立決策與執行任務的企業文化特質使員工得以盡情地發揮所長，付出高度的熱忱與技術經驗，而得以有效提高服務水準。

(4)缺點

a.多元專業技術之間不易協調

專業官僚組織高度尊重個人所擁有的專長與技術能力，很容易因為個人技術本位主義的堅持而難以有效地達成多元化專業技術的協調與合作。

b.專業技術觀點差異性影響組織目標達成

由於專業技術人員本身技術背景及個人經驗所產生觀點的判斷差異性，往往造成決策方向與執行方法的不一致，而影響組織目標的達成。

(5)適用環境

a.專業官僚組織適用於複雜性的工作任務及穩定的競爭環境。

b.專業官僚組織不需仰賴明確的制度、規章與標準作業程序以推動各項任務內容；此外，專業官僚組織之員工憑藉其特殊專長來執行任務內容，因此適用於不需要高難度及自動化的技術設備投資的產業。

c.專業官僚組織適合需提供客戶高度顧客化服務的組織。

d.專業官僚組織可同步在不同的目標區隔市場提供多樣化的產品與服務，因此適合多角化策略的組織。

㈣區域化架構組織

(1)組織特徵

　　a.組織依照不同的特性如產品別、地區別等，將整體組織區分為不同的
　　　小組織單位，這些組織單位稱之為區域。

　　b.採高度授權行為，每一區域單位的最高主管擁有相當高的自主決策權
　　　力，以獲得因地制宜的策略優勢。

　　c.每一區域單位雖然可獨立運作但仍只是整體組織的一部分，區域組織
　　　的運作系統著重於明訂組織總部與區域單位的隸屬權力關係，除了已
　　　明訂的組織總部權力範圍，其餘則由區域單位主管全權負責該區域單
　　　位的運作組織架構和所有的決策項目。

(2)組織運作行為

　　a.組織依照產品制、顧客制或地區制為基礎而劃分不同區域單位，各單
　　　位自設部門獨立運作，區域單位間互相依靠的程度相當低，每一區域
　　　單位具有獨立運作的權力。換言之，組織總部實行權力分散政策，但
　　　區域單位主管則在授權的範圍內採取集權的運作方式。

　　b.組織總部雖然允許單位區域位完全獨立運作，針對每一區域單位進行
　　　定期與不定期的績效成果評估。

(3)優點

　　a.藉由區域單位之獨立運作，培養高階管理人才。

　　b.同步投資於不同的區域市場，可分散投資風險。

　　c.鼓勵組織內各區域單位因地制宜的採取各種管理活動。

(4)缺點

　　a.組織總部常有侵奪區域單位權力的現象,而破壞原先制度設計的目的。

　　b.績效控制體系主要以產量等可量化的表現為衡量標準，致使區域單位
　　　較易忽視無法以量化數據來表現的績效與社會責任成果。

(5)適用環境

　　a.較適合採多元化的市場設定。

b.較適合採多元的經營策略。

c.市場特性能依照區域化的原則依區域標準做有意義的劃分。

d.較適用於採取多樣化產品線經營的型態。

e.組織規模較大的企業個體。

㈤專職移體架構組織

(1)組織特徵

a.透過專案團隊 (project team) 的運作方式來執行顧客委託的各種不同專案計畫。

b.聘用大量專業知識的技能員工，並賦予個別的決策權力，透過群體的合作解決以前未曾遇過的新問題。

c.以專業功能的類型作為部門劃分及人員配置的基礎，但是員工需隨時參與專案團隊的工作。

d.設置專職的跨功能部門協調人員，例如聯絡人或專案經理。

e.採取高度分權的組織運作方式。

(2)組織運作行為

專職移體組織在組織的運作行為方面可區分為兩類：

a.整合式專職移體：組織在運作時，員工行政部分與專業部分的工作內容不明確加以區分，而以完成顧客委託的專案計畫為主要目標；此外，組織成立專案小組直接解決客戶的各種需求。

b.行政式專職移體：組織在運作時，員工行政部分與專業部分的工作內容明確劃分，而專職移體的組織架構只運用於行政部分；決策權歸屬於具有專業知能者的手中，而非依靠組織的職權而來；高層管理者不需花太多時間來訂定專案計畫執行的策略、程序和方法，而將大部分時間運用於專案計畫的執行成果控管與問題解決。

(3)優點

a.專職移體組織鼓勵員工積極從事創新與變革,促使組織充滿創業家精神。

b.組織架構的運作充滿彈性與靈活性，可針對不同專案任務採取各種因

應措施。

⑷缺點

a.組織成員經常處於高度流動性和模糊不清的組織環境狀態。

b.對於日常性事務的處理缺乏效率。

⑸適用環境

a.複雜且快速變遷的環境。

b.以研究與創新為競爭優勢來源的組織。

c.產品生命週期短、替代性高的組織。

d.每次所接受的任務內容皆不太相同的組織。

五、權變理論的情境因素

依據權變理論觀點，當組織架構設計與情境因素能夠達到較佳的配適 (fit) 方式時，則組織會有較佳的表現。下列將逐步介紹組織規模與年資、外控性、市場的分散性、環境特性及管理特質等情境因素與組織結構要素的關係性。

㈠規模與年資

一般在衡量規模大小時可用員工人數來加以衡量，根據許多學者研究結果顯示，規模較大的組織傾向於採取官僚式的組織架構，而規模較小的組織則偏向較靈活的組織運作模式。年資與組織的常規化有極大的關聯性，一般而言年資愈久則組織運作行為將愈趨向於常規化。

㈡外控性

外控性係指組織受外界控制的程度,而外界控制的力量主要來自於母公司、政府、供應商及客戶等，當組織的外控性愈大時，較偏向於採用高度集權的方式，並藉由更多的規則與程序來強化組織的內部控管。

㈢市場的分散性

市場的分散性包括產品的分散及地域的分散兩種。一般而言，當組織的產

品愈多元化時，將佈署較廣闊的地域經銷網路，以便將不同市場定位的產品行銷出去，而此將會增加組織溝通的困難度，而迫使組織採行「區域組織」架構或採用較大的權力分散制度。

(四)環境特性

密茲伯格認為組織設計架構愈符合環境特性時，將愈能發揮組織的作業績效，並指出一個組織在面對不同的環境情境下，較適合的組織架構設計原則：

(1)在面對較穩定的環境時，較適合採取機械式官僚組織架構。

(2)在面對較複雜的環境時，較適合採取分權式的區域組織架構。

(3)在面對較多元化的市場環境時，較適合採取以不同的市場屬性為劃分基礎的架構。

(4)在面對愈具競爭性及敵對性的環境時，較適合採取組織層級少、決策速度快的專職移體組織架構。

(五)管理者特質

組織內管理者的價值觀、工作態度及創新意圖皆可能影響組織的結構設計原則；一般而言，管理者的特質包括：對權力的需求程度、變革創新的接受性及管理哲學觀等，上述特質對於組織結構設計與管理原則運用的影響關係說明如下：

(1)管理者對權力的需求程度：若高階管理者具高度的權力控制慾，則組織架構將愈傾向高度的中央集權，縱使組織規模變大，作業活動變複雜，亦難有所改變。

(2)管理者對於創新變革的接受性：若管理者勇於接受創新變革的挑戰，則較傾向於採取反授權的運作方式；但若管理者秉持保守消極來面對環境的變動性，則較傾向於採取集權的官僚式組織架構運作。

(3)管理者的管理哲學：若管理者採用行為科學家的觀點，以「符合員工期望」、「尊重員工需求」及「員工工作滿意度」等作為組織設計的考量要素時，則組織架構將傾向員工授權、分權及員工決策參與；但若管理者

係以員工生產力及工作效率的科學管理學派為行事觀點，則組織架構的設計原則較傾向於採取高度集權的機械式官僚組織。

個案研討：通路盟主——聯強國際公司的服務創新價值

一、聯強國際簡介

聯強國際成立於 1988 年，以「專業的中間通路商」做為經營方向，致力於拓展多元化的產品及市場，厚植研發通路管理的核心關鍵技術，建立整合銷售、物流及維修的通路運作系統，並以代理配銷各種品牌的資訊產品為主要業務，所銷售的產品橫跨資訊、通訊、消費性電子等 3C 產業，經營策略為「多領域、多品牌、多產品」，提供顧客「少量、多樣、一次購足」的服務。2003 年的資本額為 735 億元，員工數約 1,550 人的聯強國際，代理約 270 種全球品牌，超過 4,600 多項產品，全臺經銷商約有 11,000 家，包括 6,000 多家資訊經銷商，4,000 多家通訊行，以及 300 多家電子製造商，並涵蓋了 95% 的通路據點。2003 年海內外營業額高達 1,082 億元，國內就佔 554 億元，為國內最大的資訊通信通路商。

二、服務創新價值

聯強國際公司目前已成為國內通路的盟主，過去通路商與製造業大都是靠提供高附加價值的產品，以獲得較良好的利潤，但隨著微利時代的來臨，現今通路商的利潤來源主要來自於成本的控管及效率化的管理以提高利潤，而這些則必須依靠獨特的服務創新價值與運籌管理能力，聯強公司就是靠著不斷地思考如何在生產、庫存、服務及產

品等方面的成本降低創造較高的利潤，相較於一般世界級通路商僅 0.5% 的稅前利潤，聯強國際公司的稅前利潤高達 2.5%。至於該公司如何獲得良好的利潤績效，主要係採取下列的措施：

(一)顧客化組裝生產

　　聯強國際公司在組裝生產的創新上，首創全球獨一無二的顧客化組裝生產 (build to order; BTO) 生產中心，推出了量身訂做生產，消費者可在電腦門市依需求選擇電腦配備的品牌與規格，由經銷商下訂單給聯強，聯強再依訂單需求進行組裝，並掛上聯強的品牌後出貨，藉此 BTO 運作方式，聯強建構了完整而多樣化的產品線，而能快速滿足市場上不同顧客的需求。

(二)掌握庫存

　　早期的通路產業一直存在因為需求量的不確定性而造成庫存過高的問題，聯強國際為了掌握庫存資訊，自行開發設計資訊系統來進行存貨管理，透過完整的資訊系統除了可有效管理產品外，並充分整合上、下游廠商的庫存資訊系統，盡可能達到門市零庫存的管理目標，提升經銷商與聯強國際公司的合作意願。

(三)創新服務機制

　　在服務導向的經營理念下，聯強國際公司不斷推出創新性的通路服務，並透過不斷地檢討改進，持續提升其服務水準，所採行的各種創新服務包括：(1)開發數位神經資訊系統以提升內部運作效率，進而快速回應顧客需求；(2)創立接單中心，顧客透過電話就能完成詢價與下單，平均每天要接 12,000 多通詢價電話，且平均 3.5 通電話就能成功完成一筆交易；(3)建置完善的物流配銷管理，客戶在下訂單半天之內就能收到貨品；(4)建立快速維修體系，陸續推出「今晚送件，後天取件」、「大哥大 30 分鐘完修」及「資訊產品現場換修」等快速服務。

㈣獨特的配送系統

　　身為通路產業的一員，聯強國際公司的核心競爭力就是極具效率的物流配送體系與自動化倉儲系統，該公司前後共花了五年時間進行系統的研發，其獨特的「短距離高密度物流系統」使物流中心在發貨時，依發貨區分為十大區域，每區域七、八部運貨車，透過條碼來辨識商品的進出情形，利用快速分類機將貨品送至正確區域，整個配送過程完全自動化，並採用一日三配的方式來完成具限時性的顧客服務需求，大幅增加通路配送效率及運算成本效能，使聯強國際公司早上接到訂單下午就可送達客戶手中的達成率超過98%。

三、研討題綱

1.請論述個案公司透過何種機制創造服務的價值性。
2.請從「科學管理」的觀點，論述個案公司的關鍵成功因素。
3.請論述資訊技術的運用對通路產業的經營有何助益性。

個案主要參考資料來源：

1.聯強 e 城市網站：http://www.synnex.com.tw/
2.林宜諄，〈聯強國際——網路串通供應鏈〉，《天下雜誌》，第 203 期，民 88 年。
3.林益發，〈資訊通路業第一巨人〉，《商業週刊》，民 87 年，十月號，頁 36–55。
4.郭晉彰，《不停駛的驛馬——聯強國際的通路霸業》，商訊文化，民 89 年。
5.鄭淑芳，〈電腦資訊的專業通路經營者〉，《能力雜誌》，第 500 期，民 86 年，頁 102–107。

第三章　組織環境

◎ 導　論

　　環境對於企業組織的營運策略具有舉足輕重的影響性，企業組織的成敗往往深受環境因素的變動影響，因此管理者必須對組織的環境有充分的掌握，才能根據環境特性訂定具可行的組織策略，以創造或維持長期的競爭優勢。

　　組織環境可區分為內部環境、產業環境、總體環境及全球環境，本章將依序介紹各類環境的組成因素、各因素對企業組織營運績效的影響關係；同時，為了使學生瞭解環境分析的應用手法，本書亦將介紹競爭對手策略行為分析模式及五力分析架構。另外，企業倫理與社會責任亦為本章的另一探討議題。

◎ 本章綱要

*環境的意義
　　*環境的策略因應觀點
　　*環境的分類
*內部環境
*產業環境
*總體環境
*國際環境
　　*國際化經營管理複雜性
　　*國際化經營風險
*環境分析
　　*環境不確定性
　　*競爭對手策略行為分析

*五力分析架構
*企業倫理與社會責任

◎ 本章學習目標

1. 剖析組織環境的組成因素，並瞭解各種環境組成因素對企業組織管理模
   式與營運績效的影響。
2. 瞭解環境不確定性的組織構面，並學習如何利用競爭對手分析架構與五
   力分析架構來進行組織環境分析。
3. 瞭解企業倫理的具體作法及組織所應擔負的社會責任。

第一節　環境的意義

　　管理者在制定組織策略及進行各項決策時，往往深受環境因素的影響，組
織若無法針對環境的變動調整策略方向或採取適當的因應措施，可能會對經營
績效造成負面作用。所謂「環境」(environment) 係指可能影響組織運作與績效
表現的各種因素；組織應該隨時偵測掌握環境的現況變動與未來發展趨勢，作
為投資決策的參考依據，才能有效提升企業競爭力。

一、環境的策略因應觀點

　　環境對於組織運作影響層面非常深遠，一般而言組織對於環境的變動所採
取的應對策略主要有兩種：(1)適應性 (adaption) 策略，係指一個企業或組織僅能
隨著環境變動採取被動性的因應作為，譬如組織隨著產業新技術或顧客需求的
出現而開發新產品，目前絕大多數的企業組織基於資源能力之限制，通常採取
此種適應性策略；(2)創造性 (creation) 策略，係指一個企業或組織主動的創造未
來有利於經營的環境情勢，事實上目前的企業較少有能力採取創造性策略，世
界級知名大型企業如 Intel 公司的 CPU 技術主導著資訊產業的變革才有能力採

取創造性策略；然而不論採取何種因應策略，每位管理者都應持續不斷瞭解環境，並思考如何在急劇變化的環境中掌握機會，才能有效創造與維持競爭優勢，並確保企業組織的永續經營。

二、環境的分類

組織的內部與外部皆存在著各種影響組織運作與績效表現的環境因素，自從權變理論及系統理論觀點興起之後，環境因素對組織的影響議題逐漸受到管理學界關注；學者們普遍地認為組織應該針對所處環境的差異性，而採取適當的組織結構及管理作為來加以因應，以提升企業組織的績效表現。因此，管理者除了執行規劃、組織、用人、領導及控制等管理功能外，更需掌握環境的現況及未來的變動方向，隨時修正各種決策內容與管理作為。

組織環境大致可區分為內部環境 (internal environment) 及外部環境 (external environment) 兩種；內部環境指組織本身內在的影響因素，包括所有權人、董事會、員工、工會、實體工作環境及組織文化等，而外部環境則指來自於組織外界的各種影響力量，包括產業環境、總體環境及全球環境（參見圖 3.1）。

第二節　內部環境

組織的內部環境因素包括所有權人、董事會、員工、工會、實體工作環境及組織文化，各項環境因素的本質與內涵說明如下。

一、所有權人

組織的所有權人 (owner)，係指實際出資而擁有該組織法定的財產權者，但他不一定是組織的經營管理者，在實務上，組織的所有權人根據下列三種組織成立類型之不同，而有不同的涵意。

1.獨資企業

組織所有權人係獨自一人出資創業，並自己經營該企業。因為獨資企業的老闆只有一人，因此對於企業的各種決策擁有最終的決定權。

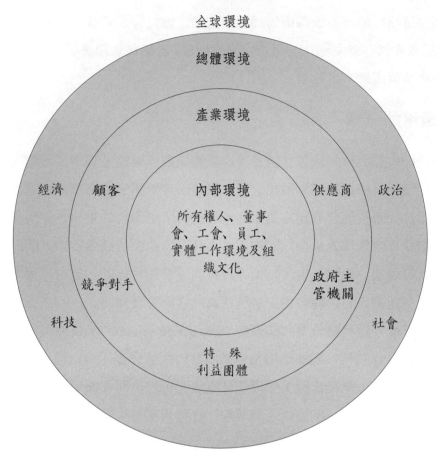

圖 3.1　組織環境

2.合夥企業

　　組織所有權人係由數個人合夥共同投資，在法律上所有合夥人可以共同一起決定公司的政策，相對的同時也都要負擔決策的責任。

3.股份有限公司

　　組織所有權人係購買該企業股票而獲得所有權的一群人，股份有限公司是經由全體股東選出代表，擔任董事會之董事，再由董事共同選出董事長，負責監督公司營運控管，只保留少數重大決策由股東大會全體會員決定之。

二、董事會

　　公司的董事會 (board of directors) 係由出資的股東推選所成立；它負責監督

公司的經營管理，確保公司的營運管理上軌道，以保障公司全體股東的權益。通常董事會僅發揮監督功能，而極少參與公司實際運作，僅在公司面臨重要決策時才會發揮經營管理上的影響力。

三、員　工

員工 (employees) 是企業組織的主要組成分子之一，隨著員工意識的日漸抬頭及勞工相關法令的日趨完善，員工愈來愈重視其相關的工作權益，也更懂得如何爭取該享有之權益，使得組織在運作的過程中，必須將員工的權益與福利納入考量，因此員工對於組織的各項決策、管理與作為逐漸造成重要影響性。

四、工　會

工會是由公司的員工所組成的，工會最主要的目的就是集合員工的力量與資方協商，向資方爭取本身應有的權益；若資方與勞方雙方無法具備和諧之勞資關係或員工認為應有之權益無法獲得滿足時，工會可能會採取抗爭活動以表達不滿進而爭取權益，例如透過罷工手段爭取與勞方談判的籌碼。勞資雙方和諧關係對於組織的營運會有很大的功效，能產生事半功倍的效果，因此工會也是組織內部環境中相當重要的影響因素。

五、實體工作環境

實體工作環境係指員工從事工作場所的舒適與安全條件；如果組織所提供給員工的實體工作環境，溫度過高、溼度不良、空氣污染或具危險性等，除了可能觸犯工業安全及勞基法等相關法令外，亦可能因員工的身體不適，而影響公司的績效利益，因此維持員工在工作場所的安全性與舒適性實為組織內部環境因素的重要考量。

六、組織文化

組織文化係指組織內部共同的信念、價值觀及行為規範。事實上，組織文化是組織成員經過長時間的互動所發展出屬於公司制度外，但為大多數組織成

員所共同接受的價值觀念與行為模式；換言之，來自於不同專業背景或不同階層的組織成員皆遵從組織文化的共同規範；任何組織在運作一段時間後，大都會發展出其獨特的組織文化，而管理者所關切的則是此組織文化是否對於企業組織的營運發展具正面作用。

組織文化受企業創辦人觀念及管理風格影響極大，創辦人會把個人價值觀及管理風格帶入組織內，所建立的領導風格經過一段時間的運作後，會轉移至經理人身上，往後隨著企業組織繼續成長，也會吸引相同價值觀之新經理人或員工加入組織的行列，同樣地企業組織在進行新員工招募時，也會甄選認同該企業組織文化與價值觀的人員。經由上述的管理作為，組織成員價值觀之差異將愈來愈接近，企業組織文化也將愈具體而有特色，而該些受到認同之企業組織文化與價值觀，更可增進部門間的整合協調，而促使組織整體運作的一致性。例如鴻海精密郭台銘董事長嚴以律己、克勤克儉的行事風格，造就了軍隊化的紀律以及精準執行力的鴻海文化；而證嚴法師一日不做一日不食的精神，感召了幾百萬的人投入志工的行列，塑造了慈濟犧牲奉獻的組織文化。

一個高度集權的決策者所經營的企業，他的組織文化就可能不同於採取參與式領導的決策者所掌管的企業，我們無法肯定地指出該兩種領導管理模式所塑造的組織文化哪一種較為適當，這完全取決於企業所處的經營情境而定，但唯一可確定的就是處於該兩種不同組織文化的組織成員在處理方法、決策方式或工作態度將有明顯的差異性存在；換言之，組織文化對企業組織的影響是全面性的，它可能對於員工生產力、管理者決策力、工作滿意度及員工的流動率均造成深遠影響力。當員工剛進入企業組織時，係塑造員工符合組織文化規範的最佳時機，通常組織會透過教育訓練來協助新進員工調整行事風格以適應其組織文化特質。

第三節　產業環境

產業係指由一群提供相同或類似產品／服務所形成的廠商群聚，除了組織內部環境外，另一個對組織策略與運作具影響性的就是產業環境因素。一般而

言，組織在進行策略規劃與管理時，大都先從產業的環境分析著手，分別針對下列的產業環境因素：顧客、供應商、競爭對手、政府主管機關及特殊利益團體進行剖析。

一、顧　客

從行銷的角度而言，顧客大致可區分為最終消費者及中間通路商兩種。最終消費者係指購買組織所提供產品與服務，並直接消費而獲得需求滿足的人，通常個人或家庭皆為最終消費者，但最終消費者也有可能是機關團體，例如學校、醫院、政府部門等。中間通路商則是指購買組織的產品或服務，再轉售給其他個人或組織以獲取利潤的廠商，例如批發商或零售商，因為中間通路商購買產品或服務的主要目的就是要轉售圖利，對產品與服務價格的敏感度通常也比最終消費者來得較高。

不論是最終消費者或中間通路商，顧客的議價能力將影響組織的獲利能力；當顧客的議價能力較高時，意即顧客要求廠商提供較低的價格及較高品質之產品或服務，這將縮減企業組織的利潤空間。就目前的經營趨勢而言，組織滿足顧客需求的作法有三：

1.瞭解顧客需求

基於產業競爭環境變化的快速性，企業組織如何有效掌握顧客實際需求係滿足顧客需求的首要工作。通常組織可利用問卷調查、電話訪談或直接拜訪的方式獲得顧客需求的資訊，以充分瞭解顧客實際需求，並將顧客需求正確無誤的設計於產品或規劃於所提供的服務。

2.快速反應顧客需求

當組織正確的掌握顧客需求後，如何在最短的時間內提供能滿足顧客需求的創新性產品與服務，將是企業組織維持競爭優勢的重要手法之一。企業組織在研發創新產品的過程，可利用品質機能展開 (quality function development; QFD) 的方法，將顧客的需求設計於所提供的產品規格或服務內容中，亦可透過健全的顧客品質情報回饋系統持續改善產品與服務品質，以切合顧客的真實需求。

3.提供客製化產品與服務

一般而言，顧客是具喜新厭舊傾向的，廠商如果在市場上提供一成不變的規格化產品，將很快的被消費者所遺棄，因此如何針對不同的顧客需求提供客製化的產品與服務，係目前廠商維持競爭優勢的主要手段之一。就如同目前許多健康美容中心均可針對不同顧客的需求，而提供不同品質層次的健康、美容服務項目；同樣地，許多汽車業者亦可針對不同的顧客需求而提供不同配備等級的車子以供消費者選擇。

二、供應商

供應商係指提供企業組織在從事產品或服務製造過程中所需設備、原物料、零件及配件的廠商。事實上，供應商所供應的各種設備、原物料、零件及配件的品質好壞、交貨迅速性、供貨的穩定性及價格的變動性，均可能對企業組織的營運成效造成衝擊。因此，組織在選擇供應商時應進行適當評估，而評估的主要指標包括：

1.供應商的技術水準

供應商製造設備的先進性、新穎性或員工的專業技術能力，係評估供應商技術水準的主要方向，它關係到其所提供的原物料、零件的品質水準；此外，評估供應商技術水準時，亦需考量其未來的技術能力發展是否能配合公司未來產品策略發展定位。

2.供應商經營者的能力

供應商經營者的素質與能力將影響供應商未來是否能有效提升技術水準的主要關鍵之一；因此，將供應商經營者未來的願景性、策略性及執行力列為供應商重要的評估指標，將有助於公司未來的發展潛力。

3.供應商的產品品質

供應商所供應產品的品質水準將直接影響公司產品的信譽，因此定期與不定期的對供應商的產品品質進行評估，控管與評鑑係不容忽視的；若有必要時，亦可成立「供應品質提升小組」提供供應商在技術品質方面的諮詢與輔導。

4.供應商產品的價格

供應商的產品價格關係公司的經營成本；若供應商的供貨產品價格太高，將耗損公司的市場競爭力,因此如何在供應商產品品質與價格之間獲得平衡點，係值得關注的管理議題。

5.供應商的交貨可靠性

供應商能否迅速交貨及準時交貨，均將影響公司市場的競爭力。由於目前市場競爭情勢的急劇變動，供應商必須能夠配合公司的需求，快速供應各種零件，才能配合公司調整市場需求，而能快速性提供多樣化及創新性產品。

三、競爭對手

產業環境中另一個重要因素就是競爭對手；一般而言，競爭對手通常提供與組織相同或類似的產品或服務，就市場的利益方面具有某種程度的衝突性存在，例如萊爾富、OK、全家便利商店都是 7–11 的產業競爭對手。一般在衡量產業內競爭對手的產業競爭強度，通常從產業結構及產業生命週期來進行分析。

㈠產業結構

經濟學家將產業的結構大致區分為四種：

1.獨佔結構

在相同產業的市場上只存在著一家企業，競爭程度極低，企業的管理者可自行決定產品及服務的價格，以獲取企業的最大獨佔利潤，例如臺灣電力公司。

2.寡佔結構

相同產業的市場上被少數的廠商所佔有，競爭強度不高，例如國內的加油站目前較具競爭規模者中，僅有中油、台塑及全國加油站等三家。產業的競爭強度取決於廠商之間的互動協調情況，因為家數不多，彼此影響甚大，廠商間容易形成聯合壟斷，有時亦稱之為寡頭壟斷，而產生與獨佔類似的市場。

3.完全競爭結構

相同產業的市場上存在著無數多家的廠商，每一家廠商提供相同或高度相

似之產品與服務，競爭程度相當激烈。產品價格一般係由市場的供需機制所決定，由於任何廠商都沒有價格決定權，因此大多數廠商只能賺取合理利潤。

4.獨佔競爭結構

相同產業的市場上有無數多家的廠商，但各家廠商所提供的產品或服務，在品質、功能或樣式上存在某種程度之差異性，因此顧客可從中選擇自己所偏好的產品或服務，但因各家差異性不太大，因此廠商之間不足以形成競爭上的獨佔優勢。

表 3.1　產業結構特性

產業結構特性	獨佔結構	寡佔結構	完全競爭結構	獨佔競爭結構
競爭家數	只有一家	少數佔有	無數多家	無數多家（有差異）
競爭程度	極低	不高	極高	高
價格決定	自行決定	互動協調	市場供需機制	大部分由顧客偏好決定
利潤	極高利潤	高利潤	合理利潤	合理利潤

(二)產業生命週期

產業結構的分析較屬於靜態的分析，但是產業的競爭情勢大都是處於動態的環境，廠商處於產業生命週期之不同階段，均將影響其競爭狀態及管理模式。一般而言，大致上可將產業發展的生命週期區分為四個階段：形成期、成長期、成熟期及衰退期等（參見圖 3.2）。

1.形成期

產業剛發展形成的階段，大多數顧客對於市場上所提供的產品及服務認識普遍不足，只有少數的顧客會願意嘗試購買新產品或服務，此時市場上的競爭對手非常少，競爭強度低，但相對地銷售量並不大。此外，因為產品與服務尚未進入大量生產的階段，所以製造成本相當的高，因此廠商不容易從市場上獲得高額利潤。此階段的管理重點在於開發顧客群，增加銷售量以達到經濟規模生產，設法降低生產成本並提升利潤。

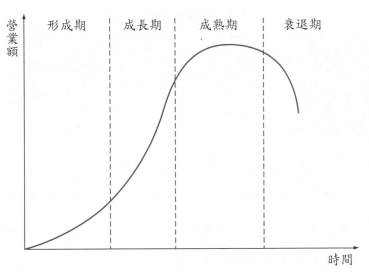

圖 3.2 產業生命週期

2. 成長期

產品銷售量大幅成長，產品利潤因逐漸達到經濟規模生產而大幅提升，因而吸引大量競爭廠商加入。此時，競爭強度已浮現，此階段管理重點在於如何迅速拓展生產的產能，以滿足快速增加之市場需求。

3. 成熟期

此階段產品市場普及率已逐漸達到飽和，銷售成長率開始減緩，在成長期所進行的產能擴充投資將造成市場生產過剩的現象，競爭變得非常激烈，產品的邊際利潤開始下降。此階段的管理重點在於如何有效提升產品的品質與功能，以吸引顧客持續進行消費，並透過製程的改善降低製造成本，進而提升產品之利潤。

4. 衰退期

此階段的市場銷售量及產品利潤將大幅下滑，廠商將漸漸地無利可圖，部分廠商陸續退出市場。廠商面臨的管理課題是要考量是否退出該產業，或創新產品以締造另一個產業生命週期循環。此階段的管理重點在於如何有效掌握退出市場的時機，或瞭解產業趨勢走向，提早準備創造與掌握下一波的產業高峰。

四、政府主管機關

企業組織通常受到政府部門主管機關所約束，各主管機關依照他們的權限

表 3.2　產業生命週期特性

產業特性 ＼ 產業生命週期	形成期	成長期	成熟期	衰退期
競爭情況	極少	大量增加	競爭激烈	部分退出市場
銷售量	極少數	大幅成長	達到飽和	大幅下降
利潤	不高	提升	下降	大幅下降
管理重點	開發顧客群、降低生產成本	拓展市場及擴充產能	產品品質提升及製程改善	掌握退出時機創造下一高峰

和相關法規，對企業組織的各項活動加以管制，因此政府主管機關亦是影響企業組織營運績效的重要產業環境因素之一。然而政府主管機關對於企業組織的運作發展係屬於助力或阻力呢？在傳統的觀念裡，政府機關的官僚體系往往是被視為無效率的，因此對於政府主管機關所採取的各種措施通常被組織視為阻力。在這種觀點下，學者們或企業經營者往往倡議應該降低政府主管機關對於企業組織的主導與干預角色。

但相對地，亦有學者們或產業界人士認為政府主管機關的角色在於為企業組織建構良好的營運與投資環境，並適度的提供企業指導與協助；尤其以中小型企業居多的臺灣，廠商往往沒有足夠的資金與人才建立具有良好效能的各項管理制度，此時透過政府主管機關的各項輔導體系的運作，將可有效協助廠商建立良好的經營管理制度，提升廠商之競爭力，例如經濟部中小企業處所建構的中小企業輔導體系（包括：經營管理輔導、品質提升輔導、財務融通輔導、互助合作輔導、社區中小企業輔導……等），多年來對臺灣中小企業的發展扮演重要之推手角色。

五、特殊利益團體

在現實社會中，存在著許多為了爭取特定利益的團體，例如消基會、環境保護團體、婦女聯盟或原住民團體等。這些團體都是為了爭取特定群體所需的權利或利益而存在，如消基會的存在就是為了捍衛廣大消費者的權利與利益，當某家企業在市場上提供足以危害或已產生危害消費者健康的產品時，消基會

基於消費者權益，就可能對提供產品的廠商提出各種抗爭訴訟活動。例如民國92年3月發生在阿里山鐵路的火車翻覆慘劇，造成一百多名乘客死傷，消基會接受了其中五十一位受害家屬讓與請求權，以團體訴訟的方式向法院遞狀控告林務局，並求償5億7千200餘萬元損耗賠償與懲罰性賠償金。雖然在控訴過程中因故被臺北地院駁回，但是這件消基會站在為消費者爭權益的立場上，而對政府主管機關採取法律訴訟行動的案例，便是一個特殊利益團體影響組織營運很典型的例子。

總而言之，當組織的經營管理活動與某些特殊利益團體所追求的目標相違背時，特殊利益團體為了他們的理想目標，便會對該組織採取各種的爭訟活動，而這些活動往往對該組織的營運與績效有著舉足輕重的影響性。

第四節　總體環境

總體環境又稱為一般環境 (general environment)，它主要包括政治、經濟、社會及科技。雖然總體環境因素對於企業組織的經營運作通常不會直接產生立即的影響關係，但一旦有任何變動產生時，卻可能影響產業環境而間接對企業組織造成重大衝擊，因此企業經營者亦不得輕忽總體環境因素的影響性。

一、政治因素

二十世紀以來，隨著政府職能不斷的擴大，使得政府和企業的關係也日趨密切。如今，不論政府在立法或行政措施上的變動，都會對企業的經營與管理產生極大的影響；例如勞基法實施後勞資關係的改變就對組織經營管理者造成某種程度的衝擊；而政府開放民營銀行對國內的銀行業者也造成競爭環境的改變；另外，國營事業民營化如台糖、台鹽公司或台灣菸酒公司，都對國內民營企業的競爭情勢造成深遠影響性。

有關政治因素如何影響一個組織的決策方向及經營管理方式，可從政黨、政府政策的穩定性、社會自由開放的程度及外資企業的態度等幾個角度來看，茲分述如下。

(一)政　黨

政黨的數量若太多，則任何一個政黨的主張很難獲得大多數人民一致性的認同與支持，致使執政者政策無法有效貫徹執行，造成組織經營者對未來環境不確定性的疑慮，而降低投資的意願；反之，若只有一個政黨長期執政，所謂絕對的權力變成絕對的腐化，組織經營者將失去對政治環境的改進期望。因此，一般而言，一個國家政黨太多或太少，對企業經營都有不利的影響，而二至三個政黨則可能是目前普遍被認為比較適當的數量，如美國有民主黨、共和黨、獨立黨等三個主要的政黨；英國主要的政黨有工黨及保守黨；日本主要的政黨為自由民主黨、公明黨及社會民主黨。

此外，政黨的政策意向亦可能會影響組織的經營管理。一個國家若有兩個以上實力相當的政黨存在，則執政的政黨就可能交互更替，這種情況下執政黨的各種主張，對企業的經營影響性就顯得非常重要；例如美國 90 年代的民主黨執政時就主張充分就業，加強稅收及抑制大企業之利潤；而共和黨執政時就主張抑制工資與物價、減低稅率及促進企業發展。

(二)政府政策的穩定性

政府政策若穩定持續推行，時日一久企業就能發展出適應的策略；反之，若政府政策更迭太快或搖擺不定，則企業將無所適從，因而降低投資意願。因此不受政黨輪替的影響，而仍能維持政府政策執行的持續性與一貫性，係企業組織投資發展的主要基石。

(三)社會自由開放的程度

愈自由開放的社會，企業組織的活動力就愈強。以中國大陸而言，自 1949 年以來，共產黨執政實施高度中央集權控制國有國營制度，致使整體的企業經營績效表現不彰，但自 1978 年實施改革開放之後迄今，由於政權穩定且積極推動各項改革開放措施，締造了良好的投資環境，吸引著世界各國企業爭相前往大陸投資，使得大陸經濟得以快速成長。

㈣外資企業的態度

有些國家的官員對外國企業懷有敵視的態度，但是在法規上又無明文規定可禁止其營業行為，因此在行政手續上故意刁難，使其知難而退。但也有國家在法規上明訂平等對待甚至優遇外國企業，並具體表現在政府官員的服務態度與民間企業密集往來的行為上，這種良性互動的態度，不僅能有效鼓勵外國表現良好的企業進入本國投資，同時對本國企業經營管理的示範亦具有競爭效法的效果。

二、經濟因素

當經濟景氣蓬勃的時候，百業繁榮造就國民消費能力的提高，大多數的企業很容易地就可以在經濟市場上獲得利潤；但是當經濟不景氣出現時，國民消費能力下降，縱使體質穩健之企業均將戰戰兢兢的經營，以免稍有不慎而影響公司的生存契機。至於塑造一個國家經濟情勢的主要要素包括經濟制度、基本建設、重大投資方案及國民所得與購買力，這亦正是企業組織決策者在進行重大投資時所需評估之要素。

㈠經濟制度

經濟因素中對於組織的營運影響最大的就是經濟制度的導向，其中，最具代表性的兩個極端分別為採取自由私有企業思想的「資本主義」及國有國營企業管制之「共產主義」，茲分述如下：

1.資本主義

「資本主義」強調的是資本可為私人企業所擁有，其主要的特色包括：(1)允許人民私自擁有生產資源或財產，如土地、機器、資金等；(2)私人企業投資經營，政府不做干預；(3)由企業按員工績效自行分配所得；(4)市場自由競爭，政府的職責主要為提供企業組織良好的經營發展環境。實施資本主義自由經濟制度者如歐、美、日等各國。

2.共產主義

「共產主義」強調資產為國家人民所共有，應由政府進行統一管理及合理

分配，不允許私人擁有資產，其主要的特色包括：⑴重要生產資源或財產如土地、機器、資金等均收歸國有；⑵企業組織投資由中央集權統一計畫分派；⑶由國家一致性分配人民所得；⑷無市場自由競爭。實施共產主義經濟制度之代表性國家如數十年前之中國大陸及解體前的蘇聯等共產國家。中共在 1949 年取得政權後，大力實行「國有國營」的共產經濟制度，實施之後企業生產力大幅下跌，國家與人民日益貧窮，因此，鄧小平在 1978 年開始大力提倡改革開放，實施「具有中國特色的社會主義市場經濟」，其成效甚大，國民平均所得成長超過四倍，迄今已到達一千多美元。此外，前蘇聯也在 1990 年解體，解體後之各國紛紛放棄共產主義，開始實施各項經濟改革措施。

綜合上述，我們可以瞭解不同的經濟思想、意識型態和運作制度，對企業組織的營運方式與經營成效均會產生不同的影響，而採取自由私有企業的經濟體系，似乎較有利於企業組織的投資與生存發展。

㈡基本建設

所謂「基本建設」係指供眾多企業組織共同使用之公用事業，如電力、自來水、鐵公路、航空與海運、郵政及電信等，該些基本建設皆為企業組織發展所必須仰賴的基礎。國家的重大基本建設，不論是屬於社會性、經濟性或交通性，均將直接為企業創造有利的投資與營運環境。

㈢重大投資方案

當國家經濟景氣不佳時，國家的重大投資方案可擴大內需，間接為企業帶來正面之助益性。在經濟不景氣時，國民消費力減弱，民營企業投資減少，外銷出口降低，勢必影響經濟發展，此時若要改善經濟環境不利的影響，則有賴政府之公共投資，以彌補民營企業投資能量的不足。例如民國 63 年至民國 66 年之間因為石油危機，造成全球經濟不景氣，導致臺灣物價上漲，企業投資降低，此時，則政府適時投入巨大資金進行十大建設方案，一方面改善了停滯的消費市場，帶動市場的活絡經濟活動，另一方面當建設完成時，也為國內企業組織提供更佳之投資經營環境。

㈣國民所得與購買力

一個國家國民平均所得的高低決定其購買力，國民所得愈高的國家，則平均每人所得或購買力將相對較高；反之，一個國家的國民平均所得若低而人口又多，則其國民平均所得和購買力必然較低。即使人民擁有購買較好商品或服務的意願，若國民平均所得不高的話，將無力購買想要的產品或服務，此時購買意願就無法轉化成為有效的市場需求，而將影響企業組織的投資意願，也會逐漸形成不利於企業經營的經濟環境。

通常企業組織最重視的是人口眾多且國民所得高的國家市場，例如美國、日本、英國、德國、法國；其次重視的則是人口雖然不多，但國民所得很高的國家，如北歐諸國、紐西蘭、澳大利亞等國；而國民所得雖然不高但人口眾多，具備開拓發展潛力的地區，亦將受到企業組織的青睞，就如中國大陸雖然國民平均所得並不高，但是因為人口特別多，在經過二十年改革開放後，其國內的內需市場大幅成長，已成為世界各國企業競爭競相前往投資的地點。

三、社會因素

社會因素是一個很複雜的問題，它主要包括人口結構與價值觀、環保意識、消費者意識及社會責任等議題。企業組織的營運並非僅是生產、行銷或財務等功能的單獨執行個體而已，事實上它也是一個社會性組織，企業組織所做的任何決策與管理活動均與社會因素的各種議題發生密切的互動影響性。

㈠人口結構與價值觀

社會因素對於組織經營管理的影響，主要來自於社會的人口結構及組成分子所擁有的價值觀。社會的組成分子通常是企業組織成員的來源，而且同時也是市場顧客，因此社會人口結構的變化將直接關係到企業組織取得員工的素質，同時他們的價值觀亦將直接影響其消費行為，而對企業組織所提供產品服務的策略方向具深切影響性。

以臺灣為例，根據我國的人口統計資料顯示，臺灣地區的人口數雖然逐年

成長，但受到社會價值觀變遷及政府大力推行家庭計畫的影響，近年來人口成長的速率已明顯趨緩；而且隨著生活品質的提升及醫療技術的進展，國民平均壽命延長而死亡率下降，使整體人口結構逐漸朝向高齡化社會的趨勢發展。就消費市場而言，高齡化的社會將帶來銀髮族商品的成長，例如健康食品或老人安養服務市場；而就勞動市場而言，青壯年人口數的不足，將使整體社會生產力下降，相對每一位就業人口的老年撫養人數增加，均將影響國家的賦稅政策及增加企業組織的繳稅負擔。

就教育程度而言，隨著九年國民教育的推行，及近年來大專校院的普遍設立，臺灣的國民教育程度普遍提高，相對地提升了人力市場的勞力素質，亦強化了臺灣企業的生產力與競爭力。另一方面，顧客知識水準的提升，相對地對於產品及服務的要求也就愈高，也更懂得爭取自身的權益，而帶動企業組織對產品及服務品質的提升。

就性別而言，基於女性主義意識的興起，臺灣的女性開始重視追求自我的生活發展，另一方面由於都會區高生活水準的壓力及高齡化社會之家庭生活經濟壓力的增大，均驅使女性投入就業市場的比率逐年增加。對於勞動人力市場而言，女性的投入增加了人力供給，有利於擴大企業組織的徵才來源，但女性工作環境與條件的特定需求，事實上亦考驗著企業組織如何調適其管理模式及管理決策。例如女性生理因素所帶來工作上的不便或產假及育嬰假的安排等，都將影響管理者的決策與管理作為。另外對消費市場而言，女性投入職場將為服裝業帶來新的需求，而育嬰、老人看護及家庭清潔等市場需求也隨之增加，而形成企業組織的新市場商機。

(二)環保意識

最近二十年來，由於高度工業化所導致的生活環境污染現象，致使環保問題逐漸受到國人及政府機構的關切，對於企業組織營運所可能造成的環保問題，亦相對地受到環保檢驗的管制。其中，環保問題包括：空氣污染、固體廢棄物污染、廢水污染、放射線污染及噪音等；企業組織在製造產品及服務的過程中，除了避免產生上述的環保問題外，更重要的是要積極規劃如何再使用 (reuse)、

再循環 (recycle) 及減量 (reduce) 廢水與廢棄物，以免造成地球資源的浪費。

㈢消費者意識的興起

目前國際上普遍認同的環境管理認證制度 ISO–14000 正如火如荼的在全球各地的企業中推動與認證，許多企業組織均已將該認證列為合作廠商的必備要件之一，在全球化的競爭環境中，臺灣的企業組織亦無法置之度外，相信在企業組織的努力下，經濟發展與環保問題是可取得共同平衡點的。

㈣社會責任

基於環保意識及消費者意識的興起，企業組織的各種作為已不再被視為投資者的私產任其恣意操作，事實上，企業組織亦屬於社會體系的一個重要成員，必須接受整體社會普遍認同道德觀的規範，因此企業組織除了謀求投資者的自身經濟利益外，同樣要兼顧消費者的產品使用安全，並致力於環境保護及其他社會責任項目的貢獻。

一個社會愈文明及愈先進的國家，將會在法令上對於生活環境品質及消費者權益提供愈多的保護，相對地亦要求企業組織負擔較高的社會成本，例如歐、美等國；換言之，企業組織所提供的產品與服務，除了必須確保消費者的使用安全性外，亦應重視各種社會責任的基本要求，如在從事製造過程不會造成環境污染，各種促銷廣告內容不違反社會公共道德行為準則或積極參與各類公益活動等。企業組織在尋求合理的經濟利益報酬下，對於社會責任議題的貢獻亦應視為營運的重要一環，如此才能普遍獲得消費者的信任與認同，塑造良好的企業形象，而有助於提升企業組織的營運績效。

四、科技因素

企業組織將投入的原物料經由轉換的程序，產出顧客所需的產品或服務的過程即為生產，而生產過程所用的管理程序、生產設備、技術能力等即一般所稱之科技；隨著科學技術的日益精進，企業組織所應用的科技也是日新月異，而科技的變動對企業組織策略方向的影響也是相當深遠。倘若企業組織無法掌

握科技因素的變動潮流，將可能面臨遭受淘汰的命運；相對地，企業組織若能掌握科技變動脈絡而不斷致力於技術的創新，將有助於維繫長期的競爭優勢。

企業組織經營管理所應面對的科技變動挑戰，可從下面之製程技術、產品科技及資通科技來加以說明。

㈠製程技術

製程技術是直接對生產過程造成影響的科技因素之一，由於顧客化生產及自動化生產的競爭需求，生產技術如何與電腦技術進行整合已成為近年來製程技術發展的重要方向之一；例如電腦整合製造 (computer integrated manufacturing; CIM)、電腦輔助設計 (computer aided design and engineering; CAD/CAE)、工業機器人 (industrial robotics; IR) 及彈性製造系統 (flexible manufacturing systems; FMS) 等先進製程技術的應用，使企業組織在經營管理上及產品功能、品質的升級方面具有長足的進步。

事實上，早在 1960 年代裴洛 (Perrow, 1970) 就曾提出科技或技術特性的差異，將影響組織的架構與管理決策模式；他認為製程技術可依工作變化性及問題可分析性兩構面，將技術分成四大類，包括例行性技術 (routing technology)、工匠技術 (craft technology)、工程技術 (engineering technology) 及非例行性技術 (nonroutine technology) 等（參見圖 3.3）。

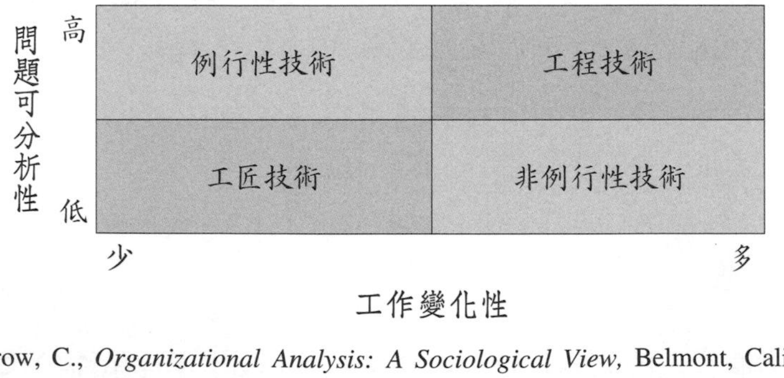

問題可分析性	高	例行性技術	工程技術
	低	工匠技術	非例行性技術
		少　　　　　　　　　　　　　多	
		工作變化性	

資料來源：Perrow, C., *Organizational Analysis: A Sociological View,* Belmont, Calif.: Wdasworth, 1970.

圖 3.3　裴洛的技術矩陣

⑴例行性技術：當組織在面對例外情形發生機率很低，且例外問題易於分

析時所使用的技術，稱之為例行性技術；一般而言，在例行性技術的生產情境中，投入及產出的作業都可採用高標準化的生產方式；例如裝配線生產所使用的技術即為例行性技術。

(2)工匠技術：當組織面對例外情形發生機率低，但例外問題不易分析時所使用的技術，稱之為工匠技術。在工匠技術的生產情境中，製造作業可採用標準化的生產方式，例如大量生產 (mass production)。

(3)工程技術：當組織面對例外情形發生機率高，而例外問題易於分析時，稱之為工程技術，此類技術適合採用批量生產方式，例如道路建築或房屋營造。

(4)非例行性技術：當組織面對例外情形發生機率高，且例外問題不易分析時所使用的技術，稱之為非例行性技術，此類技術適合使用專案式工作及非常態化的決策管理模式。

㈡產品科技

產品科技是直接應用於產品或服務的技術，當產品技術改變時也將帶動產品的革新，例如隨著 Intel 不斷推出高功能的中央處理器 (CPU)，使得個人電腦產品的市場需求大幅成長，也造就如康柏、戴爾等電腦公司的成長，相對地則可能對於以大型主機為主力的 IBM 公司造成嚴厲的競爭挑戰，迫使該公司必需重新調整競爭策略；換言之，產品科技的創新方向將影響一個組織的策略佈局。

㈢資通科技

資訊科技與通訊科技，無疑是近代發展最為快速，也是影響企業組織經營管理層面最為廣泛的科技因素之一。

1.資訊科技

資訊科技所帶來的影響並不亞於過去的農業革命及工業革命對社會的衝擊，因此被稱為第三波革命，可見其為企業組織經營管理所造成之深遠影響意義。資訊科技對企業組織的影響可從產品及管理兩方面來討論；在產品的影響方面，資訊科技的發展提升了許多產品的功能與品質效能，以現代的 3C (資訊、

通訊、消費性電子）產品中，無一不與資訊科技扯上關係，舉凡電子計算機、電腦、收音機、電視機、冷氣機、電冰箱、PDA 或汽車導航系統等，都大量應用資訊科技。當科技技術變動時也將連帶帶動該類產品的變革，例如隨著液晶螢幕技術的發展突破，映像管的電腦及電視螢幕已逐漸被 TFT-LCD 螢幕所取代；換言之，一個企業組織必須掌握資訊技術在所生產產品的可能應用性，而不斷推出新產品以維持市場競爭力。

在經營管理方面，資訊技術的進步大幅的提升了企業組織處理大量資料的能力，使得企業組織得以在日益複雜的組織環境中，強化其行政效能，也藉由資訊技術協助高階主管進行決策。總言之，資訊科技已經從過去的競爭優勢武器而成為競爭的基本必備條件，因此資訊技術在經營管理的應用進展已深深影響組織的管理作為與經營成效。

2.通訊科技

隨著網際網路技術的快速進展，通訊科技與資訊技術的結合，已使得企業組織可隨時地、快速無時差地進行各種經營訊息的交換與搜尋，沒有任何時空的限制，亦大幅提升企業經營成效，也改變了企業組織的經營管理形態；譬如電子商務 (electronic commerce; EC) 的興起、顧客關係管理 (customer relation-ship management; CRM)、供應鏈管理 (supply chain management; SCM)、企業資源規劃 (enterprise resource planning; ERP) 或視訊會議的應用等都是資訊科技結合通訊科技，進而改變企業營運模式的例子。

除了正面的效益以外，資通科技也增加了企業組織的風險，例如短暫的網路斷線、電腦病毒的損害、以及駭客的入侵，都可能造成企業組織巨額的損失，因此也成為管理者所必需關注的問題。

第五節　國際環境

隨著運輸、資訊與通訊科技的發達，國際化已成為企業組織策略發展的主要趨勢，眾多企業組織紛紛在許多國家進行投資或設立分支機構，市場的拓展遍及世界各國，因此在複雜多變的國際環境中，如何確保企業組織的競爭優勢

將是國際化企業經理者的重要職責之一。事實上，從事國際化企業經營的決策者必須清楚瞭解國際化經營所衍生的經營管理複雜性及經營風險，才能有效掌握國際環境，並獲得競爭優勢。

一、國際化經營管理複雜性

　　隨著企業組織在國際化經營涉入程度的不同，經營管理的複雜程度也不相同。國際化初期的企業可能只是找一位代理商，代表企業本身與外國廠商交易，經營管理的複雜度並不高；但是當企業逐漸向國外擴展時，可能就會設置專責的外銷經理實際負責國外市場的開發。隨著國外業務的日益蓬勃發展，企業組織將可能進一步成立外銷專責單位，經營管理的複雜度也就逐漸增加。當國際化發展到相當程度時，企業組織為了有效繼續拓展海外業務與市場，就會成立國際事務部門，並繼續發展為多國籍的企業組織。通常隨著企業規模與經營領域的不斷擴充，國際化競爭壓力就越大，經營管理的複雜度也就越高。此時，企業組織就不得不於國外設置獨立運作的國際性企業。亦即在國際化的環境中，經營管理的複雜程度與企業組織的國際化程度是呈現正向的關係(參見圖 3.4)。

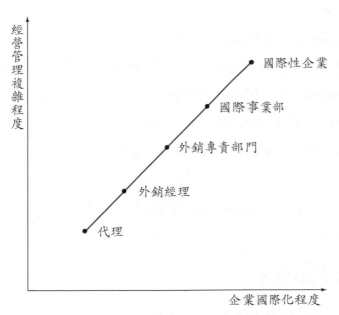

圖 3.4 **企業國際化與經營管理複雜度**

　　一個企業組織會隨著國際化程度的增加而面臨更為複雜的經營管理課題；由於國際化企業組織必須同時在不同的國家地區進行營運管理，而逐漸升高經營管理的複雜程度；一般而言，國際化企業造成管理複雜性的重要來源包括：

1.幅員較廣的空間距離

　　當企業組織國際化的程度愈深時，所需面對不同國家的實體空間距離也將增加，管理者要如何跨越空間距離障礙，就成了首要課題，例如單一國家的企業組織，遇到有爭議的問題時，可隨時召開會議討論，而多國企業組織就較難立即召開類似的會議了。雖然近代資訊科技發達，協助解決了部分資訊傳遞的問題，而降低了空間距離為企業組織經營管理所帶來的複雜性，但仍有部分是資訊科技所無法有效解決的，例如實體樣品的遞送，不同國家的時差問題等，都會增加管理經營的複雜度。

2.工作價值觀差異的員工

　　國際化企業組織的部門散佈在全球各個不同的國家地區，各國家地區員工的工作價值觀都不盡相同，例如亞洲國家普遍較屬於工作狂型，而歐洲國家的員工就較屬於工作與休閒並重型，如何融合不同工作價值觀的員工能夠一起共力完成工作，亦是多國企業組織的經營管理課題之一。

3.文化與價值觀具差異性的多元化市場

　　如前所述，不同的經濟文化背景，將造就不同的消費者價值觀，當企業組織的國際化程度愈高時，代表著其所面對的市場也愈多元化，為了滿足不同經濟文化與價值觀的消費族群，勢必增加企業組織在諸如產品設計、行銷企劃等經營管理的複雜程度，例如日本消費者較重視產品的包裝設計；然而歐洲消費者普遍認為產品的過度包裝不僅沒有必要性，且將造成地球資源的浪費；因此，產品銷往日本市場必須重視產品包裝的精美性，但銷往歐洲的產品包裝必須以簡樸為主要訴求。

二、　國際化經營風險

　　由於不同國家間的政治、社會與經濟環境情勢皆不盡相同，因此將增加國際化企業組織的經營風險。一般而言，在複雜的國際環境中，通常會產生的經

營風險包含政治風險、社會風險、經濟風險及財務風險等。

1. 政治風險

投資設立公司的國家因戰爭、領土爭議或社會動亂所引起的失序現象，均可能造成投資的極大風險；因此，在從事任何國外投資設廠的過程中，評估所投資國家的政治風險係不可忽視的一環。

2. 社會風險

治安敗壞、所得分配貧富不均、工會抗爭、宗教分歧與社會階級的對立等所造成的社會動盪均屬於投資設立國家的社會風險。例如西元 1998 年前到南非投資的臺商約有 3 萬人，雖然當時因為南非與臺灣斷交與中共建交之政治因素影響，而影響企業組織的經營，但是最主要的原因仍與南非之治安敗壞與當地的工人時常罷工圍廠或請假不上班有關係，這些社會因素所帶來的風險，均將影響臺商對於南非持續投資設廠的意願。

3. 經濟風險

廠商投資設立公司的國家，其國民所得持續緩慢的成長、工人罷工、生產成本的快速增加、經濟的持續蕭條及貿易逆差等所造成之不確定性均稱為經濟風險。這些經濟風險的動盪不安均將影響企業組織的經營策略佈局。

4. 財務風險

匯率的波動、匯出限制、租稅政策的不斷變動等均屬於財務風險；當從事國外之投資設廠時，選擇依照市場機制運作良好的匯率制度且不受政府干預，資金可自由匯入匯出及提供租稅減免優惠的穩定政策係必須評估考量的重要因素之一。

事實上，在世界貿易組織 (world trade organization; WTO) 的運作機制下，國際化競爭浪潮已洶湧而來，一個企業組織於世界各地設立分支機構或獨立的子公司拓展國際市場已成為發展的趨勢。因此，有效掌握與評估國際化經營所面臨的國際環境經營風險如政治風險、財務風險、經濟風險或社會風險，並做好預防與因應機制，才能在國際市場的競爭環境下獲得優勢。

第六節　環境分析

一、環境不確定性

前面各節我們探討了各種環境因素的影響關係，然而企業組織所面臨的環境並非一成不變的，而有某種程度的不確定性存在，管理者應該瞭解環境不確定性的內涵，才得以使企業組織在變動的環境中仍能有效的展現良好的營運成果。

(一)環境不確定性定義

環境不確定性 (environment uncertainty) 係指管理者沒有足夠的資訊來瞭解與掌握環境的變動情況，當企業組織所面對的外部環境因素愈多，且環境變動愈迅速時，管理者所面對的不確定性也就愈高。一般大多數的管理者都喜歡在穩定的環境中進行管理決策，因為這樣的決策可以相當的簡單而明確，但現今企業組織所面臨的競爭環境，大多是充滿了高度的不確定性，因此管理者更應瞭解不確定性的各種類型，以降低環境不確定性對企業組織所可能帶來的負面影響，並提出相對應的因應策略。

(二)環境不確定性的衡量構面

研究環境不確定性的構面，最早期首推湯普森 (Thompson, J. D., 1967) 的著作，他以環境的變動程度 (degree of change) 及環境的複雜程度 (degree of complexity) 等兩個構面為基礎，將環境區分為高、中、低度的不確定類型。若是環境因素的變動程度愈大，例如常常面臨新競爭對手的加入、產業引進新技術、或是出現新的替代品等，則稱之為動態環境 (dynamic environment)，反之則為穩定環境 (stable environment)。而環境的複雜程度，則視環境因素組成分子的多寡而定，若影響組織的環境因素愈多，則環境愈為複雜，反之則為簡單的環境。

1.穩定－單純環境

當企業組織所處的環境變動程度較穩定，而所面對的環境因素不多時，則

資料來源：Thompson, J. D., *Organizations in Action,* New York: McGraw-Hill, 1967.

圖 3.5　湯普森環境不確定性矩陣

屬於低度不確定性的環境。例如台灣電力公司，其環境因素數量不多，除了設備外，供應商只有少數的燃料供應商，而下游並沒有經銷商，而是直接面對一般的使用者，且所面臨的變動程度都較屬於漸進式，因此企業經營環境相當穩定而單純。

2.穩定－複雜環境

當企業組織所面對的環境因素雖然較多，但是這些環境因素並不會有太大的變動時，則屬於中度不確定性的環境。例如汽車製造商所需面臨的環境因素很多，如供應商、經銷商、消費者、競爭者、政府法令規範等，雖然所面臨的經營環境複雜，但這些環境因素的變動程度則是較穩定的。

3.動態－單純環境

當企業組織所面臨的環境因素雖然不多，但這些環境因素的變動程度卻相對較大時，屬於中度不確定性的環境。例如服飾業所面臨的環境因素雖然較單純，但是變動程度卻很大，如隨著季節的變動，顧客每年的流行款式都不一樣，而上游供貨廠商以及競爭對手也都會推出不同的款式進入市場，因此雖然環境單純，但是卻是屬於動態的環境。

4.動態－複雜環境

當企業組織所面對的環境因素很多,而這些環境因素的變動程度又很大時，則企業組織是處於高度的環境不確定性之中，例如電子資訊產業即屬於此類型之競爭環境。

㈢環境不確定性的來源

如前面各節所討論，環境因素相當多，舉凡該些環境因素的變動都可能成為組織環境不確定性的來源，例如國際經濟環境的變動、政府法令規定的修訂、新競爭者的出現、顧客喜好的改變等等，由於內容繁多，本書僅從產業環境因素之不確定性做進一步論述。根據張世佳和林能白等學者於 2002 年所發表的論點，將產業環境不確定性區分為市場顧客需求不確定性、原物料與零件供應不確定性、競爭對手不確定性及產品技術不確定性；該四種不確定性因素的說明如下：

1.市場顧客需求不確定性

市場顧客是企業組織所要滿足的對象，而顧客對產品或服務的喜好需求卻是經常在改變，一旦無法有效掌握未來市場顧客需求的變動資訊，將造成企業組織競爭力的減退。市場顧客需求的不確定性的衡量項目包括：顧客對產品特性偏好變動的可預測性、公司對產品被競爭對手產品取代的可預測性及產品需求量變動的可預測性；例如民國 92 年上半年因 SARS 疫情的擴延，造成市場對口罩需求量的增加，又如過去市場顧客對手機是要求電池的待機時間，而近來則著重在附加功能如拍照、攝影等需求。

2.原物料與零件供應不確定性

企業組織能否迅速、準時提供顧客所需要的產品及服務，有賴於供應商是否能及時提供所需之原物料與零組件，如果供應商所提供之原物料及零組件的品質、功能或價格有所改變，都將影響企業組織提供產品與服務之正常運作；因此原物料與零件供應不確定性的衡量項目包括：供應商提升品質水準的可預測性、提升產能水準的可預測性、交期變動的可預測性及供應商提供零件品質水準變動的可預測性。

3.競爭對手不確定性

競爭對手的策略變動情況也是影響企業組織營運的來源之一，當產業內主要的競爭對手有任何策略行為變動時，例如競爭對手推出新產品、改變行銷策略或改變訂價策略等，勢必造成競爭的影響；因此，企業組織管理者若能掌握

競爭對手策略的變動情況，就能提早採取有效的因應措施；一般而言，企業組織衡量競爭對手策略不確定性的項目包括：競爭市場策略變動可預測性、價格變動的可預測性及競爭對手進入或退出目標市場變動的可預測性。

4.產品技術不確定性

產品本身所應用技術的改變，會直接影響企業組織所提供產品的品質及功能，因此企業組織應時時掌握產業所使用產品技術的變革，才不至於被其他產品所替代；例如近年來奈米技術的應用已致使許多產品產生革命性的變化，如果將奈米科技應用於衛浴設備，將可有效防止污垢的沾留，而提升了衛浴設備的清潔度。一般而言，產品技術不確定性的衡量項目包括：公司的產品核心技術未來變動的可預測性及公司產品所使用之附屬支援性技術未來變動的可預測性。

㈣環境不確定性的因應策略

當企業組織所面臨的環境不確定性愈高時，將影響管理決策者在進行相關策略規劃的有效性，而為降低環境不確定性對企業組織營運所可能帶來的負面影響，企業組織實有必要採取因應措施。

根據目前許多文獻顯示，在面對市場高度不確定的環境下，廠商為了能迅速反應市場的變動性，積極地提升其彈性能力，已成為決策者的重要因應策略之一。若從製造功能的觀點而言，一個組織必須強化新產品彈性 (new product flexibility)、產品組合彈性 (product mix flexibility) 及產量彈性 (volume flexibility) 能力，才得以有效因應環境的變動性。

(1)新產品彈性係指一個企業組織迅速開發新產品機種的彈性能力，如果新產品彈性能力愈強，則愈有利於市場上獲得新產品的市場先制優勢，而可有效因應顧客需求及產品技術的不確定性。

(2)產品組合彈性係指一個企業組織於市場上推出多樣化產品機種的彈性能力，如果產品組合能力愈強，則愈有利於不同的目標市場上同步供應多元化的產品機種，提供顧客多樣化的選擇，因此產品組合彈性係有效因應顧客需求偏好及產品技術不確定性的方法之一。

(3)產量彈性能力係指企業組織為了因應市場需求量高度變動的環境，而迅

速調整不同生產批量水準的彈性能力，當產量彈性能力愈強，愈能有效因應顧客需求不確定性及原物料供應不確定性的環境因素。

二、競爭對手策略行為分析

一個企業針對競爭對手的策略及行動資訊進行系統的搜集、分析及研斷，其主要的目的在於瞭解競爭對手未來的策略方向與目標，或是我方策略變動所可能造成對手的反制措施影響，俾有利於我方事先採取適當的因應策略方案，有關競爭對手策略行為分析架構說明如下（參見圖 3.6）。

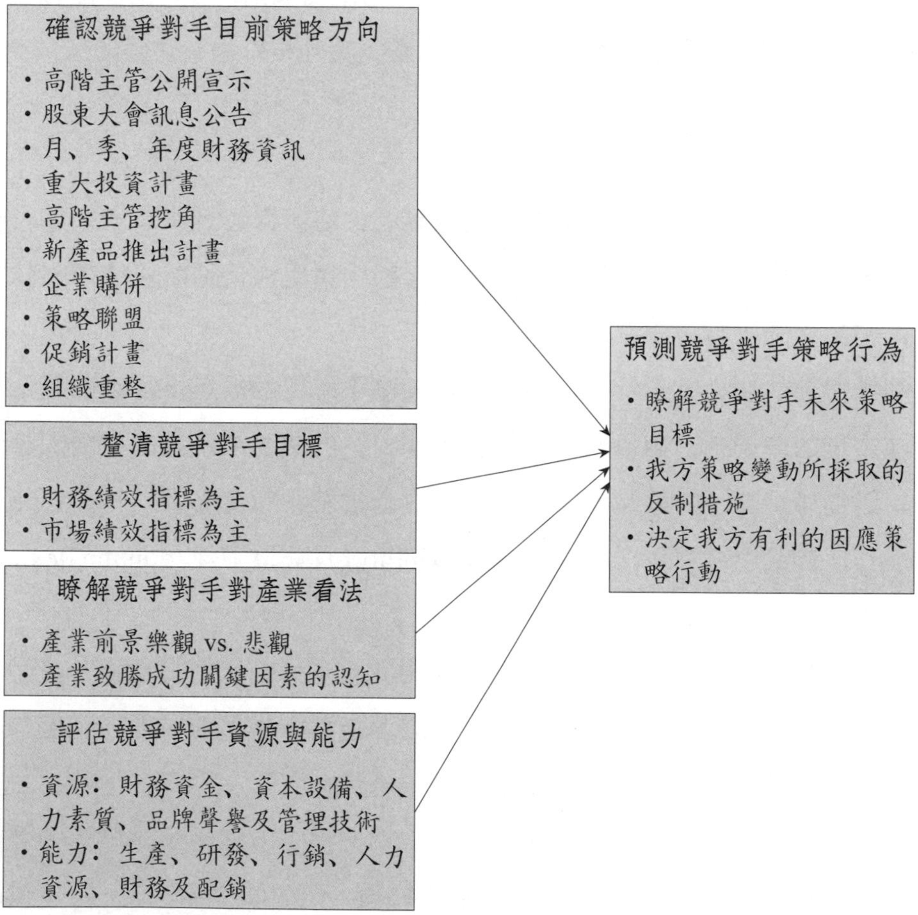

確認競爭對手目前策略方向
- 高階主管公開宣示
- 股東大會訊息公告
- 月、季、年度財務資訊
- 重大投資計畫
- 高階主管挖角
- 新產品推出計畫
- 企業購併
- 策略聯盟
- 促銷計畫
- 組織重整

釐清競爭對手目標
- 財務績效指標為主
- 市場績效指標為主

瞭解競爭對手對產業看法
- 產業前景樂觀 vs. 悲觀
- 產業致勝成功關鍵因素的認知

評估競爭對手資源與能力
- 資源：財務資金、資本設備、人力素質、品牌聲譽及管理技術
- 能力：生產、研發、行銷、人力資源、財務及配銷

預測競爭對手策略行為
- 瞭解競爭對手未來策略目標
- 我方策略變動所採取的反制措施
- 決定我方有利的因應策略行動

圖 3.6　競爭對手策略行為分析的架構

㈠確認競爭對手目前策略方向

對競爭對手進行策略行為分析的首件要務，就是確認競爭對手目前的策略方向，如果環境沒有顯著的改變，通常可以合理假設競爭對手將持續目前的策略行為。一般而言，要確認競爭對手目前策略行為的資訊來源主要包括：競爭對手高階主管的公開宣示、股東大會的重要訊息公告或年度固定公告的財務資訊。另外，亦可從競爭對手的重大投資計畫與行動方案來分析其策略，例如重大投資計畫、高階主管的挖角、新產品推出計畫、企業購併、策略聯盟、促銷計畫或組織的重整行為等。

㈡釐清競爭對手目標

預測對手如何改變當前策略行為的重要方法之一，就是明辨對手目前的主要競爭績效指標；一般競爭績效指標可分為市場績效指標（如市場佔有率、銷售成長率等）及財務績效指標（如獲利率、資產投資報酬率等）；而前者屬於較長期性策略考量的績效指標，後者屬於較短期性策略考量的績效指標，一個高度重視市場績效指標表現的企業，往往會對於競爭對手所可能對其市場佔有率造成威脅的策略行動，採取非常激烈的反制措施（如大幅降價）以迫使競爭對手退步；反之，一個高度重視財務績效表現的企業，為了確保利潤的獲得，往往針對任何對手的威脅行動採取較溫和的反制措施。

㈢瞭解競爭對手對產業的看法

競爭對手對於產業未來發展的看法或對於所處產業致勝成功要件的認知皆主導著競爭對手的策略行為；譬如競爭對手高階主管對於該產業的未來發展前景充滿樂觀的認知時，勢必引導競爭對手採取積極建廠擴充產能、快速研發新產品及各種搶佔市場版圖的策略決策；但若競爭對手高階主管對於產業未來抱持悲觀態度時，則將可能引導競爭對手採取消極保守的因應策略。此外，競爭對手的高階主管充分認知如何在產業獲致成功的關鍵因素時，將主導競爭對手的各項策略性投資行為與決策執行力朝向建立關鍵成功因素的條件邁進。例如

1960 年代開始，日本機車業在本田的領導下，開始將輕型機車外銷至英、美兩國的市場，但是因為該兩國機車市場的領導者輕忽日本業者的威脅，認為輕型機車市場沒有多大作為，由於這種錯誤的認知和假設，導致後來全球的機車產業由日本品牌的公司所主宰。

㈣評估競爭對手資源與能力

一個企業如果只是瞭解競爭對手的策略與目標，仍然不足以洞悉競爭對手潛在的威脅性，尚需進一步評估競爭對手的資源與能力，才足以確認競爭對手各項策略行動是否具有執行的實力，也才能提出有效的因應策略。因此，企業組織在分析競爭對手策略時，除了檢測競爭對手所擁有的重要資源優勢，包括財務資金、資本設備、人力素質、品牌聲譽及管理技術之優勢外，還要評估競爭對手的競爭能力如生產、財務、人力資源、研發、行銷及配銷等；例如微軟 (microsoft) 公司因擁有龐大的財務資源及研發與行銷能力，所以當微軟公司進入網路系統軟體及網際網路瀏覽器市場時，市場上現存廠商亦僅能眼看著市場大幅的淪陷而望之興嘆。

三、五力分析架構

五力分析係知名策略學者波特 (Michael Porter) 於 1985 年所提出的產業環境分析架構（如圖 3.7 所示）。波特認為影響產業環境變動及利潤率的五個主導力量包括: 產業潛在進入者威脅性 (threat of new entrants)、購買者議價能力 (bargaining power of buyers)、供應商議價能力 (bargaining power of suppliers)、替代產品威脅性 (threat of substitutes) 及產業現存競爭對手 (industry competitors) 的特質，該五個主導力量將影響產業的競爭激烈程度，競爭愈激烈則產業利潤率愈低。至於該五個主導力量的實質內涵與運作方式說明如下:

㈠產業潛在進入者威脅性

一個產業的進入障礙非常低或誘因良好時，可能吸引許多潛在的廠商進入該產業造成激烈的競爭，致使產業的利潤率降低；但若一個產業的進入障礙很

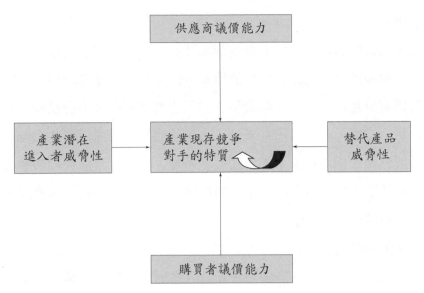

資料來源：Porter, M.E., *Competitive Advantage: Creating and Sustaining Performance*, New York: The Free Press, 1985.

圖 3.7　五力分析架構

高或誘因不足時，則可有效阻絕大量潛在廠商進入該產業進行激烈競爭，而維持較高的產業利潤。一般而言，產業進入障礙的決定因素如下：

1. 規模經濟

當產業內現存的廠商必須從事大量生產、大規模資本投資或大額度行銷費用的投入，才得以維持競爭優勢的情境下，對於一個潛在新進入者而言，所面臨的經營困境就是僅能在剩下的較小的市場空間內以更高的生產成本進行競爭；換言之，在面對如此高風險的競爭情勢，將使得潛在的新進入者考量在未能有效獲得規模經濟效益下，而不願貿然地進入該產業。意即一個必須透過大量的自動化資本設備投資從事大量生產的競爭產業，將是潛在競爭者進入一個新產業的障礙因素之一。

2. 絕對成本優勢 (absolute cost advantage)

產業內的現存廠商如果擁有比其他同業以較低成本獲得原物料及生產設備的供應條件，謂之絕對成本優勢。當產業內的現存廠商由於較早進入市場而擁有絕對成本優勢時，潛在的產業新進入者由於無法以較具優勢的低經營成本從事競爭，而不願進入該產業。

3.產品差異化

產業內的現存廠商如果擁有高度的品牌知名度及顧客忠誠度時，潛在的產業新進入者將面臨必須耗費巨額的廣告及促銷費用，才能達到與現存廠商品牌同樣的聲譽與地位，如此的巨額費用支出可能造成潛在競爭者怯步而不願進入該產業。另一方面，產業的潛在新進入者可能權衡透過採取犧牲大幅利潤的削價競爭手段，而卻僅能佔據小部分的利基市場，如此得不償失的競爭成果，亦將使得潛在競爭者對於進入新產業不感興趣。因此，現存廠商的產品差異化係潛在新進入者的阻絕手段之一。

4.配銷通路的控制性

對於一個不具品牌知名度的產業新進入者而言，無法掌握市場的配銷通路將是進入障礙的因素之一。事實上，建立完善的配銷通路與系統，除了必須耗費大量的資金外，更重要的原因在於早期進入產業的廠商，已壟斷佔據大多數具有良好條件的銷售據點與通路，而致使潛在進入者難以在短時間內取得同樣條件的通路，而大幅降低其進入該產業的意願。

5.政府法令的限制

政府基於公共利益的考量，通常會透過法令的規範限制進入產業廠商的條件，對於一個無法符合限制條件的新進入者，政府的法令便成為其進入產業的障礙因素之一。一般而言，在許多國家的特定產業如計程車業、通訊業、銀行業、高鐵業或廣播事業等皆必須符合政府法令規範的資格條件，才能獲得營業執照。以臺灣電信產業為例，必需取得特許執照才得以提供相關服務，而要取得執照除了廠商資格限制外，還要龐大的投資費用，例如 3G 執照的標價最高要76 億元，最低的一張也要 42 億元，如此的廠商資本與財務需求，實非一般中、小型企業財務結構負擔所能進入的產業。

㈡購買者議價能力

購買者議價能力的高低影響產業的利潤性，如果產業內所提供產品的購買者議價能力愈低，也就是購買者有較小的價格主導權時，則代表產業內廠商有較高的利潤空間；但若產業內的購買者議價能力愈高時，由於購買者有較大的

價格主導權，將壓縮產業內廠商的利潤空間。至於影響購買者議價能力的決定因素如下：

1. 原物料零件成本佔成品總成本的比重

當購買者所購買原物料或零件成本佔所生產成品成本的比重愈高時，則購買者對於原物料零件的價格變動敏感性愈高，對購買者議價能力需求也就較高；但若比重愈低，則購買者對於價格變動較不具敏感性，因此較不重視購買者議價能力；例如對於製造飲料的廠商而言，由於鐵罐的成本佔整個飲料產品的成本比重很高，因此就製罐業者的購買者（飲料業者）而言，對於鐵罐的價格變動就較具敏感性，此將促使飲料業者致力提升其議價能力，以掌握價格的主導權，以有效降低生產成本獲得競爭優勢。

2. 原物料零件的替代性

購買者所採購原物料或零件的差異化，亦影響其對供應商的議價能力；如果原物料或零件的差異性愈高，代表所購買原物料或零件的替代性較低，此時購買者對於供應商的議價能力就較為不足。反之，若所購買原物料或零件的品質差異性不大，則由於替代性較高，供應商為了爭取交易機會，將提供購買者較大的議價空間。

3. 原物料零件的品質差異性

購買者所採購的原物料或零件的品質水準對於所製造產品的品質具重要影響性時，則購買者將願意支付較高的價格來確保原物料或零件的品質；因此購買者對於供應商的價格就較不具敏感性；換言之，購買者的議價能力就會受限於品質需求而相對地較為不足。

4. 購買的比重

購買者所採購的原物料或零件數量金額佔供應商銷售量的比重愈大時，代表購買者是供應商的重要客戶，則此時購買者的議價能力就愈高；反之，亦然。此外，若購買者採購原物料或零件集中於特定的供應商時，由於採購量相當的龐大，則購買者議價能力就愈高；相對地，如果採購的供應商家數愈分散時，對每家供應商而言，採購量都相對較小，因此議價能力就愈低。

5.購買資訊充分性

購買者在採購產品時，如果對於產品的品質、價格或成本等相關資訊愈充分時，則購買者的議價能力愈高；但如果購買者的採購資訊搜集愈不充分時，則議價能力就愈低。

6.購買者垂直整合能力

若購買者對於供應商所供應的產品具有垂直整合的能力時，如果供應商的供應價格或品質不合理時,則可透過向下垂直整合方式自行生產所需要的產品,因此購買者的議價能力就愈高；但相反的，如果購買者垂直整合能力愈不足時，則勢必需要仰賴供應商提供商品，則此時議價能力就愈低。

(三)供應商議價能力

事實上供應商議價能力與購買者議價能力係相對的，當購買者議價能力愈高，則供應商議價能力就愈低；反之亦然。因此，供應商議價能力亦同樣取決於購買者價格敏感性、購買比重、購買資訊充分性及購買者垂直整合能力等因素。

(四)替代產品威脅性

產業內廠商所提供產品或服務的可替代性愈低，則廠商所擁有的利潤性就愈高；相對地，所提供產品或服務的可替代性愈高時,則廠商的利潤性就愈低。產業內廠商所提供產品或服務的可替代程度取決於兩個考量因素：購買者對於替代品的偏好性及替代品的品質價格權衡；前者係指購買者原先所採購的產品願意以其他的替代性產品來取代的意願，如果購買者以替代品來取代原先採購產品的轉換成本愈高，很顯然產業內廠商的產品替代威脅性較低，則產業內廠商就可維持較高的產品利潤；但若轉換成本較低，購買者可輕易取得替代品的話，則替代威脅性較高，此時產業內廠商就僅能保有較低的產品利潤。

(五)產業現存競爭對手的特質

對於大多數的產業而言，產業內現存競爭對手所顯現的市場結構、成本結構或企業特質均將影響該產業的競爭激烈情勢及利潤表現情形；一般而言，有

四個因素影響產業內現存廠商彼此的競爭本質與激烈程度：

1. 市場集中度 (concentration)

市場集中度係指在一個市場內廠商的家數及市場佔有率的分配情形；一般衡量市場集中度的比率指標為市場內所有主導廠商 (leading producers) 的市場佔有率總合；譬如一個產業內有 5 家主導廠商時，則該 5 家廠商的市場佔有率總合就是市場集中度比率；假若該產業市場集中度比率大部分為某一家廠商所擁有，例如個人電腦作業系統之微軟 (Microsoft) 公司，該領導廠商將成為產業的價格領袖，而其他的廠商僅成為價格的遵循者，如此將可大幅降低同業彼此價格戰所引發的高度競爭行為，而大幅增加該產業的利潤性。但假若該產業市場集中度比率為 5 家廠商所均分時，則由於彼此廠商的勢均力敵，可能引發激烈的價格競爭，而影響產業的利潤性。

2. 競爭對手特質的類似性

產業內廠商因價格戰所引發激烈競爭的另一個影響因素，就是經營者經歷背景和願景目標的類似性，如果產業內廠商經營者的領導風格、宗教信仰、經歷、學歷、創業背景及願景目標具高度類似性時，由於彼此的策略性作法是較可捉摸的，因此較不至於產生高度的競價行為，而保有較高的產業利潤。反之，若產業內廠商經營者在經歷、領導風格、宗教信仰或創業背景具高度的多元化時，可能由於經營者的不同邏輯思考及行事風格，而引發激烈的競爭行為，消蝕產業的利潤率。

3. 產品差異化

產業內現存競爭對手所提供的產品類似性愈高時，由於顧客的產品替代性愈高，則廠商將傾向於採取削價手段來提升營業額的績效表現，而引發激烈的競爭手段，大幅降低產業的利潤空間；相對地，如果現存競爭對手產品具高度差異化時，由於顧客對於產品品質的偏好性及品牌聲譽的高度忠誠，因此廠商較不會採取激烈的削價競爭手段，而保有較高的產業利潤。

4. 產能過剩及退出障礙

產業如果出現市場供給大於需求的產能過剩情形，則廠商彼此為了解決產能運用不足問題，而可能採取削價競爭手段來吸引新的購買者以提高需求，如

此的削價競爭手段將降低產業利潤性。此外，當產能過剩情況嚴重時，廠商將考慮退出該產業競爭，但是若廠商退出此產業的障礙很高，例如設備無法再轉售或人員無法轉業等，就可能採取更激烈的競爭手段，以確保不被淘汰，而如此的激烈市場競爭情勢將對產業的利潤空間造成負面影響。

第七節　企業倫理與社會責任

自六十年代以後，臺灣由於經濟的快速起飛，企業蓬勃發展及個人財富大幅增加，曾經被國際稱譽為「經濟奇蹟」。但是，隨著經濟迅速發展的結果，社會趨向多元化，功利主義抬頭及人群關係逐漸疏離，價值觀也隨著起了重大的變化。少數企業主重利益輕道德，一味追求高利，罔顧環境保護、消費者權益及員工就業責任，採取惡性倒閉的不當行為者不勝枚舉；例如企業為了節省經營成本，逃避勞基法的規範及未能提供良好的工作條件等諸如此類不符情、理、法的行徑，往往破壞了整個勞資雙方的和諧關係，致使先前共同努力打拼的勞資夥伴關係，突然變成了劍拔弩張的敵對關係。

另一方面，勞工鄙視勞動價值，缺乏敬業樂群的精神，無心克勤工作，僅追求一夕致富的心態，破壞了就業的安定性。於是，在如此的社會背景下，企業倫理與社會責任的相關議題，自然而然的就普遍受到國內產、官、學界的重視。

一、企業倫理

「倫理」(ethics) 係指一個特定的群體中，每一個組成分子所共同接受的行為規範與準則。倫理在社會的人際網絡中，扮演著人與人之間、人與群體之間或群體與群體之間互動關係的行為準則或共同奉行的價值觀。

㈠企業倫理的本質

基於企業組織的任何決策和行為均可能對企業組織內的個體如業主、股東、管理者及員工等，或群體如顧客、中間商、供應商、競爭對手、政府及社會普遍大眾等造成權益的影響，因此企業組織從事任何的營利行為時，仍必須維護

大眾的權益。企業倫理係指組織規範內部成員或團體進行決策的普世認同觀點、價值與原則。在面對多元價值的社會中，由於社會大眾逐漸認知到自身所應擁有的權益所在，而促使企業組織必須積極回應並規範其決策行為，以符合普遍大眾的權益與期待。譬如就員工權益而言，企業組織除了保障員工基本的就業薪資給付權益外，亦須公平的對待每一位員工的升遷。就社區參與方面而言，企業組織除了在製造產品過程中盡力從事環境保護與污染杜絕防範之外，對於社區的衛生、教育、治安或其他公益事務的熱心參與，亦屬於企業倫理的範疇。

㈡企業倫理的三種觀點

許多企業組織基於社會大眾的價值認知及共同期望，經營者在管理決策過程中，賦予較過去更多有關企業倫理因素考量的案例已比比皆是。學者們根據過去發生的案例結果，歸納出企業倫理實行的三個重要觀點，作為經營管理者從事任何決策行為的引導方向；有關該三個觀點的實質內容說明如下：

1.實利主義觀點 (utilitarian view)

實利主義係指企業組織的決策行為應該以追求最多數人的最大利益為主要依歸。事實上，企業經營者在抉擇符合最多數人最大利益的行動方法時，或許有可能損及較少數人的權益，但其主要的考量點在於決策後所獲得的正面總效益是否大於負面效果；當確認正面總效益大於負面總效益時，縱使決策結果會造成較少數人的損失，在實利主義觀點下仍視為合理的決策與行為。

譬如企業組織實施績效獎勵制度，依照員工的實際工作表現給予不同的獎金制度時，表現較優的員工獲得較高的薪資似乎很合理，但是表現較差的員工若給予較低的薪資，在形式上就是損及其權益；然而企業組織激勵績優員工所獲得的企業總利益，如果大於損及績效較差員工的總權益時，則績效獎金制度之推行仍符合企業倫理的實利主義觀點。

此外，企業競爭決策所可能造成某些企業倒閉或員工失業情事，亦符合實利主義觀點之企業倫理，主要理由在於透過企業競爭行為的消費者，將可用最低的價格獲得最好的產品或服務品質，如此一來採競爭行為的企業組織將提供最多數消費者的最大利益，而因為市場競爭所造成的企業倒閉或員工失業問題

則屬於自由經濟的必然結果，而非屬於不道德行為，並未背離實利主義之企業倫理。

2.道德－權利主義觀點 (moral-rights view)

道德－權利主義觀點係指企業組織的決策行為必須符合保障及尊重個人或群體基本權利的原則。這些基本權利包括生命安全、誠信、隱私權、言論自由和良知判斷自由；該些基本權利的內容詳細說明如下。

(1)生命安全

員工、顧客及一般社會大眾擁有生命、安全及健康不受危害的權利。就組織的觀點而言，企業組織提供員工的工作環境，必須能保障及維護員工的生命安全與身心健康。另一方面，企業組織在製造產品的過程中，不應因廢氣、廢物或廢水的不當產生與處理，而危害一般社會大眾的環境安全。此外，在市場上提供的產品，應避免產品或服務使用過程造成消費者身體或心理的健康的危害。

(2)誠信

員工、顧客及一般社會大眾對於各種涉及其權益的事實真相，有全盤瞭解而不被隱蔽的權利。就組織的觀點而言，企業組織對於員工的各種管理制度與處置措施必須秉持誠信原則，明確毫不掩飾的公開告示；同時，企業組織必須於所提供的產品與服務包裝明確標示價格、成分、副作用、使用方法、有效期限……等消費者有權知道的各種事實資訊。譬如銀行業必須在消費者申請貸款或申請使用信用卡時，明確告知有關利率的基本資料及必須償付的費用，以維護雙方的誠信交易。

(3)隱私權

員工、顧客及一般社會大眾有權利要求企業雇主或廠商，限制及控制他人任意使用其私人的基本資料，所以企業組織在雇用員工或進行商場交易時，員工及顧客個人填寫的個人資料必須妥為保管，負有不得因任何目的而隨意洩漏或提供他人使用之責任。譬如顧客在申請銀行信用卡所填寫的詳細個人資料，就必須建立控管機制以保障顧客的隱私權，此係屬於企業倫理之範疇。

⑷言論自由

員工、顧客及一般社會大眾在非惡意破壞企業組織的原則下，擁有根據事實真相進行批評的權利。為了維護員工言論自由權利，企業組織可建立員工的申訴制度與管道，並透過公開公平的處理程序針對申訴議題予以澄清或採行管理措施。此外，顧客或社會大眾亦擁有針對企業組織的不當行為，例如破壞善良風俗習慣、性別、省籍及身心障礙歧視或與事實不符等廣告內容，進行批判的言論自由。換言之，尊重及傾聽員工、顧客或社會大眾非惡意的批評並妥為處置，係屬於企業倫理之範疇。

⑸良知判斷自由

員工、顧客及一般社會大眾擁有拒絕破壞個人道德信念及宗教信仰的權利，企業組織在推動各種管理制度時，必須尊重及接納組織成員的道德信念及宗教信仰。此外，企業所進行的各種促銷及廣告內容，必須融合不同的道德觀及宗教信念，不宜有不當攻訐批判的言詞。

3.公平主義觀點 (justice view)

企業組織的任何決策行為係根據事實，秉持公平、公正、不偏袒及一致性原則對待員工、顧客及社會大眾，此即符合企業倫理的公平主義觀點。所謂公平原則，是指員工不應因個人原有的特徵而有差別待遇；譬如企業組織不得基於個人、種族、性別、宗教或團體之考慮在雇用、招募、升遷或開除員工時，而有不同之差別待遇。此外，我國勞基法第二十五條即規定「雇主對勞工不得因性別而有差別之待遇」。而公正原則係指企業組織為了公正運作及共同享有組織利益的情況下，縱使制定各種管理規則控管員工個人自由，員工仍須全力配合執行其工作任務；譬如企業組織限制員工不得上班遲到與缺席之規定，雖然員工自由受到限制，但由於此規定係為了全體員工的公正運作規範及團體共同利益而定，因此仍視為符合公正原則的精神。

㈢企業倫理的原則

許多企業組織為了使全體員工的任何決策行為能秉持實利主義、道德－權利主義及公平主義觀點，遵守企業倫理，而以正式的文件方式制定企業倫理守

則，由於每個企業組織的背景有其特性，因此所制定的企業倫理守則也不盡相同，但歸納而言，企業倫理守則涵蓋的主題包括下列各項：

(1)產品安全與品質。

(2)作業場所的健康與安全。

(3)環境保護。

(4)消費者保護。

(5)智慧財產權保護。

(6)誠信與信譽。

(7)公平交易。

(8)真實財務報表。

(9)合理價格。

(10)公正薪資制度。

㈣企業倫理的相關法律規範

為了規範企業組織的決策行為符合企業倫理的原則與精神，大多數國家已陸續頒佈許多有關企業倫理的相關法規，而這些法律著重的焦點議題，主要在於企業競爭行為規範、消費者權益保護、產品安全與責任及環境保護方面，詳述如下：

1.企業競爭行為規範

規範企業組織的相互競爭行為係企業倫理最早的相關法規，例如美國的反托拉斯法就明定禁止企業採取聯合壟斷行為、禁止實施差別價格、禁止不公平競爭方法和欺騙的交易行為。在 1990 年由於美國對於其重要的貿易夥伴如日本、臺灣、中國大陸之大幅侵蝕美國市場而造成人民抱怨，而課予傾銷 (dumping) 稅或實施 301 報復條款，皆屬於企業倫理之法令規範性質。然而，持平而論，國與國之間的經濟協商，似乎比訂定法令採取制裁報復的手段，更能解決貿易障礙與問題，以朝向全球貿易自由化之理想境界。

2.消費者權益保護之法規

消費者權益保護法規就是以制定法律，強制規範有關企業組織的產品或服

務，對消費者不得構成不符企業倫理原則與精神。例如美國的食品與藥品管理局 (food and drug administration; FDA) 根據法律之要求，為了保護消費者，而強制要求廠商所提供的產品不得有食品與藥物混雜、誤用商標品牌、產品不明確標示、產品不安全性、未加註危險警告標誌、未作誠實之知識性標示及錯誤廣告之現象。一般而言，消費者保護法規的保護領域主要包括：信譽保護、產品或服務保證書保護、產品品牌保護、產品明確標示保護及誠信廣告保護。就企業組織而言，為了落實消費者權益保護之意旨，可依照如下三個步驟進行。

(1)制定消費者保護的實質承諾要項。

(2)在產品或服務的傳達過程確保信守承諾。

(3)健全服務系統及強化服務能力，賦予員工更大的授權，以確保承諾的有效執行。

3. 產品安全與責任法規

產品安全與責任法規主要在確保汽車、食品、藥物或其他的消費性產品必須符合安全規範。譬如汽車安全法案要求廠商提供防止車輛發生事故的機械裝置；兒童保護與玩具安全法案則提供兒童在使用玩具的最大保護。

4. 環境保護法規

近二十年來由於工業的快速發展，環境逐漸受到破壞，已引起國人的高度重視，因此環境保護法規之完善制訂實刻不容緩。企業組織在製造產品或服務的過程中，如何儘量避免環境之破壞，將受到環境保護法規的約束。目前環境保護法規的主要議題涵蓋：空氣污染處理、固體廢物處理、危險物處理與儲存、水污染處理、噪音防治及有毒物質處理等。

二、社會責任

(一)社會責任的意義

社會責任 (social responsibility) 係指企業組織在遵守法律規範之下，除了追求本身利益外，必須對社會關注的問題，盡其能力範圍內作各種的回饋行動。社會責任闡明企業對於增進社會長期福祉負有道德的義務，以符合「取之於社

會，用之於社會」的社會公益精神。事實上，企業組織經營者將社會責任因素
納入決策行動考量是歷經三個蛻變過程：1930 年代之前，大多數企業組織經營
者均以追求企業最大利潤為唯一目標，雖有社會責任之倡議，但較少有具體社
會責任活動的實施；1930～1960 年代期間，企業組織經營者已經普遍有社會責
任之意識，除了在追求企業最大利潤外，亦將社會責任活動逐步納入決策行為
中，兼顧客戶、員工、供應商或股東等之權益平衡；1960 年代迄今，企業組織
經營者開始重視如何落實肩負社會重大議題的責任，例如關懷弱勢族群、關懷
社區、保育動植物或推動社會環境保護運動等。

㈡社會責任的類別

　　企業組織由於經營文化、背景或價值觀之不同，而往往對社會責任有不同
的認知與作法，但一般可將社會責任的類別區分為下列三種：

1.傳統社會責任 (traditional social responsibility)

　　傳統社會責任認為企業組織的唯一責任就是在遵守公平自由競爭規則的前
提下，竭盡所能的運用資源增加利潤，以謀求股東的最大利益，如果經營者未
能有效的運用資源增加利潤，以謀求股東的利益，則其決策行為應受到企業組
織所訂定績效目標之控管與限制。至於社會責任則是政府所應該負責的，任何
一位企業組織決策者不得因為參與社會責任活動而降低獲利率。事實上，傳統
社會責任的觀念僅擴及於股東的權益而已，至於社會大眾或顧客等屬於企業組
織的外部團體，並未被涵蓋在社會責任的範疇之內。

2.利益關係人社會責任 (stakeholder social responsibility)

　　利益關係人社會責任是指經營者必須對所有可能影響企業組織運作的利益
關係人員，負起必要的權益維護責任；而此處的利益關係人包括：股東、消費
者、競爭對手、員工、工會、供應商、社區、債權人（如銀行、退休基金管理
委員會）、政府機關、立法機構或其他利益團體如消基會或主婦聯盟等。世界知
名的企業嬌生公司 (Johnson & Johnson company) 的社會責任信條就較屬於利益
關係人社會責任，茲摘要如下：

　　⑴以合理價格提供高品質產品給消費者。

⑵供應商及零售商獲得合理的利潤。

⑶賦予員工公平、公正及安全感的工作環境。

⑷提供社區良好的工作機會。

⑸支持慈善機構。

⑹提供社會良好教育與健康制度。

⑺保護環境及自然生態。

⑻確保股東獲得相當的投資回報。

⑼決不逃稅及鼓勵社會改進。

　　當然經營者必須體認到社會責任的首要任務就是先要能創造企業利潤，才能進一步落實其他的社會責任內容，如果這個首要任務都無法達成，那麼論及社會責任將淪為空談，因為一個獲利表現不佳或甚至於處於虧損的企業組織，是不太可能有能力成為好的雇主、好的社區夥伴或社會公益的熱忱贊助者。

3. 承諾的社會責任 (affirmative social responsibility)

　　承諾的社會責任觀點，認為企業組織決策者應該承擔下列三個社會責任：

⑴積極參與社會環境改造活動

　　企業組織必須主動參與能滿足社會需求的各種公益計畫活動，除了財務的贊助外，亦可將這些活動轉變成企業組織的工作機會，或將社會需求目標轉變成為企業組織管理的績效衡量指標。

　　譬如提供固定名額之工作機會給特定弱勢團體，或是將企業組織在從事生產過程造成之污染源，如廢水、廢棄物或噪音，納入管理的績效衡量指標，也可積極鼓勵並獎勵員工參與社區的公益活動與內容。

⑵融合企業組織與社會環境目標

　　企業組織追求的目標與社會大眾期望目標往往會有矛盾或差異之處，此時企業組織宜充分運用資源儘可能在決策行動時調和與拉近彼此的矛盾差異處。譬如目前環境零污染已成為社會大眾的期望目標，而企業組織為了降低或防治污染，勢必耗費成本而造成利潤目標之侵蝕，此時，經營者就必須調和環境保護與利潤目標之平衡點,以善盡社會責任之義務。

⑶調和企業組織與利益關係人的利益

企業組織的決策行為必須和政府、工會、員工、立法機關或其他利益關係的理念、目標和利益互相配合,以維護彼此的利益均衡點。企業組織應該建立公關部門,負責與利益關係團體進行有效的溝通及搜集資訊,以迅速回應利益關係人的利益關注點。

㈢社會責任運作模式

企業組織基於社會責任的原則與精神之下,究竟應如何具體實施相關行動已受到經營者的關切;根據柴松林教授於民國 88 年針對我國之現況提出社會責任運作模式,並舉出八個企業組織可具體施行的方向(參見圖 3.8)。

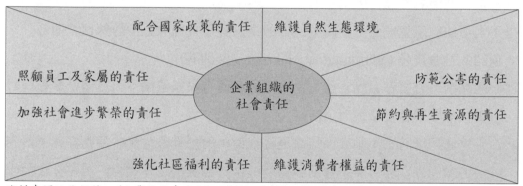

資料來源:柴松林,〈企業的社會責任〉,《彰銀資料》,第 48 期,第 4 卷,民 88 年,頁 1-4。

圖 3.8 社會責任運作模式

1.維護自然生態環境

過去由於國人對於生態環境普遍認知之不足,忽略不當的環境破壞所造成自然生態的衝擊性,已使得國人居住環境品質大幅下降;基於組織的社會責任,企業組織除了應積極配合與贊助社會所舉辦之自然生態保護相關教育宣導活動外,在製造產品或服務過程中,宜善盡維護自然生態之義務。

2.防範公害的責任

在早期工業革命時,人們並不瞭解工業污染對人類及各類物種與環境所帶來的災害,只是認為污染乃是經濟發展必然的伴隨品,因而未能具體提出公害防範的目標計畫。隨著環保意識的興起,政府及企業組織逐漸對於公害採取防

治措施，初期的公害焦點著重落塵、廢水的處理方面，其後更逐漸開始擴及於廢棄物、噪音和有毒物質的管制。經營者的社會責任包括採用清潔的原料，選擇無污染的生產過程及減少垃圾廢棄物的產生，以確保能從根本上消除公害的產生。

3.節約與再生資源的責任

地球的資源是有限的，經不起毫無節制的浪費使用，所以對一切的資源都不應該浪費，務必使資源能夠發揮到最大的效能。企業經營者善盡社會責任的方法之一，就是不宜將有用的資源用於對人類身心健康與福祉沒有任何實質效益的產品或服務，例如產品的過度包裝；換言之，企業經營者應致力於原料、材料、能源、勞力或空間使用等各方面的節約與再生利用。

4.維護消費者權益的責任

生產只是一種手段，並不是最終的目的，生產的目的在於滿足消費者的需求，除了應該尊重，及儘量滿足外，對於消費者的權益更應給予保障。對於消費者在產品或服務安全、產品知識的表達、產品責任求償、充分的產品教育與資訊等各種基本權利都應該盡力去維護。企業必須承擔產品責任、履行產品保證及接受產品訴願，甚至於歡迎消費者蒞廠參觀，儘量能夠按照消費者的需求來經營。

5.強化社區福利的責任

企業組織既然存在於社區之中，就成為社區的一員，由於企業組織擁有豐富的資源，因此可善用組織資源俾能成為一個良好的社區公民。就社區福利而言，企業組織善盡社會責任的內容包括：贊助參與社區公益活動、資源與社區共享、廠房設施與社區景觀調和一致、提供社區居民優先工作機會及地區性產業輔導等。

6.加強社會進步繁榮的責任

社會進步的定義是朝著公眾所希望的方向前進。因此，一個企業在生產上，要能不斷的鑽研以求技術的改進、原料的節省、製造過程的簡化、勞動的減輕、污染的防治、廢棄物的減量，使產品的品質可以提升及服務可以更加精進。對於有益於社會公平、正義與人性關懷的議題，企業組織的經營者可運用資源配

合推動，以促進整個社會的進步。

7.照顧員工及家屬的責任

合理的勞動報酬、良好的工作環境、充滿機會且公平開明的升遷管道、安全的工作保障及優渥的退休制度等，除了可使員工充分發揮潛能外，亦使員工的家屬感到安全及榮譽。善盡照顧員工及員工家屬的責任，除了可增強員工對企業組織的向心力，而有助於企業組織的營運外，也可協助降低社會問題，而有助於企業組織整體企業形象之建立。

8.配合國家政策的責任

一個企業組織能遵守法律規定運作及依照規定繳納稅賦，僅止於達到社會責任的消極面而已，並不表示完全盡到了企業的責任，一個良好的企業組織必須積極配合國家的基本國策，俾能算是善盡企業組織的社會責任，推動組織追求利潤合理、所有權大眾化、建構不具性別、年齡、學歷歧視的工作環境均屬於配合國家政策之社會責任。

個案研討：中國信託商業銀行的賺錢武器
——企業 e 化

一、中國信託商業銀行簡介

中國信託商業銀行的前身為中華證券投資公司，成立於 1966 年，1971 年改組為中國信託投資公司，又於 1992 年改制為中國信託商業銀行。目前該公司在臺灣擁有 58 個分行，員工人數約 6,800 人，秉持「正派經營、親切服務」的經營理念，主要服務項目包括：存款、放款業務、外匯及國際金融業務、信託業務、信用卡業務、證券承銷、股務代理及金融理財業務等。

中國信託商業銀行 2003 年的稅前盈餘為 182.52 億元，是當年度

國內最賺錢的銀行，縱使在合併萬通銀行後，為了打消不良資產及提列虧損而編列 100 多億元的損失，但利潤表現仍然相當亮麗，該公司總經理曾表示，資訊科技的應用是中信銀最大的競爭優勢，即使目前已經完成 e 化的改造工程，中信銀每年在資訊科技的投資支出，仍是同業的 2～3 倍，可見其對資訊科技的重視程度。

二、中國信託推行 e 化時程

中國信託商業銀行係臺灣第一家大規模將電腦系統全面導入管理作業系統的金融機構，前後共費時八年時間，投入的經費更高達 10 億。該公司 e 化所導入新資訊系統的效益中，除了可提供客戶更詳細的各種交易資料及縮減每日的結帳時間外，亦可延長該公司的營業服務時間，例如臺北忠孝 SOGO 百貨、敦南誠品書局、天母大葉高島屋百貨等營業據點，甚至可營業到晚上 10 點，而公司每日的結帳時間從過去的 90 分鐘，大幅縮短到目前僅需 15 分鐘即可完成。此外，公司推出衍生性新金融產品時，從過去平均需要 3～6 個月的研發週期縮減到目前的 6～8 週，使得中信銀在各項金融產品的推出時機，總是領先同業至少 6 個月以上。

1994 年是中國信託改制為銀行的第二年，各種個人金融業務表現並不亮麗，為了提振業績及為臺灣加入 WTO 的全球化競爭預做準備，由中國信託集團董事長辜濂松帶領相關人員赴美參訪國外金融機構，所得到的建議就是要先做好企業改造，而後再進行電腦資訊系統的建置。於是該公司便開始展開了銀行系統流程改造及全面資訊化導入的四個推動時程。

第一階段為企業藍圖規劃，為使將來新資訊系統能順利推行，該公司於 1994 年規劃了十三個區塊的企業再造藍圖，內容涵蓋了功能面、顧客面、產品面及策略面等，並將改造重點放在當時準備主攻的

個人金融業務，因此各分行是主要的改造對象，此規劃工程歷時 8 個月。

　　第二階段即按照前階段之規劃藍圖，進行企業內部流程改造，有別於一般企業再造多著重於企業功能面，該公司的流程再造係以顧客為導向，並認為科技只是管理運用的工具，業務的拓展才是主角，因此讓直接面對顧客的業務人員參與企業內部流程改造的整個流程，是該公司成功推動的關鍵之一。經過 18 個月的流程改造工程，為該公司全省各分行節省約 200 名的人力，雖然花了幾百萬美元的企業流程再造經費，卻可為日後省下上億元的人事費用；當然，企業流程再造後更重要的效益，就是讓該公司的業務運作內容與資訊系統有了更完整的整合。

　　第三階段開始正式遴選系統軟體，該公司經過審慎的評估，最後採用的是澳洲 FNS 公司的金融系統，主要被採用的理由包括功能規格較符合個人金融產品的需求、技術結構較具擴充性及可支援中文化。尤其該系統具有擴充性更是考量的重點，也成為日後該公司可迅速推出新產品的關鍵性資源系統。

　　第四階段是將軟體系統在地化，並正式導入。該公司除了根據國內、外的業務需求及法令差異性，進行軟體功能的局部修改外，若發現國外的作法較佳時，也曾函請財政部修改部分不合時宜的法令規章。這階段經過三年的新舊系統的雙軌併行，才將舊系統完全停用，並正式全面採用新的 e 化系統。

三、e 化關鍵成功因素

　　核視中國信託銀行得以成功導入 e 化功能系統的關鍵成功因素主要包括：

1.高階主管的支持：為了尋找企業流程再造及 e 化的較佳解決方案，

除了董事長辜濂松帶領相關人員赴美參觀金融相關的 e 化情形外，該公司亦於 1999 年由總經理親率 20 多位一級主管赴美參訪約 20 天，而在開始推動後更花費近 10 億元的經費預算來推行 e 化工程，由此可顯現出高階主管對 e 化的高度承諾性與支持性。

2. 充分先前作業規劃與準備：該公司一開始推動 e 化工程時，並非直接從資訊系統著手，而是先進行企業藍圖的規劃及企業流程再造工程，前後共花了四年的時間，經費高達 2 億，才完成前期準備工作。俟企業體質完全改造，符合 e 化的流程架構後，才正式進行 e 化系統的建置工程，又花了近四年的時間進行軟體系統廠商的評估及在地化的修正，前後共花了八年的時間才完成整個 e 化系統的全面上線運作。

3. 充分的員工溝通：員工心理的建設是推動 e 化的成功關鍵要素之一，如何消除員工對 e 化後的不確定與不安感，是領導者在進行企業 e 化過程的必要課題。為了與員工進行充分的溝通，減少員工的疑慮，使員工認同 e 化工程的重要性，當時該公司首席副總林博義親自跑遍全省 56 家分行舉辦 e 化說明會，宣達公司 e 化的願景與作法，另外，執行副總羅聯福也要求各分行主管在每月會報中分享自己對 e 化的建議與看法，以形成公司全體員工對於推動 e 化的共識與支持。

四、研討題綱

1. 請論述個案公司推動 e 化的環境因素考量。
2. 請論述個案公司擁有良好業績表現的關鍵成功因素。
3. 請說明個案公司推動 e 化之所以成功的主要影響因素。
4. 請討論科技環境因素對個案公司競爭優勢的影響性。
4. 除了科技因素的考量外，個案公司推動 e 化過程中尚需考量的其他環境因素有哪些？

個案主要參考資料來源:

1. 中國信託商業銀行網站: http://www.chinatrust.com.tw

2. 熊毅晰,〈中國信託「感謝篇」廣告幕後——挑戰「金控」的祕密武器〉,《e 天下雜誌》, 2002 年 4 月。 http://www.techvantage.com.tw/content/016/016182.asp

3. 熊毅晰,〈中國信託「最賺錢銀行」的秘密〉,《e 天下雜誌》, 2004 年 3 月。http://www.techvantage.com.tw/content/039/039036.asp

第二篇　規　劃

第四章　決　策

◎ 導　論

　　俗話說:「男怕入錯行,女怕嫁錯郎」正足以說明個人正確決策職業的重要性;決策是企業組織問題解決的初始,決策品質的好壞往往影響了企業組織營運的績效表現,企業組織在面對重大的關鍵問題時,錯誤或不當的決策往往會造成企業組織難以彌補的損失,因此,好的決策開始是事業成功的一半。

　　本章將逐次介紹決策程序、決策分析模式、決策類型和不同情境下管理者決策風格;此外,群體決策的程序及群體決策優缺點,亦為本書的探討內容之一。

◎ 本章綱要

　　*決策的意義與程序
　　*決策分析與模式
　　*不同情境下的決策分析
　　*管理者的決策風格
　　*群體決策

◎ 本章學習目標

　　1.瞭解管理者進行決策的程序與過程。
　　2.熟悉較常為管理者引用的決策分析技術。
　　3.瞭解管理者在面對不同情境下所採用的決策方式。
　　4.學習群體決策的運作方式及如何改善群體決策的運作缺點。

第一節　決策的意義與程序

　　決策係指個人或組織領導者針對遭遇的問題找出各種可行的解決方案，經過詳細評估後選擇較適當方案的過程。事實上，每個人的決策行為係時時刻刻都在發生的；就個人層級而言，每人上班上學的不同路程及運輸工具的抉擇，或學生畢業必須從兩個以上就業機會中擇一就職，皆屬於決策的範疇；而就組織層級而言，如何從兩個以上的地點挑選最適當的新廠建地或如何從數個求職者中挑選較適當的人選晉用，亦皆屬於決策範疇。

　　管理者應該依照決策的程序逐步進行決策，以確保決策的品質。一般而言，組織內的個人或管理者進行決策的程序可區分為七個步驟：釐清欲解決的問題、確認決策的項目、發展各種可行性方案、訂定方案的衡量指標與權重、評比各種可行性方案、選擇適當的方案及執行方案（參見圖4.1）。

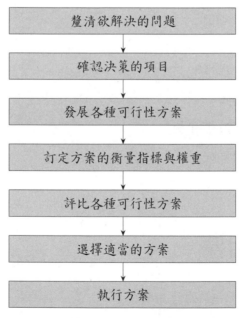

圖 4.1　決策程序

一、釐清欲解決的問題

　　當一個人認知到問題的出現時，就必須透過決策的過程來加以解決；換言之，決策起始於體認到問題的出現；譬如一個人住在交通不發達的偏遠地區，必須透過不斷的轉換班車才能到達上班地點，當體認到上班不便利問題時，就可能出現購買車子的決策，而此時購車決策就是為了解決上班的不便利問題。有效的釐清所要解決的問題才能做出正確的決策，有時候決策不僅僅是要解決一個問題，而是要同時解決兩個以上的問題，譬如一個人購車若只是要解決上班的不便利問題就可能做出購買小轎車的決策；但若一個人購車除了要解決上班的不便利問題外，亦想要解決假日登山涉水的戶外休閒旅遊交通問題，則就可能做出購買較高價位的休旅車決策，而較不會購買小轎車。因此，決策的第一步，需先釐清所需解決的問題為何，才能針對問題需求做出高品質的決策內容。

二、確認決策的項目

　　當有效的釐清所要解決的問題之後，接著就是要確認決策的項目與內容，亦即選擇解決方案所必需考慮的因素項目。譬如，一個人購車的可能決策項目就包括：購買何種品牌的車子、車子引擎 C.C. 數、車子顏色、車子價位範圍、車子最大扭力、車子的投保公司或投保金額等；又如一個組織要進行新廠設立的決策，其主要的決策項目就包括：設置的地點、廠房的規模、廠房的建築材料、廠房的設備型式或廠房的外觀型式等。一般而言，決策的項目與內容愈明確，則愈有利於做出正確的決策及有效的解決問題，通常在管理上可用檢核表 (check list) 的型式，詳細的列出解決特定問題所必須面對的各種決策項目，以避免因疏忽某些決策項目而影響整體的決策品質。

三、發展各種可行性方案

　　組織或個人一旦確立所有的決策項目後，就可針對每一個決策項目分別發展出各種的可行性方案，當然在發展可行性方案時，管理者必須透過各種管道搜集市場資訊與情報，或邀集專家共同討論，才能更有效的發展出具體可行的

方案。此處的可行性方案係指組織經過客觀的資源（如人力、資金或物力等）評估後，所產生可具體加以實現的方案，換言之，在發展各種可行性方案時，應該根據個人或企業組織的各種資源能力，經過審慎的評估才可加以訂定。

四、訂定方案的衡量指標與權重

管理者發展出可行性方案後，接著必須針對前面程序所確認的各種決策項目，訂定各種評估的指標，作為各種可行性方案的評比基準；譬如上述購車決策的評估指標可能包括：經濟性、安全性、舒適性、品質性、美觀性或便利性等。此外，由於每個人在進行方案評估時，對於各項評估指標的重視程度可能不一樣，因此可根據個人的重視程度而賦予每個指標不同權重 (weight)。權重係指將各種評估指標的相對重要性或重視程度賦予不同比重的方式，在賦予權重時最常見的使用方法就是百分總權重，若在所有評估指標中，某一項指標所賦予的權重為 20 分，而另一項指標所賦予的權重為 60 分，則很顯然後一項指標的重要性或重視程度為前一項指標的 3 倍。

五、評比各種可行性方案

在決定各種衡量指標項目和權重後，接著就是針對每一個可行性方案進行評比。當然，在評比時應該儘可能的搜集各種資料，以期能更客觀的進行評估，一般而言，評估資料的可能來源包括：個人的過去使用經驗、親朋好友的使用意見、產業界的使用反應、專業雜誌期刊的報導、市場顧客的反應或消基會報導雜誌等，搜集的資訊愈詳盡，則評比結果就愈客觀可靠。

至於如何評比可行性方案舉例說明如下：如果有一個人想要購置一部車子而要決定何種品牌時，此時國內的各種車子品牌就是他的可行性方案，而必須決定評比車子品牌的評估指標和權重，例如價格權重 30%、配備齊全性權重 20%、性能權重 20%、維修經濟性權重 10%、及故障頻率 20%（參見表 4.1）；表 4.2 則是針對各種品牌進行的評比結果，每項評估指標的評比最高分數為 10 分。在進行評比後必須將每一個指標的原始評估分數乘以該評估指標的權重，以反應各項評估指標的重要性；如表 4.2 中 A 品牌的總分 $= 2 \times 0.3 + 8 \times 0.2 +$

$9 \times 0.2 + 6 \times 0.1 + 4 \times 0.2 = 5.4$。

表 4.1 購車的評估指標與權重

評估指標	權重
價格	30% (0.3)
配備齊全性	20% (0.2)
性能	20% (0.2)
維修經濟性	10% (0.1)
故障頻率	20% (0.2)

表 4.2 汽車品牌的評比

可行方案	價格 (0.3)		配備齊全性 (0.2)		性能 (0.2)		維修經濟性 (0.1)		故障頻率 (0.2)		總分
	評估分數	加權分數	評估分數	加權分數	評估分數	加權分數	評估分數	加權分數	評估分數	加權分數	
A 品牌	2	0.6	8	1.6	9	1.8	6	0.6	4	0.8	5.4
B 品牌	3	0.9	7	1.4	9	1.8	5	0.5	3	0.6	5.2
C 品牌	8	2.4	5	1.0	3	0.6	7	0.7	6	1.2	5.9
D 品牌	7	2.1	9	1.8	7	1.4	9	0.9	9	1.8	8
E 品牌	5	1.5	3	0.6	6	1.2	8	0.8	8	1.6	5.7
F 品牌	4	1.2	5	1.0	8	1.6	10	1.0	7	1.4	6.2

註：評估分數最高 10 分，最低 1 分。

六、選擇適當的方案

　　管理者針對各種可行方案進行評比而計列出分數後，就可依照分數高低的優先順序從中挑選出較適當的方案，如表 4.2 所示 D 品牌所獲得加權後的分數 8 分為最高，很顯然 D 品牌將是所有品牌方案中的最佳選擇；而 F 品牌的分數 6.2 分屬於次高的分數，因此 F 品牌為所有品牌方案中的次佳選擇。

七、執行方案

　　在決定最佳的方案後，接著就是如何將該方案落實的加以執行，如果已決定的方案無法確實有效的落實執行，則再好的決策方案都無法有效達到解決問題的目的。此外，在已決定方案的執行過程中，須設定該方案執行所需的預算

限制或執行進度的控制時點，以避免產生方案執行時超出預算經費或時間延誤
的現象。

第二節　決策分析與模式

一、決策分析方法

　　管理者進行決策分析時可供使用的技術方法相當多，但採取不同的決策分
析方法所產生的決策品質與花費的決策時間是不一樣的。一般而言，決策分析
方法大致可分為兩種：例行性決策方法 (routine method) 及調整性決策方法
(adaptive method)，該兩種方法的運作方式並分述如下。

㈠例行性決策方法

　　例行性決策係指管理者面對高度單純性、重複性及規則性管理問題所作的
決策；例行性決策較常使用的分析方法有三種：檢核表 (check list)、管理規則及
標準作業程序 (standard operating procedures; SOP)、線性規劃 (linear program-
ming)。

1.檢核表

　　檢核表是例行性決策最常使用的方法之一，管理者可針對每日或特定工作
的經常決策項目詳細列示成檢核表，執行者僅需根據檢核表逐項進行決策分析
即可；表 4.3 就是汽車修護廠從事一般保養的檢核表範例，該檢核表可提供修
護技師進行例行性汽車保養決策分析之用。

2.管理規則及標準作業程序

　　管理規則是組織最基本的決策分析方法之一，管理規則係指組織透過書面
化形式明文公佈員工在執行工作任務時，可被接受及不可被接受的行為規範，
它可提供管理者在處理例行性問題時能有一致性的決策結果；譬如加油站公司
禁止顧客及員工在加油站場所抽煙就是管理規則。至於標準作業程序係指管理
者在面對結構化的問題時，制定處理該問題系統性及連貫性的步驟程序，有了

表 4.3　汽車保養檢核表

工作單號碼		車身號碼			
項次	檢查項目	內容		正常	不正常
1	前擋噴洗	雨刷水位、噴洗角度			
2	雨刷	操作情形、雨刷片磨損			
3	皮帶	發電機、壓縮機			
4	剎車油	油位、油質、是否過期未換？			
5	水箱冷卻水	水位、試漏、水精濃度			
6	電瓶	電瓶水比重、電壓及樁頭清潔度			
7	燈光	操作情形、亮度、燈光直線高度			
8	車輪	氣壓磅數			
9	輪胎（含備胎）	磨損情況、胎壓			
10	引擎、變速箱、差速器	油位是否漏油？			
11	空調系統	微濾網清潔度、功能測試			
12	轉向系統	間隙是否漏油			
13	剎車迴路	固定、漏油或損壞			
14	排氣系統	磅數、橡皮、吊架、漏氣			
15	座椅安全帶	功能測試			
16	簡要電腦診斷測試	系統檢查			
17	內部清潔	座椅、地毯、方向盤			
18	試車	路試、儀表數據回饋			

明確標準作業程序時，管理者在解決問題時便可遵照作業程序進行決策即可；譬如病人到醫院看門診時，就有一套標準作業程序，如圖 4.2 所示。醫院的診療人員就可依照上述程序處理病人的門診就醫問題。管理規則和標準作業程序明確的告知決策者在面對例行性問題時，如何依照已訂定的規則和程序進行決策。

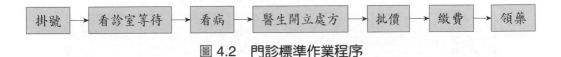

圖 4.2　門診標準作業程序

3.線性規劃

　　線性規劃係指組織在有限的資源條件下，如何將所擁有的資源如人力、物料、機器設備或資金做最佳 (optimum) 配置，以獲得競爭優勢的決策技術。此種分析技術是管理者在面對高度結構性、複雜性及例行性問題時，較適合使用

的方法之一；然而管理者在使用線性規劃技術進行決策分析時，必需滿足下列三個假設條件：

(1)決策變數具確定性及可量化性

　　在線性規劃模式中所有的參數包括目標函數、限制條件下的可使用資源數量，皆屬於確定性及可量化的變數。

(2)資源具可分割性

　　線性規劃模式中所使用的各種資源皆屬於可分割性，因此決策後的資源數量可為整數或小數。

(3)資源數量之增減屬於線性比例

　　在線性規劃模式中，各項有關管理活動所需的資源數量是線性比例的增減變數；例如生產某產品 1 單位需投入甲原料 3 公斤，如果想生產 3 單位則需要投入 9 公斤之甲原料。

・線性規劃實例說明：

假定某家具製造廠生產桌子及椅子，在製造過程中必需經過甲、乙兩套機器的分別加工處理，甲機器每週可以作業 60 小時，乙機器每週可以作業 48 小時；製造一張桌子需要甲機器作業 4 小時，需要乙機器作業 2 小時；製造一把椅子需要甲機器作業 1 小時，需要乙機器作業 2 小時；每張桌子的利潤是 50 元，每把椅子的利潤是 40 元；該廠為求得最大利潤，必須在現有的資源限制條件下，尋求生產桌子和椅子數目的最佳生產組合 (optimum combination)。此問題就可以利用線性規劃技術來進行決策。

表 4.4　決策變數與資源限制的關係性

資源限制 ＼ 決策變數	桌子 (X_1)	椅子 (X_2)	機器可用時數
甲機器	4 小時	1 小時	60 小時
乙機器	2 小時	2 小時	48 小時
決策變數係數（單位利潤）	50 元	40 元	－

・解答：

依題意可彙整桌子、椅子與各項資源使用之關係性如表 4.4；令生產桌子數量為

X_1 張，生產椅子數量為 X_2 把，由於桌子每張可得利潤 50 元，生產 X_1 張可獲利 $50X_1$ 元，椅子每把利潤 40 元，生產 X_2 把可獲利 $40X_2$ 元，因此該公司的總利潤為 $Z = 50X_1 + 40X_2$，而利潤是愈大愈好，故可列出此問題的目標函數為：

$$Max\ Z = 50X_1 + 40X_2$$

至於該廠甲、乙機器資源的使用方面，由於生產每張桌子需使用甲機器 4 小時，生產桌子 X_1 張，需使用甲機器 $4X_1$ 小時；而生產每把椅子需使用甲機器 1 小時，生產椅子 X_2 把，需使用甲機器 $1X_2$ 小時；然而甲機器可提供使用時數限制為 60 小時；因此，甲機器所提供的時間限制可用下列不等式表示：

$$4X_1 + 1X_2 \leq 60$$

同理，生產每張桌子需使用乙機器 2 小時，生產桌子 X_1 張，需使用乙機器 $2X_1$ 小時；生產每把椅子需使用乙機器 2 小時，生產椅子 X_2 把，需使用乙機器 $2X_2$ 小時；而乙機器可提供使用時數限制為 48 小時，因此生產桌椅所需的乙機器總時數，亦不能超過其所能提供的時間 48 小時，故乙機器所提供的時間限制可用下列不等式表示：

$$2X_1 + 2X_2 \leq 48$$

最後，生產桌子和椅子之數量不可能為負數，所以 $X_1 \geq 0, X_2 \geq 0$。

綜合上述，為了獲得最大利潤，管理者已將該廠的有限資源（甲、乙機器）用來從事兩種生產活動，以決定最佳的生產組合；該問題可以下列之線性規劃數學模型表達如下：

$$Max\ Z = 50X_1 + 40X_2$$
$$限制式\ 4X_1 + X_2 \leq 60$$
$$2X_1 + 2X_2 \leq 48$$
$$X_1 \geq 0, X_2 \geq 0$$

目前市面上有許多的管理決策軟體如 Lindo 可針對線性規劃進行快速求解，本書於此不介紹線性規劃的計算過程，經由軟體計算結果：

$$X_1 = 12, X_2 = 12$$

換言之，該工廠生產桌子和椅子各 12 個單位時，將獲得最大利潤值為 1,080 元（$50 \times 12 + 40 \times 12 = 1,080$）。

㈡調整性決策方法

調整性決策係指管理者所面對的問題，在過去歷史曾數次發生過，而且管理者已根據過去的決策資訊進行系統化分析，並從已證明有效的決策模式中獲得經驗，作為問題解決時進行決策調整的依循標準。調整性決策可使用的分析方法主要有決策樹 (decision-tree) 分析法、損益平衡分析法、經濟批量法及等候理論。

1.決策樹分析法

當管理者所面對的問題必須連續的逐步進行階段性決策才能完成最終決策時，就必須使用決策樹分析，這種決策問題亦稱為多階段式決策問題(multiple-stage decision problem)。多階段式決策問題在實務上經常會出現，通常使用決策樹來做分析，以簡化問題的複雜性。所謂決策樹 (decision-tree) 就是針對各種不同抉擇方案所可能產生的情況繪製成樹狀結構，以利決策廠商分析之用。在決策流程圖中常用兩種不同的節點 (node)，其符號和意義為：

□： 稱為決策點 (decision node)，表示決策者必須在這個決策點，選擇分枝出去的可行性行動方案。

○： 稱為事件點 (event node)，表示由事件點分枝出去的各種可能發生的狀況，決策者必須求算這個事件點的期望報酬或期望損失。

・決策樹分析法實例說明：

某家公司決定是否在市場上推出一款新產品機種的決策問題；而根據該公司各部門搜集的資料分析得知，該新產品上市所需的廣告行銷費為 50 萬元；上市後有類似產品競爭的機率為 0.9，沒有類似產品的競爭機率為 0.1。當新產品上市而遭遇類似產品競爭時，該公司可採高價位、中價位及低價位來加以因應，但是該廠商採取不同價位的競爭手段時，其競爭對手採高價位、中價位及低價位的機率及預期的期望報酬說明如下：

⑴當該廠商採高價位政策時，競爭對手採高、中、低不同價位的機率分別為 0.2、0.6 及 0.2；在各機率的情況下該廠商可獲得的收益分別為 100 萬、40 萬及 20 萬。而在各機率的情況下該廠商可獲得的期望報酬分別為 20

萬 (100×0.2)、24 萬 (40×0.6) 及 4 萬 (20×0.2)。

(2)採中價位政策時，競爭者採高、中、低不同價位的機率分別為 0.1、0.5 及 0.4；在各機率的情況下該廠商可獲得的收益分別為 150 萬、80 萬及 30 萬。而在各機率的情況下該廠商可獲得的期望報酬分別為 15 萬、40 萬及 12 萬。

(3)採低價位政策時，競爭者採高、中、低不同價位的機率分別為 0.05、0.1 及 0.85；在各機率的情況下該廠商可獲得的收益分別為 200 萬、100 萬及 50 萬。而在各機率的情況下，該廠商可獲得的期望報酬分別為 10 萬、10 萬及 42.5 萬。

(4)若新產品上市而沒有類似產品競爭時採高、中、低不同價位政策下時之條件收益分別為 300 萬、200 萬及 120 萬。

根據上述的資料結果，請問該公司是否應推出此一新產品？

‧解答：

將上述資料以決策樹表示如圖 4.3；決策樹之繪製是由左至右分枝而成的圖形，首先要考慮該新產品是否該上市，上市後可能有兩種發生狀況（有競爭和沒有競爭），當各發生狀況出現之後，決策者要決定價格政策，在不同價格政策下競爭者有不同的機率之發生狀況。決策者只能決定自己的價格，所以使用決策點（節點 4、5）；競爭對手的價格不是由該公司決定，所以使用事件點（節點 6、7、8）。其計算步驟如下：

步驟一： 計算事件點 6、7、8 之期望報酬。以節點 6 為例，其期望報酬為 $0.2 \times 100 + 0.6 \times 40 + 0.2 \times 20 = 48$ 萬。

　　　　（其餘各點的期望報酬計算方式同節點 6，事件點 7 為 67 萬，事件點 8 為 62.5 萬）

步驟二： 考量決策點 4 和 5 的期望報酬。依據貝氏決策準則挑選具有最大之期望報酬，因此節點 4 選擇中價位（期望報酬為 67 萬最大）；而節點 5 則選擇高價位最為有利（期望報酬為 300 萬最大）。

步驟三： 計算事件點 2、3 的期望報酬。節點 2 上有競爭的機率為 0.9，期望報酬為 67 萬；沒有競爭的機率為 0.1，期望報酬為 300 萬，所以節點 2

的期望報酬為 $0.9 \times 67 + 0.1 \times 300 = 90.3$ 萬。

（而節點 3 為不上市，便無任何收益或損失，故其期望報酬為 0）

步驟四： 考量決策點 1 之期望報酬。若選擇上市，期望報酬為 90.3 萬，費用為 50 萬，故其上市的期望報酬為 $90.3 - 50 = 40.3$ 萬。

（因上市期望報酬為 40.3 萬，優於不上市之期望報酬為 0，所以最佳行動方案為選擇將新產品上市）

由決策樹分析可知，該公司的決策應將此產品推廣上市；如果市場上有類似產品競爭的話，應採取中價位政策，倘若市場無類似產品競爭的話，應採取高價位政策。

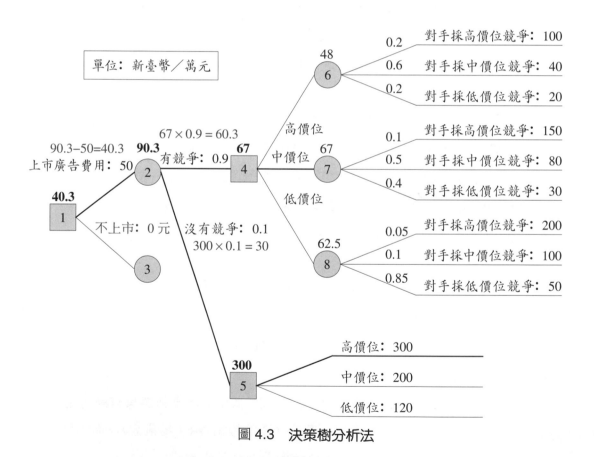

圖 4.3　決策樹分析法

2.損益平衡分析法

損益平衡分析法主要係適用於管理者在決定一個企業應該銷售多少數量的

產品，才能達到預定的利潤目標，而不會產生虧損，當銷售的數量恰好不會造成公司虧損也不會獲得任何利潤時，就稱之為損益平衡點 (break-even point)（參見圖 4.4）。在使用損益平衡分析法來進行決策時，管理者必須搜集產品的固定成本、變動成本及產品的銷售價格才能決定適當的銷售量。損益平衡分析法的公式說明如下：

P：代表商品單價。

Q：代表銷售數量。

TR：代表產品的總收益；$TR = P \times Q$。

TC：代表產品的總成本。

$TC = TFC + VC \times Q$；

TFC：代表產品的總固定成本。

VC：代表產品的單位變動成本。

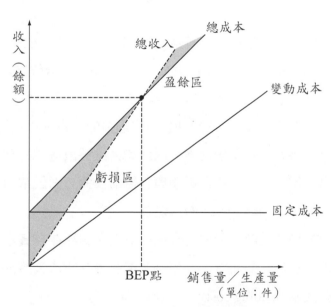

圖 4.4　損益平衡點分析圖

當產品銷售量達到損益平衡時，則產品收益等於產品總成本。亦即：

$TR = TC$

$P \times Q = TFC + VC \times Q$

$$(P \times Q) - (VC \times Q) = TFC$$

$$(P - VC)Q = TFC$$

$$Q = TFC / (P - VC)$$

從公式可知損益平衡點的銷售量 = 產品總固定成本 /（產品單價 − 產品單位變動成本）。

・損益平衡分析法實例說明：

大華公司生產電動玩具車，每臺電動玩具車的銷售單價為 200 元，而當初為了生產電動玩具車所投資的機器設備，每月必須攤銷 80,000 元，同時生產一臺電動玩具車所花費的變動成本為 100 元，則該公司的電動玩具車的損益平衡點銷售量為：80,000/(200 − 100) = 800 臺；換言之，該公司每月電動玩具車的銷售量必須達到 800 臺（銷售金額為 160,000 元），才能達到損益平衡；如果銷售量少於 800 臺將造成虧損，而銷售量超過 800 臺後才會獲得利潤。

3.經濟批量法

　　組織為了營運的需要往往庫存著數百種，甚至數千種以上的原物料、零件、配件，一般我們經常消費的廠商如百貨公司、便利商店、服飾店或超級市場等，皆會有庫存或存貨的現象，組織內有存貨，雖然可提供顧客需求的服務水準，而避免因缺貨造成營收或公司商譽的損失，但過多的存貨卻可能造成資金積屯，甚至於產生大量的呆料而有虧損之虞；因此如何維持最適當的存貨量便是屬於管理者面臨的另一個問題。一般在最適庫存量的決策方面最常引用的就是經濟訂購量 (economic order quantity; EOQ) 模式。

　　在探討 EOQ 模式之前，我們先介紹一個企業組織在存貨量的不足或過多時所涉及的成本負擔；一般而言，一個企業組織的存貨決策將涉及三種成本：

(1)存貨持有成本 (holding cost)

　　係指持有庫存或產品本身價值及相關庫存管理作業所產生的成本，它主要包括：產品庫存的資金利息費用，庫存產品的保險費，產品因過時、變質、損壞、遭竊的損失費用及倉儲租用費用或倉儲管理費用等；一般而言，產品的每次訂購量愈大，則存貨持有成本愈高。

(2)訂購成本 (ordering cost)

係指每次進行產品或商品訂購作業時所發生的成本；它主要包括：訂購表單填寫的人工費用、傳真費、訂購電話費、產品進貨檢驗成本或產品進貨的搬運成本等；一般而言，每次訂購量愈大，則每年訂購次數較少，當然訂購成本就愈少；相對地，如果每次訂購量愈小，則每年訂購次數較多，當然訂購成本就愈高。

⑶缺貨成本 (shortage cost)

係指客戶到公司購買產品時，由於缺貨而造成銷售機會損失或商譽損失的成本；由於通常缺貨成本都是由主觀意識來判定與估計，而較難以客觀數值來加以衡量，因此在 EOQ 模式中是不列入考慮的，而僅考量存貨持有成本和訂購成本。至於存貨持有成本、存貨訂購成本與訂購量的關係可以圖 4.5 來表示之。

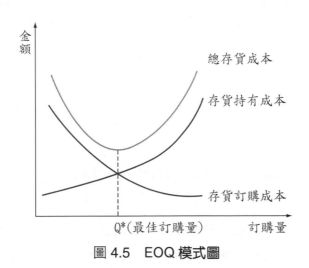

圖 4.5　EOQ 模式圖

在 EOQ 決策模式中，存貨持有成本 (HC) 係以平均庫存量 (Q/2) 乘以每年每單位產品的庫存成本 (H)：

$$HC = (Q/2) \times H$$

至於存貨的訂購成本 (OC)，則以全年的訂購次數（D/Q；D 為產品的每年需求量）乘以每次的訂購成本 (S)：

$$OC = (D/Q) \times S$$

此時，總存貨成本為存貨持有成本加上存貨訂購成本，根據圖 4.5 所示的最佳訂購量為總存貨成本最低點，可利用微分取得 TC 的最低點如下：

TC= HC + OC

$\quad$ = [(Q/2)×H] + [(D/Q)×S]

令 TC′= 0 （對 Q 微分，求最低總存貨成本）

$\Rightarrow Q^2H - 2DS = 0$

$\Rightarrow Q^2H = 2DS$

$\Rightarrow Q^2 = 2DS/H$

$\Rightarrow Q^* = \sqrt{\dfrac{2DS}{H}}$ （Q^* 為最佳訂購量）

．經濟批量法實例說明：

若大華公司銷售電動玩具車，若每年需求量為 9,600 臺，而每臺玩具車的存貨持有成本為 6 元，訂購成本為 50 元，則每次的經濟訂購批量為：

$$Q^* = \sqrt{\frac{2DS}{H}}$$

$$= \sqrt{\frac{2 \times 9,600 \times 50}{6}}$$

$$= 400$$

由解得知，每次訂購量應為 400 臺較符合經濟訂購成本。

4. 等候理論

等候理論主要係利用機率分配原理，探討如何平衡顧客接受服務的等待時間與企業所提供服務設施閒置成本之間的決策問題。當一個企業所提供的服務設施皆有客人時，則其他到達的客戶就必須等候，所以在日常生活中，排隊等候似乎很難避免，如等候公車、捷運、超市結帳、醫療院所門診看病、加油站加油、生產線產生瓶頸等，皆會有等待的現象產生。客戶等待線的形成主要是因為服務設施的供給量少於對於服務設施的需求量，等待線的產生可能會導致顧客的不耐煩而離去，造成收益損失；但相對地，如果服務設施供給量大於顧客的需求量時，則很顯然將造成服務設施的閒置情形，此時閒置成本的產生則無法避免。總而言之，等候理論的目的在於決定一個適當的服務設施或人員數

額，來平衡客戶等候時間與服務設施閒置損失成本，使得整個服務系統能獲得最低成本的最佳狀態。由於等候理論所涉及的數學知識較為複雜，所以本書在此僅扼要簡介等候理論如上，而不予以深入探究。

二、決策模式

管理者在進行任何決策時，由於所掌握資料之完整性不一，往往影響其決策的理性程度；若資訊非常完整則決策較可能歸向於理性，並易獲得最佳的決策方案；但若資訊非常不完整，則決策將較趨於有限理性，而僅可能獲得較適解的決策方案。因此，學者們往往將管理者的決策模式區分為理性決策模式 (rational decision model) 及有限理性決策模式 (bounded rationality decision model)，茲將兩種之決策內涵分述如下。

㈠理性決策模式

理性決策模式係指管理者透過客觀及合乎邏輯的科學方法與理性原則，來尋求組織資源最佳化的決策過程。該模式決策過程的相關資訊必須非常完整及正確，只有在資訊齊全的條件下，理性決策模式才能發揮其作用。換言之，管理者是在下列的情境下，進行利益最大化的選擇。

(1)決策目標必須明確化與單一化

決策者對組織或個人的利益需求定位非常清楚，而且能明確地訂定數量化的決策目標。

(2)決策的問題結構完整與資訊充足

管理者所面對的決策問題相當具體、完整及結構化，同時在決策過程中，所搜集相關的資訊必須非常齊全且正確，否則可能因為錯誤的資訊而誤導了決策者的判斷，而無法達成既定的目標。

(3)發展的可行方案均可數量化

衡量所有可行方案的評估指標均可用數量化表示，它代表著決策方案的執行內容、步驟及時程均有詳細的規劃，並且可透過明確化的數量來加以控管。

⑷決策者尋求利益報償最大化

　　管理者面對理性決策問題時,係以尋求最大利益報償為主要的評估準則,在決策過程中並不會將不客觀或不理性的任何決策因素納入決策考量。

⑸決策問題沒有任何資源的限制

　　在理性決策的情境下,假設決策過程及執行決策方案是沒有任何資源、時間或成本的限制。

　　事實上,在實務管理是很少有情況可以完全滿足上述的理性決策條件。大部分的情況是缺乏明確的決策目標或無法找出所有可行性方案,甚至於在決策時必須在組織利益與其他非關組織利益因素如社會責任之間進行權衡,而無法全力追尋利益最大化。因此在管理實務上很難進行完全理性的決策模式,而大多屬於有限理性決策模式。

㈡有限理性決策模式

　　有限理性決策模式係由馬其和賽門 (March & Simon, 1958) 與賽門 (Simon, 1960) 所提出,他們首先發現管理者所進行的大部分決策並非出自完全理性,因為人們要獲得與決策相關的完整性資訊以達成理性決策,在現實上是不可能存在的。決策者通常在決策問題確定後,開始尋找決策指標和可行性方案,但礙於資訊的不充分,只能進行有限理性的決策。因此有限理性決策是在下列三種情境下進行:

⑴決策者在確認問題時,無法全面的確認所有決策目標。

⑵管理者在進行決策時無法獲得完整的資訊。

⑶決策者基於個人不同偏好而選擇特定的方案,無法秉持理性客觀態度面對決策問題。

　　管理者面對有限理性決策問題時,較不容易達到最佳解,因此決策者的決策內容,在尋找決策問題的「較適解」而非「最佳解」。在進行有限理性決策時並非鼓勵管理者完全摒除理性的本質,只是基於達成完全理性情境的不可求,而僅能儘量達到理性的決策。表 4.5 列出理性決策與有限理性決策的差異比較。

表4.5 理性決策與有限理性決策的差異比較

理性決策	有限理性決策
・考量長期的績效	・考量短期的績效
・客觀的評估所有的可行方案	・依照偏好主觀評估有限可行方案
・考慮所有可能的客觀評估指標	・客觀及主觀的評估有限指標
・選擇最佳方案	・選擇較適方案
・追求利益最大化	・尋求利益最大化與其他非關組織利益因素之權衡抉擇

三、決策之問題類型

㈠結構化問題

所謂結構化問題係指管理者在面對問題時，本身對所要解決問題的目標非常明確、定義非常清楚及資訊非常完整。此情況與理性決策模式的假設條件非常相似，簡單說就是解決問題的方法是非常直截了當。例如學生到醫院探視生病友人的問題，由於學生的決策目標非常明確係為了關懷朋友，且問題定義相當清楚，這就是屬於相當結構化的問題。

㈡非結構化問題

相對於結構化問題而言，非結構化問題本身對問題定義與資訊均模糊不清或不完全，非結構化的決策問題往往都是一些全新、非慣例性或突發性狀況的決策；例如某公司面對開發新市場的投資決策，由於以往沒有完全相同的案例可供依循，因此必須在資訊不完整和目標可能不完全確定的情境下進行決策，這就是屬於非結構化的問題。

四、決策之類型

㈠例行性決策

例行性決策係指在面臨問題時，通常已有一致性決策程序與解決方法。這

種問題的決策過程通常是具高度重複性，並有一套標準作業程序可供參考；由於過去一直有同樣的問題不斷的發生，所以管理者可參照過去已採行的解決方法進行決策，處理起來也就較為容易簡單，這類的決策管理者通常不需另外發展新的解決方案，因為藉由過去的成功經驗，各種的解決方案均明確，只要將制式化的經驗套入現今的問題即可。一般而言，結構化愈高的問題，較偏向於採取例行性決策，而這類的問題通常發生於較低階的管理者，由於低階管理者每天所遇到的問題大都屬於重複性高的例行性決策，只要依據往例處理便可解決。一個企業組織必須將例行性決策的權利賦予較低階管理者，以節省高階主管對於這種例行性決策所付出的精力與時間。

㈡非例行性決策

非例行性決策係指管理者所遇到的問題，是過去經驗所沒有或較少發生的，沒有一套可供依循的解決方案，通常這類問題是結構化程度較低的問題。決策者必須依靠過去個人累積的經驗及智慧來判斷、評估及選擇可行的解決方案。企業組織內的高階主管所面臨的決策大多屬於非結構化問題，而偏向採取非例行性之決策類型。例如新產品之行銷，因為過去沒有相同產品之行銷經驗，只能依據管理者自身累積的經驗與智慧，來判斷應如何做才能使產品大受消費者喜愛。因此，非例行性決策通常較例行性決策更難以抉擇，而且決策結果對企業組織的影響層面也較為廣泛與深遠。

五、不同階層管理者的決策類型

不同階層管理者所面臨的問題特性不同，因此所採用之決策類型亦將有所差異，通常較基層管理者所面對的問題較屬於高度重複性及結構化的問題，因此較依賴例行性決策；相對地，組織中較高階管理者，由於面對的問題較屬於低度結構化類型，決策內容較為複雜與困難，往往需要藉著非例行性決策來處理。事實上，決策不可能完全的區分為例行性與非例行性的兩種極端類型，現實生活中管理者所面對的各種問題中，往往例行性決策項目與非例行性決策項目的比重各有不同。圖 4.6 說明管理者所處組織層級愈高時，所面臨決策問題

的結構化愈低，而採取非例行性決策所佔的比例相對愈高；反之，管理者所處組織層級愈低時，所面臨決策問題的結構化愈高，而採取非例行性決策所佔的比例相對愈低。

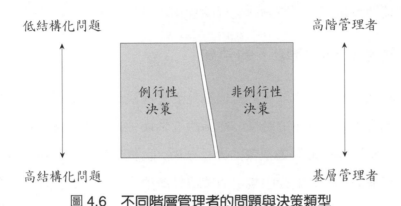

圖 4.6　不同階層管理者的問題與決策類型

第三節　不同情境下的決策分析

　　管理者係依據所擁有資訊來進行決策，但由於個人所掌握資訊的完整性不盡相同，因此決策的分析方式及成效就會產生差異性。事實上，資訊的取得是必須付出成本代價的，管理者通常由於資訊取得成本或資訊取得迅速性的不同限制，致使決策者在決策時所擁有資訊的齊全性亦不盡相同；一般而言，決策者係根據所能掌握資訊的多寡程度，而在下列三種不同情境下進行決策：

一、確定性 (certainty) 情境決策

　　確定性情境決策就是管理者在進行決策前，已經能完全掌握所要解決問題的各種資訊，同時能確切的知道各種可行方案的結果。在此情境下，決策者完全能夠掌握整個問題的來龍去脈，而解決問題的各種可行方案也非常具體明確，對於方案的執行結果亦能準確的預測，因此在確定性情境下，決策者只需選擇最具效益性與報酬性的方案即可。譬如同學有一筆閒置資金想要定存，但由於每家銀行或郵局一年後所可獲得的利息有差異而需做選擇，這就是屬於確定性情境決策，只要針對一年後可獲得最高利息報酬的銀行或郵局方案進行決策即可。

　　然而在實際的企業組織決策過程中，並非如此單純，往往隱含著許多不確定的因素或不充足的資訊在內，因此對於組織的中、高階主管而言，很少有決策屬於確定性情境，大多數的情況都是只能掌握少部分的資訊而非完全的訊息，此種決策情境就是下一段將論述之風險性情境下的決策。

二、風險性 (risk) 情境下的決策

　　在風險性情境下，由於管理者無法完全掌握決策資訊而難以精確預估各種可行方案執行所可能產出的結果。在風險性情境下，管理者通常運用統計學之期望值 (expected value) 作為決策的分析技術，也就是針對各種可行性方案分別估算出各別的期望值，並從中挑出期望值較高的可行方案。然而，期望值係將可行方案的發生機率或機會乘以可行方案的價值或報酬所得的數值，因此在評估可行方案的期望值時，管理者首先將依照個人的經驗或已掌握的資訊來預測各種可行方案發生的機率，然而預測機率的方式可分為兩種：

㈠客觀機率 (objective probability)

　　一個問題的發生，若在過去的歷史曾經有遇到類似的經驗或數據，管理者便可利用過去所能掌握的經驗與資訊，來評估目前各種問題解決方案達到預期結果的可能性，這就是客觀機率的預測方式；例如可根據過去各種不同運輸工具發生車禍事故的統計資料，來獲得不同交通運輸工具發生車禍的客觀機率，而可作為個人搭乘何種交通工具較安全的決策參考。

㈡主觀機率 (subjective probability)

　　當面對的問題在過去的歷史並沒有太多類似的經驗可供借鏡參考時，管理者就必須依賴個人的經驗與直覺判斷來評估每個可行方案發生的可能性，此即為主觀機率。這種主觀機率的預測方式非常主觀，常因個人人格特質與偏好的差異而有截然不同的決策結果產生，譬如有人較傾向於採取高風險決策，而有的人較傾向於採取保守決策，如此迥然不同的決策特性，當然對各種可行方案的機率估算及決策結果也就有可能完全不相同。

上述兩種決策情境主要在探討管理者掌握完全資訊或部分資訊的情況下所做出的決策行為，但如果決策者係處於沒有任何資訊的情況下，如何在各種可行方案中作出適當的決策，就是屬於不確定性情境決策。

三、不確定性 (uncertainty) 情境決策

在過去歷史沒有任何經驗可供參考而又缺乏足夠資訊的情況下，決策者有時可能連問題的本質與解決的目的都無法明確釐清，因此無法針對問題來提出各種可行的方案，更無法針對可行方案估算其發生的機率，在這種高度模糊不清的情況下作決策，稱為不確定性決策。事實上，在不確定性的情境下，管理者根本無法判定問題的本質是什麼，因此對於解決方案及結果都含糊不清，也完全沒有概念。

例如，早期到大陸投資的臺商，對於陌生的環境，及當地法令的不瞭解，使得在做決策時都是處於不確定的情境下。在如此不確定的狀況下作決策，通常是高階管理階層的主要工作，由於先前沒有類似經驗可供參考，決策者必須擁有前瞻性的遠見，及高度的智慧，才能夠做出正確的決策。

在沒有任何資訊的輔助下，決策者的人格特質往往成為決策結果最重要的影響因素，例如一個公司選擇面對三種不同生產數量方案的決策問題，該三種不同生產方案的獲利結果如表 4.6 所示，此時樂觀決策者、悲觀決策者、最小悔恨決策者及推理不足決策者等四種不同人格特質的決策者，所擇取的可行方案將可能不盡相同；至於該四種決策者所進行決策詳述說明如下。

表 4.6 不同產量方案與估算的獲利關係表

方案：生產數量	最高可能獲利結果	最低可能獲利結果
A 方案：500 件	$3,000	$-300
B 方案：200 件	$2,000	$100
C 方案：100 件	$1,000	$300

(一)樂觀決策者

樂觀的決策者不管面對什麼問題,總是相信最後的結果是對他們最有利的,

因此他們通常在各種可行方案中選擇發生狀況最樂觀及利益最大化之方案。樂觀決策者在面臨上述不同產量方案的決策時，將樂觀的預期每個方案所生產的產品都能全部賣出，並且獲得最大利潤。若以表 4.6 為例，樂觀決策者在決策時會樂觀地擇取獲利性最高的 A 方案，詳如表 4.7。

表 4.7　樂觀決策者

方案：生產數量	獲利結果
A 方案：500 件	$3,000
B 方案：200 件	$2,000
C 方案：100 件	$1,000

㈡悲觀決策者

悲觀的決策者認為，不管他們做出什麼決策，都預估將出現最壞的結果。因此，他們會很悲觀的估計每個方案的最壞結果，並從中選擇一個最好的方案。若以表 4.6 為例，悲觀決策者在面臨要生產多少數量的決策時，會悲觀的預估每個生產方案的最壞獲利結果，再從中挑選一個較好的方案，以減少最大的損失，故將擇取 C 方案，詳如表 4.8。

表 4.8　悲觀決策者

方案：生產數量	獲利結果
A 方案：500 件	$-300
B 方案：200 件	$100
C 方案：100 件	$300

㈢最小悔恨決策者

最小悔恨決策者在作決策時，會審慎評估而做出比較接近最佳結果的決策，讓自己的悔恨程度降到最低，所以又稱為保守決策者。這種決策者的決策結果，將會是介於樂觀者與悲觀者所擇取方案之間的方案，因此就表 4.6 不同產量方案的決策而言，最小悔恨者將可能選擇 B 方案。

㈣推理不足決策者

這類的決策者常因沒有足夠的資訊來進行可行方案評估，並且假設所有決策的產生結果、發生機率都相同。因此，推理不足的決策者對於每項方案都會給予相等的機率，而後再計算每個方案的期望報酬值，期望報酬值最大的方案就是最好的方案；若以表 4.6 為例，推理不足決策者會給予各可行方案最高獲利及最低獲利各 0.5 之發生機率，再估算每個方案獲利的期望值，最後再選擇最大期望獲利之方案，根據表 4.9 的計列過程，推理不足決策者將選擇 A 方案，因為 A 方案的期望獲利值為 $1,350 元，係所有方案中最高者。

表 4.9　推理不足決策者

方案：生產數量	最高可能獲利結果 （機率：0.5）	最低可能獲利結果 （機率：0.5）	期望獲利值
A 方案：500 件	$3,000	$-300	$1,350
B 方案：200 件	$2,000	$100	$1,050
C 方案：100 件	$1,000	$300	$650

A 方案期望獲利值：$3,000 \times 0.5 + (\$-300) \times 0.5 = \$1,350$

B 方案期望獲利值：$2,000 \times 0.5 + \$100 \times 0.5 = \$1,050$

C 方案期望獲利值：$1,000 \times 0.5 + \$300 \times 0.5 = \$650$

故選擇 A 方案。

第四節　管理者的決策風格

每位決策者由於經歷背景及工作經驗的不同，在解決問題時所採取的決策過程及結果可能充滿個人色彩，這就是決策風格 (decision-making styles)。譬如面對同樣的產能投資決策，有些管理者可能採取積極擴張投資行為，而有些管理者可能採取穩定成長投資行為；許多學者試圖透過個案的分析而尋找不同的決策風格類型，其中較常為引用的理論就是羅賓斯 (Stephen Robbins) 於 1995 年所提出的決策風格模式，該模式以兩個構面：「思考方式」及「對模糊情況的容

忍程度」為基礎，將決策風格區分為指導型 (directive)、分析型 (analytic)、觀念型 (conceptual) 及行動型 (behavioral) 四種，如圖 4.7 所示。

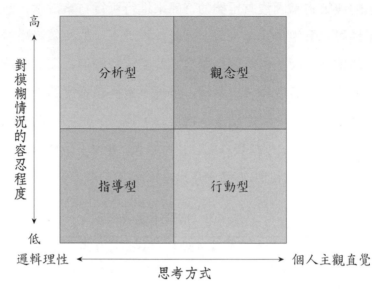

資料來源：Robbins, S.P., *Fundamentals of Management*, Englwood Ciffs, N. J, Prentice-Hall International, 1995.

圖 4.7　決策風格模式

　　所謂思考方式係指管理者在進行決策時的思考行為較傾向於邏輯理性或較傾向於運用個人主觀直覺來從事決策；對模糊情況的容忍程度係指管理者在決策時忍受環境不確定性的程度，有些管理者可忍受決策環境的高度模糊，而有些管理者在決策時則盡可能尋求降低環境的曖昧不明情況。至於該四種決策風格類型的特性，說明如下：

一、指導型

　　指導型決策風格的管理者對於決策模糊情況的容忍程度較低，偏好在情勢明朗的狀況下進行決策，且該類型的管理者運用邏輯理性的思考方式來進行決策。事實上，指導型風格管理者的決策較具效率性，較常從短期性的經營觀點來進行快速決策。

二、分析型

分析型決策風格的管理者在決策時較能忍受高度模糊性或不確定性的情境，同時運用理性邏輯的思考方式進行決策，因此該類型的管理者為了能在決策情勢模糊的狀況下進行理性決策，通常會盡可能地搜集完整的資訊與情報進行分析，據以審慎地評估各種可行方案，作出正確的決策。

三、觀念型

觀念型決策風格的管理決策者在決策時較能忍受高度模糊的情境，但在決策思考方向則較傾向於運作個人直覺的經驗進行決策。此種類型的管理者在決策時具有豐富的創造力及偏好從不同於傳統的觀點進行決策；此外，觀念型管理者決策時，較偏向從長期性的經營觀點，來從事開創性的計畫決策。

四、行動型

行動型決策風格的管理者通常採個人的直覺式決策行為，而且較難以忍受決策情況的高度模糊性或不確定性。該類型的管理者通常透過部屬同仁的集體討論意見來搜集決策資訊，以作為個人直覺式決策的參考基準；同時，儘可能尋求在較為明確的環境情境下進行決策。

第五節　群體決策

由於組織內許多的決策內容將影響企業員工的工作方式及利益，若僅依高階主管個人主觀意見獨斷地進行決策，則有可能因為未能在組織內形成普遍共識，造成決策結果無法貫徹執行；因此，透過群體決策，處理涉及組織內較多員工工作內容與權益之管理問題時，決策的內容將較具執行力。

一、群體決策的優點

事實上，群體決策與個人決策在運用上各自擁有不同的優缺點存在，相較

於個人決策而言，群體決策的優點如下：

1.更多元化的完整資訊

藉由組織內多數人集思廣益的結果，可融合與會者的各種資訊、經驗及知識，而在資訊較完整的情況下自然便能做出較佳的決策品質。俗語說：「三個臭皮匠，勝過一個諸葛亮」，就是透過群體集思廣益可獲得更多元化及完整性的決策資訊，而較優於個人決策。

2.更多選擇性的解決方案

透過組織內群體的意見，可提供廣泛且完整的資訊，因為每個人的看法見解均不同，在群體決策的過程中，藉由一個人的創見產生，將可激發他人更多的創意想法，這種全方位的思考便可提供更多的解決方案，使得問題解決的思考更為周全。

3.較良好的決策品質

集合群體的思考與建議,將可更周全客觀的評估各種可行方案的利弊得失,有利於提升決策的品質。

4.強化決策結果的執行力

組織內高階主管個人自行做出的決策，若是不能得到組織內大多數部屬的認同，則決策結果在推動時往往可能遭到抗拒或延遲，而影響執行力。然而，群體決策由於係透過組織內大多數人共同討論所做出的決定，因此決策結果較易於組織內部形成共識，而有利於提升決策結果的執行力。

5.強化決策的正當性與合法性

許多高階主管經常在個人做出決策後，要求部屬依照他個人的決策結果實施,不尋求與廣納部屬同仁意見所做出的決策,通常會被認定為獨裁及不民主,由於得不到大多數部屬同仁認定其決策結果的程序合法性與正當性,而造成部屬在執行決策結果時因循苟且,甚至於產生抗拒的心態。相對地,群體決策的過程由於係透過較民主的討論過程,因此相較於個人決策而言,群體決策擁有組織內大多數人所認同的程序合法性與正當性。

二、 群體決策的缺點

雖然群體決策相較於個人決策有上述許多優點，但也並非完全沒有缺點，其主要的缺點茲說明如下：

1.費時、成本高及決策速度慢

群體決策從決策成員的組成及冗長的集體討論過程，由於皆涉及與會者多數的主觀意見，將會花費較多的決策時間及成本以形成共識；因此相較於個人決策而言，群體決策將較費時、成本較高及決策速度較慢。

2.少數壟斷現象

在群體決策的過程中，雖然組織內的參與成員皆能發表個人的意見及評斷他人的看法，但實際上組織內每個人的階級、經驗、知識、年資及影響力均不盡相同，而那些擁有較良好經驗、較高階級、較資深、較具決策影響力的少數人員，將可能主導群體決策的走向，而造成少數壟斷決策之現象。

3.從眾壓力與群體盲思現象

群體決策易產生「群體盲思」的情形，所謂群體盲思係指組織在進行群體決策討論時，基於情感因素或人情壓力的作祟，使得組織成員故意忽視或不願對於質疑的問題點進行客觀的評斷，便通過一致性的決策而無法正確地評估出真正可行的方案。群體盲思的發生，大部分因素是來自於從眾的壓力，一個權利越高或越資深的管理者，會因過度相信自己的經驗能力，並憑藉本身所擁有的組織權威與情感，而影響別人漫無標準的同意他的觀點，只要是他做出來的決策，組織成員不論贊不贊成或是否有質疑的地方，均會屈從附和，這就是服從的壓力。通常具有群體盲思的團體，都存在著非常強烈的一致化壓力，這樣的壓力使團隊的成員避免提出創新的方案，對於執行的方案也避免提出批評的論點。在這種從眾壓力的情況下，一致性的方案通常很快能夠得到大家的認同，儘管此決策表面上沒有任何的缺失，但決策方案實際執行的結果，卻往往造成推拖延遲及虛應事情的現象產生。

4.決策成敗權責不清

群體決策係由組織內多數人所共同參與，必須共同分擔決策的成敗責任。

若決策成功的話，決策成員個人沒有優於他人的特別獎賞；而若決策失敗的話，成員個人也不會有嚴重的懲罰。在這種決策成敗無法充分反映在賞罰制度的情況下，可能造成群體決策的成員不願積極參與各項決策活動，甚至於不願意深究決策失敗的主要癥結所在。

正如前所述群體決策比起個人決策所激發的創意構思更多，成員對於決策結果的接受程度也較高，但卻花費較長的決策時間而有可能無法迅速因應組織環境變動的快速性。學術的研究顯示，通常群體決策的成員以五人或七人是較佳規模，成員人數不多好協調，不用浪費太多的決策時間成本；其次決策成員人數為奇數的話，在進行表決時較不會產生同票數的兩難局面。

三、群體決策缺點的改善方法

雖然大致而言，群體決策可帶來較佳的決策效益，但其缺點仍會對組織帶來不良的影響，因此透過一些工具或方法來改善其缺失，將可使群體決策能夠更趨完美。

一般而言，組織從事群體決策活動時，較常使用的方法包括：腦力激盪法、名目團體技術法、德菲法及電子會議。

㈠腦力激盪 (brain storming) 法

腦力激盪法一開始是用在廣告公司開發創意的一項工具，它可避免群體盲思的情形發生，並產生更多具有創意的新方案。目前企業組織廣為引用之腦力激盪通常係由組織內擇取 7〜11 人參與，針對特定的議題進行討論，而在討論過程中成員必須遵守下列的原則：

　(1)嚴禁批評他人的看法與觀點。

　(2)鼓勵與會者毫無限制的發表個人觀點與看法。

　(3)會議主席必須具備所討論議題的熟悉性及引導能力。

　(4)會議主席由與會成員互推，不宜以職位較高者擔任。

此外，腦力激盪法的運作流程如圖 4.8 所示。

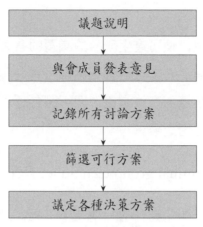

議題說明

與會成員發表意見

記錄所有討論方案

篩選可行方案

議定各種決策方案

圖 4.8 腦力激盪法運作程序

1.議題說明

腦力激盪會議開始之前,會議主席必須針對所要討論的議題進行背景說明,若有必要時,可在會議之前儘可能的搜集討論議題所涉及的各種相關資料與訊息,提供與會者事先參考。

2.與會成員發表意見

在會議討論過程中,會議主席可適時引導議題的方向,以激發與會成員根據別人所提出的看法,而聯想出其他的可行方案,藉由成員彼此間的互相激發,而可產生更多具創意性的可行方案。在此階段的討論過程,不得對於成員所提出的看法進行批評,以避免阻礙更多可行方案之產生。

3.記錄所有討論方案

由於與會者所討論的創意與可行方案非常多,當提議的可行方案累積到一定數量時,此時主席可要求成員停止討論,並依照所討論議題的各種不同方向,逐項的列出各種的創意與可行方案。

4.篩選可行方案

在列出各種創意與可行方案後,此時便可要求與會成員針對各種創意與可行方案依照必須耗費的時間、成本、組織資源能力及市場性進行可行性評估,但不針對方案優劣做評論,以決定較佳的決策方案。

5.議定各種決策方案

在經過客觀的評估後，便可產生所討論議題的各種創意及可行方案；事實上，每一特定議題的可解決方案或創意不見得只有一種，而可能出現數種的現象，一旦各種可解決方案或創意決定後，便可將各種可解決方案或創意列出利弊得失，以供決策當局採用之參考。

㈡名目團體技術法 (nominal group technique; NGT)

名目團體技術法為早期研究者的一種使用工具，現今在醫療保健、社會服務、教育及政府機關等方面，漸漸受到認同及採用。它以正式會議的方式進行，但不限制個人獨立思考，不進行群體表決，此外，在發表意見前，由於與會成員彼此不能溝通討論，因此成員聚集在一起只是名義上的會議形式存在而已，故稱為「名目」；其主要目的在於能夠發揮每個人獨立思考的能力，但並不試圖達成一致的共識。

名目團體在討論的過程中，就像傳統的會議一樣，全體的成員都必須親自出席會議，會議通常由 7 人至 10 人所組成，每一位成員先寫下自己對於所討論問題的解決方案後，再逐一發表所提出解決方案的看法，並將所有的解決方案與看法記錄下來，運作到此階段為止，成員仍不對任何方案進行相互討論。所有與會成員的看法與提出的方案都被充分發表並記錄下來後，才針對每一個被提出的方案，開始討論意見並給予評論。最後，所有與會成員依據自己獨立判斷，對所有的解決方案進行匿名投票，得票數最多的方案，即為擇取的最佳方案；至於名目團體技術方法的決策程序如圖 4.9 所示。

㈢德菲法 (delphi method)

德菲法是由美國蘭德公司 (Rand Corporation) 所發展出的一種群體決策法，它的決策程序類似名目團體技術法，但因為考慮會議中人與人之間互相的影響因素，德菲法採用小組成員彼此不見面的問卷調查，並且採匿名的方式進行，避免參與成員主觀意見的相互干擾，而影響個人決策的獨立判斷性。

至於德菲法的運作方面，在瞭解要解決的問題後，首先由主持人設計出一

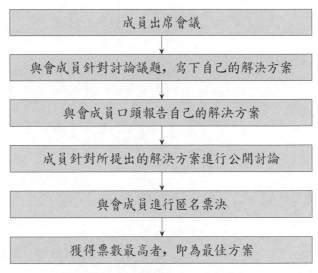

成員出席會議

與會成員針對討論議題，寫下自己的解決方案

與會成員口頭報告自己的解決方案

成員針對所提出的解決方案進行公開討論

與會成員進行匿名票決

獲得票數最高者，即為最佳方案

圖 4.9　名目團體法的決策程序

份問卷，寄發給參與德菲法的成員填寫，以提供可行的解決方案。成員以匿名方式填寫問卷之後，針對回收問卷進行彙整與分析的程序，並根據問卷結果將未達成共識的部分設計成第二份問卷，再寄發給每位成員，並再次搜集與分析第二回問卷的結果，如此重複好幾次，直到獲得一致性的意見為止。

德菲法雖可避免成員不受他人的影響，而表達出真正的意見，但在實施時卻相當的費時，通常要重複進行好幾回合才會產生共識，甚或根本無法完全達到共識，耗費很大的時間及成本，許多成員會因重複多次的回答問題而失去耐心，導致其半途退出；至於德菲法的運作程序如圖 4.10 所示。

雖然名目團體技術法與德菲法在概念上極為相似，但執行方式及內容仍具差異性，這兩種技術都擁有各自的優缺點，至於要選擇何種方法，必須考量參與成員的屬性、可使用成本與時間等因素而定，表 4.10 彙整名目團體技術法與德菲法的運作比較，並說明如下。

⑴名目團體技術法的參與成員大多是企業組織內相識的成員；而德菲法的參與者有可能均不認識。

⑵在名目團體技術法的決策過程中，成員彼此採面對面方式進行；而德菲法則彼此匿名且不用面對面參與會議。

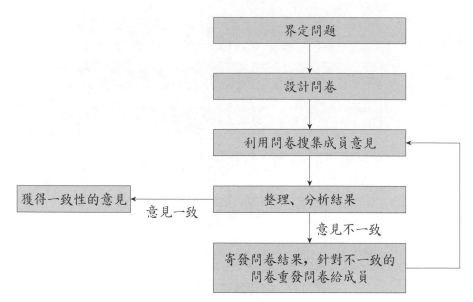

圖 4.10　德菲法運作程序

表 4.10　名目團體技術法與德菲法比較

群體決策 ＼ 方法	名目團體技術法	德菲法
與會者	大多互相認識	可能不熟識
會議方式	面對面	透過問卷填答，彼此不見面
討論決議	直接溝通、匿名表決	利用匿名問卷反覆修正以達成共識

⑶在名目團體技術法的討論過程中，成員直接作溝通以獲得最佳的解決方案；而德菲法則藉由寄送問卷的方式，逐步來達到一致性的結果。

㈣視訊會議 (electronic meeting)

由於資訊科技的發展，名目團體技術法結合資訊技術，而可形成一種新的群體決策方法，稱為電子會議。電子會議中，每個與會者都有一部電腦，當主持人清楚說明所要討論的事項後，與會者藉由鍵盤將自己的意見輸入，每個人的意見將由會議室中的大螢幕呈現給所有的與會成員。而隨著網際網路的興起與普及，電子會議逐漸發展成視訊會議的形式，除了進行議案的討論外，與會

者更可將會議相關資料即時傳送給相關與會人員參考。有關電子會議之主要優缺點分列如下：

1. 優　點
　(1)可以藉由匿名的方式鍵入任何的意見，不受他人的影響，真正表達出自己的意見。
　(2)可同時發表意見，不會因他人正在發表意見而被中斷。
　(3)網路無遠弗屆，與會者可在世界不同的地點同時舉行會議。

2. 缺　點
　(1)由於以匿名的方式提出意見，提出好方案的人無法得到應有的獎賞，會使成員不積極創新意見。
　(2)成員雖可交談，但仍缺少實境人際互動的親切感。
　(3)跨國界的視訊會議必須使用共通的語言。

　　隨著科技不斷的進步，便利了很多人類的活動，相信電子會議在將來勢必會替代其他的會議模式，並藉由資訊的快速搜集，以及硬體的搭配，使會議更具有決策迅速性。事實上，電子視訊會議技術的運用早已在學術界討論，但早先由於網路基礎建設之不完備，視訊會議推動的成果較不普及；然而目前國內積極進行網路基礎建設，並由於 2003 年世界各地爆發 SARS 疫情，促使電子視訊會議普及率急速上升，目前已成為跨國企業重要的會議進行方式之一；至於電子視訊會議的運作程序如圖 4.11 所示。

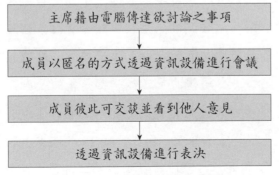

圖 4.11　視訊會議運作程序

個案研討：勵精圖治的裕隆汽車

一、裕隆汽車公司簡介

　　裕隆汽車公司是創辦人嚴慶齡先生於 1953 年基於響應故總統蔣公「發動機救國」之號召而設立，該公司成立之初定名為「裕隆機器製造有限公司」，業務範圍主要為機器製造與銷售；於 1957 年與日本日產 (NISSAN) 自動車株式會社正式進行技術合作，並於 1960 年更名為「裕隆汽車製造有限公司」，正式製造小轎車及商用卡車。時值 1961～1980 年臺灣經濟起飛之際，裕隆汽車公司開始擴大產業規模，藉由政府的輔導措施，帶動臺灣汽車相關產業的整體發展。1986 年裕隆汽車生產的「飛羚101」上市，為第一輛國人自行設計開發的新車，但由於飛羚 101 的生產技術不成熟而失敗，致使裕隆公司陷入經營的困境，裕隆公司目前的副董事長嚴凱泰先生在此時被公司從美國召回接班進行組織改革。

二、進退維谷

　　1990 年嚴凱泰先生擔任裕隆集團首席副總經理及總管理處執行長，正式接掌裕隆公司，但當時還未滿三十歲的嚴凱泰先生卻面臨許多經營的困境：第一，嚴凱泰先生被驟然召回國，在這之前幾乎沒有接觸過公司的營運業務，馬上就進入決策核心，而對接掌裕隆產生茫然惶恐之感；第二，公司裡的員工幾乎都是他的長輩，各級元老紛紛來「進忠言」，卻少有人聽得進他的分析和道理，在沒有自己的經營團隊的狀況下，可謂是孤掌難鳴；第三，從 1993 年開始，裕隆連續虧損三年，金額達 17 億元，甚至股票被降為第二類股，就算想有所作為，也無可用資金；產業界及公司內部普遍都不看好裕隆的未來前景。

三、勵精圖治的奮鬥

在面對如此艱困的經營環境下，嚴凱泰先生體認到要突破困境必須要勇敢面對它並戰勝它，便開始進行組織改造，提升技術能力，並重新建立通路，在一次又一次攸關裕隆存亡的決策過程中，展現堅強的執行意志與高度的自信心，並採取下列主要的決策措施：

㈠建立充滿鬥志的經營團隊

為了擁有能衝刺與戰鬥的團隊，嚴凱泰自己親自主導多次的人事改組，雖然風險大，也出現許多的耳語，但他都獨排眾議，終於建立了一個戰鬥力強盛又和自己有良好默契的經營團隊，為公司未來發展奠定厚實的基礎。

㈡遷都三義，廠辦合一

早期裕隆公司的組織部門分別座落於新店（廠）、三義（廠）、臺北（辦）等不同地區，不但使得裕隆組織的溝通與協調運作不靈活，龐大的人事費用也是一大負擔，因此嚴凱泰在與經營團隊的核心人員研究後，決定實施廠辦合一，將所有組織部門全部匯集到三義，進行廠辦合一的重大決策，此決策立即面臨了許多家住臺北、桃園員工的反彈，並提出辭呈，嚴凱泰一面進行安撫、溝通，但仍表現出勢在必行的決心，雖然半年內就流失了 600 名左右的員工，同時還得付出 7 億元的資遣和退休金，但卻也在 1995 年成功推動完成廠辦合一的計畫並於三義集中上班。

㈢市場重新定位，放棄自有品牌

1995 年開始，嚴凱泰發現過去公司以裕隆自有品牌從事汽車的設計、製造及銷售高度垂直整合的經營策略，但由於未能有效掌握市場的顧客需求，而一直無法突破銷售困境，為了重新出發，竟放棄裕隆自有品牌的策略，並成為日本日產 (NISSAN) 汽車公司全球分工體系的一環，銷售日產公司的產品，並使用 NISSAN 的品牌；但為了使日

產汽車公司的汽車產品能更符合臺灣國人的需求，成立亞洲汽車研發中心，針對臺灣顧客的需求進行調查後，再透過該研發中心，將日產公司銷到臺灣的車子進行修正與改良，並盡可能將汽車零件的國產化比例提高，以降低售價提升市場競爭力，歷經一連串的努力後，便順利推出赫赫有名的 Cefiro。

2002 年日本日產汽車公司在大陸的發展獲得重大突破，與大陸的東風公司各出資 50% 成立「東風日產公司」，基於日產公司的資源較裕隆豐富及「風神汽車公司」可能與「東風日產公司」造成市場衝突而危及裕隆日產原本良好合作關係的考量下，斷然採取裕隆公司的分割案，就是將裕隆公司目前的銷售業務及大陸汽車投資業務範疇切割出來，成立一家由裕隆與日產公司各持股 60% 及 40% 的新公司「裕隆日產公司」負責上述業務的範疇，而裕隆保留的則是一家專業汽車製造廠；此外，裕隆公司再將與大陸東風汽車共同成立「風神汽車公司」所擁有 40% 持股轉讓給裕隆日產公司，如此的交叉持股運作下，日本的日產公司自然而然的就會將風神汽車公司納入負責拓展大陸汽車市場的東風日產公司運作體系的一員，專門為東風日產公司製造轎車；換言之，裕隆日產公司、風神汽車公司及東風日產公司便可在大陸市場競爭過程中，避免造成業務的重疊衝突，而形成專業分工資源互補的三贏局面。事實上，裕隆公司自從採取分割的重大決策後，證實績效表現不俗，嚴凱泰終於帶領著裕隆在 1996 年轉虧為盈，獲利 14 億元。

根據裕隆在股東常會揭露的財報數字，2004 年 1～4 月，裕隆以合併報表角度計算之本業利益為 22.5 億元，較去年同期裕隆尚未分割前的 15.8 億元，成長了約 42%，這顯示裕隆分割的效益已逐漸顯現，就目前為止證明當初的分割係正確的決策。

四、研討題綱

1. 請就個案公司內容，論述嚴凱泰先生的決策風格。

2. 為了使裕隆汽車公司重新出發，嚴凱泰先生做了哪些重大的決策？
　並請說明每個重大決策對該公司的意義性。

3. 請就個案公司論述一個領導者如何做出良好的決策品質。

個案主要參考資料來源：

1. 裕隆汽車公司網站：http://www.yulon-motor.com.tw/intro

2. 許龍君，《台灣世界級企業家領導風範》，智庫文化，民 93 年。

3. 莊素玉，《嚴凱泰反敗為勝》，天下雜誌，民 87 年。

第五章 策略規劃

◎ 導 論

　　規劃係個人、工作團隊或組織本身對未來市場環境變動進行評估分析後，事先訂定因應行動方案的過程。一個企業組織擁有完善的規劃制度將可降低未來的環境衝擊，掌握市場先機而奠定未來的競爭優勢。明確的組織規劃除了可提供各單位成員執行任務的一致性依循方向外，整合組織資源集中投資於明定的規劃目標，進而提升企業組織之營運績效。

　　本章首先將介紹規劃的意義及規劃的程序，接著將探討策略規劃的意義、功能，並論述成功策略的特性，然後介紹不同事業策略、管理層級及策略管理程序；此外，目前廣為企業運用的目標管理程序與成效亦為本章的論述重點。

◎ 本章綱要

*規劃的意義

　　*規劃的功能

　　*規劃的層級

*規劃的程序

*策略規劃與管理

　　*策略的意義

　　*策略的功能

　　*成功策略的特性

　　*策略管理層級

　　*策略管理程序

*目標管理

　　*目標管理程序

　　*目標管理實施成效

　　*目標管理執行缺失

◎ 本章學習目標

1.瞭解規劃的功能與角色，以及不同組織層級人員的規劃內涵。

2.學習組織進行規劃的管理程序。

3.介紹策略管理的意義與功能，及成功策略的特性。

4.熟悉三種不同策略層級的規劃內容與決策焦點。

5.瞭解目標管理的運作程序及效益。

第一節　規劃的意義

　　規劃是個人、工作團隊或組織本身針對未來的市場環境進行預測分析後，訂定未來努力的目標與方向，並研擬各種可執行方案的過程。規劃的主要目的就是針對可能出現的環境情況，事先擬妥可供使用的具體措施，已達到未雨綢繆之效。

一、規劃的功能

　　管理者從事規劃時，將有助於釐清未來的經營目標與方向，降低未來環境變動所可能造成的衝擊。此外，任何任務事先經過詳細的規劃，可有效整合組織內的人力與資源，提供每位參與任務員工依循的目標，並作為執行成果的控制標準。因此，組織從事規劃的主要功能有六種，如圖 5.1 所示。

1.引導組織策略方向

　　組織執行規劃所建立的願景與目標，使得組織的策略方向清晰化，除了可作為組織內部全體員工執行任務與決策的依循標準外，亦可作為各部門投資設

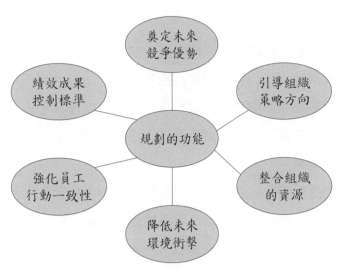

圖 5.1　規劃的功能

備及從事管理活動的參考標的。

2.整合組織的資源

　　組織若沒有整體的明確目標可供依循時，則各部門可能逕自發展彼此毫無關聯性的目標，而產生「多頭馬車」的現象，並造成資源重複投資的浪費情形。規劃的主要功能之一，就是確定組織整體的一致性目標，依據該目標方向將組織有限的資源適當的分配給不同的部門，而產生組織的最大成效。

3.降低未來環境衝擊

　　組織進行規劃時，首先將針對未來組織可能面臨的機會與威脅或資源能力的優、劣勢進行評估，以便擬定適當因應策略，期能事先降低環境不確定性對組織所帶來的衝擊。此外，規劃可促使管理者考量組織未來變革所帶來的衝擊，釐清可能影響的結果，雖然無法完全消弭組織變革所產生的負面影響，但管理者仍可透過規劃而發展出最有效的因應方式，盡可能降低未來面臨的衝擊性。

4.強化員工行動一致性

　　組織在進行規劃設定明確的未來目標後，使得組織內各部門員工努力方向有一致的依循標準，促使全體組織不同部門各階層員工的決策與行動趨於一致性，而產生組織更大的營運效率。

5.績效成果控制標準

管理者從事規劃活動時所設定的組織或部門目標，可作為日後執行各種行動方案、績效成果的評估與控制標準，當然，有了績效評估標準，管理者就可隨時將實際績效成果和標準進行比較分析，找出績效成果不符合標準的差異原因，才能針對原因點提供行動方案的修正方法。

6.奠定未來競爭優勢

在組織規劃的過程中，管理者針對各種環境的爭議預測可能結果，事先訂定各種的替代方案或行動，如此除了可降低環境不確定因素所帶來的衝擊外，更可奠定企業組織未來競爭的優勢地位。例如組織在預知未來的某一市場環境情境不利於組織時，組織可藉由規劃的程序，事先採取可行的方案，以消除此一不利因素或強化有利因素，而奠定企業組織未來的競爭優勢地位。譬如以國內奇美公司為例，當初將壓克力引進臺灣作為玻璃的替代品時，雖然當時市場接受度尚未明朗，但基於該公司預估壓克力未來將有極大的市場發展空間，因此仍事先規劃一連串的推廣活動，像是透過建築公會的管道，一再說服建築師在施工設計時加入「壓克力」材質，甚至透過大學教授的介紹，將工廠的殘餘壓克力板，再簡單剪裁成為小學生的教材，讓小孩子知道什麼是壓克力。多年後，臺灣的人口數和壓克力使用量比率是全球之冠，而奇美公司則由於事先的推廣規劃輕易成為市場的主要供應商之一。奇美公司利用策略規劃來影響未來的市場，以增加產品的佔有率，即為一個組織的規劃為未來奠定競爭優勢地位的案例。

二、規劃的層級

規劃可因組織層級的不同區分為策略性規劃、戰術性規劃和作業性規劃，策略性規劃是組織內高階管理者所從事的規劃活動，戰術性規劃則係中階管理者所從事的規劃活動，而作業性規劃則是由第一線基層管理者所從事的規劃活動，如圖 5.2 所示。

1.策略性規劃

策略性規劃包括制定組織長期願景和目標，並擬定達成願景目標的各種可

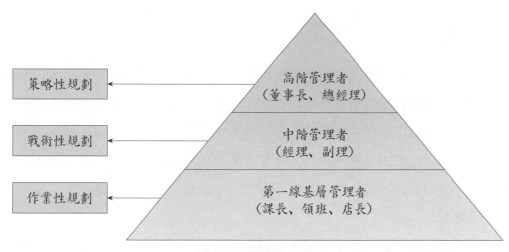

圖 5.2 **規劃的層級**

行策略方案。策略性規劃具有強烈的市場導向性，它涵蓋了組織如何與主要競爭對手在市場上一較長短的意涵，通常策略性規劃的周全性及前瞻性，將深深影響一個組織的市場價值和未來成長的潛力。策略性規劃通常是由資深的高階主管如董事長、總經理層級的人員負責策略規劃的發展與執行。

2.戰術性規劃

戰術性規劃是組織內中階主管根據已訂定的策略性規劃所發展的願景、目標和計畫，轉換成組織內特定單位部門的目標和計畫；它與組織內各部門單位的專長優勢有關，因此戰術性規劃在企業組織內有時亦稱之為功能性策略規劃，例如行銷計畫、製造計畫或人力資源發展計畫。它的主要重心在於確定各功能部門的目標與行動方案，以配合策略性規劃所制定目標與願景之達成。戰術性規劃在企業組織通常是由各功能部門之中階主管人員負責制定。

3.作業性規劃

作業性規劃就是管理者針對基層員工每日或每週必須執行的例行性工作內容與時程事先予以計畫，例如麥當勞公司管理者規定員工每日必需清潔玻璃、打掃廁所的次數、時間就是作業性規劃的一種。又如披薩公司事先計畫員工外送披薩時必須準備的器具及單據，並作成檢核表，以作為員工外送披薩的依循標準，此亦屬於作業性規劃的一種。

三、規劃期間

規劃期間的長短常因組織環境的變動性而不同，處於環境變動較為迅速的廠商競爭策略規劃期間通常較為短暫，例如資訊產業；而環境變動較為緩慢的產業，廠商的競爭策略規劃期間較長。換言之，不同產業策略規劃或各項投資規劃的週期，常因為性質的差異，而存在著長短不一的可能性；一般而言，在實務上可依規劃期間長短區分為短期規劃、中期規劃及長期規劃。

1. 短期規劃

短期規劃通常指企業組織所從事規劃活動涵蓋一年或一個營運週期，如一週、一月或一季；短期規劃主要是依據中期規劃之目標而擬定的；例如：一個組織的月生產計畫或月銷售計畫皆屬於短期規劃。

2. 中期規劃

中期規劃通常所涵蓋的期間為一至三年；中期規劃是依據長期規劃之目標而擬定的；例如一個組織的新產品開發計畫或國內新市場的開拓規劃皆屬於中期規劃。

3. 長期規劃

大部分的長期規劃所涵蓋的期間至少是三年以上，有些甚至於是長達二十年以上；例如一個組織的新廠房建設規劃或國外新市場的開拓規劃皆屬於長期規劃。

第二節　規劃的程序

雖然組織內的管理者在進行規劃時，往往常因個人觀點與作法的差異性，而採取不相同的程序；但整體而言，一位管理者在進行規劃時所涉及的程序，大致可分為下列六個步驟：評估環境與資源能力、訂定組織目標、發展具體的行動方案、評估各種行動方案、擇定最適行動方案及執行最適行動方案（參見圖5.3）。

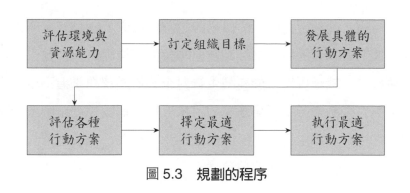

圖 5.3　規劃的程序

一、評估環境與資源能力

　　管理者進行規劃的首要步驟就是評估環境的情勢及資源能力的可行性，由於規劃必須靠著員工的貫徹執行，才能發揮規劃的成果，因此規劃的內容縱使非常完善，若沒有執行的能力，仍是功虧一簣的。為了確保完善的規劃內容能落實推動，管理者必須瞭解該規劃內容在執行過程中可能遭遇的環境阻力或衝擊，如員工抗拒、高階主管的不支持、公司法令的不允許、不能滿足顧客需求期望、不符合公司經營理念與文化價值觀等，才能降低推動規劃執行的杯葛行為，甚至於化阻力為助力，使得規劃內容能順利執行。此外，管理者亦必須掌握規劃內容在執行時，所必須使用的資源及具備的能力，並客觀的評估推動規劃內容時公司是否有足夠的資源支援及優勢能力支持；若組織無法提供執行規劃內容所需的資源或沒有具備執行規劃內容的能力時，則規劃將會事倍功半。

二、訂定組織目標

　　訂定目標是任何規劃活動的重要基礎之一，企業組織訂定了明確的總體目標後，各單位部門才能根據總體目標而轉換成為部門目標，並作為各部門規劃行動方案的標的，才能導引組織全體資源集中投入於已設定的目標方向，而順利達成績效成果。一般而言，目標的設定程序有下列二種：

1.由上而下的目標設定

　　由高層主管設定企業組織的總體目標，然後由較下層部門單位依據總體目標而劃分為各單位所必需達到的目標，如此依照組織層級循序而下地分解成各

階層單位的目標。此種由上而下的目標設定程序最大好處是簡單明確，各階層單位只要依據上層單位的目標來訂定自己單位的目標即可。但是由上而下目標設定的缺點之一，就是可能由於高階主管對企業組織資訊掌握不足，而訂出各部門資源與能力限制下所不可能達成的目標；另一個缺點就是由上而下的目標設定方式，往往有上級主管強制部屬接受的意味存在，由於未能充分獲得部屬的認同，而造成目標執行不利的現象。

2. 由下而上的目標設定

　　由下而上的目標設定方式就是由組織層級的最基層人員與所屬主管訂定個人目標後，再彙整該部門單位所有成員的目標進而成為部門目標，在組織內各部門目標彙整後，便成為整個組織的總目標；由下而上的目標設定方式優點，在於透過主管與員工的討論來訂定員工目標，容易獲得員工的認同與共識；但缺點則是員工為了規避目標執行的責任，而低估個人的目標值，進而影響整個組織目標訂定的合理性。至於組織如何設定目標，才不會因為目標設定的不合理，而影響員工士氣，損及組織的績效表現呢？根據許多成功企業的經驗，一個管理者在設定部門或個人目標時，應考慮下列的原則：

(1)釐清員工與部門的任務內容

　　目標的設定必須以員工或部門所要執行的任務內容為依歸，只有事先釐清員工或部門的任務內容，才能根據任務內容與項目訂定所要達到的目標成果。換言之，一個組織在設定目標前，必須制定員工或部門的工作說明書，如此才能有效釐清每一個員工與部門的任務目標及內容項目所在。

(2)訂定明確的工作目標

　　管理者在制定組織目標、部門或員工目標時，應儘可能訂定具體化及數據化的目標，不宜制定空泛的口號性目標，以免造成員工無所適從的感覺；例如設定明年度營業目標為一億五仟萬或降低客戶訴怨件數 20 件之目標，絕對比設定「胸懷大陸、立足臺灣」、「提高營業績效」或「提升服務品質」等目標更為具體明確化。

(3)鼓勵員工參與目標設定

　　組織內的管理階層人員應鼓勵員工積極參與各項工作目標或績效目標的

設定過程，透過員工參與所共同設定的目標值，除了可強化員工執行目標的意願外，由於員工充分瞭解目標設定背景與執行的重點，而更易於提升目標執行的成功性。然而目標共同設定的過程應屬於真誠的邀請，若僅是形式上邀請員工參與，實際上卻仍由較高階層主管主導目標的訂定，將可能造成員工的不滿，而影響員工士氣。換言之，在目標設定過程中，必須使員工體認到主管係誠心誠意地尋求及接受他們的意見，並實際將部屬意見納入目標設定的參考因素，才是提高目標執行成功的關鍵因素之一。

(4)建立挑戰性及可行性的目標

在建立目標水準時，應該考量員工的能力，訂定具有挑戰性以及員工或部門能力所能達成的目標，如此對員工才具有激勵作用；若訂定的目標過高，將影響員工達成目標的企圖心與意願，而失去訂定目標的鞭策與激勵作用。

(5)設定多元化目標的優先排序

當組織賦與員工非屬單一目標而係多元目標時，則必須依照目標的重要性或完成時間的迫切性，而區分出多元目標的優先排序，作為員工或部門在執行目標時，視其資源限制而考量優先投資於特定重點目標的依循標準。

(6)建立執行成果回饋機制

建立執行成果的控管回饋機制，可以讓員工即時的瞭解他們的工作成果是否符合目標，若員工工作績效表現符合目標水準，則可適時給予鼓勵，但若未能符合目標水準時，也應立即提供訊息以作為員工修正行動內容與方向的參考，以確保最後能達成目標。

(7)建立目標與報酬的連結關係

就激勵的期望理論而言，組織員工對於目標達成後可獲得的獎賞報酬係寄予高度期望，因此企業組織在設定各單位或員工個人的目標之時，應該建立適當的獎酬制度來搭配目標的執行，以激發組織內每位同仁的潛能，而不斷的挑戰組織的新目標。

三、發展具體的行動方案

當設定目標後，接著就是針對所訂定的各項目標，發展出各種行動方案。假設某企業組織設定明年市場佔有率的目標為 20%，則管理者必須根據如何達成 20% 市場佔有率，擬定各種具體的行動方案，如推出新產品、強化促銷活動、加強銷售人員的訓練、舉辦公開展覽或開拓其他新市場等。

四、評估各種行動方案

根據目標所擬定的各種行動方案在執行時，將牽涉到組織資源的運用，有可能某些行動方案必須耗費大量的資金、高額的設備，甚至於組織內的資源能力所不及，因此組織必須針對所有行動方案就資源能力方面進行客觀的評估，以確保行動方案的具體可行性；事實上，一個管理者在評估各種行動方案時，可從下列角度進行考量：

⑴行動方案是否符合組織目前競爭焦點。

⑵行動方案執行所必須耗費資金的多寡。

⑶行動方案執行的專業能力。

⑷行動方案執行的急迫性。

五、擇定最適行動方案

企業組織在針對各種行動方案的優劣性進行評估後，將根據評估成果，選擇一個最適當的行動方案。然而在評估與選擇最適行動方案的過程中，應該儘可能讓日後負責推動該行動方案的組織成員參與，使得員工充分瞭解最適行動方案的執行項目、執行的績效成果標準及執行時可能遭遇的問題點，俾能事先擬妥因應的作法，而達到事半功倍的執行成效。

六、執行最適行動方案

當組織擇定最適的行動方案後，接著就是如何有效的推動該行動方案，以期能在有限的經費及規定期限內完成該行動方案的績效目標。事實上，企業組

織在執行特定的行動方案時，通常以專案管理的手法，確保行動方案的順利執行。因此，企業組織通常以執行的成本、時間和績效成果等三個指標來衡量該最適行動方案的整體執行成效；換言之，就是以該行動方案執行後，是否超出預算經費、是否於期限內準時完成及是否達到績效目標，來衡量特定行動方案的執行成功性，以控管該行動方案的執行成效。

第三節　策略規劃與管理

　　組織在面對高度不確定之環境時，究竟該採取何種策略類型以獲得市場優勢，通常是管理者關切的重要問題。策略規劃的目的在於引導企業組織內部的資源分配，以培植特定核心能力作為策略競爭的基礎。近年來策略規劃日益受到外界重視的主要原因有四：

(1)國際化需求

近年來在國內外環境劇烈變動及企業追求國際化的浪潮下，雖然為企業組織的經營帶來嚴重的威脅衝擊，然而亦帶給企業組織無限的生機，但如何化危機為生機就必須借助策略規劃的分析方法，制定適當的競爭策略，才能突破困境開拓未來，創造無限的成長空間。

(2)企業轉型升級必要性

由於競爭情勢的不斷變動，企業組織唯有持續的進行體質轉型及產品的升級，才能維持競爭優勢；然而，企業組織的轉型與升級必須有明確的策略方向，引導資源投資於轉型升級的焦點所在，順利達到升級的目的。

(3)創造資源能力的獨特性

企業組織透過策略的集群分析模式，就能有效區隔組織本身與競爭對手在市場競爭定位的差異性，針對組織本身的市場競爭定位方向，循序漸進地從事資源投資與管理活動的投入，以培養出相較於競爭對手具有獨特競爭優勢的資源能力。

(4)策略經驗傳承

企業組織透過完善的策略運作程序，才能將已往的成功或錯誤經驗轉化

　　為組織的內部知識；在針對員工進行教育訓練時，作為授課或共同討論
的個案議題，使員工學習到所傳承的經驗以免重蹈失敗的覆轍，並吸取
成功的策略經驗。

一、策略的意義

　　策略是指組織在面對競爭環境下，管理者如何規劃公司經營目標定位，並
發展出可行性方案之意。策略是管理體系中的一環，始於企業組織的使命 (mission)，並透過有效的規劃管理，整合組織成員之行動，來達成企業組織的使命。

　　策略就是企業組織針對外部環境的機會、威脅及內部資源的優勢及劣勢進
行分析後，而發展出企業組織如何維持及創造競爭優勢的可行策略方案。因此
策略扮演著組織與環境之間的中介者，它主要在於規劃企業組織如何善用具優
勢的資源能力，以因應市場環境的威脅與機會。

二、策略的功能

　　一個組織在規劃出明確的策略目標、方向及執行方案後，它對組織而言，
扮演下列的三個功能：

1. 策略代表組織經營重點的抉擇

　　由於企業組織的資源是有限的，因此資源必須重點集中運用，策略分析的
目的就在於根據資源能力的限制性，抉擇經營的範圍與重點，並將資金集中投
入於所擇定的經營重點與利基市場，才能有效獲得策略的成功；因此，策略的
定位代表著企業組織經營重點的抉擇。

2. 策略界定組織核心能力的定位

　　策略決定組織未來的經營重點與利基市場，相對地亦決定了組織發展核心
能力的方向，由於組織經營範圍與重點的抉擇不同時，所必須具備的競爭核心
能力亦有所差異；譬如一個屬於資訊產業的廠商，如果經營範圍著重於 CPU 的
設計，則該公司的核心競爭能力可能為研發與創新能力，但如果該公司的經營
範圍側重於電腦組裝部分，則該公司的核心競爭能力為製造能力及配銷能力；
換言之，策略雖然抉擇經營的重點與範圍，亦決定組織的核心能力的定位。

3. 策略領導資源的配置

策略一旦決定核心能力的定位後，為了培植核心能力的優勢，必針對組織的資源重新進行配置，以符合核心能力的發展方向，引導組織內資源在不同目標市場的配置比重。

三、成功策略的特性

世界上許多著名的人物或企業家之能夠成功，大都歸因於有嚴謹的策略規劃制度及全力的貫徹執行；因此，運用一個成功的策略具有下列的特性：

1. 明確的策略目標

一個成功的策略首重於訂定明確的策略目標，所謂明確的策略目標係指時間性、數量化及易瞭解性，也就是成功的策略必須明確的指出在特定的時間內所必須達成的數量目標。例如一年內市場佔有率提升到30%。此外，一個成功策略所設定的目標必須使組織內每一位員工很容易地瞭解策略目標的涵意，而能正確無誤的採取策略行動。

2. 深入的瞭解環境

一個成功策略的第二個特性，就是經營管理者能充分的瞭解市場的環境機會與威脅，唯有深入瞭解市場環境的變動，企業組織才能訂定成功的策略以克服環境衝擊，並掌握環境所帶來的新契機。

一個組織若無法預測環境未來的變動趨勢，一旦產業技術產生變革或市場競爭焦點發生變動仍不知時，則很容易就陷入經營困境，甚至面臨被淘汰的命運。

3. 客觀的評估資源能力

一個成功策略的第三個要件，就是能客觀的針對企業組織本身資源與能力進行評估，並分析競爭的優勢及劣勢所在，一旦面對市場競爭時，充分的運用資源、能力優勢以掌握利基市場，俾能達成組織目標。

4. 運用核心能力 (core competence)

基於企業組織的資源有限，不太可能在所有資源或能力皆擁有優勢。根據哈佛大學著名的管理學者伯拉罕 (C. K. Prahalad) 於 1989 的資源基礎競爭策略 (resource based competitive strategy) 觀點，企業組織應該運用其所擁有的核心能

力，作為策略的競爭基礎；換言之，每一個成功的企業組織或個人，應該利用本身的獨特優勢能力而非全面性能力，來創造市場競爭優勢；全球許多知名企業就是以獨特的競爭優勢作為市場競爭的基礎，例如 3M 公司的研發能力、豐田汽車公司的製造能力、可口可樂的行銷能力及飛達快遞公司 (Federal Express) 的配送能力等皆屬於核心能力優勢運用的成功範例。

5. 有效地執行策略

　　組織擁有明確的策略目標與詳細的規劃內容後，公司高階主管及全體員工具體執行的承諾性，將是確保策略功能的關鍵因素之一。已制定的策略規劃內容若無法全力的貫徹執行，則再好的策略規劃也僅是紙上談兵而已。同樣地，個人亦是如此，當個人訂定未來的明確目標與策略方法後，就必須不折不撓的貫徹執行，才能達成個人的策略目標與願景。

四、策略管理層級

　　從不同的組織層級觀點而言，一個企業的策略規劃類型可區分為公司總體策略 (corporate strategy)、事業策略 (business strategy) 及功能性策略 (functional strategy)，如圖 5.4 所示；至於該三種不同的策略層級所涉及的競爭要點與決策內容皆不盡相同，詳細說明如下。

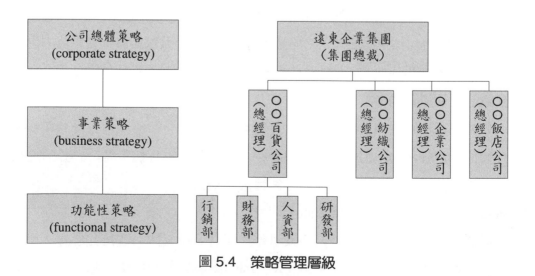

圖 5.4　策略管理層級

㈠公司總體策略

公司總體策略又稱為多角化策略，主要的策略焦點在於決定進入哪一個具發展潛力或利潤性的特定產業。當一個企業集團的經營領域由單一事業單位逐漸走向複雜化以及多元化時，這些都是公司整體策略規則的重點。公司總體策略主要在探討企業集團內各個整體佈局，以及各個事業單位間資源配置方法。公司總體策略的決策內容通常包括：企業的多角化、垂直整合、購併企業與經營新企業或撤資。一個企業集團逐漸走向多角化的主要策略考量重點如下：

1.掌握市場新機會

一個企業集團在下列兩種情況出現時，考量成立新事業單位而逐漸朝向多角化的經營：

⑴發覺現有事業部門經營範疇以外的獲利機會。

⑵尋找出現有利部門經營範疇內某些未來具特殊考量潛力的市場機會。

對於企業集團決策者而言，上述兩種情況中的前者主要的決策風險在於能否有效創造新事業單位的優勢能力。而後者的主要決策要點在於如何從現有事業單位經營範疇內劃分出新的經營領域，以及如何重整或投入資源，以掌握新的市場契機。

2.產業生命週期的策略因應

事實上，每一個產業均將面臨形成、成長、成熟及衰退階段之生命週期，而在產業生命週期的交替過程中，如何整體考量企業集團中各個事業單位在不同生命週期階段的適當比例或配置，以達到企業集團的最佳整體績效，係多角化經營的另一重要策略考量。

3.分散經營風險

由於各事業單位的經營成功與失敗風險不盡相同，企業集團將所有的事業單位均集中於特定的一個產業時，有可能因為產業環境不佳，而使得全體事業單位均遭受重大的失敗風險，但若能將企業集團中的各個事業單位配置於不同的環境下進行競爭，則可有效分散經營集中的風險；換言之，從事多角化經營的另一個目的就是分散企業集團的經營風險。

4.維持創業精神 (entreprneurship)

企業集團透過新市場的開拓、新企業的成立、企業的購併或垂直整合等活動從事多角化經營時，由於不斷地開發新產品、開拓新市場、引進新企業體或變革現有企業體，均將使得企業組織持續從事創新與開拓創意的原動力，促使企業組織保有創業精神的文化。

5.提升企業集團利潤性

企業組織從事多角化經營的另一個理由就是強化企業集團的獲利性；一般而言，企業集團的總體策略在決定是否進入一個新產業的主要考量有二：⑴新產業在未來具有高度的利潤性及市場發展潛力；⑵新產業經營範圍與原先所處產業的事業單位在資源方面具有互補性 (complementary)，而可強化彼此的市場競爭力和利潤性。換言之，企業集團從事多角化的策略可增加整體利潤性，公司總體策略的型態，大致可分為穩定 (stability) 策略、成長 (growth) 策略及縮減 (retrenchment) 策略三種；至於該三種策略的運作內涵說明如下。

⑴穩定策略

穩定策略就是企業集團維持目前各事業單位所處的產業配置，而未採取重新進入另一特定產業的策略抉擇。而採穩定策略的企業集團其主要考量因素，在於管理決策者對於目前整體企業集團的市場成長率、市場佔有率及經營利潤等績效表現皆感到滿意，或可能沒有充裕的資金、人力與技術重新開拓新事業。

⑵成長策略

成長策略就是企業集團通常在現存事業單位所處產業鏈中垂直或水平整合性不高，致使企業集團發展受限，或發現一個具潛力的新市場時，而採取進入另一產業從事經營的擴張策略。一般而言，企業集團通常在現存事業單位所處產業鏈中，選擇進入上游或下游產業經營，而達到成長策略，有時亦稱之為垂直整合策略，譬如某一企業目前從事電腦組裝製造，現在又成立一家從事 IC 設計，就是垂直整合策略；此外，企業集團亦可跨入另一個新的產業從事經營，亦可達到成長策略之目的，通常稱之為水平整合策略，例如某一企業集團目前經營銀行業又跨足資訊業，

就屬於水平整合策略。

(3)縮減策略

　　當企業集團在面臨過度多角化擴張而造成財務危機時，就可能採取縮減在特定產業中較不具競爭力、不具利潤性及較不具未來發展潛力的事業單位，而可採行的策略措施可能包括事業單位的關閉、出售、清算或大幅裁減員工人數等。

　　企業集團在面臨上述不同之策略選擇時，並非只能單選一種，而實務上往往是採取混合策略，也就是對於某一事業單位可能採取成長策略，而對另一事業單位則採縮減策略。

⽩事業策略

　　事業策略的主要決策焦點，在於如何將資源適當地分配給事業單位內的各個部門，以期能在產業內競爭對手間創造與維持競爭優勢。事業策略有時亦稱之為競爭策略 (competitive strategy)；換言之，事業策略就是事業單位的決策者如何運用資源，而能在所處的產業中擁有相較於其他競爭對手的競爭優勢。至於事業策略的類型，許多學者有不同的分類觀點，本書將介紹目前較常為學術界引用之分類架構。

1.邁爾斯和史諾 (Miles & Snow) 的策略類型

　　邁爾斯和史諾於 1978 年針對企業組織對環境變化所採取的策略行為特性，而將競爭策略分成四種策略類型：

(1)前瞻者 (prospector) 策略

　　採前瞻者策略的經營者其策略運作特徵就是隨時監控市場趨勢與新產品發展之變化，不斷地開拓新市場範圍，尋求新產品的市場定位，並且非常重視組織的行銷及研究能力，採前瞻者策略的廠商往往係同業中將新產品導入市場或引進新技術之先驅者 (pioneer)。

(2)防禦者 (defender) 策略

　　採防禦者策略的廠商係以保守經營為主要的運作特徵，它不熱衷於從事新產品的發展與新市場的開拓，較不偏好產品線的擴張，僅為了確保現

行較狹窄 (narrow) 產品線的市場競爭力為策略目的。

⑶分析者 (analyzer) 策略

採分析者策略的廠商運作特徵屬於上述兩者策略間之綜合體，從事少部分的產品創新與市場開拓活動，以確保目前所擁有核心市場 (core market) 的競爭優勢。

⑷反應者 (reactor) 策略

在產業競爭時，缺乏一套完整或一致性的策略計畫，只隨著環境的變動而採取盲目反應措施，亦可說是一種毫無作為與意圖的競爭策略類型。

2.波特 (Porter) 的一般化事業策略類型

世界知名學者波特於 1980 年及 1985 年以競爭方法及競爭範疇的兩個構面為基礎，將事業策略類型區分為：成本領導策略、差異化策略及集中化策略，如圖 5.5 所示。

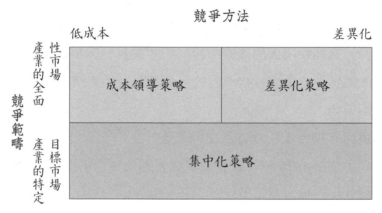

資料來源： 1. Porter, M. E., *Competitive Strategy*, New York: The Free Press, 1980.
2. Porter, M. E., *Competitive Advantage*, New York: The Free Press, 1985.

圖 5.5　一般化事業策略類型

⑴成本領導策略

成本領導策略的重點在於透過提供市場上最低成本的產品或服務來從事競爭。採此種策略的廠商較少從事研發工作，並將管理焦點著重於嚴格控管公司的成本費用，採行該策略的廠商通常是利用大量生產及標準化產品的方式來達到最低生產成本之策略目標。廠商為了達到成本領導策

略所採取的方式包括：尋找較經濟的原料成本、投資可大量生產的專用機器設備、從事大量生產以確保規模經濟、進行高度的垂直整合及提高產能利用率等。例如屈臣氏利用大量進貨來達成降低成本的目的，並推出「我敢發誓，屈臣氏最便宜」，強調業界最低價的競爭策略。

⑵差異化策略

差異化策略就是廠商透過獨特性產品與服務的提供，使得顧客願意支付較同業競爭對手所生產類似產品與服務更高的價格，廠商通常可利用品牌形象、售後服務、快速配銷、產品品質及產品功能等方面之特殊性，建立顧客體認到其產品具獨特性 (unique)，以創造價值，雖然在此策略下並非讓廠商忽視成本的重要性，但成本確實不是其主要之策略目標，在此策略下，企業投資大量的 R&D 費用、廣告費用、配銷通路之掌控，密集之顧客服務，以創造產品品質差異化之特質。例如聯強國際強調的配銷通路及售後服務，使顧客可享受更高品質的售後服務品質，來強化其差異化策略之運作，該公司的實務作法包括：手機 30 分鐘現場立即快速維修服務或電腦產品的今晚送件，後天取件等快速維修服務。

⑶集中化策略

成本領導或差異化策略係以產業全面市場為經營目標；然而採集中化策略的廠商係以產業內特定的目標市場為其策略的運作對象，如特定的顧客層級、特定的產品類型或特定的地理區域等；換言之，廠商將資源集中在特定之利基市場，以獲得競爭優勢。

3.先制策略廠商優勢

波特所提出的一般化事業策略類型雖然普遍的使用於實務界，但卻未將時間競爭要素納入考量，實乃不足之處；事實上，經營者在面對競爭環境急劇變動的情境下，思考如何運用快速回應 (quick response) 策略或時基競爭策略 (time-based competitive strategy) 運作以獲得優勢，已成為普遍關注的焦點，因此將時間要素納入策略運作之一環，係不容忽視的。而快速回應策略或競爭策略的運作皆屬於先制策略的討論範疇，因此本節將針對先制策略的內涵及優勢進行說明。

先制策略係指廠商比同業其他競爭對手於市場上更早推出新產品及服務，或更早投資採用業界尚未使用之新技術與設備的策略行為。先制策略 (preemptive) 與跟隨策略 (follower strategy) 係相對應的策略類型，根據學者的觀點，先制策略相較於跟隨策略而言，所帶來的競爭優勢如下：

(1)產能之先制投資

採先制策略廠商可透過產能之早期投資，而較其他採跟隨策略廠商更具有規模經濟的成本優勢，在這種情勢下採跟隨策略廠商，由於大部分的市場規模已遭先制廠商佔據，而且在所遺留較小規模市場難以達到經濟性，而無法從事競爭以獲得合理利潤。

(2)先佔因素

由於先制策略廠商在市場之獨佔地位，較易獲得顧客對先制策略廠商產品功能及品牌之認同，致使晚進入市場之競爭者必須以更多次數的廣告，來創造顧客對產品品牌認同度。利伯門和蒙哥馬利 (Lieberman & Montgomery, 1988) 認為如果先制策略廠商由於最早進入市場，而可優先與供應商簽訂或取得獨家代理確保機器、設備及原物料的低價供應，而獲得成本優勢。

(3)行為因素

行為因素可為先制策略廠商帶來差異化之優勢，而此差異化之形成，乃是由於轉換成本 (switching cost)、產品創製者聲譽 (prototypicality reputation)、產品溝通效應 (communication good effects)、資訊與消費經驗之不平衡 (asymmetry) 等四個因素所致。

　a.轉換成本

轉換成本就是消費者在使用某品牌的產品一段時間後，更換品牌所造成的成本負擔。轉換成本一般可分為契約性成本及非契約性成本；所謂契約性轉換成本就是銷售者與購買者之間，透過合約協助所導致購買者轉換品牌時必須擔負的違約成本；而非契約性轉換成本就是消費者使用某品牌後，若轉換其他品牌因為使用不習慣，必須重新學習使用方法、必須重新教育訓練或必須投資設備等因素而產生的成本負擔。

轉換成本是提供購買者與銷售者關係持續的主要誘因，先制策略廠商可透過長期的合約協定，而引致購買者的轉換成本。此外，購買者也可能因為使用跟隨策略廠商之產品，而必須花費更多的時間學習如何使用跟隨策略廠商之產品，或投資更多之設備等非契約性的轉換成本，而不願意使用跟隨策略廠商之產品，因而形成先制策略廠商之差異化優勢，例如 Microsoft 公司的作業系統 Windows 及應用程式如 Word、Excel 等，已成為業者普遍使用的資訊軟體，若企業組織要換別的軟體，除了員工教育成本外，文件格式的轉換成本、與業界資訊交流的相容性等，都是難以計量的成本與風險，也就造就了 Microsoft 的競爭領導優勢地位。

b.產品創製者聲譽

在市場週期的初期階段，消費者對產品應擁有哪些重要屬性的知識是相當貧乏的，在此情況下，先制策略廠商正可趁此機會影響消費者對產品之認知，並透過行銷手段而使產品之品質屬性，成為跟隨策略廠商產品被消費者評價之標準。例如可口可樂公司由於早期進入市場，使得可樂口味已在顧客心目中定型，跟隨者廠商推出新的可樂產品時，由於不符合可口可樂在顧客心中的定型，而認為所推出的新可樂產品並非可樂。

c.產品溝通效應

先制策略廠商在其他廠商尚未進入市場時，就已開拓了大量的產品使用者，致使先制策略廠商的產品成為消費者對於該類產品之衡量標準，於是差異化之優勢便形成。

d.資訊與消費經驗之不平衡

由於消費者接受先制策略廠商較長時間之訊息傳輸，而引致消費者認知到先制策略廠商較跟隨策略廠商提供更多的產品品質屬性，這就是因為消費資訊不平衡所創造的先制策略廠商差異化效果。此外，由於消費者有較多使用先制策略廠商產品之經驗，因此當產品資訊搜集成本相當高時，則消費者寧願保留對先制策略廠商之忠誠度，而不願轉

換使用跟隨策略廠商之產品，這就是消費經驗不平衡所創造之差異化效果。

4.跟隨策略廠商之優勢

雖然先制策略廠商擁有先制之優勢，但相對地亦具有相當大的先制成本 (pioneering cost) 存在，例如產品定位之錯誤、獲得執法機構認證、潛在顧客教育成本、扶植生產設備和原料的供應商、發展訓練與服務中間商和購買者之基層設施等費用 (Porter, 1980)，而這些成本之花費卻是跟隨策略廠商所不必大量支付的。因此，相對於先制策略廠商而言，採跟隨策略之廠商仍是具有優勢的。

利伯門及蒙哥馬利認為跟隨策略廠商可經由較低仿造成本、免費搭乘效應 (free-rider-effects)、改變及形成消費者偏好、先制策略者之錯誤學習 (learning from the pioneers mistakes) 等因素，而達到成本化或差異化優勢。由於先制策略廠商在產品週期之初期必須花費大量的成本，來教育早期使用產品之消費者，而跟隨策略之廠商正可學習先制策略廠商在發展產品或市場之定位錯誤經驗，以減少錯誤所引致之成本浪費，而達到免費搭乘效應。此外，在 Mansfield, et al. (1981) 認為仿造成本只佔創新成本之 65% 以下，採跟隨策略廠商能獲致較低仿造成本之優勢更是無庸置疑的。

總而言之，採先制策略廠商所能獲致之優勢程度，係決定於跟隨策略廠商下列之能力：

⑴獲致創新與仿造成本差異的能力。

⑵先制策略廠商所發生的先佔成本免費利用能力。

⑶先制策略廠商錯誤的學習與利用能力。

⑷影響與形成消費者偏好的能力。

5.整合性事業策略類型

張世佳等學者 (Chang, et al.) 於 2002 年以高科技廠商為研究對象發展一整合性事業策略架構，該策略架構根據廠商採用之成本化或差異化競爭方法及新產品進入新市場／採用新技術時機之早晚，將各事業策略類型區分為：先制策略 (preemptive/first mover)、成本化―跟隨策略 (low cost-follower) 及差異化―跟隨策略 (differentiated-follower) 三種。至於該三種類型的運作特徵說明如下：

圖 5.6　整合性事業策略類型

資料來源：Chang, S. C., N. P. Lin, C. L. Wea, and C. Sheu, "Aligning Manufacturing Capabilities with Business Strategy: An Empirical Study in High Tech. Industry," *International Journal of Technology Management*, 24 (1), 2002a, pp. 70–87.

(1)先制策略

係指同業中新產品導入市場或新技術採用之先驅者，較其他策略類型廠商更積極從事新產品、新技術之引進與開發工作，並且擁有更寬廣之產品線。

(2)成本化—跟隨策略

係指同業中新產品新技術採用之跟隨者，透過嚴格的成本控制，及高度效率化的生產作業，藉以達到提供最低成本化產品與服務之競爭優勢。

(3)差異化—跟隨策略

係指同業中新產品及新技術採用之跟隨者，透過產品創新改良、高功能品質、良好配銷服務品質之獨特性，以達到差異化之競爭優勢。

㈢功能性策略

功能性策略就是每一個事業策略單位 (strategic business unit; SBU) 所隸屬的各個功能部門所採行的策略類型，例如行銷策略、製造策略、財務策略、人力資源策略或研發策略等皆屬於功能性策略。事實上，事業策略導引功能性策略的產生，而功能性策略的訂定必須依據事業策略之方向而發展。因此，功能性策略與事業策略之間彼此必須維持良好的配適性 (fitness) 或一致性 (consitancy)，譬如採差異化策略的廠商，其行銷策略就必須以產品外形獨特性、高功

能品質及高單價為主要的行銷訴求，而不宜以標準化產品、最低成本產品為行銷的重點，否則事業策略與功能性策略就無法謀求兩者之一致性，而可能對整體事業績效造成負面影響。

五、策略管理程序

一個成功的企業組織通常擁有完善的策略管理程序，企業組織管理者可依照管理程序逐步來分析及規劃策略目標與運作內容，並控管策略成果；一般而言，策略管理程序大致可區分為八個步驟，如圖 5.7 所示。

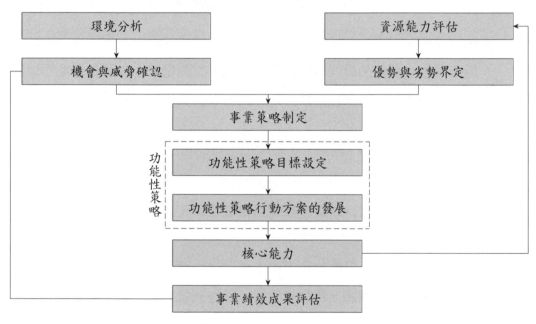

圖 5.7　策略管理程序

㈠環境分析

根據本書前面章節指出企業組織面臨的產業內環境因素包括：顧客、競爭對手、技術及供應商，因此策略管理的第一個步驟就是針對上述環境因素的變動性進行分析。事實上，顧客的需求是一個移動性的目標 (moving target)，企業組織必須定期與不定期的對市場顧客需求進行調查，以確認顧客現在或未來對產品屬性的需求與偏好是否有變動。譬如十五年前大多數的購車者需求在於車

子的經濟省油性，但時至今日若車子仍僅以省油為主要訴求，則恐怕較難獲得購車者之青睞，主要的原因在於目前購車者偏好已移轉至安全與舒適之購車需求，而生產省油的車子可能因板金較薄，而無法滿足消費者追求安全之需求。此外，技術的變動趨勢亦是環境分析的另一個主要因素，企業組織若能適時的將新技術引進新產品中，則將可能為企業組織帶來生機，否則可能對企業組織營運造成困境。此外，企業可透過競爭對手舉行的股東大會、高階主管的政策宣示、購置的新生產設備、策略聯盟對象或高階管理人才的挖角，而瞭解競爭對手的經營策略變動方向。

㈡機會與威脅確認

當企業組織針對環境因素進行明確的分析後，接著就可確認公司的機會與威脅所在。環境變動所產生的新競爭情勢對一個企業組織而言，究竟是機會或威脅，完全端賴於企業組織本身是否擁有快速因應環境變動所必須具備的核心能力而定，若無法快速地發展出環境變動所必備的核心能力，則企業組織所面對的將是威脅而不是機會；反之亦然。事實上，常言道「危機就是轉機」，此完全取決於企業組織當時是否擁有環境機會下所必須的核心競爭力，否則危機實難以變成轉機的。

㈢資源能力評估

從價值鏈的觀點而言，企業組織的資源能力可細分為研發能力、製造能力、行銷能力、物流能力、行政管理能力、資訊管理能力、技術能力及人力資源管理能力等。若從組織功能部門的觀點而言，企業的資源能力則可分為研發能力、製造能力、行銷能力、人力資源管理能力、財務管理能力、多國籍企業管理能力及多角化能力。事實上，企業組織所擁有的專利權、生產設備的新穎性、新產品的研發數量、人員的學歷暨經驗年資、技術證照數量、財務狀況、企業組織的股價及企業形象聲譽皆屬於一個公司的資源能力評估指標。因此企業在制定策略時，就必須根據資源能力的指標進行客觀的評估，以作為事業策略制定的參考基礎。

㈣優勢與劣勢界定

企業組織將自身所擁有的資源能力與競爭對手進行比較分析後，就可瞭解其相對的優勢與劣勢所在，優勢代表企業組織競爭優勢的獨特能力與資源，又稱之為核心能力。企業組織在制定事業策略時就是以優勢的核心能力作為競爭的後盾與基礎；相對地，劣勢就是代表組織內不具競爭力或表現不佳的能力，又稱之為非核心能力；事實上，企業組織應運用其核心能力來從事市場競爭，以掌握利基市場之優勢。

㈤事業策略制定

一個企業組織在分析環境的機會與威脅 (opportunities and threats; OT) 及評估資源能力的優勢與劣勢 (strengths and weaknesses; SW)，也就是一般所稱之 SWOT 分析後，緊接著就是依據分析結果制定事業策略目標與運作。正如本章前述事業策略就是一個事業策略單位或事業單位決策主管決定如何運用其擁有核心能力或如何投資核心能力，以獲得同業中的競爭優勢。事業策略類型可採取成本領導策略、差異化策略或集中化策略，當然亦可採取先制策略、差異化─跟隨策略或成本化─跟隨策略。

㈥功能性策略制定

企業組織制定事業策略的目標與運作方向後，進一步就是透過功能性策略的執行，才能有效達成企業組織績效目標；換言之，事業策略導引功能性策略的決策方案，而功能性策略則必須遵循事業策略的目標與方向，該兩者之間必須保持配適性與一致性，才能確保企業組織績效的順利達成。功能性策略一般可分為兩個部分，一為功能性策略目標，另一則為功能性策略行動方案，若以製造策略為例，前者就是製造目標如高功能品質、一致性品質（即低不良率品質）、低成本、準時交貨、迅速交貨、產量彈性或產品彈性等，而後者就是製造決策方案如垂直整合程度、供應商的多寡、專用機與泛用機的投資比重、產品式與製程式佈置抉擇等。當廠商採差異化策略時，其製造目標設定將是高功能

品質、迅速交貨及產品彈性，而其製造決策方案將是投資較多的泛用機、較多的供應商來往、採製程式設備佈置及較低的垂直整合程度。又舉行銷策略為例，前者就是行銷目標如市場佔有率或利潤率，後者則是行銷 4P 活動如獨特性或一般性產品、高或低價位水準。

(七)核心能力

當功能性策略設定策略目標，據以發展可行的功能性策略發展方案，並透過資源的投資以執行功能性策略行動方案後，將具體的顯現出其功能性部門能力如製造能力或行銷能力，此時的功能性部門能力亦就是該公司的核心能力，而可作為企業組織制定事業策略的基礎。事實上，當企業組織在制定事業策略及功能策略前，應先檢視自身之核心能力，以作為事業策略制定基礎，而若策略制定後，則應針對不足之核心能力加強投資改善。

(八)事業績效成果評估

策略管理程序的最後一個步驟就是事業績效成果的評估，根據一個企業組織的觀點，可從三個角度來衡量事業績效成果，一為財務績效指標，它代表一個企業組織對資源的運用效率，衡量指標主要有利潤率、資產報酬率或投資報酬率等。另一為行銷績效指標，它代表一個企業組織在市場上的競爭成果，主要的衡量指標如市場佔有率、行銷成長率等。另一則為適應性 (adaptability) 績效指標，它代表一個企業組織未來的發展潛力，主要衡量指標如新產品上市件數、新產品成功上市件數及獲得專利數量等。一個企業組織可利用上述三種衡量績效的角度，定期與不定期的控管策略規劃的績效成果表現，並根據環境的變動及核心能力優勢所在而隨時調整事業策略目標與方向。

第四節　目標管理

目標管理 (management by objectives; MBO) 就是透過企業組織內各階層主管與員工的共同參與討論，以設定個人、部門及企業組織整體目標，並定期評

估目標績效成果的過程。傳統上，企業組織大都採取由上而下 (top down) 的方式來制定組織部門及個人目標，也就是由企業組織內最高決策主管，根據個人資訊及經驗來設定企業組織的年度總目標，如設定年營業額 100 億，各營業部門則根據年度營業額 100 億加以分配而成為各營業部門的營運目標，而每一個營業部門再將所分配到的營業目標加以分攤，而成為隸屬銷售人員的年度營業責任額。而製造部門則根據年營業額 100 億換算成製造部門的生產目標，再據以推算出製造部門每一個生產單位的年度生產目標。這種由上而下的目標設定方式，是屬於單向的目標設定運作方式，並沒有員工的決策參與，完全是最高階主管的主觀規定，而將所制定的目標強迫性的加諸於部屬，這種由上而下的目標設定方式除了未考慮部屬可否達成目標的能力外，亦可能因未透過溝通協調而較難達成組織成員的共識與認同。

有鑑於此，目標管理實務運作的提出，則同時兼顧由上而下及由下而上 (bottom up) 的目標設定方式，由於目標的制定與評估係透過組織內各階層員工的逐層共同討論而成，因此對於基層員工而言，目標管理可明確地界定基層員工的個人目標及形成共識，在目標執行過程中，亦可協助基層員工有效地達成個人績效目標。

一、目標管理程序

目標管理經由企業組織內上層主管與所屬員工的共同參與討論，設定員工個人目標後，便可彙整而成為部門的目標，各部門目標的結合則自然而然形成企業組織目標，如此的層級目標設定過程，必須有一套健全的目標管理程序來逐步推動。基本上一個企業組織推動目標管理大致可區分為七個程序，如圖 5.8 所示，有關該七個程序的運作內容說明如次。

1.擬定組織目標與衡量指標

企業組織內的高階決策主管首先針對未來的一年或特定的期間擬定整體企業組織的總目標；譬如汽車業者可訂定明年度的轎車銷售量總目標為 30 萬輛。事實上，企業組織常因所處產業的不同或各部門性質的不同，而設定不同的目標或評估指標；如旅館業的住房率目標、製造業產能利用率目標與營業部門的

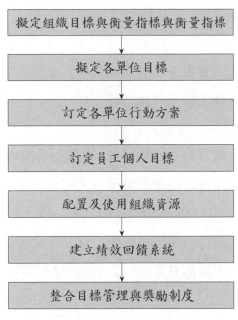

圖 5.8　**目標管理程序**

營業目標、品管部門的品質良率目標等。一般而言，一個企業組織可有下列八種目標類別之設定，該八種類別的評估指標列舉如下：

(1)市場目標

反映企業組織於市場的競爭地位，其評估指標通常有市場佔有率、銷售額或銷售成長率等，其中市場佔有率為較重要且常用的指標。

(2)研究與創新目標

反映企業組織的研究、發展或創新的能力，它代表一個企業組織未來的發展潛力，其評估指標通常有新產品上市件數、新產品成功上市件數、專利數或技術移轉件數等。

(3)新產品目標

指企業組織於市場推出某項新產品或服務所需的研發時間，其評估指標通常有新產品發展週期時間或新產品研發成本等。

(4)生產力目標

主要用來衡量企業組織內部的經營效率；通常以投入對產出之比率來加以表示；其評估指標主要有總生產力、資本生產力、設備生產力、勞力

生產力及生產效率等。

(5)實體設備目標

用來衡量企業組織實體設施的規模大小；其評估指標有最大產能、產能利用率、廠房坪數或最大倉儲量等。

(6)財務資源目標

反映企業組織有關資金需求的目標，它的評估指標包括：資本結構比例、可運用營運資金比重、股利配發及投資回收期間等。

(7)獲利性目標

用以衡量企業組織達成某一可接受盈餘水準之程度，它的評估目標如：投資報酬率、每股盈餘 (EPS)、稅前或稅後利潤等。

(8)人力資源目標

用來衡量一個企業組織人力資源的素質，其評估指標包括：員工的年資、員工的學歷或員工的技術證照等。

2.擬定各單位目標

由各單位的部門主管與上司主管共同擬定部門的目標及各種行動方案；當然各部門目標的擬定必須以達成組織總目標為主要依歸。事實上，各單位部門的目標設定後，必須詳細的列出達成目標的各種評估指標；譬如某汽車公司的製造部門生產目標為 30 萬輛，則根據該生產目標可訂定出四門轎車 15 萬輛及二門轎車 15 萬輛；此外，為了確保生產目標之順利達成，亦須訂定品質良率及設備利用率評估指標，以避免因生產過多的不良品及過低的設備利用率而影響生產目標的達成。

3.訂定各單位行動方案

各單位部門主管與部屬同仁共同商討已制定部門目標的執行可能性，並共同研擬可行性之行動方案，以確保擬定的各單位目標可順利的達成。

4.訂定員工個人目標

單位部門主管根據已分配的單位目標，邀集部門同仁共同研討訂定個人的目標責任額及達成目標責任額的可行性行動方案，以確保單位部門的目標可透過個人目標的順利達成，而得以實現。

5.配置及使用組織資源

當企業組織的各單位部門及個人目標設定後，此時各單位及個人則根據所獲得的目標責任額，而提出資源的需求量如資金數量、設備購置金額或人力數量等，以及行動方案的執行進度控制時程，以確保目標得以順利達成。

6.建立績效回饋系統

在目標管理的執行過程中，企業組織必須建立一套完整的績效回饋系統，透過該系統主管與部屬同仁可定期、不定期的評估所制定目標與績效成果之間的差距，以隨時掌握各單位部門或員工個人的努力成果是否符合預期的目標，若無法符合預期目標時，可將訊息立即回饋給各單位主管或員工個人，並透過主管與部屬的研商，共同謀求解決的對策與措施。

7.整合目標管理與獎勵制度

目標管理的推動必須依賴良好的獎勵制度相互搭配，才得以更有效確保目標的成功性，也就是說企業組織必須以單位部門或個人目標的達成率為基礎，建立一套獎勵制度，確保該獎勵制度能有效激勵各單位員工努力的執行任務，並獲得良好的績效成果。

二、目標管理實施成效

目標管理透過企業組織內各成員的共同確認每個人的目標及職責範圍，使得每一個主管及基層員工皆可根據所設定的目標，研擬特定期間內具體的工作內容與進度，並於執行過程隨時進行實際績效與目標的成果評估。根據實務界推動目標管理所獲得的實施成效如下：

1.強化組織成員的協調性與共識性

一般而言，企業組織內經常基於部門本位主義之作祟，造成組織內協調溝通不良之現象，而影響企業組織成效，然而透過目標管理的民主參與及溝通討論過程，將可促進組織內個人、各單位部門或團隊之間的協調、互信與共識，而建立個人利益與組織目標的結合體。

2.鼓勵員工自動自發的行為

目標管理鼓勵員工根據能力自行設定目標與行動方案，同時亦積極培養員

工在面對目標執行困境時，擁有自行解決問題的能力，在這種自行訂定目標、行動方案及自行解決問題的組織氣候下，自然而然可激發員工自動自發的行為特質。

3.提升目標達成性

在目標管理的過程中，個人、單位部門或組織目標的設定都是透過上司與部屬共同衡量實際的運作情形，而共同設定具可行性及挑戰性的目標，而非設定一個可望不可及的目標，在這種員工對於已設定目標的高度共識性下，將可提升企業組織內各階層員工及組織目標達成的可能性。

4.激發員工的潛能

由於目標管理的執行過程中，員工根據所設定的目標，必須培養自行執行方案計畫及解決問題的能力，如此將可促使員工不斷地自我學習與成長，進而激發員工的未來發展潛能。

5.培養獨當一面的主管人才

目標管理允許各單位部門主管在所設定的權責範圍內，擁有自行規劃及決策的權利，因此部門主管在所隸屬部門內係屬於最高決策者，負責一切的決策與規劃事宜，如此可培養企業組織未來的高階管理人才。

6.建立完善的績效評估制度

目標管理必須有完善的績效評估制度做後盾，才能使目標管理制度發揮良好的成效，因此，在目標管理的推動過程中，將促使企業組織建立良好完善的員工績效評估制度。

7.強化組織整體的規劃能力

目標管理非常重視目標設定的參與過程，組織中的每一個層級都必須就企業組織未來發展，及目前的重要計畫來規劃出具體可行的目標。而各單位部門之間的協調分工和各階層之間行政運作的整合性，都將因為共同參與目標的設定過程而獲得強化。

8.組織分權取代獨斷集權

目標管理強調員工的自我規劃與控制，目標的設定不再是高層人員的專利，每一個員工都可獲得授權設定自己的目標，自行控制行動方案的執行進度和成

果，因此目標管理是屬於高度分權的管理制度，而非獨斷集權的運作型態。

三、目標管理執行缺失

任何一項管理制度的實施與執行實難達到盡善盡美之境，目標管理實施多年以來亦是如此，雖然許多企業組織普遍採用目標管理制度，但仍難免產生下列的執行缺失與困難之處：

⑴高階主管若未積極參與目標設定過程及績效回饋的檢討會議，將導致企業組織內員工對於目標管理制度的推動虛應了事。

⑵目標的設定過程員工雖有參與之實，但若無發言權，將導致所設定的目標無共識感，影響目標的執行效果。

⑶目標管理制度的推動，若未能與獎勵制度充分結合，將降低員工積極達成目標的旺盛企圖心。

⑷企業組織的集權文化若沒有配合目標管理所強調的分權參與而做調整，將導致目標管理無法達到預期的成效。

⑸目標管理推動過程中,若過度重視書面作業而造成員工正常作業的干擾，亦可能引發員工的反感與抗拒。

⑹目標管理制度在目標的設定過程中，由於必須獲得組織成員的共識而造成決策的緩慢，因此目標管理制度較適合穩定的產業環境，而較不適合環境快速變動的產業；換言之，產業環境變動快速的企業組織常由於目標管理制度的推動，而影響組織因應環境變動的決策彈性與速度。

⑺目標管理制度常過於強調量化的評估指標，忽略許多具價值性，但卻難以量化的指標如良好溝通能力、團隊合作氣氛等，造成績效評估的不公平現象，而影響員工的士氣。

個案研討:「我敢發誓」──屈臣氏的行銷策略

一、屈臣氏簡介

屈臣氏百佳股份有限公司（簡稱屈臣氏）隸屬於香港和記黃埔集團，該集團係以香港為基地，業務遍及全球 36 個國家，擁有港口、房地產、能源、零售及通路等事業。其中，屈臣氏因為全世界銷售交易的迅速成長，促使該公司加快在中國內地、香港、澳門、臺灣、新加坡、馬來西亞、泰國、印尼及南韓設店。屈臣氏係於 1987 年來臺開設臺灣第一家分店，目前資本額為 7 億 1 千萬元，全省已達 230 家門市，員工人數約有 2,300 人，該公司秉持「提供豐富商品選擇、優惠產品價格、營造愉悅快樂的購物氣氛」的經營理念，以 15 歲到 35 歲的女性族群（女性佔 7 成，男性僅佔 3 成）為主要的市場目標群，剛開始僅以大城市都會區的商圈為主要開店地點，近年來則漸漸擴展至二級城市。

該公司除了銷售各種廠牌的民生、美體及健康類商品外，自 1994 年屈臣氏開始擁有自有品牌商品，屈臣氏經營自有品牌最重要的目的就是要塑造自有品牌的不可取代性，建立消費者對產品的忠誠度，以增加來店消費的機會。目前屈臣氏所發展的自有品牌商品約有 40 種，其中包括：面紙、香皂、洗髮乳、沐浴乳、藥品、吸油面紙、礦泉水、電池等；由於屈臣氏有百年歷史，分店遍布全球，足以吸引全球的廠商主動前來尋求合作開發商品，使得屈臣氏在供貨廠商的選擇上有很大的空間，通常會挑選信譽卓著及理念相近的廠商合作。

二、策略主軸:「我敢發誓」

為了扭轉消費者普遍認為屈臣氏銷售的產品比同業更高價位水準

的印象，以及重塑分別在 2000 年及 2001 年該公司陸續爆發超級路霸、販賣水漬品、詐領保險金 2 億元、販賣過期商品及販售違規食品事件所造成的負面印象，於是在 2002 年開始採取一連串的策略規劃與行動，而其中較引人注目的就是「我敢發誓」的行銷主軸，並採取下列的策略行動方案。

在各分店外觀方面，將店面招牌由潦草的英文字體，改為正楷體字並加上中文，並將賣場的走道拓寬，店鋪內部裝修也改採較為明亮、整潔及更有現代感的設計，並大量運用不同顏色將不同種類的商品區分出來，例如保健商品類用藍色，日用品類用紫色，其他類則用黃色。在內部管理方面，一方面透過屈臣氏目前已在中國、香港、澳門、臺灣、新加坡、馬來西亞、泰國、印尼及南韓的行銷據點，廣泛的進行跨國性採購以降低進貨成本；同時，在 2002 年併購歐洲著名的 Super Drug 藥妝連鎖業，而得以進一步壓低藥妝類商品的成本；另一方面，也同步進行一連串的供應鏈系統改造活動，包括上游的採購倉儲、物流、配銷及組織架構的重整活動，以提高運銷效率，因而使得該公司的總體營運成本降低了 40%。此外，為了確保特定商品價格是同業中的最低價，而成立了全國性的「查價小組」，這個小組共有 25 位商品販售成員，隨時密切觀察其他連鎖同業的售價水準，每週隨時調整公司商品於全省最低價的水準，而屈臣氏全省 230 家分店的 2,300 多位員工也都負有向查價小組反映附近商店所販賣商品售價的責任，然後由屈臣氏查價小組彙整全省同業販賣相同產品的售價資料後，立即訂出新的最低售價，使得特定商品比其他同業便宜。

廣告策略方面，屈臣氏採取一波接著一波的強勢廣告手法，首先於 2002 年初展開第一波的「我敢發誓，屈臣氏 1,000 種日用商品最低價」的廣告片，這波廣告不但大量地在電視曝光，甚至在報章雜誌、公車車廂、屈臣氏店門口的大型 POP 看板都可見其身影。後續又於該

年 2 月接連密集推出第二波廣告片：「屈臣氏保證，日用品最便宜」、
第三波 (2002 年 5 月)：「我們敢發誓現在更多『買貴退兩倍差價的商
品』、第四波 (2002 年 8 月)：「沒在屈臣氏買，別說你最便宜」及第
五波 (2003 年 4 月)：「因為我查過價，所以我敢發誓」。

　　配合「我敢發誓」之廣告策略主軸，「買貴退兩倍差價」的保證措
施也應運而生，只要在商品陳列處貼有「買貴退兩倍差價」黃色標示
之商品，顧客購物 7 天內發現價格比其他連鎖店較低價，都可退兩倍
差價，該公司實施到目前為止，退貨的件數每家店平均是一個月 1 件。
屈臣氏買貴退兩倍差價的銷售標的是以日常生活用品為主，主要考量
在於日常生活用品是消費者每日所需的重要用品，而品牌忠誠度相對
較低，較容易因為促銷價格而轉變使用的品牌。

　　為有效達成低價策略，屈臣氏所採取的策略手法尚包括：(1)與家
用品及化妝品的品牌廠商合作，使屈臣氏能以「獨家商品」或「搶先
上市」，與低價策略雙管齊下刺激來客數的成長；(2)持續一年 365 天都
在促銷；(3)舉辦美麗與健康大賞活動，每年以全省 230 家分店的銷售
量為基礎，由總公司「評審小組」選出各類產品的前三名，舉辦頒獎
典禮來表揚廠商，前三名產品的提供廠商，並將在電視進行典禮直撥，
而所得的電視轉撥金則捐給公益團體；如此的活動內容，除了可充分
掌握顧客目前的商品需求外，亦可使供應商體會到高度被尊重的感覺，
而公益捐助則可有效提升企業形象。

三、研討題綱

1. 請以 Porter 的五力分析架構探討屈臣氏所處產業的競爭環境情勢。
2. 屈臣氏「我敢發誓」的策略係屬於哪一個策略層級的規劃範疇？該
   公司應擁有的核心能力優勢為何，才能確保策略的成功性？
3. 為配合「我敢發誓」的策略主軸，個案公司各部門單位應採取哪些

措施方法以配合該策略的執行，才能有效達成目標？

4.請利用 SWOT 分析屈臣氏所面對環境的機會、威脅及核心能力的優勢、劣勢，並論述該公司未來可行的策略發展方向。

個案主要參考資料來源：

1.屈臣氏企業網站：http://www.watsons.com.tw/CHINESE_PAGE/About.htm

2.和記黃埔有限公司新聞稿。http://www.irasia.com/listco/hk/hutchison/newsflash/cn030801.htm

3.楊雅民，〈藥妝連鎖店龍頭──土洋對決〉，自由時報電子新聞網。http://www.libertytimes.com.tw/2004/new/mar/15/today−e6.htm

第三篇　組　織────────

第六章 組織管理

◎ 導 論

　　現今絕大部分的工作都是透過組織系統的運作而完成的；事實上，組織有兩層不同的涵意：就名詞而言，組織是一群人為了達成共同的目標，彼此一起工作的團體；而就動詞而言，為了要達到特定目標，而進行組織內各種合作、協調與活動的部門分工及人員指派的過程謂之組織。

　　組織主要的目的就是建立一個部門分工架構及人員隸屬關係，以有效達成組織目標。本章首先將介紹組織的定義與組織程序，並論述組織結構要素及組織的權變因素，最後再論述組織管理的運作原則，至於組織設計的內容則將於下一章再加以探討。

◎ 本章綱要

　　*組織的意義
　　*組織的程序
　　*組織結構要素
　　*組織結構的權變因素
　　*組織的運作原則

◎ 本章學習目標

　　1.瞭解組織程序及結構要素。
　　2.學習組織的權變因素對組織管理的影響性。
　　3.熟悉組織的基本運作原則。

第一節　組織的意義

　　組織是兩人或是兩人以上，為了追求共同的目標而進行各種有意義的互動溝通及指揮運作體系,這個定義明確的表達出組織至少要由兩個人以上所組成；同時，組織成員之間必須有相互溝通協調的活動存在；一般而言，組織具有下列四種特質：

　　(1)組織由兩人以上組成。

　　(2)組織成員有共同追求的目標。

　　(3)組織成員有相互溝通的機制。

　　(4)組織成員有上下隸屬的關係。

　　舉例來說，在公園運動的一群人，雖然他們是兩人以上所組成，但不能稱他們為一個組織，因為他們各自做自己的運動，彼此間並不相關連，也無共同目標；如果是一個籃球隊在公園裡面練球則有所不同，他們可能是為了一場球賽來練習，彼此有共同的目標，並且相互協調每個人在球賽中所扮演的角色，而最後不論球賽是贏是輸，都由球員共同承擔，此時便可以稱該籃球隊為一個組織。基於組織的特質,管理者對於一個剛新成立的企業體所進行的組織 (orga-nizing) 活動內容包括：組織架構的設計、組織成員在組織架構的專業配置、職權的劃分、功能部門劃分、上下隸屬關係及部門溝通協調機制。一個企業透過組織活動，將可有效整合組織內成員的努力成果，發揮組織更大的整體綜效，一個具競爭力的企業組織需具備有下列幾點特性：

1.共識性的目標

　　企業組織所設定的目標必需得到成員的普遍認同與共識，才能激勵組織成員朝著共同性的目標努力邁進，因此在組織設定目標的過程中，應盡可能讓組織成員充分參與目標的設定，以博取成員對於目標的認同感，並獲得貫徹執行的高度承諾性。

2.組織層級的明確化

　　企業組織在設計組織架構時，首先必須以各個單位的專業性為基礎，來劃

分不同的功能性部門，並制定每個功能性部門的權責與任務範圍。此外，企業組織在設計組織架構時，亦需根據組織成員的能力，而配置每位員工在組織層級所處的不同位階，並制定每一位員工所處位階的工作任務、決策權限與擔負的責任範圍。

3.指揮系統的規範

當一個企業在制定明確的組織層級系統後，接著必須詳細規範組織層級系統中每個單位或員工彼此之間的主管與部屬隸屬關係，並詳細的制定在隸屬關係下，主管與部屬之間或上級單位與下級單位之間的指揮領導關係，以期能強化整體組織成員的團結性。

4.合作溝通的互動機制

有效的合作溝通機制，可減少組織成員間的衝突，協調相關的資源，使企業組織發揮最高綜效。事實上，目前許多組織係透過跨功能部門人員組成的專案團隊運作，來提升組織內的良好互動關係。

5.組織成果的共享

一個較具市場競爭力的企業，員工通常對於組織有高度認同感及向心力，而員工的高度認同感與向心力來源之一就是企業能建構一個組織與員工共享經營成果的文化特質。在組織運作過程中所獲致的成果，不宜僅歸功於組織內特定的人員（如高階主管人員），而應歸功於所有的組織成員。因此，一個組織必須塑造生命共同體的文化精神，使得組織成員認同成敗共享共榮之理念，以激發員工對組織的向心力，共同為達成目標而努力。

第二節　組織的程序

組織程序 (organizing process) 係指管理者為了將組織必須執行的任務內容分配給各個部門與成員，建立組織內指揮、協調及控管機制，以順利達成組織目標的規劃程序。一般而言，管理者發展新組織或設計改善舊組織的程序包括：確認組織任務內容、劃分功能部門、規劃人員職責、明定授權權限、界定人員隸屬關係、建立溝通協調機制及確立組織架構圖，如圖 6.1 所示；至於每個程

序的運作內容說明如下。

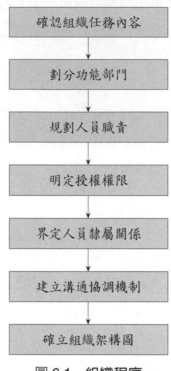

確認組織任務內容

劃分功能部門

規劃人員職責

明定授權權限

界定人員隸屬關係

建立溝通協調機制

確立組織架構圖

圖 6.1　組織程序

一、確認組織任務內容

　　組織程序的第一件要務就是確認組織任務的內容。組織在發展或制定明確的策略目標後，管理者將根據該策略目標，確認組織的任務方向及所需執行的計畫活動內容；譬如國內某加油站連鎖企業為了達到市場佔有率提升 10% 的策略目標時，就可確認組織的任務活動內容包括：增設加油站的數目、推出贈品活動、與金融業結盟推出聯合金融卡、與各地主題樂園共同推出折扣卡、招募更多的員工及健全油料的配銷系統等。

二、劃分功能部門

　　劃分功能部門就是以不同的工作專業為基礎，來區分各種不同的獨立單位，並配置各個獨立功能部門適當的人員，以執行該部門的工作項目。一般而言，

製造業型態的企業組織劃分為研發、製造、配銷、行銷、人力資源管理、財務、會計及管理等不同的專業功能部門；而服務業型態之連鎖企業如便利商店、電子商品大賣場等，則大致可劃分為總管理部、加盟部、訓練部、市場開發部、行銷部、會計部、總務部、人事部及教育訓練處等專業功能部門。

三、規劃人員職責

在明確的劃分不同專業功能部門後，接著就必須於每個功能部門配置所需的人力員額，並於員額配置完成後，訂定每一位員工在所屬部門應從事的任務內容及所需擔負的權責。一般企業組織將透過員工工作說明書及職務規範說明書之制定，來規範員工工作內容及所擔負的權責；此時，每個部門的單位主管就可根據工作說明書瞭解晉用特定職位員工所需的資格條件如學經歷、專長、訓練要求等；而職務規範說明書則可協助部門單位主管引導及督促員工所需從事的工作任務內容及擔負的責任範圍。

四、明定授權權限

例外管理的運用係主管人員提升管理效能的主要手段之一，但如何使主管人員不必事必躬親的處理各種例行性事務，而能將焦點集中在非例行性重大決策與問題的處理，則有賴授權的實施。如果授予屬下過多的權力則可能造成濫權，而危害到企業組織的利益；但是若授予屬下過少的權力時，又可能促使屬下凡事必請示主管，而無法達到授權的實效，影響企業組織運作效率。因此，針對組織內不同職位層級的人員，制定授權的程度及擔負的責任，亦是一個企業規劃組織結構的另一個重要程序。

一般而言，企業組織通常是以人員的晉用層級或經費使用額度的核決權限作為授權的實施基礎，譬如規定組織晉用技術人員只需經理級人員核決，而晉用課長級人員則需總經理核決；而在經費使用額度方面，則規定 5,000 元以下之經費課長級主管核決即可動支，5,000～20,000 元需總經理核決才可動支，以上之規範即屬於授權權限之實施。

五、界定人員隸屬關係

每一位員工根據組織層級皆有直屬的主管，亦可能有其下屬的員工，一個企業組織在規劃組織結構時，必須明確地界定出每一位員工在組織層級的上級直屬主管及其所隸屬管理的員工，以符合統一指揮之原則，才不會造成多頭馬車之指揮系統紊亂的狀況。

六、建立溝通協調機制

一個企業若僅擁有組織層級及各個功能部門，而沒有各組織層級及功能部門間的良好溝通協調機制，可能因為各部門本位主義及不同組織層級威權心態之作祟，而使得組織運作出現事事杯葛的不正常現象，而嚴重影響組織的運作效率。一般而言，組織有三種不同的溝通協調方式如圖 6.2 所示；(1)垂直溝通協調：它係指組織內不同組織層級的溝通協調，通常為上司與屬下的溝通協調管道，譬如總經理與副總經理、副總經理與經理、經理與課長、課長與班長、班長與基層人員的溝通協調等；(2)水平溝通協調：它係指同一組織層級的不同單位部門彼此間的溝通協調，譬如製造與研發部門、研發與行銷部門、會計與財務部門、製造與財務部門之相互溝通協調程序與方式等；(3)專案團隊協調：它係指組織為了在預定的期間內，完成特定的專案任務時，由各功能部門調派人員成立跨功能部門的任務小組 (task force) 或專案團隊來強化不同部門員工的溝通協調，以完成特殊專案任務。

七、確立組織架構圖

企業組織一旦明確劃分出各專業功能部門、制定授權權限、規劃人員職責、界定員工隸屬關係及建立溝通協調機制後，就可依照不同的組織層級結構而描繪出組織架構圖。此時，人力資源管理部門則可根據組織架構圖所訂定的職稱，而發出人事派令；事實上，圖 6.2 就是一個簡單的組織架構圖。

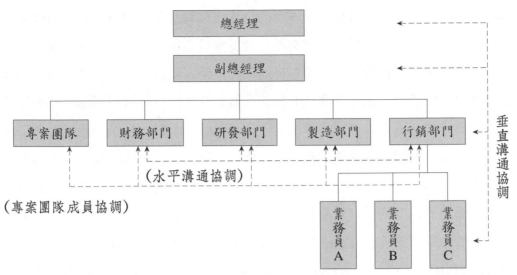

圖 6.2　溝通協調的意涵

第三節　組織結構要素

　　組織係專業分工的集合體，而專業分工可從兩個不同的角度來加以描述。一為上下隸屬關係的垂直分工，由於上下關係的垂直分工而形成組織的層級 (hierarchy) 體系；另一為橫向關係的水平分工，由於水平分工關係而形成組織的功能部門 (functional department) 佈署。前者係以監督性質為主的管理層級關係，而後者則以不同專業分工為主的合作協調關係，而組織結構的運作就是上述垂直分工及水平分工所交織而成的體制。然而，根據多數企業組織的實際運作個案中，本書歸納出組織結構的運作由下列五個要素所組成；它包括：職能專業化 (specialization)、正規化 (formalization)、標準化 (standardization)、分割化 (differentiation) 及整合性 (integration)；換言之，一個企業組織基於上述五個要素運作程度的不同，而展現不同的組織風格。至於五個組織結構要素的意義詳細說明如下：

㈠職能專業化程度

　　由於組織內成員的學經歷背景不同，而各自擁有不同的專長才能，所以組

織必須依照員工的技能專長安排適當的工作任務與職位。事實上，組織內每一位員工在專業技能的表現方面皆有不同的長處或不足之處，因此如何將組織內不同性質的工作任務分派給合適專長的人員，使人員能適才適職係管理者的重要課題之一。所謂「職能專業化」係指一個企業組織能根據員工的專長技能所在，而安排擔任適合其專長指揮的工作任務與職位。若一個企業組織的員工愈能適才適職，則代表其職能專業化程度愈高；反之亦然。職能專業化的概念起源於西元 1776 年亞當‧史密斯 (Adam Smith) 所著《國富論》的觀點，認為組織透過部門及員工的高度專業分工，才能有效提升組織的生產工作效率。職能專業化的結果可以使企業組織內員工專精於學習一項特定的專業技能，而由於學習曲線 (learning curve) 的效應，而大幅提升工作產量。事實上，職能專業化亦能提供員工更多樣化的工作選擇，員工可依照個人的才能與興趣來選擇符合其專業的工作，而提升員工工作滿足感。

㈡正規化程度

正規化係指企業組織利用正式的文件及條文形式，來引導及控制組織成員行為的程度；組織為了達到預定的目標，通常會透過授權的方式使員工在一定的範圍內擁有決策自主權，但另一方面管理者也必須制定如公司政策、作業程序、管理規章、工作規範書及各種控管機制，來規範員工的自主決策權限。企業組織在已制定的各種政策、規章、程序、工作規範書及控管機制的運作下，如果員工可自主彈性調整的決策空間愈少，則代表該組織正規化程度愈高，但如果員工彈性調整的決策空間愈高，則代表該組織的正規化程度愈低。

㈢標準化程度

標準化係指企業組織制定員工在執行工作任務所遵循的行事準則與規範；如果員工在執行工作任務所涉及的活動,愈多被詳訂的作業準則與程序所規範，則代表該組織的標準化程度愈高；反之亦然。但在推動標準化的同時，亦必須相對的訂定員工工作行為偏離規範的可容忍程度，以作為員工遭遇緊急性問題的彈性處理與決策空間。企業組織推動標準化的目的有三：(1)作為組織員工績

效表現的控制基準；⑵促使新進人員依照標準化程序儘速熟悉新職務的工作內容；⑶標準化程序的制定，可作為組織經驗傳承的知識來源。事實上，企業組織利用正規化措施與績效控管機制之運作，訂定員工的產量標準，或透過已制定的人員甄選程序訂定專業技能標準，皆屬於標準化要素運作的案例。由此觀之，管理者實可將標準化要素視為管理方法，而正規化則視為目的，兩者係相輔相成的用來控管員工績效表現及工作行為的適當性。

㈣分割化程度

分割化係指企業組織依照專業功能（如製造、行銷）、地理區域（如北區、中區、南區）、產品生產階段（如原料、半成品、組裝）及提供產品類型（如製造業之有形商品、服務業的無形服務產品）及性質之不同，而將組織內的資源與人力分割成各個獨立部門或單位的程度；如果每個劃分的部門或單位彼此間業務權責的重疊性愈少或運作愈獨立，則代表該組織的分割化程度愈高；但如果劃分部門或單位的業務權責重複性愈高或愈無法朝向獨立運作，則該組織的分割化程度較低。近代企業組織為了執行各單位自負盈虧的利潤中心制度，高度分割化的組織結構運作已成為必然的經營趨勢。此外，大多數學者認為組織為了因應瞬息萬變的環境變動，實有必要採取高度分割化的原則，使得各個單位有更高的獨立運作決策權力，對於組織運作的靈活性將具有相當的助益。

㈤整合程度

整合的目的在於使組織內各單位部門或員工的行動一致性朝向目標邁進，缺乏協調整合的組織往往導致各部門活動與員工行為的各行其事，往往產生資源重複投資閒置及執行力不足的現象，輕者造成組織運作的無效率，重者往往對組織績效產生重大的衝擊。羅倫斯與洛區 (Lawrence and Lorsch) 於 1969 年指出組織的高度分割化可能造成企業組織內部各單位難以達到整體的一致性行動，表面上看來似乎組織分割化與整合性二者具有排斥性，可是若要在快速變動的環境中獲得生存，則組織領導者就必須有卓越的智慧與能力來克服此困境。事實上，組織分割化和整合性兩者之間是可獲得平衡點的；就專業分工的原則

而言，當然需要根據不同性質的工作任務進行部門區分，並給予適當的自主決策權，但若涉及跨部門的共同性事務時，則可利用跨部門的專案小組或協調會議，進行必要之資源與決策整合。學者們曾提出下列各種溝通協調的整合措施：

1.直接接觸

就是部門與部門主管或相關人員直接面對面的進行溝通，釐清各種問題點，共同的提供解決問題的方法。此外，主管與部屬的面對面口頭報告或書面溝通，亦可強化彼此的整合協調性。

2.設立仲裁協調者

當各部門單位之間無法達成共識時，企業組織內可設立解決跨部門問題的仲裁協調者，此協調者除了必須熟悉該協調部門的專業及溝通術語外，亦必須在組織層級屬於較高位階者，一般大都由企業組織內較高階的人員如協理、副總經理等來擔任較為合適。

3.成立臨時任務小組 (task force)

在面臨必須集合組織內不同專業的人才，或無法依性質而歸納到特定部門來加以執行的工作任務時，就可組成臨時任務小組來解決特殊或緊急任務。由於任務小組係召集所需的專業人才，並採取獨立決策的運作原則，將可有效整合組織的資源與專業人才來迅速解決問題。

4.設立標準化作業程序

管理者可事先訂定各種作業的標準處理規則與程序，對企業組織內的員工施行各種標準化作業程序的教育訓練，並要求員工遵照標準化作業程序作業，亦可達到行動一致及部門整合的目的。

第四節　組織結構的權變因素

組織結構係由職能專業化、正規化、標準化、分割化及整合性等要素所產生；然而，一個企業組織在設計或調整組織結構時，上述五個因素的運作程度，係受下列權變因素的影響：

㈠組織規模

一般而言，規模較大的企業組織較傾向於採高度的職能專業化；再者，績效表現良好的大型企業組織則大多較偏向於制定高度的正規化的規章、準則和程序來限制員工的自主權。同時，亦將明定員工的各種績效標準，作為員工績效成果的控管；但相對地，小型的企業組織則較趨向採低度的職能專業化及較少使用標準化。

㈡組織年資

年資與組織結構的正規化程度有關聯性，當組織的成立年資愈久，則組織結構的運作行為較傾向於採高度的正規化。對於一個面對高度穩定環境的企業組織，其各種作業內容經常會出現重複之現象，也正由於作業內容的重複出現，久而久之將促使組織年資較久遠的管理者將問題處理方法歸納成一系列的標準處理程序，而讓組織的運作系統傾向於高度標準化。

㈢環　境

企業組織所面對的環境與組織結構要素之間存在著關係，企業組織面對高度穩定性或高度變動性的不同產業環境，通常採取兩種典型的組織系統：機械式組織系統 (mechanistic systems) 及有機式組織系統 (organic systems)。機械式組織系統的運作特徵包括：專業分工、明確地劃分員工權責、嚴密的結構化組織層級、制定標準化的工作及作業流程，採用集權的方式及要求員工絕對的服從。有機式組織系統的運作特徵包括：不強調專業分工，制定較少的標準化規則與程序，允許員工有較高的自主決策權及較重視集體決策；機械式及有機式的組織特性比較如表 6.1 所示。

事實上，根據研究調查結果顯示，在面對較具穩定性的環境下，採取機械式的組織系統對於組織績效的表現較為有利；而面對高度變動性的環境，則採取有機式的組織系統較為適當。另一方面，知名管理學者密茲伯格 (Mintzberg, 1979) 認為企業組織處於複雜多變的環境下，組織結構應強調分權及採取高度

表 6.1　機械式與有機式組織的特性比較

機械式	有機式
・高度職能專業化	・低度職能專業化
・高度結構化的組織層級	・低度結構化的組織層級
・組織層級較多	・組織層級較少
・規則與程序較不具彈性	・規則與程序較具彈性
・集權式的決策	・分權式的決策
・正式化的溝通	・非正式化的溝通
・固定式的職務與權責	・彈性化的職務與權責
・強調組織成員絕對服從	・強調組織成員自主創意
・適用較穩定的產業環境	・適用變動性較高的產業環境

分割化的運作；而處於穩定的環境，則較適合採取中央集權及低度分割化的運作原則。

㈣科　技

　　科技係指企業組織在製造產品時，所應用之生產設備及製造程序。如果一個組織使用可大量生產之生產設備及連續性的製造程序時，則稱之為慣常性 (routiness) 科技。採用慣常性科技的企業，其組織結構之運作較傾向於高度集權決策、高度控制基層人員的工作行為、制定正規化的作業程序及較多的組織層級結構；亦即較傾向於採用機械式組織系統之類型。但如果一個組織係使用可依照顧客訂單需求而調整之彈性生產設備及非連續性的製造程序時，則稱之為非慣常性科技。採用非慣常性科技的企業，其組織結構的運作較傾向採分權方式、鼓勵員工自由思考的創意能力、較不傾向制定高正規化的作業程序及較少的組織層級結構；亦即較傾向於採用有機式的組織系統類型。

第五節　組織的運作原則

　　企業組織運作的原則中，主要包括指揮鏈原則、控制幅度原則、職權與職責對等原則、直線職權與幕僚職權原則、授權原則與分權原則等，茲將各項原

則的意義說明如下：

一、指揮鏈原則

　　早期的管理學者們提出指揮鏈 (chain of command) 原則時，通常認為企業組織中的員工應該只接受一位而且僅能有一位直屬主管的指揮，並向該直屬主管負責；換言之，每一位員工不宜同時對兩位以上的主管負責，否則將造成不同主管所指定任務在優先順序的衝突，甚至同一任務出現不同命令的現象，而衍生管理的問題。指揮鏈原則在企業組織內大部分的情境下是可適用的，然而處在部分特定環境情境下如強調快速產品創新的競爭環境，則有時必須摒除指揮鏈原則，以維持組織運作的高度彈性，提升競爭的速度性。

二、控制幅度原則

　　控制幅度 (span of control) 係指一位主管人員能夠有效地管理部屬的人數限度。在 1930 年代的學者們認為一位主管可有效管理部屬的最佳人數大約為5～6人，但近年來由於管理制度與資訊技術的日趨精進，許多著名的公司如奇異 (GE, General Electric) 公司等，主管人員的控制幅度已逐漸擴增到10～12人；事實上，一位主管控制的幅度大小取決於下列的情境因素。

1.員工任務的複雜性

　　如果員工的工作屬於簡單性、例行性的事務，則主管人員可增加管理的控制幅度；但若員工的工作屬於特殊性、非例行性的事務，則主管人員的控制幅度不宜太大。

2.員工的素質

　　訓練有素及擁有豐富經驗的員工，需要主管人員指導及監督管理的機會較少，則可增加主管人員的控制幅度；但若員工經驗不足時，則需要主管人員指導與管理的機會則較多，則以減少主管人員的控制幅度較為適當。

3.作業標準化程度

　　企業組織所建構的各項標準化作業程序非常完整齊全，由於員工只需依照已制定的規章與程序從事工作內容即可，此時需要主管人員直接指導的機會相

對減少，而可增加主管人員的控制幅度；但是如果企業組織內各項規章與作業程序的制定不明確時，由於部屬擁有較具彈性的決策能力，此時主管人員必須花費更多的心力來隨時控管員工的行為表現，因此必須減少主管人員的控制幅度，才能有效指揮與領導員工。

4.員工工作地點的分散程度

如果員工均集中在特定地點從事工作時，由於彼此溝通聯絡的便利性，則可增加主管人員的控制幅度；但是如果員工的工作地點分散於不同的區域時，由於彼此溝通聯絡的不方便，而必須降低主管人員的控制幅度，才能有效的管理員工。

5.組織管理系統的複雜性

組織管理系統的複雜程度，取決於組織所處環境的變動性、提供產品的多樣性及是否為跨國性企業，如果所面臨的環境競爭非常激烈、變動程度非常高、產品具高度多樣性及屬於多國籍的企業經營,則企業組織系統的運作較為繁雜，則主管人員的控制幅度不宜太大；但若企業組織所面對的環境非常穩定、產品屬於單一規格化類型或某一特定區域性的經營範圍，則組織系統的運作相對將較為單純，此時可增加主管人員的控制幅度。

三、職權與職責對等原則

職權 (authority) 係指主管人員在所擔任的職位上所擁有的指揮權力；在企業組織內每一層級的主管人員都擁有不同的職權，當某一位主管離開所擔任的職位時，就立即喪失該職位所賦予之職權。職責 (responsibility) 係指組織內的員工被賦予職權的同時，亦必須擔負執行該職權所應負的責任；學者們曾提出職權與職責對等原則 (parity principle)，認為主管在授與部屬職權的同時也必須賦予相對稱的職責，以避免有權無責之現象發生，而影響組織的運作成效。

四、直線職權與幕僚職權原則

直線職權 (line authority) 係指組織內主管人員逕行直接指揮，命令部屬從事任務的權力，它係遵循指揮鏈原則中直屬主管與部屬的指揮關係所衍生而來

的，企業組織具有直線職權的主管人員，有權直接指揮、命令及督導所隸管的員工從事各項工作任務，而且可以在不需徵詢他人的意見下做決策；譬如組織中行銷、製造、財務、研發部門的主管對於該部門所隸管的員工就擁有直線職權。

　　基於企業組織運作的日趨龐雜多變，擁有直線職權的主管人員由於資訊之不齊全、專業知識之不足或時間之不充分，而必須由其他功能部門來支援及協助直線職權主管人員進行決策，這些提供直線職權主管決策資訊、決策諮詢及決策支援等功能的責任稱之為幕僚職權 (staff authority)；就一般性而言，企業組織內的人力資源部門或採購部門大都屬於幕僚職權，它主要在協助直線職權主管執行其任務活動，而不能主導擁有直線職權主管的決策方向。

五、授權原則

　　授權 (delegation) 係指某人授與他人適度的職權，使其能完成特定任務活動的過程；組織內的授權行為通常係指較高階人員授與較低階員工在界定的範圍內可自行決策的權力。組織內若沒有適度的授權行為，則主管人員可能為了應付平日的例行性事務而疲於奔命，無暇規劃所負責單位部門的未來發展願景與改革措施；另一方面，若沒有適度的授權行為，亦將造成員工的事事推委，無法勇於任事，影響企業組織營運的效率與效能。事實上，一個有效能的企業組織通常透過組織的層級關係，由最高階層而逐序往較低階層人員授與各層級人員適當的決策職權，一般稱之為分層負責執行，如此才能使組織結構的運作更具整合性與效率性。

㈠授權程序

　　一個主管人員如何有效授權以提升組織運作成效呢？一般而言，組織在進行授權時，宜依照下列的程序落實授權行為，如圖 6.3 所示。

1.授權決策範圍與任務的制定

　　一個主管人員為了特定任務活動的執行，才會有授權屬下的行為，因此在授權之前主管人員首先應該界定可授權部屬進行決策的任務內容與活動項目，俾使部屬可依照既定的任務內容與範圍自行決策，而不至於造成授權所賦予的

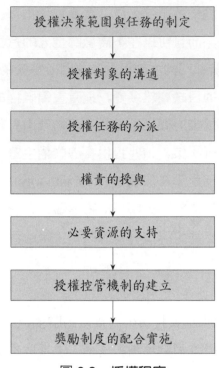

圖 6.3　授權程序

職權遭到過度濫用。

2.授權對象的溝通

　　當決定了授權的適用任務內容與決策範圍後，接著就是向授權的對象或屬下述明授權的目的，所要執行的任務內容及可自行決策的範圍；同時，主管人員亦可激勵部屬勇於接受授權所必須執行的重要任務，並向部屬表明所期望的執行成果。

3.授權任務的分派

　　主管人員將授權範圍內部屬必須執行的任務內容與活動項目，依照部屬的專長分派給適當的任務，並制定每項任務內容的預定績效目標及完成的期限，以作為任務執行過程中控管的標準。

4.權責的授與

　　主管人員可透過公開宣示或正式的公文形式，來授與員工完成各種指派任務時所擁有的權力與責任；事實上，主管人員在授與部屬職權的同時，亦需相

對給予應擔負的責任，以免產生有權無責之現象。

5.必要資源的支持

在部屬執行任務的過程中除了職權的授與外，亦必須在人力、財務或設備方面提供必要的資源支援，才能使授權行為產生更大的成效，否則授權將成為徒具形式之空談而已。

6.授權控管機制的建立

主管人員在授與部屬適度的職權後，雖然不宜事事干涉過問，但由於主管人員最終仍需擔負所有任務成敗的責任，實不宜完全採取放任的管理作為；因此，在固定的時點必須要求部屬針對執行任務的成果資料進行口頭說明或簡報，以控管及掌握任務的執行績效。

7.獎勵制度的配合實施

當部屬在接受任務授權之時，宜建立一套獎勵制度以激勵部屬順利完成特定的任務活動，一般可採取的部屬獎勵措施包括：晉升、調薪、福利、獎金或分紅入股等。

㈡有效授權的原則

在許多的個案中，常常出現的現象就是同樣採取授權管理的兩個不同的企業組織，所顯現的授權績效成果卻有所差異，學者們曾針對這些授權績效成果的差異性進行分析，而歸納出企業組織從事有效授權的原則如下：

1.擇取適當的授權人員

主管在授權時必須選擇組織內具專業性、動機性及責任感的員工，來擔負授權範圍內的工作任務與活動，當擇定適當人員後接著必須明確告知授權對象所需達成的績效成果。

2.提供授權部屬必要的資源

為了使授權部屬能順利完成任務內容，組織除了提供部屬必要的資訊外，亦需全力供應任務執行過程中所必須的各種資源。

3.公開正式的授權宣示

透過公開儀式或公文形式來宣示授權所涉及的人、事、物，將可使組織內

部與外部人員瞭解所授權的對象與授權的範圍，提高組織內各單位的配合度，降低組織內因授權範圍之不明確，而可能導致的部門或人員的衝突與紛爭。

4.授權範圍的決策參與

至於授權範圍與決策權限的制定，應該由組織內涉及所授權事項的相關部門人員及授權的對象來共同參與決策，如此才可在組織內形成授權範圍的共識，以避免日後各部門的任何杯葛或抵制情事發生，而影響組織運作成效。

5.提供獎勵措施

組織提供適當的獎勵措施才能有效激勵授權員工勇於接受新任務、新挑戰，及產生新創意，而充分發揮授權的成效。

(三)影響授權的權變因素

一個組織在管理的運作方面不可能採取完全授權或完全不授權的兩種極端行為，而僅授權程度不同之區分而已；事實上，一個企業組織所採取的授權程度取決於下列的權變因素：

1.組織的規模

當一個企業組織的規模愈大時，代表該組織所必須面對的決策數量就愈多，然而由於較高階主管的時間或所能擁有的資訊有限，往往難以針對如此龐雜大量的決策做出正確的抉擇，而必須授權較低階主管人員依據其所擁有較貼近問題點之真實資訊，做出正確的決策。因此，組織的規模愈大，各階層主管愈傾向採取較大幅度的授權；相對地，組織規模愈小，則較傾向於較小幅度的授權。

2.任務的複雜性

當工作任務的執行內容愈複雜，則所涉及的技術或知識的專業化程度愈高，此時較高階主管可能基於本身專業能力涵蓋面之不足，而難以做出較正確的抉擇，因此將偏向於採取更大幅度的授權，賦予組織內擁有專業技能的主管人員自行決策。

3.任務的重要性

當任務的決策結果對於企業組織現況或未來的發展具有重大的影響性時，則高階主管較偏向於自己掌握決策權，相對地，對於影響性較低的任務決策，

則交由較低階主管決定。因此，許多組織內的例行性決策事項，如小額度的經費支出核銷權或基層人員的晉用權，由於決策後對組織的影響性不大，就可能採取較大幅度的授權；但針對非例行性的決策事項，如新建廠房或增設銷售據點，由於經費的投資龐大或決策後對組織未來的經營具深遠的影響性，則採取較小幅度的授權行為。

4.員工素質

員工的學歷、經歷、專業能力及責任心等有關員工素質與特質的因素，亦影響主管人員的授權行為。當員工具備豐富學歷、經歷、專業能力且深具責任心時，則主管人員傾向於採取較高度的授權程度，讓員工擁有較大幅度的決策自主權。但如果員工的學經歷、專業能力不足或不具工作責任感時，則主管人員傾向於採取較低的授權程度。

5.環境的變動性

當組織面臨的環境變動性愈大時，高階主管通常賦予較低階主管人員較大程度的授權，使得各單位部門可因地制宜的採取各種因應措施，以迅速因應環境的變化。但組織若面臨的環境非常穩定時，由於出現突發重大狀況的現象非常少見，因此高階主管較偏向於採取集權政策或賦予低階主管較少幅度的決策自主權。

6.產品的多樣性

當組織在市場上所提供的產品愈多樣化時，高階主管較傾向於採取更大幅度的授權，使得低階主管人員能針對不同目標市場的客戶需求，擁有迅速創新產品的決策自主權；但是，如果組織所提供的產品屬於規格化的產品時，則由於客戶需求變化較少，因此賦予員工過多的產品創新決策自主權並非必要，因此通常採低度授權。

六、分權原則

分權 (decentralization) 係指高階主管人員將部分的職權劃分出來，永久性的正式交付較低階主管人員負責執行的過程。分權與授權的意義是不一樣的，授權是高階主管為了便利部屬執行特定的任務，而暫時性的賦予部屬執行該項

特定任務的自主決策權，當特定任務完成後，賦予部屬的職權自然而然的消失，而回歸高階主管人員身上。分權則是高階主管人員選擇性的適度將部分職權，永久性地移轉到較低階主管人員身上，而由該較低階主管人員全權負責所賦予的職權。

分權與集權 (centralization) 是兩個相對應的名詞；集權係指組織內各項活動，決策權集中於單一特定職位者的程度，如果決策權愈完全集中於特定一個人的現象，稱之為高度集權，亦即分權程度較低；但如果傾向於將各項決策權分佈於組織內各層級人員的現象則稱之為高度分權，亦即集權程度較低。在三十年前採取高度集權的組織比比皆是，並視之為理所當然之事，但是在面對競爭環境詭譎多變的今日，愈來愈多的企業組織傾向於採取較大程度的分權，使得各部門主管能因地制宜的快速採取各種決策，以快速因應環境的變化。一般而言，企業組織有效進行分權的程序如圖 6.4 所示。

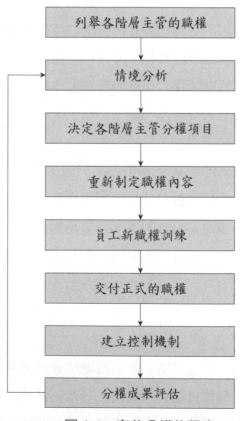

圖 6.4　有效分權的程序

1.列舉各階層主管的職權

組織進行分權的第一個步驟，就是列舉出組織架構內各階層主管人員的所有職權內容與決策項目，譬如列舉出總經理、製造部經理、行銷部經理、人事部經理、財務部經理等的職權內容與決策項目，以作較低階主管如副理或課長的分權標的或對象。

2.情境分析

企業組織不宜毫無目的或方向性地進行分權，分權的主要意圖之一，就是使得專職的單位或員工，可根據本身所擁有的專業性進行決策，而可不必事事向上級請示，以避免延誤決策的關鍵時機。因此，在進行分權時，高階主管人員必須根據組織面臨的實際環境情勢或遭遇的經營問題，審慎的分析與評估必須劃分出來的職權項目與決策內容，並交付給較低階人員全權負責，以期能更專業及更迅速解決組織面臨的環境衝擊與問題點，而提升組織的應變能力。

3.決定各階層主管分權項目

組織在針對外部環境及內部可分權項目進行分析後，將透過內部各層級主管人員的溝通與討論，再次確認高階主管適合劃分交付給較低階層主管人員的職權內容與範圍，以提升組織的運作效能。

4.重新制定職權內容

一旦決定各階層主管人員的新增職權與決策項目後，組織的人力資源管理部門就必須根據重新配置的職權與決策項目,制定每位員工的職務規範說明書，作為員工在分權後新增職權所必須達成的目標與擔負的責任內容，以確保組織執行分權所期望獲得的績效效果。

5.員工新職權訓練

當一位員工接受新的職權內容與決策項目後，為了使該員工儘快發揮新職權的決策品質，通常會事先對於接受新職權的員工實施教育訓練，教導員工如何扮演新職權的良好決策角色；亦可能採取職務代理制度，促使員工在尚未正式接受新職權之前，就已熟悉新職權的運作內容。

6.交付正式的職權

當明確劃分出員工的新職權後，組織可利用會議的公開宣示，或以正式文件發佈新的職務規範說明書，以交付部屬新職權，使得部屬能夠因為正式的職權交付形式，而取得法制權力。

7.建立控制機制

在進行組織分權後，為了瞭解部屬接受新職權的工作表現是否符合分權的期望成果，必須設定部屬接受新職權應達成的目標，並適時進行分權的績效成果檢核，俾能在部屬績效表現不理想時，立即提供必要的協助與支援，以達到組織分權的預期效益。

8.分權成果評估

分權成果評估主要在探討部屬於分權後，所獲得的那些新職權在行使上產生不適應或窒礙難行的因素，以作為下次各階層主管人員進行分權項目與內容調整的參考。

個案研討：再造宏碁

一、宏碁企業集團創業歷程

宏碁企業集團的第一家公司宏碁電腦公司首創於 1976 年，該企業集團的發展歷程大致可分為下列四個階段：

(一)第一階段：1976 年到 1985 年期間

該階段主要著力於推廣微處理機的應用，透過「宏亞微處理機研習中心」，在短短兩年內，為臺灣資訊產業訓練培養了 3,000 多位工程師，並免費贈閱《園丁的話》雜誌，向資訊從業人員推廣微處理機的知識。

(二)第二階段：1986 年到 1995 年期間

　　主要使命為塑造自有品牌與邁向國際化；在 1987 年將 Multitech 品牌名稱換為 acer，確立了自創品牌的經營方向，1991 年首創利用更換單一 CPU 晶片就可以大幅提升電腦執行速度的「矽奧技術」(Chipup technology)，並將技術專利授權給 Intel 公司；在該期間宏碁集團陸續成立各事業單位，不斷擴大經營版圖，並在海外成立營運據點，成為全球第八大個人電腦廠商。

㈢第三階段：1996 年到 2000 年期間

　　主要使命就是不斷地提供全球個人電腦消費者更多元化的電腦應用相關技術。此時推出渴望 (Aspire) 多媒體家用電腦，為家用電腦多元化的享樂科技開拓出一片市場空間，讓消費者充分享受高科技所帶來的娛樂效果，而成為家喻戶曉的品牌。此外，在 1998 年首先進行了宏碁集團組織架構與營運方向的調整，設立了五個企業集團，確立以客戶需求為中心，積極發展服務與智慧財產事業，而後在 2000 年則再次進行轉型計畫，針對各項重覆投資的事業項目進行整併，將宏碁集團切割為研製服務 (DMS) 及品牌營運 (ABO) 兩大事業群。

㈣第四階段：2001 年之後

　　為了迎接知識經濟時代，建立永續的營運模式，宏碁集團持續進行企業轉型計畫,在 2001 年 7 月 9 日進行了臺灣企業史上規模最大的企業分割，將原先宏碁電腦公司的製造服務業務範疇，獨立成立緯創 (Wistron) 集團，專注於「電子製造服務」(EMS) 業務，8 月 21 日則正式將宏碁電腦公司的研製服務與宏碁科技的通路經營加以合併成立宏電企業集團，徹底轉型成為品牌與電子服務商，貫徹 "acer" 新品牌的形象塑造與經營。在短短一個月內，將原本以個人電腦製造為主的宏碁集團，完成了分割與合併工程，再加上在大陸發展極為成功的明碁 (BenQ) 集團，確定了宏電集團、緯創集團及明碁集團三雄鼎立的泛宏碁集團架構，使泛宏碁集團的成員，產生了新的競合 (co-opetition) 關係。

二、要分才會拚

於尚未進行集團分割與重整之前，在全球電腦大廠持續擴大「委外製造」的趨勢下，許多 OEM（委外製造加工）客戶時常質疑擁有自有品牌的宏碁集團，能否做好代工的角色，多半的客戶下訂單前總會質問「為何要下單給另一個品牌競爭者」，使得宏碁集團的「自有品牌」與「代工製造」兩大營運目標產生互相牽制的負面影響，有些客戶甚至挑明表示，只要有 "acer" 品牌，就不和宏碁做生意。直到緯創企業集團獨立運作，朝專業代工的方向發展，才逐漸化解客戶的疑慮，客戶的態度才開始轉變，除了原來的 IBM 老客戶外，戴爾 (Dell)、惠普 (HP) 及聯強等過去宏碁集團一直在爭取卻不可得的客戶，也陸續開始向緯創集團下訂單。更重要的是，原來屬同一集團所產生無法釐清的內部權責與管理問題也迎刃而解；此外，緯創企業亦可單純地將宏電集團視為眾多客戶之一，不用再因必須策略性接單，而接下無法獲利的賠錢訂單。緯創集團獨立後的成效立即展現在其營運績效上，2002年整個緯創集團（含緯創、建碁、啟碁、士通、連碁、新碁及玩酷科技公司，營業額高達新臺幣 1,100 億元；其中，單就緯創公司一家就達 870 億元，每股盈餘 (EPS) 為 2.1 元。

三、專心就可以把事情做好

自從 1987 年將 Multitech 品牌名稱換為 acer，就確立了宏碁自創品牌的經營方向，並於 1990 年代快速成長，而成為國際高知名的品牌之一，但高知名度並未為宏碁帶來相對的高營收成長，反倒隨著競爭環境的劇變及宏碁集團眾多「小雞」子公司營運內容的疏離性，而使 acer 品牌逐漸失去經營焦點與顧客的價值認同感，因此，經過重新分割與整併形成的泛宏碁集團，由於新品牌 acer 的重新聚焦，並採取「三一三多」的經營策略方向，也就是「一個公司、一個品牌、一個全球

團隊」以及「多個供應商、多個產品線、多個經銷夥伴」，透過集團內一致性的策略目標，使得泛宏碁集團的各項資源更易於整合運用，也重新打響 acer 的招牌，不僅每年營收成長高達四、五成，且營運規模亦大幅成長，光是 2004 年 3 月單月營收就高達 190 億元，2004 年的營運規模將挑戰 2,000 億元大關，可見「電子製造服務」與「品牌電子服務」的集團專業分工效益正陸續展現中。

　　事實上，宏碁集團投入品牌經營經過 20 幾年才開始逐漸獲得成果，而 acer 新品牌轉虧為盈的主要關鍵性策略措施包括：⑴採用直接經銷模式，利用 B2B 資訊架構，強化該集團與經銷商的資訊系統整合，以縮短供應鏈及價值鏈流程；⑵將「利潤中心」轉變為「成本中心」，製造與採購部門主動尋求降低採購及開發產品的成本；⑶供應商合作夥伴能做的，宏碁就不做；為了讓專精的人做最專精的事，宏碁集團只專注在製造品質、企業形象及行銷策略的規劃經營，至於物流及通路的服務則委由外部專業供應商，以建立長期的合作夥伴關係。

四、研討題綱

1. 請論述宏碁企業集團進行分割整併的主要組織管理考量點為何。它可為企業經營帶來哪些效益？
2. 請論述個案公司創業初期以 "acer" 品牌同時擁有「自有品牌」及「代工製造」的兩種經營體系，帶給該公司哪些組織管理的困境與經營問題點。該公司如何重新進行組織規劃與管理以解決問題？
3. 請問「利潤中心」及「成本中心」的運作有何差異性？優缺點為何？
4. 請問個案公司目前為了奠定 acer 新品牌的經營成效，採取了哪些組織管理的新措施與方法？
5. 請問「三一三多」的經營策略對個案公司的組織管理運作與營運績效有何重要意義性與助益性？

個案主要參考資料來源：

1. 宏碁集團網站：http://global.acer.com/t_chinese/about/company.htm

2. 臺灣經貿網，成功品牌經驗分享：轉型成功——宏碁用品牌打造江山。http://www.taiwantrade.com.tw/tpt/sreport/brand10.htm

3. 吳琬瑜，〈專訪施振榮——E 世代組織變革〉，《CHEERS 雜誌》，民89 年，七月號。

4. 張殿文，〈宏碁——要分才會拼，要合才會贏?〉，《e 天下雜誌》，2001年 9 月。http://www.techvantage.com.tw/content/009/009036.asp

5. 熊毅晰，〈從宏碁獨立後，緯創如何力用中國?〉，《e 天下雜誌》，2003年 4 月。http://www.techvantage.com.tw/content/028/028092.asp

6. 李永正，〈迎戰戴爾，宏碁祭出「三個一、三個多」〉，《e 天下雜誌》，2003 年 5 月。http://www.techvantage.com.tw/content/029/029050.asp

第七章 組織結構設計

◎ 導 論

自從韋伯 (Max Weber, 1947) 提出科層組織 (bureaucracy) 架構後，該組織結構即成為大多數組織設計的基本原型，而隨著時代環境的變遷與企業實務運作之需求，而逐漸演化出不同的組織結構。

近代著名的管理學者密茲伯格 (Mintzberg, 1979) 根據組織結構的設計嚴謹性及決策權力在各部門的分散程度，而將組織結構區分為：簡單化結構 (simple structure)、機械化官僚結構 (machinical bureaucracy)、專業化官僚結構 (professional bureaucracy)、事業部制結構 (divisionalized form) 及專案式結構 (adhocery) 等五種類型，並認為該五種組織結構類型在運作上各有不同的優、缺點存在，企業組織實宜針對不同的環境情勢而採取較合適的組織結構類型。本章將針對上述五種類型的結構特質、管理決策特徵及適用的環境情勢進行說明。此外，本章亦將介紹組織進行部門劃分時可採用的劃分基礎，如功能別、產品別、區域別、顧客別或行銷通路別等；並討論不同劃分基礎的優缺點及適用情境。

◎ 本章綱要

*組織結構的五大類型
　　*簡單化結構
　　*機械化官僚結構
　　*專業化官僚結構
　　*事業部制結構
　　*專案式結構
*部門劃分

　　　　　　　*功能別劃分法

　　　　　　　*產品別劃分法

　　　　　　　*區域別劃分法

　　　　　　　*顧客別劃分法

　　　　*工作設計

　　　　　　　*工作設計的內容

　　　　　　　*有效工作設計的特質

　　　　　　　*工作設計的有效性方法

◎ 本章學習目標

1. 討論各種不同組織結構的運作特徵，優缺點及適用環境。

2. 學習各種不同部門劃分基礎的優缺點及適用情境。

3. 瞭解工作設計與工作分析的執行內容,並探討有效工作設計特質及方法。

第一節　組織結構的五大類型

一、簡單化結構

　　簡單化結構的組織層級大約只有一、二層，組織內的功能部門區分非常簡略，甚至於可能不區分出各個不同的功能部門單位。該組織內沒有嚴密的專業分工，通常一個員工可能身兼數個不同的職務。此外，該組織很少設置支援性的幕僚人員，組織運作方面很少透過精細的策略規劃作業來進行決策，員工亦較少接受正規的教育訓練計畫。圖 7.1 就是典型的簡單化結構範例。

(一)簡單化結構的管理特徵

　　簡單化組織結構的決策權力大都全部集中於總經理一人身上，企業組織內

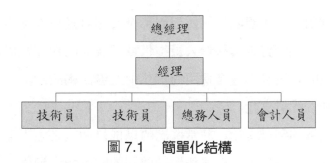

圖 7.1　簡單化結構

的每位員工遇有管理問題時均向他一人請示，同時他亦是企業組織內唯一的策略制訂者，並負責直接監督及協助所有員工執行任務的職責；組織內的溝通方式很少採用正式的文件溝通，而採非正式的溝通為主。

㈡簡單化結構的適用情境

　　國內的微小型企業或創立初期的企業較傾向於採用簡單化結構設計，由於企業組織內各種規章制度的訂定、市場競爭的分析、未來發展方向的規劃及企業組織的經營成敗皆由高階主管所主宰，因此組織的運作實具有高度風險性，如果高階主管遭遇不測時，組織就可能立即瀕臨崩危之險境。簡單化結構適用的情境如下：

1.單純與動態的環境

　　當組織面對的環境變化非常單純時，由於僅需憑最高階主管個人的經驗能力就足以應付，因此適合採用簡單化結構設計。此外，由於簡單化結構專業分工不嚴謹，人員的調度具高度彈性及組織層級少，相對地決策速度較快，因此在面對動態性環境或需要快速回應的市場需求時，適合採用簡單化結構。

2.創立年資短

　　創立年資較短的組織較傾向於採簡單化結構，通常剛成立不久或新創立的組織由於沒有充足的時間精心規劃組織架構，或僅僱用少數的員工，而且最高階主管單憑著個人的能力，採高度集權來主導與處理組織的各種管理問題，因此傾向於採用簡單化結構設計。

3.組織營運複雜性低

　　組織的運作如果僅需例行性的管理技術，而不須配置專業幕僚人員來支援

時，則較適合採用簡單化組織結構，但如果企業組織運作需利用高度複雜的管理技術體制，而必須配置專業幕僚人員提供資訊及諮詢功能，以協助各階層主管人員從事決策時，則較不適合採用簡單化的組織結構設計。

4.強調創業精神的組織文化

如果一個企業的組織文化，非常強調的是成員個人必須不斷的追求創意及鼓勵創業精神時，則管理者將儘可能摒除僵固的制度規章運作，以充分發揮個人的自主性創意，而傾向於採用簡單化結構之運作。

(三)簡單化結構的優缺點

簡單化結構之組織設計在運作上各有不同的優、缺點存在，茲說明如下：

1.優　點

(1)組織層級少而決策速度快，市場競爭因應策略具高度彈性。

(2)人際關係較具和諧性與互動性。

(3)員工較具發揮創意性。

2.缺　點

(1)過於依賴最高主管個人之決策，使組織運作具高度風險性。

(2)組織邁向成長或涉入更為複雜的環境時，組織運作可能因為無明確的決策規章制度，而無法發揮經營效能。

(3)員工未來的成長發展潛力受到限制，降低員工學習成長向心力。

(4)決策者可能因濫用個人絕對的職權，而造成勞資關係的不和諧。

(5)決策者採高度集權時，員工沒有決策參與權，造成員工工作的不滿意。

二、機械化官僚結構

機械化官僚結構係一種強調專業分工及功能部門高度分割的組織設計，該種組織的工作內容大都屬於例行性及重複性的標準作業，員工在執行工作任務時並不需要具備高度專業化的特殊技能訓練，而僅需要一般性的技術性訓練即可。同時，該種組織結構通常會制定一套標準化的規則及作業程序來規範員工的工作行為。此外，亦建立以量化為主要衡量指標的績效考核制度，來評估員

工的績效表現，並利用嚴謹的組織層級系統作為部門或員工的正式溝通管道。機械化官僚結構如圖 7.2 所示。

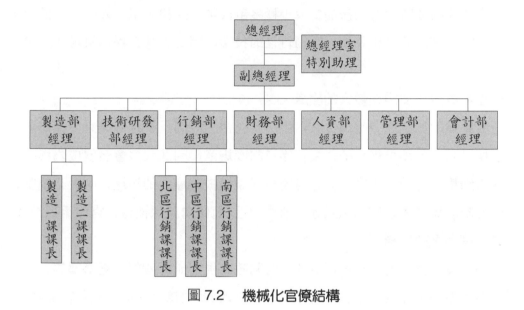

圖 7.2　機械化官僚結構

㈠機械化官僚結構的管理特徵

　　機械化官僚組織結構的決策權力，主要集中於企業組織內較高階層的少數管理者手上，組織將成立幕僚支援單位如財務部、人資部、管理部或總經理室等，並聘用高度專業的幕僚人員從事工作說明書制作、人員甄選任用訓練、預算編制、會計報表制作及管理資訊系統的規劃等活動，而組織內每位員工的例行性作業活動與決策大都根據技術幕僚人員所制定的規範來從事工作。

㈡機械化官僚結構的適用情境

　　機械化官僚結構較適用的組織情境如下：

1.單純穩定的競爭環境

　　當組織所面臨的環境對於技術創新及產品創新的競爭需求不強烈時，由於員工只要依照現有的產品規格一成不變的重複生產，因此組織系統的運作不需為了因應市場環境的變動，而隨時調整各種制度規章及作業程序，所以較適合

採用機械化官僚結構。

2.規格化的大量生產型態

當企業組織所生產的產品屬於少樣多量或單一規格大量生產時，由於員工的作業內容高度標準化及使用高例行性的技術，因此較適合採用機械化官僚結構。

3.創立年資較久及規模較大的組織

若組織的創立歷史較為長久，由於有充裕的時間及管理經驗之日積月累，而能據以制定各項標準化的作業程序及制度規章，因此大多會發展成為機械化之官僚結構。此外，組織的營運業務量或規模較為龐大的組織，由於必須制定明確的制度規章才能確保組織運作的順暢性，而傾向於採機械化官僚組織結構。

4.具公權力之政府機關

一些具有公權力及公眾形象的非營利政府機構如財政部、經濟部等，由於員工必須嚴格遵守及公正執行各種法律規章，因此較適合採用機械化官僚結構。

5.重視紀律安全的組織

國內的組織機構如司法院、警察局或獄政機關等，皆是屬於非常重視紀律與安全的部門，員工必須遵循政府法令及嚴守本分，以避免紀律不彰而危害整體組織的安全性，因此該類型組織較宜採用機械化官僚結構。

三、專業化官僚結構

專業化官僚組織結構主要係由具有高度專業技能與知識的人才所組成，每位員工獲得充分的授權，依照本身的專業來獨立處理工作，例如大學、醫療院所、學術研究機構、顧問公司、律師事務所及會計師事務所等皆屬於專業化官僚機構。一般而言，組織內成員與其他同僚的關係較缺少互動，反而與客戶有更頻繁的接觸，以發揮其服務客戶的專業能力。事實上，該組織結構內員工的專業績效產出，或是服務水準是較難用客觀的指標加以衡量評估，所以利用標準化的績效評估指標來控制績效成果是較為困難的。此外，由於企業組織成員的高度專業獨立行事風格，因此制定明確的標準作業程序對組織成員而言，就較不具意義性。

㈠專業化官僚結構的管理特徵

　　專業化官僚結構的管理特徵就是高度的權力分散，基層的專業人員在日常事務的處理及行政控管方面，擁有高度的自主決策權力。而有關人員的聘用、升遷及資源的分配，則通常透過集體決策來決定整體的運作原則；圖 7.3 所列示的大學院校組織就是專業化官僚結構的例子。

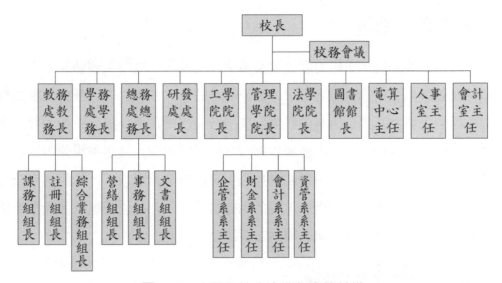

圖 7.3　大學院校之專業化官僚結構

㈡專業化官僚結構的適用情境

1. 任務複雜性高

　　如果組織所面臨的處理事項皆屬不同的個案，且須不同的專業技能人員依個案性質加以處理時，則代表任務的複雜度較高，此時較適合採用專業化官僚結構。例如律師聯合事務所承接的每個客戶個案的處理方式皆不相同，屬於較為複雜的任務型態，必須仰賴專業的律師人員依其個人專業來處理個案，因此較適合採專業化官僚結構。

2. 提供高度顧客化服務的組織

　　如果組織係提供高度顧客化服務的類型，例如社工機構或顧問公司等，由

於服務對象的需求皆不一樣，同時所需的專業性質亦不盡相同時，為了發揮每位組織成員獨立行使專業能力的決策權，則較適合採取專業化官僚結構。

3.面對多元化的市場環境

如果一個組織面對的是多元化的市場結構時，由於每一個單一市場的競爭情勢與客戶需求皆不相同，必須透過讓特定專長的人才擁有自主決策權，以針對不同市場屬性採取因地制宜的應對措施，而較適合採專業化官僚結構。

四、事業部制結構

當一個企業組織的市場範圍或營業項目逐漸擴大，高階主管體認到不同市場範圍或營業項目所面對顧客需求、競爭特性的高度差異性時，就會促使組織將某些經營的業務項目從原有的組織結構中分割出來，另外成立一個獨立運作的部門，並採利潤中心制，由該獨立部門自行配置資源，從事市場競爭及自負經營盈虧之責。事實上，當一個組織在面對高度競爭的環境下，如何朝向產品多角化經營，已成為目前管理者重要的因應策略之一，這也正是許多大型組織逐漸傾向於採用事業部制組織結構的重要緣由。

(一)事業部制結構的管理特徵

在事業部制的組織結構下，每一個獨立的子公司就是一個事業部門，每一個事業部門的市場環境與結構都不相同，而且配置一位獲得充分授權的專職總經理，他擁有完整的策略運作與資源調配的決策權力，並根據經營的必要性而設置研發、製造、行銷、財務或人力資源等功能性部門，來執行該事業部的各種作業任務。由於每一個事業部皆擁有充分的獨立運作業務的權力，因此與其他的事業部之間的協調與互動非常少，但是基於整個企業集團運作的經濟考量下，屬於集團可共同運用的資源如共同採購、各事業部的資源調撥或共通性經營規範等少數決策權，仍由企業集團下設的總管理處進行控管。圖 7.4 所顯示的就是典型的事業部制組織結構的例子。

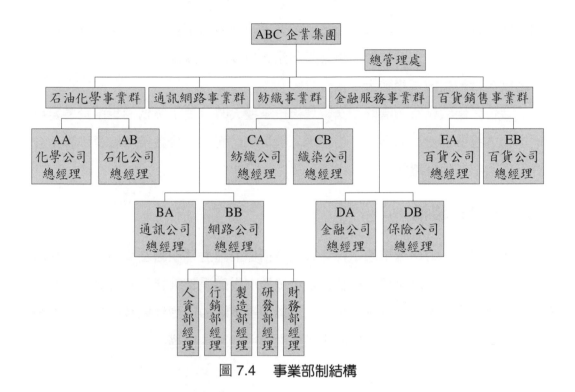

圖 7.4　　事業部制結構

㈡事業部制結構的適用情境

1.多角化經營需求

　　當一個組織面對顧客多元化需求的環境下，將促使管理者針對不同的顧客需求，而推出各種的多角化商品，這些多角化商品可能基於產品特性、客戶層級及地區別等不同類型而產生，此時組織就可考量依多角化產品類型之不同，而採取事業部制的組織結構。

2.高度競爭需求

　　市場產品的激烈競爭亦是企業組織採取事業部制組織結構的動力之一，當企業組織在面臨高度市場競爭時，為了因應競爭對手不斷地推出各種產品及分散經營風險，將促使組織採多角化經營策略，而考量採取事業部制組織結構之運用。

3.實施利潤中心

　　許多企業組織為了使得資源成本的運用更具效益性，而逐漸實施利潤中心

制，要求各個單位部門必須在衡量收入與支出的考量下進行決策與管理，且自行擔負盈虧之責；此時，採用事業部制組織結構較為適當。

4.組織年資較久或規模較大

當企業組織創立的時間愈久，規模日漸擴大時，為了降低因集中於特定目標市場的投資風險，而逐步採行市場分散策略，而市場分散策略就會引導組織採行事業部制的結構設計。

五、專案式結構

在多變複雜的市場環境下，專案式結構係上述五種組織結構中，最具有高度創造力以快速因應環境的一種，它可依據市場競爭情勢或任務的變化，而立即調整決策方向與管理措施。事實上由於競爭環境的激烈性與技術的高度變動性，致使國內許多的高科技廠商組織逐漸採用專案式結構。

㈠專案式結構的管理特徵

專案式結構係一種功能性部門與臨時專案小組併行運作的一種方式，如圖7.5所示。企業組織採行專案式結構的運作過程中，例行性事務可透過各功能部門所擁有的專業能力加以執行，但當組織遇到非例行性的特定專案任務，例如開發新產品、新建廠房、重大品質糾紛等，則由專案部門中根據專案任務的屬性，挑選較符合專長的專案經理擔任專案召集人 (project leader)，並組成臨時編制的專案小組，而專案小組的成員則由各功能部門中調派各種不同專長的人所構成，該專案小組僅負責所指定的專案任務，一旦專案任務完成後，所有的小組成員則返回原單位；因此專案小組係為了因應特定的任務所成立，它可根據不同的任務特性而迅速採取適當的因應措施。

㈡專案式結構的適用情境

一般而言，專案式結構大都為國內的高科技廠商、環保工程公司、冷凍空調工程公司所採用。譬如，環保工程公司接獲有關廢水處理設施的訂單時，由於每個客戶公司所需的廢水處理設施規格及安裝條件皆不相同，而必須以成立

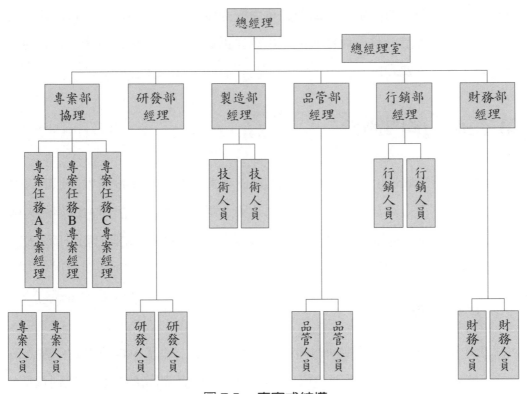

圖 7.5　專案式結構

專案小組的方式來完成訂單。有關專案式結構的主要適用情境如下：

1.高度創新需求的組織

　　如前所述，專案式結構之運作係集合各功能部門不同專長的人才成立專案小組來執行特定任務，由於專案小組運作所激發的團隊精神，實為創新與創意的原動力，因此以創新為主要競爭利基的組織較適合採用專案式結構。

2.專案式訂單

　　如果一個組織所接獲的訂單皆屬於專案式的規格，例如環保工程、冷凍空調工程或建築業等，由於每一個訂單個案的施工技術及工程安裝需求皆不同，而有必要針對每一個訂單成立專案小組，依照實際需求進行處理，此時就適合採用專案式結構。

3.複雜多變的環境

　　在面對複雜多變的環境，企業組織需要集合各種不同專長的人才成立特定

專案小組,並暫時將特定事項的決策權力完全授予專案小組,以縮短決策時間的情境下,則較適合採用專案式結構,這亦正是國內屬於科技型廠商充分運用專案式結構的主要理由。

第二節　部門劃分

部門劃分 (departmentation) 係指組織將營業特質或專長技能相類似的人事物加以歸併,而形成具有不同專職任務功能之單位部門。一般而言,組織大致上可以用功能別、產品別、區域別、顧客別及行銷通路別作為部門劃分的基礎,至於劃分的方式說明如下。

一、功能別劃分法

功能別劃分法即由管理決策者以類似專業技能、作業內容或工作任務者為基礎,將組織內部劃分為不同的單位部門。一般而言,組織的基本功能別包括:研發、製造、行銷、人力資源管理及財務管理等,該五種功能的作業內容、工作任務或所需具備的專業技能皆不大相同,因此許多的組織大都以該五種功能作為部門劃分的基本架構。此外,除了上述該五種基本功能部門外,尚須配置幕僚性的功能部門如會計部、資訊部或財務部等。有關功能別部門之劃分如圖7.6 所示。通常,一個組織採功能別部門劃分時,高階主管大都負責組織內部的整體協調責任及制定組織運作的各種規章、作業程序及控管機制,以確保組織活動的溝通協調順暢性。通常,功能部門劃分之採用較有利於從事大量生產及較少樣式產品線的組織運作,但當組織規模逐漸擴大並朝向多角化產品的經營時,採功能別之部門劃分則可能較不易產生良好的組織績效。

㈠功能別劃分法的優點

1.員工適才適職

功能別部門劃分將具類似專長的人才歸併成同一部門,並負責符合其專長之工作任務,除了可提高員工的工作滿足感外,亦有利於增加組織設備資源的

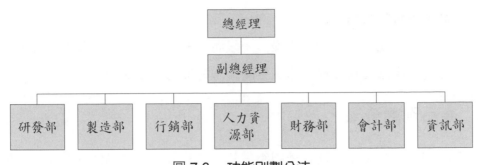

圖 7.6　功能別劃分法

使用效率，進而發揮從事大規模生產之經濟效益。

2.教育訓練的單純化

由於相類似專長的人才歸併於相同任務的單位部門內，因此教育訓練時僅需針對部門內同質性高的人員進行規劃與實施，使得教育訓練的運作單純化。

3.部門內溝通協調順暢化

具相類似經歷及專業背景的人才一起工作時，由於使用的專業語言及邏輯思想模式較具一致性，致使工作衝突的現象較不易發生，因此，在部門內溝通協調方面將更為順暢。

㈡功能別劃分法的缺點

1.過度重視部門效率

由於功能部門之劃分往往造成專職單位部門過度重視本身部門的效率，如盲目追求產品在功能技術的完美性，而忽略組織整體運作的資源投入成本及營利回收之考量，造成個別部門的過度投資，對組織整體營運效果產生負面影響。

2.部門本位主義作祟

在功能部門劃分後，各個部門通常基於本位主義作祟，而不易與其他部門合作與協調，進而影響整體組織運作的效率與整合性。

3.決策速度慢

組織在進行各種決策時，為了尊重各部門的專業而必須透過層層的行政程序進行專業意見的諮詢，往往延誤決策的時效而無法符合高度變動的競爭環境情勢需求。

4.忽略通才主管的培育

由於採用功能部門劃分的組織，一般而言較重視具有特定專業技能人才的培訓，往往忽視培養可以從事組織整體運作管理的通才人員。

二、產品別劃分法

產品別劃分法是由管理者依照組織於市場上所提供產品線或服務線類似性進行歸併，而區分成不同的部門結構。當一個組織朝向產品多角化經營時，可能根據產品特性、消費者、製造程序、應用技術或銷售通路的差異性，而規劃由不同的部門來負責上述之差異性所形成特定產品線的經營運作。這種劃分法適用於擁有兩種以上產品線的組織，每一個部門必須擔負所經營產品線的盈虧責任。產品別劃分法可作為實施利潤中心制的基礎，有關產品別劃分法的架構範例如圖 7.7 所示。

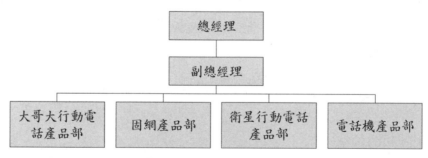

圖 7.7　產品別劃分法

㈠產品別劃分法的優點

1.有利於實施利潤中心制

產品別劃分法能夠精確的計列出每一個部門單位所經營產品線的盈虧情形，因此有利於推動各部門自負經營成敗責任之利潤中心制。

2.培養獨當一面的經營人才

由於產品劃分所形成的部門對於所負責的產品線經營具有完全獨立自主的規劃、決策、執行與控管權力，因此每一個部門單位主管必須具有獨當一面的

經營管理能力。對於一個組織而言，可透過產品別部門主管的歷練與養成，來培養未來全方位經營的高階主管人才。

3.促進各部門的良性競爭

各產品別的部門單位在實施利潤中心制後，由於各部門單位績效表現可獨立的、公開的及透明的計列出來，不至於出現任務績效權責不清之現象，而有利於激勵各部門單位的良性競爭，並提升員工的工作士氣與表現。

4.切合顧客的需求

由於各產品別部門專職負責特定的產品線或服務線，更能有效掌握產品線所服務顧客對象的需求與經營特性，有利於產品別之部門主管針對顧客需求採取適當的因應措施，進而提升產品與服務品質。

㈡產品別劃分法的缺點

1.資源重複投資造成浪費

各產品別部門在行銷或生產設備之投資方面，如果沒有透過整體組織的資源協調機制，很容易產生重複投資之現象，而造成組織資源閒置與浪費的不當行為。

2.責任產品線配置不公影響士氣

由於各產品部門皆有專職的產品線經營，但是當組織推出獲利較為豐碩的新產品線時，若無法公平客觀的配置給特定的產品部門負責時，則可能會引發其他部門的不滿，影響員工的士氣，亦有可能因為員工配屬於獲利性較為不理想的產品部門，但卻苦無輪調機會而影響員工士氣。

3.獎勵制度的不公平

組織在建立獎勵制度時，通常根據產品別部門的不同特質來設計獎勵制度，但由於獎勵制度衡量基礎的差異性，將可能產生員工對獎勵制度的公平性產生質疑的態度，而影響員工的工作動機。

三、區域別劃分法

區域別劃分法就是組織將產品或服務所經營的市場地理範圍，依照人口密

度、區域特性或文化特性等基礎劃分為不同的區域，並成立半獨立性質的部門單位，來負責處理某一區域範圍的經營運作。基本上，採區域別劃分的組織通常將研發、財務、製造或採購的職權由公司總部採集中決策方式處理，而各區域別部門單位則在行銷、人事、總務、會計、管理及售後服務等方面擁有充分的決策權力。有關區域別劃分法的範例如圖 7.8 所示。區域別劃分法所具備的優缺點說明如下：

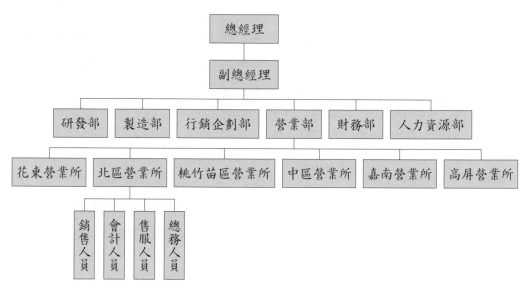

圖 7.8　區域別劃分法

㈠區域別劃分法的優點

1.有效因應區域市場的變動

　　由於區域部門主管具有自主的決策權力，當區域市場的競爭環境產生變動時，可以因地制宜的迅速調整該區域的市場策略，以有效掌握瞬息出現的市場新機會而創造競爭優勢。

2.便於實施利潤中心制

　　由於區域部門單位主管對於人力的僱用、資源的使用配置或市場策略的規劃執行均擁有高度的自主決策權力，而且各部門的業務職責範圍與其他單位可明確區隔，因此有利於針對各區域部門實施利潤中心制，並課以區域部門主管

負責該區域經營成敗之責，以激勵部門主管付出更大的心力，全盤運作所負責區域部門的營運範圍。

3.資源預算的公平分配

由於各區域部門的營運表現及營運成本皆可獨立分開計列，因此組織在配置各單位部門的資源時，可依據各單位的實際經營成果表現來評估資源投入及預算的編列是否適當，以達到資源預算依據績效表現的公平分配原則。

4.績效獎勵制度的公平實施

獎勵制度實施的有效性首重公平原則，由於各區域部門單位的經營成果可分開獨立計列，較不至於發生與其他區域部門績效表現混淆不清之現象，因此較能客觀的獨立計算出經營成果,而有利於績效獎勵制度客觀評估的公平原則。

5.培育高階的通才人員

區域部門主管具有獨立營運之決策主導權，可培養區域部門主管人員獨當一面的經營能力,因此透過區域部門主管的歷練將有利於高階管理人才之培育。

㈡區域別劃分法的缺點

1.各資源重複投資造成浪費

由於每一區域部門的單位主管都各自擁有獨立的人員僱用、設備投資及行銷活動的決策權力，並不需要透過各部門單位的彼此協商，因此往往造成管理資源、設備及人才的重複花費投資，造成組織浪費的現象。

2.整體性決策難以貫徹實行

每一個區域部門主管擁有獨立自主的決策權力，對於公司總部的整體性決策認為有限制到該所屬區域的經營權力時，往往可能採取視而不見的態度，而致使公司總部的整體性決策，難以貫徹執行而影響組織的整體績效表現。

3.易生財務弊端

由於每一區域部門擁有高度的經營及財務獨立運用權限，如果組織未建立一套完善的財務稽核與控管制度，較易滋生財務弊端。

四、顧客別劃分法

顧客別劃分法就是以不同的顧客層為基礎,將組織劃分為不同的部門,每一個部門主管依照所負責顧客層的屬性來擬定市場營運策略。一般採用顧客別劃分法的產業包括成衣銷售業、電子公司或教育訓練機構等,其中電子公司可依顧客別區分為工業品部及家庭消費品部;教育機構可依學生來源之不同,而區分為五專部、二專部、二技部、四技部、進修推廣部、進修專校、空中學院或研究所等。有關顧客別劃分法的組織架構如圖 7.9 所示。

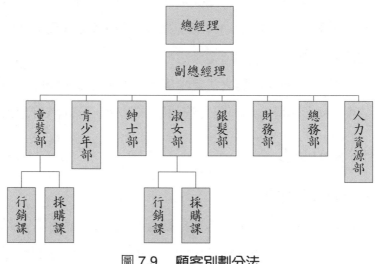

圖 7.9 　顧客別劃分法

㈠顧客別劃分法的優點

⑴各部門可針對顧客的需求迅速提供有效的市場策略,強化服務品質。

⑵各部門擁有獨立自主營運權,便於實施利潤中心制。

⑶各部門的專業化經營,有利於深化不同目標市場的同步開發與拓展。

⑷有利於培育較高階的經營通才主管。

㈡顧客別劃分法的缺點

⑴各部門單位的人才及原物料的設備重複投資購置,造成組織資源的浪費。

⑵工作輪調制度未落實實施，將影響員工工作動機，因為組織若未建立完善工作輪調制度,而出現部門員工負責的任務內容未符合其專長志趣時，將造成工作動機的低落。

五、行銷通路別劃分法

行銷通路別劃分法是指組織依照產品的不同銷售通路別為基礎，來進行部門別的劃分。由於不同銷售通路的定價、包裝方式、品牌標示及消費者需求特性均有差異性，組織可將相同特性的銷售通路歸併成一獨立運作的部門，有關行銷通路別劃分法的範例如圖 7.10 所示。至於行銷通路別劃分法的主要優點在於因應不同的銷售通路需求採取適當的市場策略，及提供不同行銷通路較高的服務品質。

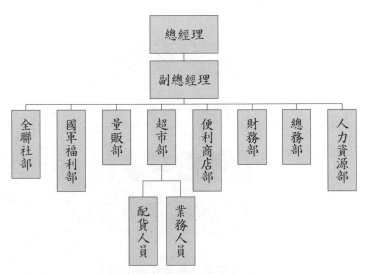

圖 7.10　行銷通路別劃分法

第三節　工作設計

一、工作設計的內容

工作設計就是組織為了達成績效目標，針對員工的工作內容、工作方法及

工作環境條件進行設計分析，以期員工能在最適當的情境下發揮最良好的士氣與工作效能。換言之，組織可透過各種不同的工作設計原則與工作分析方法，來探討員工最適當的工作特性內容、最合理工作方法及最佳的工作環境。一般而言，在組織內推動工作設計的內容包括工作分析、工作說明書、工作規範書制定及工作評價。

㈠工作分析 (job analysis)

工作分析係指管理者透過直接觀察或會議討論的方式，針對特定的工作內容或活動細目進行合理化和簡化分析後，訂定標準化作業程序 (S.O.P.) 及標準時間 (standard time) 的過程；工作分析除了可改善工作方法提升效率外，亦可作為員工執行工作的績效評核標準之一。組織進行特定工作分析的主要目的及進行步驟（參見圖 7.11）詳細內容說明如下。

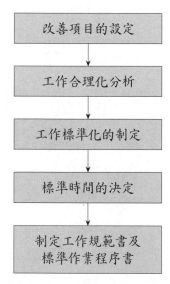

圖 7.11　工作分析的步驟

1.工作分析的目的

(1)消除產品的不良設計及無效的組裝程序。

(2)消除生產過程不當或無效的加工方法。

(3)消除不當或多餘的作業程序。

(4)消除員工因不當工作方法所造成的效率浪費。

(5)消除工作環境不當所造成的效率浪費。

2.工作分析的步驟

(1)改善項目的設定

工作分析的第一步驟就是必須找出所要改善的工作項目與活動內容；一般在組織運作過程當中所造成的無效率問題，有可能來自於材料的不當、工作方法的不正確、使用工具或加工設備的設計不良、管理程序的不合理或工作環境的不佳等因素，因此管理者在進行工作分析時，要先確認產生無效率問題的各種可能因素。若各項改善的工作項目或活動內容非常多而無法同時進行時，則可列出改善的優先順序，針對較重大的因素先進行改善活動，而後循序消除其餘較次要的工作項目。

(2)工作合理化分析

工作合理化分析就是針對特定工作項目所包含的所有活動進行合理化分析，以找出符合簡單化、效率化及便利化的最佳工作方法。在工作合理化分析的過程中，最有名的學者為吉爾博斯 (Frank Gilbreth, 1924–1968)，他利用快速攝影機分析員工工作的所有基本動作元素 (又稱之為動素)，除了探討如何改善工作的程序與方法，來降低員工因工作方法不當所造成的疲勞外，亦試圖消除工作過程中各種沒有用或無效用的動作，而僅保留有意義的精簡動作，這就是有名的「工作簡化」(work simplication)，本書將於稍後針對工作簡化做較深入的探討。

(3)工作標準化的制定

在進行員工的工作合理化及簡化分析而決定最佳工作方法後，接著就是將工作方法加以標準化。工作標準化就是將特定工作分解成標準的數個連續性的操作單元或動作單元，如煮飯的工作可分解成「取米」、「米倒入鍋子」、「洗米」、「置入電鍋」、「蓋上電鍋蓋」及「按開關」等六個動作單元；並針對每一個動作單元詳細記載使用的原料、品質檢驗的項目、工作說明、使用的儀器與設備及工作環境的過程，此制式的作業方式正是所稱的「標準作業程序」。

⑷標準時間的決定

組織透過曾受良好訓練的合格員工，在正常的工作環境下，實際執行上述已制定成標準化工作項目所需的時間稱之為標準時間。一般組織可利用碼表測時及工作抽查的方式來決定各項工作項目的標準時間，並作為員工效率評估、生產排程規則、生產成本控制及績效獎酬實施的重要基礎。

⑸制定工作規範書及標準作業程序書

為了使員工能依照最佳的工作方法來執行工作內容，組織必須依照工作分析的結果，制定工作規範書及標準作業程序，使得組織成員得以遵照標準的作業程序執行工作內容，進而獲得較佳工作成效。

㈡工作說明書 (job description)

經過工作分析所獲得員工執行特定工作所涉及各個動作單元的操作先後順序、使用的原料、作業說明、使用儀器與設備、品質檢驗項目與基準、工作環境與條件等資料，則可撰寫成該特定工作的說明書。工作說明書將可作為組織教導員工如何以簡單性、效率性及便利性的方式來執行工作內容，以增進員工的工作效能。一般而言，組織在撰寫工作說明書時，應注意下列事項。

⑴工作說明書需真實的反應工作內容。

⑵工作說明書所撰述的項目，應儘可能涵蓋工作內容所涉及的各種必要資訊而毫無遺漏。

⑶工作說明書的文字用語，應與其他工作項目的說明書用詞保持一致性。

⑷工作說明書文字用語應簡潔清晰。

⑸工作說明書應標示撰寫日期，以作為日後修正版本時的參考判定基準。

⑹工作說明書應標示核准主管及核准日期。

⑺工作說明書內各項相關資料的敘述，應避免與其他工作說明書敘述相互抵觸。

㈢工作規範書 (job specification)

工作分析後的另一個產物就是工作規範書；工作規範書主要在說明執行特

定工作任務的人員所必須具備的最低資格條件，這些資格條件可能包括：學歷、經歷、年資、性別、身高、體重、體格及相關技術能力等，也就是敘述某特定工作執行者所必須擁有的特質與要求。事實上，工作說明書主要在述明特定工作執行時「事」的特質，而工作規範書則在述明特定工作執行時「人」的特質。

㈣工作評價 (job evaluation)

工作評價係指管理者針對組織內各種不同的工作任務或職務進行評估，以決定各工作職務間的相對重要性及價值性。工作評價的結果可作為組織賦予各種職務不同薪資的基礎，因此工作評價的客觀性將可能影響一個組織薪資制度的公平性與合理性。事實上，目前許多組織可多方面的應用工作評價之運作，除了作為薪資制度的基準外，亦可作為員工甄選條件、教育訓練實施內容或績效獎金制度的主要參考依據。

二、有效工作設計的特質

早期科學管理時期的著名人物泰勒 (Frederick Taylor, 1856–1915) 倡導工作專業化的運作原則，認為企業組織內的每一位員工應儘可能僅專精地從事特定的一項或極少項工作任務，透過專業分工的進行才能大幅的提升工作效率。但工作專業化最常遭致批評的問題，就是員工日復一日的從事相同的工作項目，將令人深覺枯燥單調無趣，進而影響工作士氣及工作的滿足感。隨著時代的變遷，考量員工追求工作的豐富變化性、自主決策性及工作所帶來的成就感，似乎已成為管理者從事員工工作設計的主要趨勢。例如著名的學者漢克曼 (Richard Hackman) 及歐德漢 (Grey Oldham) 於 1976 年提出工作特質模式 (job characteristics model; JCM)，如圖 7.12 所示。

該模式認為組織內具有高度成長需求的員工，如果他的工作任務與內容具備技術多樣性 (skill variety)、工作完整性 (task identity)、工作重要性 (task significance)、工作決策自主性 (autonomy) 及工作績效回饋性 (feedback) 等五個特性時，則可有效激勵其工作士氣、提高工作滿意度及強化工作績效表現。

工作特性	員工心理狀態	工作結果
・技術多樣性		高度的工作士氣
・工作完整性	體認工作的重要性及意義性	高度的工作滿足感
・工作重要性	體認執行工作的責任感	高品質的工作績效表現
・工作決策自主性	瞭解努力所獲得的成果	低離職率及缺席率
・工作績效回饋性		

資料來源: Hackman, J.R. and G.R. Oldham "Motivation Through the Design of Work: Test of a Theory," *Organization Behavior and Human Performance*, August 1976, pp. 79–250.

圖 7.12　工作特質模式

1.技術多樣性

　　技術多樣性係指組織賦予員工執行任務內容及所需技術能力的多樣性，而任務多樣性的廣義解釋包括員工執行工作活動的變化性、廣泛性或員工執行工作必須使用各種不同的技術能力。對於一個高度成長需求的員工，當組織賦予該員工所執行的特定工作具豐富的變化性，而且員工必須具備多樣化的技術能力才得以執行工作任務時，將使員工深覺工作的意義性，因此激發其高度的工作士氣及良好的績效表現

2.工作完整性

　　工作完整性係指組織賦予員工獨立執行某項工作任務的完整程度，也就是從開始執行某項工作直到結束所牽涉的各種活動中，所負責的部分愈多，則工作完整性愈高；反之，如果所負責的部分愈少，則工作完整性愈低。該模式認為一個有高度成長需求的員工，當組織賦予員工較完整性的工作職務時，將使得員工深覺工作的責任感，而激勵員工高度的工作意願、提升工作滿意度及產生良好的工作績效表現成果。

3.工作重要性

　　工作重要性係指組織賦予員工的工作職務績效成果對於組織的重要影響程度，例如賦予員工接待客戶公司高階主管來訪之任務時，其內心可能感受到比接待客戶公司低階主管來訪之工作職務更具有意義性與重要性。對於一個企求

成長學習的員工而言，當組織賦予重要性較高的工作任務時，將使該員工體認到工作具重大意義性之心理狀態，因而提升員工工作士氣、工作的滿足感、降低離職率及高品質的工作績效表現。

4.工作決策自主性

工作決策自主性係指組織賦予員工在執行工作任務時擁有自主決策的權限；對於一個具有高度成長需求的員工而言，在執行工作任務的過程中若賦予其高度的工作決策自主權時，將可激發員工的責任感，因而提升工作滿意度及工作績效表現。

5.工作績效回饋性

工作績效回饋性係指員工的工作表現資訊，能立即清楚的反應回饋給員工。該模式認為一個高度成長需求的員工，在執行工作任務的過程中，如果能夠隨時將工作的績效成果訊息傳達給該員工，則有助於增進員工對於工作成效的瞭解與工作方法的適當調整，進而提升該員工的工作士氣、工作滿足感、降低流動率與離職率及強化高品質的工作績效。

三、工作設計的有效性方法

根據漢克曼及歐德漢兩位學者工作特質模式的理論基礎，企業界目前為了提升員工工作滿意度、工作士氣及工作績效表現，而較常運用的工作設計方法主要包括：工作簡化 (job simplification)、工作輪調 (job rotation)、工作擴大化 (job enlargement) 及工作豐富化 (job enrichment) 等四種，該四種工作設計方法的內容說明如下：

㈠工作簡化

工作簡化係科學管理時代強調員工所從事的工作內容必須具備專業化、標準化及重複性，以尋求高度工作效率原則下的一種工作設計概念。工作簡化就是將一件工作的活動內容細分為若干個操作或動作單元，並針對這些單元進行不同的組合分析，藉以合併及剔除一些不必要或多餘的動作單元，以達到工作程序簡化的目標。而工作簡化的主要目的在於尋求員工執行工作最有效率的方

法，藉以提升員工的工作績效表現。

㈡工作輪調

科學管理所強調的高度工作專業化，雖然可提升員工的工作效率，但相對地卻因為員工每日重複地執行相同的工作內容，而產生員工感覺工作單調、枯燥、無趣及不合乎人性的負面影響。有鑑於此，管理者為了克服上述工作專業化所帶來的負面影響，在工作設計時就常會考量實施工作輪調。

工作輪調係指員工在組織的制度規範下，定期與不定期的輪調從事不同的工作內容或工作部門，以降低員工對於重複性工作之厭倦、單調及枯燥乏味感受。組織推動工作輪調的優點包括：員工可歷練不同的職務而能學習更多的技能、員工獲得成長滿足感、增加不同職務調度的彈性及培養較高階的經營適才人員。

㈢工作擴大化

工作擴大化係指增加員工在執行特定工作任務所牽涉各項活動的範圍，譬如一個傢俱工廠的現場技術工人，原先僅專責於木塊的切割工作，但實施工作擴大化可能賦予該員工木塊切割、鉋平、傢俱組合及傢俱噴亮光漆的更多工作範圍。工作擴大化之實施除了可避免該員工原先每天僅負責木塊切割工作之單調乏味感之外，亦可增加員工學習多樣化技能之成長機會。因此，工作擴大化除了可激發員工不斷學習成長的動機外，亦可鼓勵員工承擔更多的工作責任範圍，使員工獲得自我成長的高度滿足感。

㈣工作豐富化

工作豐富化係指員工在執行工作任務的過程中，賦予該員工對於整個工作任務規劃、執行、評估及控制的參與權，並賦予員工擔負工作成敗的責任。一個組織實施工作豐富化的主要目的在於增加員工的工作參與感及責任感，藉以提升員工的工作成就感及工作績效表現。

就實務運作而言，一個組織為了提升員工工作動機及工作成就感，而從事

工作設計時可考量到下列的原則：

　　⑴員工的工作內容未必要具有新奇性，但是具備變化性卻是不可或缺的要素。

　　⑵員工的工作內容應該與其不斷自我學習成長的需求相結合。

　　⑶員工的工作內容應該賦予其在適度的範圍內擁有自行決策的權利。

　　⑷員工的工作內容應該使其感受到成就感與獲得同事的肯定認同感。

　　⑸員工的工作內容應該與其個人的社會生活具有適度關聯性。

　　⑹員工的工作內容應該使其體認到可創造滿意的未來。

個案研討：擋不住的趨勢——趨勢科技公司的跨國界組織管理

一、趨勢科技簡介

　　趨勢科技公司 1988 年設立於美國加州，當時係以電腦保全及病毒防治為該公司的主要利基市場，在 1990 年推出病毒防治套裝軟體——PC-cillin 病毒免疫系統，並以自有品牌行銷世界 40 餘國，其間相繼推出十多種不同語文的版本，打開了該公司在世界各地的知名度。目前趨勢科技全球約有 2,000 名員工，在亞洲、美國、南美洲和歐洲等 25 國皆設有營運據點。該公司自成立以來，平均每年營業成長率超過 80%，係一家橫跨 PC、network server 及 Internet gateway 等範圍的全方位電腦防毒領導廠商。

二、跨國組織管理架構

　　趨勢科技公司的跨國組織管理架構，已成為產、學各界爭相探討的對象，目前財務總部設在股票上市的東京，研發部門設在擁有高學歷人才的臺灣、行銷部門設在美國資訊市場的核心所在地——矽谷，

這種跨國界組織架構不受制於單一國家運作所具備的特定優勢或劣勢，反而能視各地的資源優勢發揮所長，使得趨勢公司能在新病毒出現但尚未大量擴散時，透過全球各地的佈局進行運籌與協同作業，在45分鐘內迅速地完成解毒任務。

這種跨國界經營管理架構對任何公司而言，都是高難度的挑戰，該公司由14位分別來自於五個不同國家的高階主管組成經營團隊，由於高階主管分佈在不同的時區與洲際，為了強化跨國運作的效能，以及整合組織內遍佈世界各國優秀人才的不同價值觀，過去傳統的溝通方式與營運規則，似乎已不再能全盤適用。同時，在全球各地的市場競爭中，為了滿足各地不同消費者的需求，但又不能放棄公司的基本經營原則與方針下，大量的跨國性組織溝通便成了重要的工作，為了超越不同國度的時空差異，大量運用網際網路技術成了重要的方法之一。

趨勢科技公司競爭基礎除了卓越的技術能力，更重要的在於跨國資源的共享及不斷強化的企業共識，為了使員工能夠拋開個人成見，建立跨國企業共識團隊，創辦人張明正與陳怡蓁夫婦每年固定耗費兩個月的時間巡迴趨勢科技全球營運據點，展開建立企業文化的「派拉蒙運動」，也就是建立「一以貫之」的企業文化催化劑。同時，為了將不同種族文化的價值融入於公司的策略，趨勢科技公司推動許多團體活動，例如迴響熱烈的「紙房子」遊戲，透過同仁的共同參與，讓同仁腦力激盪，齊心合力完成建造紙房子，展現團隊精神。

三、跨國管理形成過程

從幾百人的小型跨國企業組織，轉型為近兩千人的全球化企業體，趨勢科技公司也同樣歷經了快速膨脹的失控階段與成長轉型的進退苦境。

(一)失　控

2000年趨勢公司開始進行管理階層主管的大換血，陸續引進不同

國籍的專業經理人，希望藉由專業經理人的經驗，管理正在快速成長的組織系統，但卻造成原創業團隊的適應問題，而紛紛離開經營團隊。

㈡尋才階段

　　為了能在市場機會快速成長的競爭情勢下拔得頭籌，張明正創辦人認為，趨勢科技公司需要一群利益緊密結合、彼此信任、具高度默契的專業經理團隊，於是他便開始在全世界積極尋找優秀的專業經理人，並耐心培養自己跟不同國籍工作夥伴的信任與默契。

㈢衝突階段

　　引進不同國籍的專業經理人後，基於東方文化價值觀與處事觀點的差異性，往往造成專業經理人與原先企業團隊成員的衝突頻頻，例如專業經理人認為公司應該做好財務預測與規劃，以便將資訊即時反應給股東，這是企業經營對股東權益的最起碼尊重，因此建議要增加各區的財務控制人員，以確實執行財務規劃內容；但原先的創業團隊本著初創公司打拼天下的勇往直前精神，認為財務預測不重要，而寧可把人力投擲在業務拓展或研發，因此常常產生內部決策與執行方向不一致的現象，影響公司的運作效能。

㈣互信階段

　　剛開始的時候，會議進行的過程中若有決策觀點衝突產生時，張明正創辦人為了爭取時效，總會不自覺地自行裁定討論的結果，雖然可達到快速決策的目的，但卻沒有達到真正的溝通效果，經過不斷地調整與適應，現在張明正創辦人都盡可能讓成員有充分溝通的機會，因為他認為只有經過充分溝通所形成的共識，才會產生彼此信任感，促使團隊成員共同朝同一個方向努力。目前趨勢科技公司由十四人所組成的高階主管經營團隊每月固定舉行全體視訊會議並定期聚會一次，每年則由公司招待成員的家庭同遊，以增進彼此文化的瞭解、體諒與包容。如今，趨勢科技公司的西方國籍員工逐漸學會東方人的彈

性工作原則，而東方國籍員工則逐漸體會到紀律性與系統化的處事態度。

四、研討題綱

1. 請就個案公司的內容，討論一個跨國企業從事多國籍員工管理的原則。
2. 請說明個案公司形成跨國組織管理體系所經歷的各階段管理困境，及所採取管理活動焦點為何。
3. 請討論一個企業全球化員工不同觀點與文化差異性所產生的衝突現象。
4. 請就個案公司的內容，描繪可行的組織運作架構圖，並說明該架構的運作優缺點。

個案主要參考資料來源：

1. 趨勢公司網站：http://www.trendmicro.com/tw/about/overview.htm
2. 高聖凱，〈趨勢科技超國界經營〉，《遠見雜誌》，第 212 期，民 93 年。
3. 張明正、陳怡蓁，《擋不住的趨勢》，天下文化，民 92 年。

第四篇　用　人 —————

第八章 選才與用才

◎ 導 論

　　人力資源是組織中最大的投資與最重要的資產，在今日瞬息萬變及知識經濟導向的全球化競爭市場中，組織如何募集優秀之人才為其所用，已成為管理決策者關切的課題之一。組織系統的運作完全仰賴人力資源這項寶貴的資產，因此組織中的人力資源運用的適當與否，直接影響了整個組織之效能。一般而言，組織的用人其實包括：選才、用才、育才、晉才及留才等五個作業範疇；本章將先就選才與用才進行探討。

　　「選才」是用人的五個作業範疇之首要工作，作業內容包括人力規劃、員工招募及甄選活動。在人力需求規劃的作業活動過程，各部門主管皆需參與各項用人計畫之討論，提供人力規劃活動所需資料，並且適時的提供意見及建議，使得人力資源管理部門能明確地瞭解各部門的需求情況，以便制訂之人力計畫能切合組織及各部門的發展需求。然而健全的人力規劃程序必須先瞭解內部組織結構關係，再對其人力資源作評估，不管是現有人力的評估還是未來人力供需評估，皆屬於人力規劃的重要工作。至於員工招募甄選作業活動中，組織可先擬訂各項人員招募策略目標後，再決定所要使用之招募方法與甄選方式，以甄選能切合組織未來發展所需的優秀人才。

　　「用才」的管理內容包括員工的專業訓練及員工管理活動，當選定適當的人才進入組織後，接著而來的工作就是訓練及管理員工。新進的員工剛到組織時，為了使員工儘快融入組織文化及瞭解營運特性，因此必須接受適當的職前訓練課程。此外，員工在執行任務的過程中，可能由於技術的不斷變革或工作績效表現不理想，管理者必須適時的提供員工專業諮詢及工作指導，而使其能夠充分的發揮潛能。

◎ 本章綱要

*用人的作業範疇
*人力規劃
    *人力規劃的意義
    *人力規劃的目的
    *人力規劃的程序
    *人力規劃的作業項目
*員工招募
    *招募的規劃
    *招募的來源
    *招募的策略
*員工甄選
    *員工甄選的意義
    *人員甄選程序
*員工管理之原則
*員工的工作指導
    *工作指導的原則
    *工作指導的方式
*員工管理常見的問題

◎ 本章學習目標

1. 瞭解人力資源管理的範疇及人力規劃的管理內容。
2. 學習員工招募甄選的活動內容與作業程序。
3. 熟悉員工管理與工作指導的運作原則。

第一節　用人的作業範疇

　　就狹義的觀點而言，用人係指組織如何有效的運用人力，但就廣義的觀點而言，它不僅涵蓋組織如何有效運用人力而已，事實上仍需包括組織如何正確的募選人才、培育人才、晉升人才及留用人才。換言之，一個組織用人的作業範疇包括：選才、用才、育才、晉才及留才（參見圖 8.1）；其中，選才方面的作業內容包括人力規劃、人才招募及人才甄選；用才方面，則涵蓋員工管理及工作指導；育才方面則包括職前訓練、職內訓練、職外訓練及潛能發展；晉才方面，包括績效考核及晉升降調；留才方面則涵蓋薪資福利及勞資關係等。

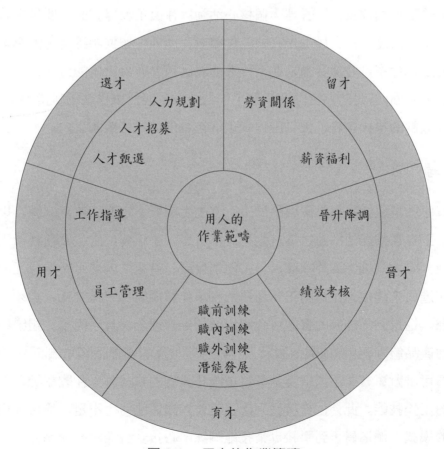

圖 8.1　用人的作業範疇

一、選　才

選才活動為用人的首要工作，組織在進行選才作業之前必須考量組織未來不同階段的策略發展目標與方向，然後再依照組織發展的不同階段所規劃之業務發展需求，進行未來人力需求預測；其次再根據現有人力供給量與未來人力需求量的差距，以決定雇用人員的名額，並訂定選才的資格與條件。選才的作業活動內容主要包括三部分：人力規劃、人才招募及人才甄選。

二、用　才

用才係指組織如何管理與教導已僱用員工正確的從事工作任務；它主要包括員工的工作指導及員工管理兩個核心活動；在員工教導方面主要是希望能夠激發員工的潛能，提升員工現有的工作績效。此外，如何訓練員工的專業技能以增進工作效率，並激發未來在工作上的發展潛力亦為用才的另一個目的。在員工管理方面，管理者應該隨時掌握工作績效成果與行事作為偏離常態之員工，並施以適當的訓練內容，使其工作表現能在合理的控管範圍之內。

三、育　才

育才就是組織針對已僱用的員工，實施定期與不定期的教育訓練，以持續強化員工專業技能的活動；換言之，育才就是人才培育，它主要包括員工的職前訓練、職內訓練、職外訓練及員工潛能發展。當組織內晉用新進員工時，為了讓新進員工能快速地適應工作任務的各項作業規範及組織文化，必須進行職前訓練，透過職前訓練的實施可介紹組織的經營理念、背景沿革、組織結構、經營的產品範圍、組織的價值觀及工作內容所涉及的各種相關知識。另一方面，組織亦可針對舊有員工採取實地學習或職務輪調的方式施以在職訓練，以提升員工的工作技能。此外，若發覺到員工工作知識與能力之不足，還可運用職外訓練的模式，派遣員工到學校專業技能訓練中心接受長期的教育訓練。

至於主管人員的管理才能發展方面，則應採取更多元化的訓練發展設計，除了安排一般專業性的訓練課程之外，更需配合人才接班計畫及個人前程發展

規劃，邀請相關的專業管理講座進行授課，並且計畫性地安排職務輪調與晉升，以充實日後晉升更高階管理者所必須具備的領導管理能力。

四、晉　才

晉才係指組織透過員工的績效考核結果，從事員工職位晉升降調的管理活動。換言之，晉才的主要核心作業包括：績效考核及員工職位晉升降調。由於績效考核係針對員工的工作成果進行評價，並以考核的結果作為員工調薪、獎勵或晉升等人事決策的參考；因此，不當的績效考核制度往往成為員工間士氣低落及離職的重要原因之一。因此，組織除了必須建立公平、公開及公正的員工績效考核制度外，若能將員工的績效考核結果，作為員工專長志趣不合的職位調整、員工生涯規劃修正或員工工作指導時的參考依據，將更能發揮績效考核制度的激勵效果。

五、留　才

留才係指組織透過合理的薪酬制度、和諧勞資關係及完善的員工生涯規劃，以留住組織內具優異表現人才的管理活動。組織為了留住人才，最基本應從薪酬管理及勞資關係方面做起，如果一個組織不能給予員工生活上的安定感及尊重員工專業技能，則組織的人才流失率將大幅的增加，因此影響組織整體之運作效能。

薪資係指勞動者的工作所得，勞方依據勞動契約執行工作義務，而獲得來自資方的報酬代價。就留才的目的而言，薪資的給付方面應注意薪資制度設計的合理性、薪資水準的外部競爭性、薪資結構內部公平性、薪資的激勵性及高度的調整彈性。至於勞資關係方面，除了勞資雙方依循政府法令履行個別的權利與義務外，最重要的仍在於勞資雙方必須體認命運共同體的信念，建立彼此夥伴關係的互信基礎，共創企業價值並共享利益成果。

第二節　人力規劃

一、人力規劃的意義

　　人力規劃 (human management planning) 亦稱為人力資源規劃 (human resource planning) 或人事規劃 (personnel planning)，它係指組織為配合未來發展之需要，針對現有人力進行評估分析及未來人力需求進行預測，以決定人才的需求缺口，並秉持適才適職的原則配置適當人力，以落實組織永續發展的目標。

　　組織必須隨著環境變遷及未來發展的需求，進行人力的評估與規劃，由於必須不斷地進行評估，因此人力資源管理部門除了要瞭解組織內現有人力的結構外，亦需考量未來業務發展所需的人力數額，然後針對組織不同時期之業務發展，規劃設計合宜的人才招募計畫；此外，有效的人力規劃還可以將員工的生涯發展透明化，讓員工清楚地知道他們在組織內未來發展的機會與方向，以激發自我學習成長的潛能，並增進工作效率及生產力。換言之，經由組織的健全人力規劃過程，將可確保組織在適當的時機聘用適當數量及良好素質的人員，使組織在最經濟的用人成本考量下，獲得最有效的人力運用。

二、人力規劃的目的

　　人力規劃係指針對組織目前現況及未來業務發展的需求，運用科學的方法，計列出目前人力狀況與未來工作負荷量所需人力數量的差距，期望能適時、適地、適質、適量地補足組織差距員額。此外，人力規劃亦將採取計畫性的培訓方法，提高員工未來發展所需具備的專業能力，使組織內所有的員工，都能一致性的依循組織的未來目標，持續地強化本身的職場競爭力。一般而言，組織進行人力規劃的目的有四：

1.規劃組織未來人力發展

　　人力規劃的作業內容包括現有人力評估、未來人力需求預測、發掘人才、培育未來所需人才及有效運用人才，也就是管理者在從事人力規劃時，必需針

對組織現有人力結構作分析,以釐清組織目前聘用的人員專長所在及不足之處;此外, 在預測未來人力需求時, 確實地考量組織未來的策略發展計畫, 以規劃出適當的人力專長及員額配置, 並針對未來不同階段時期的僱用人力事先訂定培訓內容與項目與內容, 以配合員工的生涯發展途徑。

2.人力運用彈性化

在今日知識經濟的時代, 組織必須培訓員工的第二及第三專長, 才能持續維持競爭力。透過人力規劃可有效的訓練養成員工多樣化的專業技能, 使得組織的人力運用上能更具彈性與靈活度。此外, 組織在實施人力規劃的過程中, 各部門單位的人力分佈情況和職位空缺的情形都會清楚的顯現, 致使組織能客觀的評估員工目前工作負荷量的合理性, 並採取適當的人力調整措施, 以儘可能避免員工勞逸不均的現象。組織藉由進行人力規劃, 可研擬出一套完整的招募及培訓計畫, 以充分的彈性配合組織的策略方向與目標。

3.降低人事成本

人力規劃係在經濟效益的考量下對組織的人力專長與數量進行盤點, 並依據每個單位部門的業務量, 確認人員是否配置適當, 以達到人力精簡的目的。因此就運用成本而言, 人力規劃將可避免組織內冗員的產生, 排除多餘人力的運用, 進而達到降低人事成本的目的。此外, 人力規劃亦將排除人員專長不符職位任務所需的現象, 以提升員工工作士氣及生產力。

4.滿足員工發展需求

組織進行人力規劃後, 必須將人員未來的專長培訓計畫公佈周知, 使得組織內的每一位員工的職場生涯發展透明化, 讓員工清楚地知道未來在組織的發展機會與方向, 而可驅使員工自行訂定未來努力的方向和目標, 並按所需的條件自我學習成長, 進而激發員工的潛能發展, 以強化組織未來競爭力。

三、人力規劃的程序

組織應該以未來的策略發展目標與方向為基礎, 並根據目前的人力專長現況按部就班的循序進行人力規劃, 雖然每個企業進行人力規劃的程序有些微的不同, 但一般而言, 組織在進行人力規劃的程序通常包括: 評估人力資源環境、

訂定人力需求目標與策略、擬定人力發展行動方案及人力績效控制與回饋，如圖 8.2 所示。

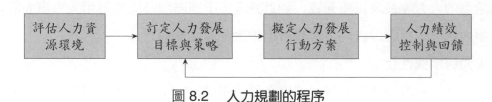

圖 8.2　人力規劃的程序

1.評估人力資源環境

人力規劃的第一個步驟就是針對人力資源的內外環境進行評估，而組織人力資源環境大致可區分為內部環境與外部環境；內部環境係指組織內現有人力的結構現況，評估分析重點在於員工專長類別分佈、學歷結構、年資長短、人員數量、員工士氣及員工向心力等；主要的評估目的在於瞭解現有的人力結構情形是否能符合目前市場競爭及未來策略發展之所需。外部環境係指勞動市場人力的供應情形，而外部環境的評估分析重點在於勞動市場可供應人數的充足性、學歷結構情形、經驗的豐富性、專業訓練充足性及可就業的年齡分佈等。管理者根據人力資源內外部環境評估後，就可瞭解未來的人力供需情形，而作為未來組織競爭策略發展時，規劃人力招募計畫的重要參考資訊。

2.訂定人力發展目標與策略

人力規劃必須以企業經營理念和策略目標為規劃的基礎，不論規劃時程的長短或需求人力層級的高低，管理者在訂定人力發展目標必須源自於組織的目標；換言之，人力資源的需求計畫，都應遵循組織的策略目標與方向，並維持兩者的一致性；譬如某金控公司若以「提供客戶專業理財服務」為策略目標時，人力規劃就必須以該策略目標為基礎，訂定公司內員工的人力發展目標，例如要求每位新聘任的員工必須取得理財服務的必要證照，證照種類愈多則薪資給付就愈高；或規定每位現職員工至少應取得必要性的理財證照種類；如此，人力發展的目標就能配合該金控公司的策略目標。

3.擬定人力發展行動方案

在人力規劃的程序中，組織需根據設定的人力發展目標與策略而擬定完整

的人力發展行動方案，主要的執行內容與項目包括：

⑴工作分析：針對組織中各項職位的工作內容、權責及擔任該職務所應具備的基本條件進行研究分析，以確保每個職位的任務執行及任用資格皆能符合規定的人力發展目標。

⑵招募甄選計畫：組織應依據人力發展目標擬定招募及甄選計畫的內容與條件，以確保所聘任的新進員工或晉升職位員工的資格條件均能符合人力發展目標。

⑶教育訓練計畫：組織針對專長技能已無法滿足人力發展目標的員工施以完善的教育訓練，使得員工能配合未來策略發展方向強化自身的專業技能。

⑷績效評估計畫：就是組織針對員工所擁有的專長技能種類及工作績效表現，定期與不定期進行評估是否符合人力發展的目標方向，以隨時引導員工循著組織未來的策略定位充實必要的專長技能。

⑸人力異動計畫：就是組織在確認無意願或無能力學習成長以配合公司人力發展目標的員工後，進行降調或資遣的人力變動情形。

⑹獎勵計畫：就是組織內員工的專長技能及工作績效表現均能達到人力發展的目標時，應建立完善獎勵計畫如職位晉升、薪資調整及紅利發放等；譬如上述某金控公司的員工每獲得一張理財方面的相關證照，就予以加薪晉級，正是獎勵計畫的最佳運用例證。

4.人力績效控制與回饋

一旦組織推動各項人力發展行動方案後，必須對執行成效進行評估與控制，將實際達成的人力績效成果與預定的人力目標進行差異分析，並將差異分析所擬定的矯正行動方案回饋到人資部門，作為訂定下次人力目標與策略發展的參考方向。

四、人力規劃作業項目

人力規劃一方面是對現有人力現況與未來人力需求進行差距分析，以瞭解人力甄補及遣退的必要性；另一方面則是對組織內所有的職務晉用人員是否符

合資格條件之現況作調查分析，以瞭解是否有專長不符或志趣不符之現象，以作為人力調整的通盤考量。人力規劃的作業內容包括三個項目：組織結構現況分析、現有人力評估及未來人力供需評估。

㈠組織結構現況分析

人力規劃的作業項目之一就是針對現有組織架構運作的適當性進行評估，為了確保組織運作的順暢性及決策迅速性，管理者可從組織結構配置合理性及權責關係的清晰性等兩個角度來進行分析。

1.組織結構配置合理性

組織結構是組織各部門之間隸屬與連繫關係的架構圖，它可顯示組織內的權力核心及溝通網路。在分析組織結構時，必需從縱向、橫向兩個方面進行觀察；首先縱向分析係指組織層級與部門之間彼此權責關係，如最上階層的總裁、副總裁或總經理，中層的協理、經理及最基層的技術員或生產員；而橫向分析係指專業分工的部門單位，如製造部、行銷部、業務部或財務部等，在組織中各有所轄的專業領域。就人力資源運用的角度而言，雖然確保組織結構的嚴謹性係非常重要的原則，但維持各部門及上下層級之間的良好互動溝通關係，且提升決策的迅速性亦是人力規劃時不可忽略的考量。

2.權責關係的清晰性

組織權責關係是指組織內直線單位與幕僚單位之間的權力與責任關係。直線部門的主要功能就是，直接負責產品或服務之生產或行銷任務，對組織目標的達成具直接的關聯性；但是幕僚部門的主要功能是屬於諮詢輔佐性質，主要職責在於協助直線部門執行任務，如組織的人事及會計部門等。因此，直線與幕僚單位的權責關係必須清晰的予以界定區分外，亦需維持兩者的良好互動溝通與協調關係。

㈡現有人力評估

組織為了清楚地瞭解現有人力的數量、學歷、專長類別、年齡及年資等，必須進行組織全面性的人力盤點與清查的過程，稱之為現有人力評估，有時亦

稱為人力盤點。一般人力評估的主要分析項目有：人力員額分析、人力類別分析、人力素質分析及年齡結構分析。

1.人力員額分析

人力員額的分析重點除了盤點組織現有的人力數量外，另一分析重點在於探討現有的人力數量與目前業務量的配置是否適當，也就是檢討現有人力配置是否吻合目前業務量的標準人力配置額。目前企業進行人力員額分析較常採用的方法有三：工作分析、動作研究與時間研究（相關內容亦可參見本書第七章第三節工作設計）。

⑴工作分析 (job analysis)

針對組織內的每項工作內容、權責及擔任該工作必須具備的資格條件，如學歷、經歷、專業技術等進行分析的過程謂之工作分析；工作分析後所獲得的結果，可透過書面化的形式，發展成職務說明書及工作說明書。

⑵動作研究 (motion study)

管理者透過科學方法來分析與決定員工如何以最有效、最舒適及最經濟的動作程序來執行工作的過程謂之動作研究。

⑶時間研究 (time study)

針對完成一件工作所必須經歷的各個動作程序擬訂完成所需的時間，如此便可訂定一件完整工作的標準時間。

在經由上述各種方法後，可清楚地得知每一項工作之標準作業時間及標準員額配置量等相關資料，然後根據所獲得的資料進行人力員額分析，探討現有的員工人數是否能切合組織的目前業務量；若無法合乎需求，則必須作適當之人力調整與甄補作業，以消除員工或部門之間勞逸不均的現象，達到有效運用人力資源的目的。

2.人力類別分析

一般組織內的人員大致可歸類為技術人員、業務人員及管理人員，這三類人員的分佈比率可顯示一個組織人力的分配結構，組織可考量本身規模大小及產業性質來決定此三類人員的配置比率。若人員配置比率不符合組織需求或不合理時，將可能造成用人成本的浪費或影響組織發展的競爭力。

3.人力素質分析

人力素質分析就是對組織內所有人員的教育程度、經歷年資及專業技能進行配置分析，任何組織都希望能提高人員的素質，然而提高員工素質的方法除了取得較高的學歷外，針對員工實施工作輪調和教育訓練亦是重要手段之一；一個組織在進行人力素質分析後，接著必須進一步探討目前員工的特定專長、學歷及經驗是否符合未來發展競爭所需，以作為員工培育與訓練的重要執行目標。

4.年齡結構分析

人力資源部門可依照不同職位、不同學歷或不同工作性質等類別進行年齡結構分析，亦可統計全公司的不同年齡層級結構；進行年齡結構分析除了可剖析公司內某些職務是否出現人員老化現象外，亦可探討公司的人力資源是否有年齡斷層或青黃不接之現象，而影響組織未來的發展，以作為未來甄選人力的參考方向。

(三)未來人力供需評估

組織可從人力需求預測及人力供給預測的角度來進行人力供需評估，詳細說明如下。

1.人力需求預測

組織人力需求預測可從兩個角度進行，首先針對組織的未來環境變遷及發展所需的人力進行評估，其次再對組織內部各部門目前的業務需求人力進行調查；經由上述兩者的評估結果加以彙總後，便可獲得人力需求預測量。組織一般較常用的人力需求預測方法有：

(1)部門主管主觀估計法

部門主管主觀估計法就是由各部門單位的管理決策者，憑著個人過去的工作直覺經驗，針對未來的業務量發展進行人力需求量的預測；這種方法非常的主觀，常因個人的人格特質如過於樂觀或過於悲觀，而造成人力需求評估的偏差結果。

(2)德菲 (delphi) 技術

德菲技術就是組織一個人力預測的專家小組，透過問卷方式由專家小組的成員分別針對未來的人力需求作出初步的預估，然後將全體專家小組成員預估的結果彙整後，再次提供給成員參考並進行另一次的問卷預估與修正；如此重複不斷的進行預測，直到全體成員達到一致性的結果時所獲得的預測值，就是人力需求的預測數。

(3)迴歸分析法

迴歸分析法主要在探討變數之間的因果關係，它運用於人力需求預測時，可探討生產量或業務量對人力需求數量的關係；例如迴歸模式為 $y=a+bt$ 公式中，t 可為銷售量或生產量，y 則為人力需求預測數；人力資源管理決策者可搜集公司銷售額、生產量與人力需求數量的資料，透過上述迴歸公式進行分析，以獲得在不同的銷售額或生產量下，必須使用的人力需求數。

2.人力供給預測

在預測未來所需的人力後，緊接著管理者可從兩個角度：組織內部可用人力數及勞動市場可供給人力數，來進行人力供給預測。

(1)組織內部人力供給預測

組織內部人力供給預測就是針對內部人員進行可供給人力的調查與預測；人力供給的來源不僅只是來自於組織外部，事實上組織內部優秀人才亦是組織未來可資使用的重要來源之一；一般而言，組織進行內部人力供給預測所需的資訊包括：

a.技能檔案 (skill inventory)

技能檔案是組織中所有員工名單的清冊，該清冊內容包括個人資料、技能、經歷、訓練及薪資等。

b.職位晉升遞補圖 (organization replacement chart)

職位晉升遞補圖是確認整個組織中重要職位在未來出缺時，符合遞補該職位人員所需具備的資格條件與候選人名單。

c.繼任者規劃 (succession planning)

繼任者規劃可顯示組織內特定職位的現任者及未來接替者所必須擁有

的相關學經歷及專業技能要求；它可以作為人力資源管理部門針對組織內不同層級人員實施教育訓練的內容參考，以培育某職位未來的可能繼任者具備接任的專業能力。

(2)勞動市場人力供給預測

由於勞動市場的可就業人力係整個社會人力供給庫的一部分，組織在進行外部人力供給預測時，必需考量的要素包括經濟成長率、人口出生率及失業率等；更重要的則是必須清楚瞭解組織所在區域的可就業人力是否足夠供應目前及未來發展所需的人力員額專業能力。

第三節　員工招募

一、招募的規劃

招募規劃係指組織在面臨人力缺口時，透過不同媒介的宣傳以吸引適當條件的人才前來應徵的過程；它根據人力資源規劃結果所確定的人才招募類別與數量，訂定最適當的招募策略與措施。招募規劃於組織選才過程中扮演中介者的角色，介於人力資源規劃與甄選兩項人事作業之間。組織由於招募人才類別的不同，招募的方式亦會有所不同；譬如徵募的人才若屬於短期勞動階層者，由於必需具備的工作資格條件如學歷或經歷要求較不高，此時招募的方式就可委託專門的職業介紹所徵聘即可；但若招募對象為工程師級人員時，由於應徵的資格條件較為嚴格，則透過組織內部較嚴謹的甄選程序進行徵聘較為妥適；但如果徵聘的人才屬於高階主管時，由於資格條件最為嚴格及候選人相當少，在國外大都透過獵人頭公司代為徵聘。

二、招募的來源

通常招募人才的來源可從組織內部人才進行選拔，或由外部的應徵者中進行選用，因此人才招募可分為內部招募與外部招募兩種管道。

㈠內部招募管道

組織可根據出缺或待聘職位的資格條件，由內部人員中遴選合格的優秀人才加以聘用；內部招募的優點在於組織與候選人彼此都已有相當程度上的瞭解，較易於徵聘到合格的人才，同時由內部人員進行拔擢可激勵員工的工作士氣；缺點則是可能會造成公司內部的人事爭鬥，甚或阻礙組織創新觀念的導入。

㈡外部招募管道

外部招募是指組織向外部徵召人才的方式；通常外部招募有下列的管道可供使用：

1.媒體徵才

媒體徵才通常可透過報紙、雜誌、專業報導型的刊物、發票廣告、收音機傳播、電視廣播、電子看板、T型看板及網路徵才如104、111人力銀行或青輔會的求職資訊網等。媒體徵才方式可達到全面性及廣泛性求才的效果；但缺點則是往往應徵者人數繁多，造成組織後續甄選時間、人力、物力及財力方面的浪費。

2.公立及私立的就業服務機構

目前市場上有許多的公私立就業服務機構，例如勞委會於各縣市所設立的就業服務中心、青輔會或私人的人才仲介公司等，該些機構均可為組織招募新員工提供仲介服務。

3.臨時員工租借公司

國內最近幾年來由於經濟不景氣的影響，在組織不太願意大量僱用正式員工的情勢下，便透過許多的臨時員工租借公司，有時稱之為 call center，進行短期臨時員工的招募。雖然組織透過此種途徑可在短期內不必花費太多的人力成本下徵補所需人才，可是所徵補員工大都是屬於臨時性，而且這些徵聘的人才往往缺乏正式員工所具備的忠誠度。

4.校園招募

組織可透過在大學院校共同舉辦的求職博覽會、建教合作方式及校園內學

生就業輔導單位等管道，向學校即將畢業的學子進行人才招募。雖然校園人才招募可減少大幅的人事廣告費用，但是所招募的人才由於工作經驗較為欠缺，而可能必須耗費組織較多的訓練成本。

5.自我推薦及員工推薦

組織若具備良好形象時，可能吸收某些甄選候選人以自我推薦或內部員工推薦方式，非正式的向組織提出應徵申請。雖然自我推薦的人才通常擁有較強烈的工作動機與自信心，但個人的自我推薦往往破壞組織健全的招募制度與程序。此外，員工推薦雖然可獲得較適合組織文化與價值觀的人才，但缺點則是可能會在組織內形成非正式群體，破壞組織和諧性。

有關各種招募管道的招募方式及優缺點彙整如表 8.1。

三、招募的策略

組織一旦確定所要徵聘的人才數量和類別後，就應考慮如何訂定招募策略的問題，招募策略的主要目標在於如何為每個特定的職位吸引眾多的合格人員前來應徵。組織要吸引人才就必需要提供適當的誘因，一般而言，招募時較重要的誘因可歸類如下：良好薪資獎酬制度、企業形象、組織的獲利率及組織未來的發展潛力。就現今產業為例，積體電路無疑是當今電子系畢業生就業的第一志願；此外，相較於現今競爭激烈、人員汰換率高的電子科技相關產業而言，中鋼公司賦與員工工作穩定性、企業形象佳及良好的獲利能力，正是該公司招募人才的一項重大招募策略及誘因。

第四節　員工甄選

一、員工甄選的意義

組織如何從眾多應徵者中挑選出符合出缺職務能力與條件者的過程謂之員工甄選。事實上，任何組織都會出現人員離職及退休之人才流失現象，亦或可能出現業務拓展人才短缺的情形，管理者必須根據人才流失及人才短缺的數額

表 8.1 不同招募管道優、缺點比較

招募管道	招募方式	優 點	缺 點
媒體徵才	• 報紙雜誌及專業刊物 • 電視廣播、收音機傳播、大型電子看板及 T 型看板 • 發票廣告 • 網路徵才：如 104、111 人力銀行或青輔會求職網站等	• 傳播效果較為廣泛性與全面性	• 招來許多不合資格的候選者，大量耗費組織甄選的時間、人力、物力及財力 • 廣告成本較為昂貴
公共就業服務機構	• 政府機關設立之就業輔導機構：如青輔會或各縣市政府設立的就業服務中心	• 免費或成本較低 • 信譽良好	• 偏向於仲介較低技能工作者，不易仲介高技能的專業人才
私立就業服務機構	• 民間職業就業輔導機構如人力仲介公司	• 接觸層面廣 • 篩選較仔細	• 採收費制，成本較高 • 提供低技能工作人才
臨時員工租借公司	• 臨時員工租借公司登錄的人才庫 • 仲介臨時工作人員	• 可滿足顧客公司臨時人力急需 • 甄選費用較少	• 短期員工對企業組織的忠誠度低 • 較偏向於仲介短期臨時性人工
校園招募	• 大專院校聯合求職博覽會 • 校園內學生就業輔導機構 • 建教合作	• 徵聘成本較為低廉 • 聘用較具可塑性的員工	• 候選人經驗較為欠缺 • 必須耗費較多的訓練時間與成本
員工推薦	• 組織內員工推薦親朋好友	• 可甄選到較切合組織文化與價值觀的人才	• 員工背景的多樣性較為不足 • 易形成非正式群體，破壞組織和諧性
自我推薦	• 符合條件的人才自行推薦	• 候選人較具自信心及高度工作動機	• 破壞健全的招募制度與程序，引起員工對於招募公平性的非議

及資格條件透過筆試、性向測驗、專長測試、口試及人員試用等程序來甄選適當的人才補足缺額。一個組織進行員工甄選的主要目的就是從應徵候選人中，選拔出符合從缺職務資格條件及具備組織未來發展潛能的人才。

二、人員甄選程序

一個組織進行人員甄選的程序包括：建立人員甄選標準、應徵者申請表審查、應徵者背景查核、體檢審查、專業與性向測驗、面試，並選定適當的人選

（參見圖 8.3）。事實上，組織可依據營業規模或所聘用人力的類別之不同，而適當的調整或簡化上述的人員甄選的程序。

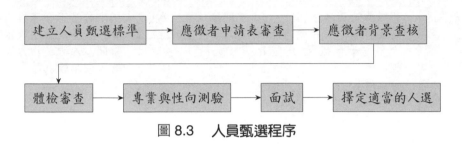

圖 8.3　人員甄選程序

1.建立人員甄選標準

組織應該依據所聘用人員職位或層級的不同，制定不同的資格與條件；組織較常使用的資格與條件標準包括：甄選人員年齡限制、性別、教育程度、專長類別、經歷年資、專業技能證照、智力表現或特殊的技藝等；該些資格條件的標準訂定後，除了可刊登於徵才的廣告內容外，亦可作為主管人員在甄選人才的抉擇判定依據。

2.應徵者申請表審查

應徵申請表的內容通常包括：個人基本資料、家庭背景、教育程度、求學歷程、工作經驗、興趣嗜好及自傳等；申請表的審查往往是人員甄選的第一道關卡，組織可以在每個甄選職位設定甄選條件的最低門檻如學歷、經歷年資或年齡的上限，只有當應徵者的條件達到甄選的最低門檻要求時，才有機會進入第二階段的甄選程序。組織亦可依據本身的需求訂定申請表的內容格式，以達到組織甄選人才作業時的便利性、簡化性及務實性。

3.應徵者背景查核

組織在甄選人才時，通常會要求應徵者附上自傳，或在申請表中述說過去的求學經驗及就職歷程，甚至於有時會要求應徵者提供由學校教授或曾任職的公司主管具名撰述的推薦函。然而應徵者於申請表或自傳中所述明的求學和就業歷程是否真正反映實際情況，實有必要進一步予以查證。此外，國內推薦者所具名撰寫的推薦函普遍有做人情而盡說好話的現象，致使推薦函流於形式化，而無法真正顯現應徵者的人格特質與工作態度，因此組織通常會針對應徵者所

撰寫申請表資料及推薦函所撰述的真實性進行查驗。一般而言，進行應徵者背景查核可透過下列方式進行：

(1)學校教師的查詢

一般皆透過電話或函件方式查詢應徵者在校期間的人格特質、學習態度及品德操守等，有時亦可直接與應徵者的授課教師聯繫，查詢應徵者的專業能力及團隊合作性。

(2)應徵者過去的雇主

可透過電話或函件方式，向應徵者曾就職公司的人力資源部門查詢應徵者的工作態度或歷年來的工作考績表現，必要時亦可請其提供相關的佐證資料如記功、嘉獎或是重大事蹟表現等，以作為甄選人才時之參考依據；甚至於有些組織會直接向應徵者過去的主管查詢應徵者的工作態度與合群性。

(3)應徵者過去同事的查詢

可透過電話直接向應徵者曾就職公司的同事查詢應徵者與同事相處的合群性與敬業性。

(4)應徵者的鄰居

可透過親自拜訪的方式，向應徵者的鄰居查詢應徵者的為人處事態度，是否樂於助人並具有公共服務的精神。

(5)徵信公司的查詢

僱用人員若屬於組織內非常重要的職位時，組織可透過徵信公司查詢應徵者過去的財務信用狀況以及是否有犯罪紀錄等資訊；但是在透過徵信公司進行查詢的過程及獲得的結果，宜嚴守保密的原則，以避免侵犯應徵者的隱私權與名譽。

4.體檢審查

體檢是要排除因身體殘疾或心理疾病而無法勝任特定工作條件要求的應徵者。組織可要求應徵者應徵時檢附公立醫院所開具的體檢證明書，以確保應徵者的身心健康情形符合應徵職位的資格條件；但此處值得注意的就是組織要確定所排除應徵者的體格檢查不符項目，是對於工作執行不堪負荷或明顯的影響

工作績效，否則目前是非常強調保障弱勢團體的社會，輕者往往造成企業形象
的負面影響，重則可能觸犯法規。

5.**專業與性向測驗**

　　長久以來，針對應徵人員進行各種不同的測驗如專業能力測驗或性向測驗
等，係人力甄選的重要步驟之一，尤其是國內知名的大型公司如東元及台積電
等公司，而國營企業如台糖、台電及中鋼等，亦皆是透過公開、公平及公正的
原則舉行各種筆試測驗，作為人員甄選的重要參考標準。組織甄選人才時，所
舉行的測驗類型大致可分為下列幾種：

　　(1)**專業技能測驗**

　　　　專業技能測驗的目的在於評量應徵者的專業技能，是否符合所擔任特定
職位工作內容之需求；例如電子工程師的應徵者就必須測驗電子相關的
專業知識，而軟體工程師的應徵者就必須測驗系統分析或撰寫程式的專
業能力，至於秘書或業務助理的應徵者就要測驗中文及英文打字的速率
與正確率。

　　(2)**性向測驗**

　　　　性向測驗的目的在於衡量應徵者的性向，以判定應徵者是否具有擔任特
定職務的發展潛力；其中，智力測驗就是性向測驗的一種。例如美國勞
工部所使用的一般性向綜合測驗 (the general aptitude test)，其測驗內容就
包括口語能力、數字能力、邏輯推理能力和協調能力。

　　(3)**人格測驗**

　　　　人格測驗主要在於衡量應徵者的興趣偏好、自信程度及人格特質；它的
測驗結果可顯現應徵者的自信程度、處事的穩定性、創新性及積極性。

　　事實上，組織在決定採用上述任何一種測驗方式前，必須先確認所獲得的
測驗結果能真正反映應徵者的專業能力或性向。因此，管理者確認每一種測驗
方式的信度 (reliability) 和效度 (validity) 是不宜忽略的；所謂信度就是測驗的內
容可正確的測出想要衡量項目和內容的程度；如果測驗的內容愈能測出想要衡
量的項目內容稱之為高信度，否則為低信度；而效度就是同一個應徵者在接受
相同的測驗方式數次後，每次所獲得的測驗的結果的一致性程度；如果每次測

驗的結果非常一致，則代表該測驗方式具高效度，否則為低效度。

6.面　試

　　面試的主要目的就是希望取得無法從應徵者申請表、推薦函及筆試測驗過程中所獲知的訊息，如應徵者的溝通技巧、專業能力、條理分析能力及反應能力等。通常一個主管在進行面試時，可達到下列兩種面試功能：(1)透過口試的程序組織可以更加瞭解應徵者的專長及優點所在；(2)面試過程中，可提供應徵者有關組織的經營情形與基本概況，以作為應徵者考量是否接受組織聘僱的抉擇參考。

　　為了有效地擇定合適人才，組織內主持面試的主管在進行應徵者的面試時，應遵守下列的原則：

　　(1)以結構性的問題提問應徵者

　　　　為了系統性的獲得應徵者的相關資訊與專業能力，面試者宜針對甄選職位所需的條件，事先準備具結構性的類似問題來提問所有的應徵者，再根據每位不同應徵者的答覆結果進行甄選判定，如此較能以相同的基準客觀地評比不同應徵者表現的優缺點，盡可能避免以毫無章法的方式來提問不同的應徵者，否則無法以客觀的相同基準來評比不同應徵者的專業能力表現，而造成甄選的偏差性與不公平性。

　　(2)事先瞭解甄選職缺的資格條件

　　　　面試主持者在進行甄選前必須事先詳細閱讀所應徵職缺的工作規範說明書及職務說明書，必要時亦可以請人力資源部門在面試時，提供主考官面試的相關資料。

　　(3)使用標準化的面試表格

　　　　面試者可依照面試表格內的評估項目與內容，逐步進行評定分數及面談評論，以免遺漏重要的面談重點與項目。

　　(4)分組面試

　　　　若接受面試的人員過多時，則必須將面試人員事先分組，於不同的時段進行不同組別的面試，而不宜在同一時段內面試所有人員，否則將因人類的排序記憶有限，而無法擇定適當的人選。

7.擇定適當的人選

　　經過上述的人力甄選程序後，此時組織可召集參與甄選的主考官，針對甄選的評定成績與結果，共同討論擇定最適合組織的人才，透過集體討論的程序，更能客觀與公正的甄選組織所需的優秀人才。

第五節　員工管理之原則

　　相較於組織內的物料、設備及財務資源而言，員工的行為態度具有較高度的不確定性，一般而言員工行為的可預測性部分大約只有八分之一，八分之七猶如潛藏於冰山之下而難以有效預測；換言之，管理者很難完全瞭解員工的內心工作態度與想法，大都只能瞭解員工的表面工作態度而已，所以如何管理與引導員工的工作行為，以發揮其專業潛能，是用才的重要課題之一，至於一個管理者有效進行員工管理的重要原則說明如下：

1.瞭解員工

　　組織的主管人員通常由於不能充分瞭解員工的需求，而難以發揮領導的成效；主管人員若能掌握員工的需求及專長所在，並且可根據員工專長與性向安排適當之職務，將使員工在組織裡能發揮潛在才能。主管人員可透過定期與員工進行個別懇談會、舉辦員工座談會、舉辦員工聯誼活動、關懷員工家庭生活、設置員工意見信箱或於組織發行的刊物開闢員工意見欄等方式，進一步瞭解部屬同仁對工作的期望及未來的發展需求。

2.安排員工適才適職

　　管理者瞭解員工的工作期望與未來發展需求後，就可依照員工的特定專長，賦與符合其專長的職務內容，必要時施予適當的教育訓練，使得員工在工作職位上發揮自己的專長特色，達到適才適職的境界。

3.灌輸工作價值觀

　　當一個員工不瞭解自己的工作意義時，就難以為工作全心全力付出。通常管理者詢問員工是否瞭解自己的工作意義時，得到的答案多半都是充滿茫然的，所以經常灌輸員工正確的工作價值觀，例如灌輸員工與組織共同學習成長的觀

念，將有助於員工對工作任務價值的認同。

4.建立完善的管理制度

每個組織根據公司的文化特色制定完善的管理制度，是為了使員工瞭解他們應遵守紀律、考勤、請假及其他的管理規則，並確實照章行事。此外，管理者在制定管理制度的相關工作規則，必須符合勞基法、政府法令、員工需求和人性化的原則，有了健全的員工管理制度，將避免多數不正常的管理問題產生，使員工充分感受到工作表現優良時必然受到優厚的獎勵；但相對地，工作表現不良時亦將受到適當的處置，藉以提高員工生產力及向心力。

5.傾聽員工心聲

當員工工作意志消沉或逐漸失去工作動機時，將難以達到組織所設定的績效標準，此時主管人員就必須藉由傾聽員工心聲的途徑，來瞭解員工態度改變的緣由。事實上，由於員工在就職過程中，常因其他同仁的晉升或工作遇到瓶頸之影響，難免出現工作的高潮與低潮的情緒，此時透過員工心聲的傾聽並適時的加以疏導與協助，將可激發員工學習成長再出發的奮鬥精神。

6.建構良好的工作環境

組織內各單位主管應該建構員工良好的工作環境，使員工能更愉快而舒暢的從事工作；良好的工作環境包括：主管對部屬真心的關懷協助、公平的晉升制度、合理的獎勵制度、和諧的同事關係、適合專長發揮的職位及互助合作的團隊精神，這些良好的環境氣氛必能激勵員工的工作士氣，增加工作效率及降低員工的離職率。

第六節　員工的工作指導

工作指導係指主管透過提示、輔導及引領的方式來協助部屬提升專業工作能力的過程。就管理觀點而論，對於員工進行適當的工作指導係主管人員的重要職責之一。

一、工作指導的原則

雖然每位主管針對員工進行工作指導的方式各有不同，但仍需遵守下列的原則：

1.主動接觸與瞭解員工

雖然主管與部屬每天在工作場所共事，彼此接觸時間相當多，但是很多主管都以工作忙碌為藉口，很少透過與員工的閒談方式進行溝通，或從旁觀察員工的工作情形，於是主管與員工彼此之間就會產生一道鴻溝，形成溝通的障礙。通常員工喜歡接近人比接觸事的傾向更為強烈，如果主管與部屬彼此相處融洽和諧，則部屬自然而然地就較易接受主管的領導；換言之，要有效的領導員工，首先就必須儘量接近員工，瞭解員工的個性和優點，在員工遭遇困難時能主動積極地給予協助。但往往存在的事實卻是，組織內的許多主管人員通常將自己關在辦公室裡，他唯一的工作，就是每日與公文打交道，很少與員工進行實際接觸與交談，這種主管就無法充分瞭解員工，更難對員工進行有效的工作指導。

平時主管人員應儘可能與員工從事相同的任務內容，徹底瞭解員工所遭遇的工作問題與困境，並誠心的提出改善之道，如此才能獲得員工內心的尊敬，並全心全意的接受主管的指導。

2.公平的獎勵與指導

每一個員工都希望能被稱讚和賞識，當工作表現良好受到他人的肯定與讚賞時，就能在工作方面獲得較高的滿足感。如果員工的工作表現值得獎勵時，除了私底下以非正式的方式表達鼓勵之外，也必須在適當的時機正式公開地加以表揚與獎賞；如此，員工除了因受到鼓勵而更加努力外，對其他的員工也會產生示範作用，而塑造組織全體員工敬業樂群的良好工作氣氛。

3.誠心的指導

當員工的行事作為或績效表現未能達到所設定的標準時，主管人員必須以客觀與具體的事實資料作為證據，透過非公開的方式告知員工績效表現不良的實際情形與原因，主動的指導員工採取適當矯正或因應作法。當然主管在規勸員工的不當行為時，要秉持對員工的愛心與誠意，避免使用情緒上的不當用詞，

造成員工心理上的傷害。

　　此外，主管不能基於員工職位的高低或能力的不同，而對於員工的獎勵方式產生差別待遇，必須平等的對待與尊重每一位員工的績效表現，在獎勵評估時更不宜摻雜個人對特定員工主觀情感偏好因素，確實做到公平的對待原則，務必使員工體認到有良好的表現就會受到獎勵，並不會受到其他因素的影響；當然，如果遇到已多次規勸或指導員工，而員工依然故我的持續犯錯時，則亦需採取適當的處置，不宜讓員工毫無警惕之心。

二、員工指導的方式

　　組織對於員工進行工作指導的方式，除了由主管人員直接對部屬進行溝通與討論外，較常使用的方法尚包括：師徒制、前輩制、專案團隊法、公文籃法、角色扮演法、工作擴大化及工作豐富化等，各種員工指導方式的優缺點如表 8.2 所示。

表 8.2　各種員工指導方法的比較

員工指導方法	優　點	缺　點
師徒制	・工作執行與技術學習互相結合 ・師徒制的教導較具深厚的情誼性	・老一輩的師傅，常可能有暗留一手的狹隘觀念，學習者可能無法完全學習到所有精華 ・僅較適合於技術人員的指導
前輩制	・經驗能有效的傳承	・資淺員工可能不服資深員工的能力，認為對方只是較早進入公司而已
專案團隊法	・員工可進行互補性技能的互相學習	・團隊績效成果不易劃分到個人成果，造成獎勵不公之現象
公文籃法	・強化員工的個案實務經驗	・個案的正式書面化耗費較多的文書作業時間與成本
角色扮演法	・使員工學習以同理心的態度對待其他同事	・模擬的情景有時較無法完全符合實際的現況
工作擴大化	・增加員工的第二、第三專長	・員工無法專注自身專業技能的提升
工作豐富化	・增加員工的規劃與控管能力	・有些員工無法承受工作豐富化的壓力

1.師徒制

師徒制是採師傅和徒弟制，也就是透過組織中經驗豐富的師傅來教導工作專業技能尚未純熟的新進員工（稱之為徒弟）。在學習指導的過程中，由師傅親自教導與傳授組織所配置徒弟的各種相關專業技術，這種師徒制大都在組織訓練技術人員的過程中所採用。此種方法最大的特色在於將工作執行與技能學習相互結合，並藉由師徒之間的情誼因素，強化學習的效果。

2.前輩制

前輩制係以組織內較資深的員工擔任資淺者執行工作的諮詢與教導；組織內資深的員工透過定期與不定期的會議研討將個人的經驗傳輸給較資淺的員工；同時，資淺的員工在執行工作的過程中若遭遇管理問題，亦可隨時向組織內指定的資深人員請教，以解決經驗不足所可能造成的管理困境。

3.專案團隊法

專案團隊法就是將組織內資歷及技術能力方面具有互補性的員工，共同組成不同的專案團隊，透過團隊合作的精神以處理特殊的任務。在專業團隊合作的運作過程中，透過團隊成員技術的互動溝通交流，而可達到互相學習教導的功能。

4.公文籃法

公文籃法就是運用組織內部以往曾發生過的案例，將相關資訊透過公文方式予以書面化；並由部屬針對個案的處理方式進行模擬的批閱及評論後，由主管根據個案過去的處理方式與部屬的處置措施進行研討，而強化部屬的實務操作經驗。

5.角色扮演法

角色扮演法就是依照組織實際遭遇的管理問題，請員工在模擬處理該問題時，扮演不同於以往的角色，如部屬扮演主管的角色，或員工扮演客戶的角色等，讓員工能實際體驗所扮演的角色進行決策時的不同立場考量，進而促使員工能從不同的角色立場獲得學習成長；此外，亦可使員工以同理心的態度來對待共同處境問題的另一方，期能達到更和諧的工作氣氛。

6.工作擴大化

工作擴大化是指員工工作範圍水平方向的擴增，工作擴大化將促使員工學

習更多樣化的技能，增加員工自我學習的機會及工作的責任感。

7.工作豐富化

工作豐富化是指員工工作範圍垂直方向的擴增，由於員工的工作內容更具整合性，而可促使員工更具成就感與創造力；有關工作擴大化及工作豐富化相關描述，請參閱本書第七章第三節工作設計的詳細說明。

第七節　員工管理常見的問題

一、員工暴力事件

現今的社會對於員工的工作安全日益重視，因此組織必須避免工作場所發生暴力事件。許多組織或多或少皆有可能出現員工暴力的問題，尤其近年來在臺灣引進外勞比率愈來愈高的情況下，面對離鄉背井的外勞人力，常會有情緒不穩定的狀況而引發暴力事件，組織必須針對此類可能發生的暴力問題，事先擬定預防措施及應變計畫。這正意味著主管人員必須隨時掌握可能發生員工暴力事件的原因，並預擬因應措施。事實上，大多數員工暴力事件的原因主要來自於員工在組織內受到不公平的待遇及不當的對待行為。

一般而言，組織應該訓練教導管理者如何在暴力事件尚未發生之前，就能夠事先找出可能造成暴力問題的員工，並予以及時的疏導及協助解決所面對的不公平或不合理對待行為。此外，管理人員也必須能夠掌握可能導致員工暴力傾向的不當組織政策與管理規則。

二、性騷擾的事件

性騷擾是指一方採取任何具有性暗示的言語行動，而造成對方心理或生理的不適。性騷擾可能發生在同性或異性之間，許多組織都有這類的問題，由於性騷擾通常會威脅員工情緒，影響員工的績效表現，重大的性騷擾事件有時甚至於會造成組織聲譽的嚴重受創，所以組織必須有一套明文的規定，來預防性騷擾的發生，目前世界各國大多已明文規定組織代表人或管理者若犯了性騷擾

罪，不論該組織是否有明文禁止行為，亦不論組織是否知道該性騷擾事件，組織必須對性騷擾事件負法定之責。因此，為了避免組織因員工的性騷擾事件損及組織聲響，組織必需透過公開的書面形式，明確的規範性騷擾相關不當行為；同時，管理者本身亦必須遵守組織樹立的反性騷擾政策，並使全體員工瞭解這些政策及發生這類事件時該如何申訴，使欲犯罪者有所警惕及節制。

三、組織人力縮減方案

最近幾年來，由於經濟的不景氣，產業大量外移大陸或國外廠商競爭的影響，許多組織面臨到組織人力規模必須縮編的現象；一般而言，一個組織為了縮減人力規模，可能採取的方案有：解僱、資遣、遇缺不補、調職、縮短工時、鼓勵提前退休及工作共同分攤；至於上述的運作內容詳述如次，請參見表 8.3。

表 8.3　組織人力縮減方案

選擇方案	運作方式
解僱	永久性非自願性的終止職位的晉用
資遣	暫時性非自願性終止職位的晉用，可能只持續幾天或持續幾年
遇缺不補	自願辭職或正常退休而產生的職缺，不再填補人力
調職	將員工調往仍需人力的單位或關係企業就職
縮短工時	減少員工每週工作時數，或以兼職的方式僱用員工
鼓勵提早退休	提供良好的退休條件給較資深的員工，使其在正常退休日期前辦理退休
工作共同分攤	員工共同分攤資遣員工所留下的工作內容

個案研討：以信任化解危機——理律之股票盜賣事件

一、理律法律事務所簡介

理律法律事務所設立之初期，係以專精於處理智慧財產權及跨國

性質的法律事務而著稱，但隨著臺灣的經濟發展，逐漸擴展成為全方位的法律事務所，業務範圍涉及金融、投資、商務、貿易及科技等相關的法律事務，目前已成為亞洲地區最具規模的法律事務所之一。

　　理律法律事務所的組織運作非常強調專業化與人性關懷的原則，在專業化方面，針對組織內不同專長領域的法務人才，組成不同的專案團隊，以因應高度顧客化的法律案件，提升服務品質能力；至於人性關懷方面，通常由組織資深員工擔負提攜照顧後進員工的職責，以善盡關懷之情，並藉以塑造組織內各部門良好互動溝通的團隊精神與文化。另外，對於社會關懷方面，則透過不斷贊助關懷及宣導大眾正確法治觀念的活動以展現對社會的正面貢獻性。

二、理律的員工管理

　　由於理律法律事務所管理的對象是極具個性化及專業化的社會菁英型律師人才，他們總是希望公司能尊重個人的辦事方法，不要設有太多的管理規則。為了因應組織成員的需求，致使理律在員工管理與教育訓練方面，採取有別於一般普通企業的組織架構，只設置行政部門，而沒有管理部門；如果員工的做事方式與執行成果有所偏差，或是員工之間產生衝突時，大都透過聊天溝通的非正式方式，以提醒員工並獲得彼此的包容與協調。此外，為了明確貫徹組織對於員工照顧關懷的情誼與信念，該組織採取下列的措施：每週一次下午茶、每兩個月招待員工觀賞電影、每年一次免費體檢、每年提供 24,000 元的旅遊補助。此外，組織若有國外的出差機會時，則由資深員工帶領新進員工一起參加，以創造彼此互信與團結合作的工作氣氛。

三、信任是最寶貝的資產

　　信任係理律法律事務所的經營信念與寶貴資產，由於獲得客戶高

度信任的緣故，已造就理律成為全球華人最大的法律事務所，臺灣許多重大的金融及投資法規，幾乎都是來自於理律的擘劃與制定，理律的主持人陳長文律師就說：「沒有信任，就沒有理律」。信任除了是客戶對理律的高度信賴感之外，理律對員工亦採取高度的信任；如此的信任基礎，使得理律比同業其他律師事務所的績效表現更為傑出亮麗，但不幸地，由於信任的關係，亦使理律因為員工的股票盜賣事件而帶來空前的經營危機。

2003 年 10 月，由於理律太過於信任員工，在沒有太多嚴密的監管機制下，員工劉偉杰有機可乘的盜賣客戶新帝公司（SanDisk）所委託保管約值市價 30 億元的股票，讓理律陷入破產的危機。雖然理律每年提撥超過 1 億元的責任準備金，但面對 30 億元龐大的賠償金額，並非理律財務一時所能負擔得起，在如此的情境下，宣佈破產或償付客戶損失將是必要的抉擇之一，而一般普遍認為若宣佈破產似乎是降低損失與減少責任的較佳方案。

四、以信任化解危機

然而基於信任的基礎，理律選擇了一肩扛起對客戶、員工及員工家屬負責任的態度，採取償付客戶損失的關鍵性抉擇，而開始著手處理賠償的問題。理律除了必須立即和新帝公司協調理賠事宜外，也必須要挽救其他客戶的信心危機，以避免骨牌效應的產生。因此，立即以信件方式主動告訴所有的客戶發生股票盜賣事件，並在最短時間內將應變的方法告知新帝公司和其他客戶，在短短不到一個月的時間內就和新帝公司達成了償付協議，明快地使整個事件暫告一段落，這種主動誠信及快速的因應做法，除了解除客戶對理律的種種疑慮外，亦重新贏得客戶對理律的高度信任。

在秉持信任的重要經營理念下，為了避免日後類似問題的產生，

理律則要求員工重新檢視相關的控管作業流程與機制，並在經營策略進行部分調整，不再受理委託實際接觸客戶股票或金錢代管案件，而更加專注於法律事務的專長本業。

五、研討題綱

1. 請問「信任」在員工管理的過程中，扮演著哪些重要的功能與角色？
2. 請討論個案公司如何以信任為基礎，迅速化解重大的經營危機。
3. 請探討一個組織有哪些具體可行的管理作法，可以在「信任員工」與「控管員工」之間取得平衡點。
4. 請討論企業如何創造一個以「信任」為基礎的組織環境。

個案主要參考資料來源:

1. 理律法律事務所網站：http://www.leeandli.com/
2. 陳之俊，〈封面故事——陳長文：我們不甘心〉，《遠見雜誌》，第 210 期，民 92 年
3. 官振萱，〈理律敵人不在三十億，在向心力〉，《天下雜誌》，第 301 期，民 93 年。

第九章　育　才

◎ 導　論

　　「育才」是用人的五大作業範疇之一，主要管理內容包括：員工教育訓練及潛能激發兩部分。一般而言，隨著員工在組織層級的不同，所必須接受訓練課程的規劃方向與內容皆有所差異性，一般高階管理者所接受的訓練課程較傾向於產業知識及管理決策技能，中階主管訓練課程內容較傾向管理與專業知識的傳輸，至於基層人員的訓練重點通常較屬於專業技術能力的強化。員工訓練與才能發展最主要的目的在於增強員工的專業知識能力、員工工作態度融入組織文化及激發員工未來的發展潛能，使組織能在市場上持續創造競爭力。本章將分別就企業組織進行員工教育訓練的方法及績效評估進行詳細論述。

◎ 本章綱要

　　　*訓練的意義與功能
　　　　　*訓練的意義
　　　　　*訓練的功能
　　　　　*員工培育訓練的原則
　　　*訓練的類型與方法
　　　*訓練的績效評估

◎ 本章學習目標

　　1.瞭解員工教育訓練的運作內容及員工培訓原則。
　　2.熟悉各種不同教育訓練類型的實施方式及優缺點。

3.學習如何評估員工教育訓練的實施成效。

第一節　訓練的意義與功能

一、訓練的意義

　　訓練就是組織對內部員工專業知識與管理技能進行教育與輔導的過程；訓練可促使員工學習到執行任務工作所需的相關知識與技巧，藉以改善工作態度及績效成果，進而達成組織的目標。訓練的目的就是針對不同員工的工作任務與未來發展需求進行適當的培訓，藉以增進專業技能及改善工作績效成果，進而激發員工更卓越的工作能力。

二、訓練的功能

　　組織針對員工實施各項教育訓練計畫，主要係基於下列的功能考量：

1.宣導組織重大訊息

　　組織透過教育訓練的實施，可明確的將內部訊息傳遞給組織成員。組織傳達重大訊息的內容有：公司的營運狀況、經營政策目標、經營理念與文化、公司的管理制度規章及經營的產品項目等。該些訊息的宣導將有助於員工對組織經營理念、策略及營運狀況的瞭解，進一步融入組織的文化價值觀。一般而言，組織晉用新進人員所進行的職前訓練內容，就應涵蓋上述組織訊息的宣導在內。

2.強化員工管理與專業技能

　　組織教育訓練課程的規劃內容除了應涵蓋員工目前專業能力的增進外，亦需考量員工未來發展所應具備能力的強化；此外，教育訓練的項目不應僅受限於技術性專業能力的訓練，亦應包含管理知識，如人際關係或領導激勵方面的訓練，以培養員工成為未來的管理人才。

3.傳授工作經驗

　　組織在教育訓練的過程中，可安排較資深員工針對新進員工或較資淺員工

進行專業知識的傳授，使得資深員工能將個人在組織內多年工作經驗所累積的智慧精華與其他較資淺員工共同分享，以達到經驗傳承與知識交流的訓練目的。

4.激勵員工自我成長動機

由於組織內員工終日忙碌於個人工作任務的執行，而無暇持續自外界吸收專業知識與技能，久而久之除了逐漸喪失生產力外，亦可能因為自我學習成長的不足，造成專長技能不符組織未來發展需求；因此，組織透過健全的教育訓練機制，將可激勵員工自外界不斷吸收新知識的自我學習動機與意願，進而提升員工的專業品質。

5.員工的工作態度與行為

當員工的工作態度無法與組織文化價值觀相契合時，往往造成管理問題的不斷出現；另外，當員工的工作行為表現偏離已設定的目標常軌時，亦會造成組織績效的負面影響性。此時，組織就必須規劃一套教育訓練內容，針對員工工作態度與行為進行改善修正。例如，培養員工的積極工作態度、正確工作倫理觀或管理者如何傾聽員工心聲等。

6.儲備領導人才

組織為了培育未來的領導管理者，透過教育訓練培養相關的管理能力、人際關係能力或決策品質能力等，將是必要的措施之一；事實上，組織應該事先訂定組織內屬於主管職位所具備的專長資格與能力，擬訂一套完整的教育訓練內容，配合目前主管資格能力尚嫌不足的部分，逐步予以實施與推動之。

7.降低工安事故

組織發生工安事故時，往往造成人員生產力的損失，醫療費用或死亡撫恤的龐大支出成本；組織為了預防工安事件的產生，需建構良好安全的工作環境，組織內許多意外工安事件的發生，大多係由於人為的疏忽或工作方法不當所造成，為了預防工安事件的產生，組織應定時的安排有關工業安全預防措施的教育訓練，以儘可能杜絕工安事件發生的機會。

三、員工培育訓練的原則

對組織而言，員工的培育訓練係屬於長期性的重要投資，必須持之以恆的

落實執行，並將培育訓練計畫納為組織營運體系的重要一環，然而組織在進行員工培訓計畫時，應注意下列的運作原則：

1.激發員工自我學習原則

組織在培育訓練員工的計畫內容，應該以啟發及激勵員工自我思考與學習成長為主，不宜採取填鴨的方式進行訓練，以避免員工降低學習興趣，導致訓練流於形式而無法獲得必要的訓練成效。因此，在培育訓練之前，務必針對員工說明接受訓練的目標及意義性，使員工體會到教育訓練對其個人工作價值性提高的貢獻性。

2.實務導向原則

組織針對員工進行培育訓練的內容中，專業理論基礎的傳授雖然重要，但是如果能夠結合組織過去曾經發生的實例，進行理論基礎的驗證與分析，將可使員工真實的體會所習得理論的實務運用性，增加學習效果；此外，教育訓練的過程亦可請組織內經驗豐富的員工現身說法，分享個人解決管理與技術問題的實務作法，以強化教育訓練的實務性，總而言之，在規劃教育訓練的內容時，應該與員工的工作任務真實性相結合，才更容易獲得學習成果。

3.員工參與訓練規劃原則

組織在規劃員工培育訓練的過程中，舉凡訓練目標訂定、訓練項目與內容擬定、授課方式及授課教師的安排等決策，皆應儘可能邀集即將受訓的員工共同參與討論，透過共同研討的程序，除了可使訓練內容滿足員工的專長發展需求外，亦可增強員工對訓練的認同性，有效提升學習效果。

4.培育員工自行解決問題的能力

將組織內所發生的實際問題與案例就地取材，編列為訓練的主要內容，在教育訓練的過程中，必須教導員工如何利用 SWOT、P-D-C-A 循環等管理技術能力，並透過發掘問題、搜集資料、分析與解決問題等步驟的訓練，來培養員工自行解決問題的能力。

5.立即實用原則

在組織推動培育訓練的過程中，應隨時針對員工的訓練成果進行評估，並立即反映給授課講師及受訓員工，以作為彼此修正訓練內容與方法的依據。對

於受訓表現良好的員工，應即時給予讚賞與激勵，以增強員工的訓練動機；但若有受訓成效表現不佳的員工，則必須隨時提醒，並給予必要的輔導與協助。

6.動態學習原則

組織在規劃及執行各種員工的培育訓練時，應隨時掌握組織的環境動態變化，根據面臨的管理問題或未來策略發展的目標，來調整訓練的內容與方向，不宜一成不變的沿用僵固的訓練課程內容與方法；此外，亦應隨時瞭解受訓員工的需求與建議反應，而調整訓練的方向達到動態學習的目的。

7.個別差異原則

組織所實施的教育訓練內容除了必須符合共同的學習目標外，亦應根據員工的位階層級、教育程度、專業背景、訓練需求及學習成效的差異性，而調整員工教育訓練的項目與方法，以強化員工的學習動機與學習效果。

第二節　訓練的類型與方法

一、訓練類型

組織常依員工的業務性質、年資深淺、專長屬性或任務內容的不同，而施予不同類型的訓練。整體而言，訓練的類型大致可分為四種：職前訓練 (vestibule training)、在職訓練 (on-the-job-training)、職場外訓練及委外代訓。

㈠職前訓練

職前訓練又可稱為始業訓練或引導訓練，其實施對象為新進員工。主要訓練內容在於指導新進員工對組織沿革、歷史背景、產品類別、組織策略、管理制度與組織各部門主管等有初步的認識，除了可以讓新進員工能儘快的融入組織文化及工作狀況外，並可透過職前訓練建立員工的積極態度和正確的工作觀。

㈡在職訓練

當企業組織體認到員工的績效表現不佳的原因，是由於目前所擁有的專業

技能之不足所造成時，則必須針對員工施予在職訓練。在職訓練通常是在工作任務的執行過程中進行，訓練常由主管或經驗較豐富的員工加以指導，其主要的目的是在提升員工工作上應具備的專業知識與技能，以充分發揮員工之潛力。在職訓練通常透過工作輪調、實習指派、工作指導、學徒訓練或參與會議討論。

(三)職場外訓練

職場外訓練就是讓員工暫時離開現有工作環境，到與實際工作條件非常類似的環境中，教導其學習專業技能，而訓練所用的機器設備、條件都和實際工作場所極為相似或完全相同的一種訓練。如某公司自國外公司引進一套新的製造設備時，為了使員工能順利操作新購置的設備，通常會派遣員工先赴國外的設備供應商進行職場外訓練，學習如何操作該製造設備；又如某航空公司引進一款新飛機時，就常要求駕駛員在模擬的航空器上進行職場外的駕駛訓練。

(四)委外代訓

有些組織的訓練是委託外界機構代訓，這些外界代訓機構包括：大學院校、法人性質的教育訓練機構或私人的專業訓練公司等。當企業組織本身的專業訓練人才不足或訓練設備不完備時，就會採取委外代訓；例如為了加強高階主管之經營管理能力，企業組織可安排國內大學教授或企業顧問公司進行代訓授課。各種訓練類型的優缺點比較如表 9.1 所示。

二、員工訓練方法

組織訓練員工的方法非常多，每種方法實施的簡易性及複雜性各有不同，必須根據訓練的對象與內容而採取適當的訓練方法。一般組織可採用的訓練方法主要包括：課堂講授法、示範演練法、視聽器材輔助法、模擬儀器訓練法、研討會、角色扮演法、個案分析法及管理競賽法。至於這些不同教育訓練方法的優缺點比較如表 9.2 所示。

1.課堂講授法

一般的訓練課程最常應用的是課堂講授法，主要適用於管理知識或人際關

表 9.1　訓練類型的優缺點比較

類　型	意　義	優　點	缺　點
職前訓練	・職前訓練又稱始業訓練或引導訓練，其乃在於指導新進員工對組織內的概況能有初步認識	・適合新進員工之短期訓練 ・所需教育訓練經費較少	・員工受訓練後可能仍無法進入工作狀況 ・工作經驗仍嫌不足
在職訓練	・訓練課程通常在工作執行過程中實施，強化員工專業能力不足之處	・可在實際工作中進行訓練，較具真實性 ・不用花太多時間安排訓練場所	・缺乏專業人員的指導 ・沒有明確的目標，成效往往不大 ・初學者不適合接受此種訓練
職場外訓練	・在與實際工作環境相同或類似的場所進行的訓練	・可與在職訓練同時進行 ・較切合實際的工作情況	・影響正常的工作
委外代訓	・委託外界機構代訓	・較易學習到專業性的知識與技能	・訓練所需費用較高 ・訓練內容可能無法完全符合組織需求

係知識的訓練。課堂講授法的主要優點是較不受地點限制而可隨時舉行訓練課程，而最大缺點則是較不適用於必須進行專業技能操作之示範訓練。

2.示範演練法

示範演練法就是指導員工按照標準作業程序進行模擬操作的一種訓練方法，該方法較常適用於員工如何操作新購置的儀器設備的教導訓練。示範演練法的優點是可以實際練習，增強學習效果；但缺點則是若遇訓練人數過多時，較難獲得良好的教學效果。

3.視聽器材輔助法

現今資訊科技進步的時代，各種視聽器材如錄影帶、VCD 或 DVD 等都可協助組織進行員工訓練。此訓練方法較易於吸引受訓者之注意力，供學員不斷複習使用；但缺點則是教授者與受訓者之間缺乏教學互動而影響學習成效。

4.模擬儀器訓練法

此種訓練方法就是在員工的訓練期間,提供類似工作環境中的設備與條件，以協助訓練，如模擬飛機的操作與駕駛。採用此法之優點是可以減少操作危險

和訓練經費，卻可在模擬的實際操作過程中學會正確的作業方式、判斷力和反應能力，而缺點是模擬的訓練情境可能無法完全反映真實的環境。

5. 研討會

針對一個特定的主題提供員工參與討論的機會，員工常因不同專業與背景而有不同的觀點，因此透過研討會可加強彼此的溝通而形成共識。該法常運用在員工及專業技術的討論，以解決員工執行任務所遭遇的管理與技術問題，此種方法的優點是可以提供受訓者積極參與的機會；但缺點則是眾多的不同立場難以獲得共同結論。

6. 個案分析法 (case analysis)

由主導訓練課程的講師事先敘述一個企業個案的背景資料及管理現況，而參與訓練的成員針對該個案進行問題分析，然後自個案中搜集有關此問題的事實資料，據以提出若干個可行解決方案，評估各方案的利弊與風險，最後選出具體可行的問題解決方案。通常在個案分析的過程中，講師必須引導個案討論之進行，並鼓舞學員參與討論，將不同意見進行歸納，以提出具體的改善建議。個案分析最大的優點就是在教學上有一分實境的感覺，但是不可諱言的是，管理者所面臨的實際情況要比大多數的個案分析內容複雜太多了。

7. 角色扮演法 (role playing)

訓練講師在一個事先假定的經營或管理情境下，讓每位參與訓練的員工扮演一個特定的角色，員工彼此依照情境的運作進行演練，就如同演員在舞臺上的表演一樣。訓練講師在管理情境的表演結束之後，將針對員工所扮演的角色進行指導說明，使員工更切合所扮演角色的功能。例如請 A 員工扮演一位資深主管，並由他來告訴扮演部屬角色的 B 員工工作績效表現不佳，並展示一位主管正確的處理方式與態度，除了參與角色扮演者可直接在過程中學習相關知識外，其他在旁觀察的成員，亦能收到觀摩學習之效。

8. 管理競賽法 (management games)

首先將參與訓練的員工分成數個不同組別，由不同組別分別面對相同的決策情境或問題，提出各種不同解決方法與行動，最後評估每一組決策所獲得的成果，如獲利力或銷售量，以決定較佳決策的組別，並作為其他組別的學習對

象。此種訓練方法可強化員工在面對不同的競爭情勢下，如何彼此互相合作溝通，以提高員工團隊精神的發揮。

表 9.2　各種員工訓練方法的優缺點比較

方　法	優　點	缺　點	適用時機
課堂講授法	・不受地點限制隨時舉行訓練	・不適用專業技能的訓練操作示範 ・訓練成果無法立即獲得回饋	・適用管理知識或人際關係之訓練
示範演練法	・立即得到實際練習的機會	・學習人數過多時，不容易得到明顯的效果	・較適合新購設備之操作訓練
視聽器材輔助法	・較易吸引受訓者 ・可大量廣泛地使用 ・價格低廉 ・可重複使用	・教授者與受訓者缺乏互動	・適合作為技術操作之訓練運用
模擬儀器訓練法	・可避免危險 ・節省經費 ・不影響原來的作業程序	・模擬情境與實際狀況有差距	・模擬實際與未來將要面臨的情景時運用
研討會	・強化彼此的決策共識	・可能不易獲得共同結論	・適用於管理與技術問題的討論
個案分析法	・鼓勵學員互動學習	・不適用經驗不足的員工 ・真實的狀況比個案內容更為複雜	・適用於須接受訓練的有經驗員工，但不適合初學者
角色扮演法	・培養員工同理心	・模擬的情景很難完全符合事實	・常運用在監督者、管理者及銷售人員角色扮演之訓練
管理競賽法	・情況逼真，成員皆有參與決策的機會	・管理競賽成員運用資金較不具風險性考量，致使競賽績效成果難以明確的評估	・較適用於領導或管理專業之訓練

第三節　訓練的績效評估

　　員工在接受不同的教育訓練活動後，管理者更關心的問題在於訓練的成果是否符合當初的訓練目標，因此有必要針對訓練績效進行評估。訓練績效評估

的目的就是確保員工接受訓練後，能確實改變工作態度及提升工作績效。一般而言，員工教育訓練績效成果的評估可從下列四個角度加以進行。

1.授課方式與教材內容評估

搜集受訓者對授課的方式及訓練教材的看法和反應，以瞭解接受訓練員工是否能充分吸收訓練的內涵。此種評估所涉及的層面較為廣泛抽象，它包括訓練教材之內容、結構、講授情形、講師專業素養、學習環境品質及訓練學員的參與互動性等。此外，管理者必須瞭解的就是授課方式與教材內容評估所獲得的良好結果，不一定可作為員工能力與工作績效改善的保證，要確保員工能力與績效的改善，則需仰賴其他評估方式。

2.學習前後測驗比較

組織在員工接受教育訓練之前，應該先進行知識與技能的測驗，而當學員受訓一段時間後，再針對受訓後員工進行知識與技能的測試，並比較受訓前後員工是否在知識與技能方面有獲得顯著改善，以評估訓練的績效成果。

3.員工行為評估

員工行為評估主要係為了瞭解員工接受訓練後，工作的習慣與態度是否符合當初受訓的期望目標，由於員工行為評估涉及受訓員工工作態度與行事風格是否有改變，因此它比前兩者評估方式更為困難。員工行為評估的指導原則如下：

⑴應該在員工接受訓練前事先訂定員工行為的評估標準與項目。

⑵應由組織內跨功能部門人員所組成的團體來執行員工受訓後的行為評估。

⑶組織應該針對員工接受訓練前後的工作態度與行為改變進行比較分析，以串結訓練內容與員工工作行為變化的關連性。

⑷員工訓練之後應提出訓練內容改善建議事項，以作為後續教育訓練計畫之參考。

4.訓練成果評估

訓練成果評估主要是在評估員工教育訓練的投資，是否能真正改善組織各種管理與營運績效成果，如離職率的降低、成本的降低、生產力與效率的改善、顧客申訴事件的減少、產品品質、銷售量或利潤率的提升；因此，管理者可針對受訓的員工比較受訓前後在上述營運績效指標的改善情形，以作為訓練績效評估的判定基準。

個案研討：麥當勞的三合一教育訓練

一、麥當勞簡介

　　1955 年，由 Mr. Raymond Albert Kroc 所創辦的第一家麥當勞在美國芝加哥成立，至 2003 年底麥當勞已進駐全世界 121 個國家，同時遍佈全球六大洲，總店面數超過 31,000 家，全球營業額約 104.9 億美元，係目前全世界最具規模與著名的國際性速食連鎖餐廳。臺灣麥當勞 1984 年由達寬公司引進，且於同年元月成立第一家門市中心，至 1993 年，達寬公司退出經營權，經營權轉入美國總公司直營，到 2002 年底，麥當勞在全臺灣擁有 350 家門市，員工人數約有 19,000 人，資本額達到 28 億，秉持著全球一致的經營理念：「品質、服務、衛生與價值」及「100% 顧客滿意」，在歷經 18 年的經營，目前已是全世界第八大麥當勞市場。

二、全職涯訓練規劃

　　「以人為本」係麥當勞的企業價值觀，該公司認為「人」是最重要的資產，而員工教育訓練的完整性與務實性是經營成功的關鍵因素之一。事實上，教育訓練最大的挑戰就是如何依照員工的個人發展需求，切合工作內容的需要而使員工獲得工作知識的增長。因此，麥當勞的人員訓練，不只是一個課程而已，而是將訓練課程、工作內容需求和人員發展期望三者結合在一起。麥當勞強調教育訓練的規劃必須隨著員工的不同職級，如計時員工到高階主管，而施予不同層次的培訓課程與內容，這就是「全職涯訓練規劃」。麥當勞透過全球各區域設置的訓練中心及漢堡大學，針對員工進行階段式的培訓，每位員工的訓練課程完全針對工作內容的特定需求而設計，希望藉由教育訓練來

維持全球化的標準品質；此外，員工隨著晉升職級的不同，在晉升之前都得接受不同的職前訓練。

三、三合一式教育訓練

員工服務態度及行為關係著麥當勞服務品質的優劣，所以在甄選人才時，根據應徵者的服務價值觀及人際互動表現，挑選合乎麥當勞服務品質標準的人員，並施以「課程、教材、執行」三合一式的訓練，即經過顧客意見調查與分析，掌握服務品質經營後，接著就設法讓第一線的服務人員，能夠將服務承諾與品質精確無誤地傳遞給顧客。麥當勞透過計畫性的三合一式訓練安排及工作站的輪調，可以讓員工們學習到如何擬定計畫、善用時間，還有學習到品質管理、人事管理、銷售推廣以及設備維護等，且可體驗到中心營運的各層面，而經驗傳承則能確保品質不打折扣。另外，為彌補訓練不足，每月訂定一天「溝通日」，強化溝通，建立正確的服務行為與態度。

四、有滿意的員工才有顧客滿意

100% 顧客滿意是無捷徑的，必須長期投資與經營，將顧客的期望與需求轉化到服務的內涵之中。麥當勞認為唯有滿意的員工才能創造顧客滿意，因此該企業除了針對員工實施全職涯訓練規劃及三合一式教育訓練外，亦不斷地激發員工出自內心對工作價值的高度認同與熱忱；同時，麥當勞不只重視員工最終的績效表現成果，更強調在工作過程中適時給予員工指導、鼓勵與支持，並定期獎勵表現良好的員工，例如每月選出最佳的服務員，透過廣播的方式，讓員工在顧客面前接受鼓勵表揚，激勵員工對工作價值的認同感，並凝聚員工的向心力，以提升顧客服務滿意度。

五、研討題綱

1. 請探討個案公司的營運性質、挑選人才及訓練人才的重點為何。

2. 請探討「全職涯訓練」及「三合一式訓練」對於個案公司服務品質水準的提升有何助益性。

3. 請討論一個企業應該如何規劃才能達到「三合一式」的教育訓練目標。

4. 請就個案公司內容，討論一個企業如何創造滿意的員工，來增加顧客服務滿意度。

個案主要參考資料來源：

1. 臺灣麥當勞網站：http://www.mcdonalds.com.tw/

2. 游育蓁，〈用教育訓練擦亮麥當勞的金色拱門〉，《管理雜誌》，第 300 期，民 87 年。

3. 韓定國譯，《麥當勞經營策略——現代化餐飲的成功秘訣》，卓越出版，民 75 年。

4. 顏振國，《麥當勞傳奇——成功者背後奮鬥事蹟》，大步文化，民 92 年。

第十章　晉才與留才

◎ 導　論

　　「晉才」的管理內容包括員工的績效考核及職位晉升的處理。員工績效考核與晉升是用人管理中非常重要的一環，它與員工甄選及訓練具有相輔相成的功能。由於員工績效考核的過程與結果，對於員工的工作士氣及績效表現具高度影響性。如果一個組織的績效考核制度失去公開、公平及公正性，將嚴重影響員工的工作動機，造成組織的效率不彰。為了建立公開、公平及公正的績效考核制度，管理者必須瞭解績效考核的用意與運作程序，在執行考核評比時能摒除主管人員的個人偏見，達到客觀公正的處理原則，因此，本章將逐序討論績效考核的執行原則、方法及運作程序。

　　此外，本章也將討論「留才」的管理內容，主要討論內容包括員工薪資福利及勞資關係。在薪資福利方面，首先定義薪資的意義與目的，再敘述傳統薪酬制度以及技能基礎薪給制的差異性，然後再討論員工福利的意義與員工福利制度。在勞資關係方面，除了探討勞資和諧關係外，亦將討論勞資爭議的處理程序與原則。

◎ 本章綱要

　　*績效考核之意義與方法
　　*績效考核的程序
　　*薪資福利
　　　　*薪資的意義與目的
　　　　*薪資的計算方式
　　　　*員工福利的意義與種類

　　*勞資關係
　　　　*勞資關係的本質
　　　　*勞資合作
　　　　*工會組織
　　　　*勞資爭議的處理程序與原則

◎ 本章學習目標

1. 學習員工績效的各種考核方法。
2. 熟悉員工績效的考核內容與程序。
3. 熟悉健全薪資及福利制度的運作原則。
4. 釐清勞資關係的本質，並瞭解勞資爭議的處理程序。

第一節　績效考核之意義與方法

一、績效考核的意義

　　績效考核 (performance appraisal) 就是組織針對員工在特定時段內執行工作任務的表現情形進行評比的過程，主要內容包括：員工考績、人事考核、員工考核、人事評等、績效評等及績效評估等。績效考核的結果除了可針對員工未來是否具有發展潛力作判定外，亦可作為員工調整薪資、升遷及獎懲的依據。

　　換言之，績效考核是以員工的能力表現作為評價的主體，主要係針對組織內所有成員以定期及不定期的進行工作表現成果評價，主要目的在於改善員工的工作表現並激勵員工工作士氣。

二、績效考核方法

　　管理者常根據組織型態的不同如營利組織或非營利組織，以及工作性質的

差異性如管理人員或生產人員，而採取不同的績效考核方法。一般而言，績效
考核方法大致可區分為員工相互比序考核、工作行為考核及計量基礎考核等三
種類型，至於該三種類型的運作方式詳述如下。

(一)員工相互比序考核

員工相互比序考核，就是將組織內每個部門的員工排序出績效表現最佳者、
次佳者、次次佳者、……最差者，如此每位員工將在所屬部門單位的表現獲得
一個排序地位。組織一般可利用下列四種方式進行員工相互比序績效考核運作。

1.直接評等法 (direct ranking method)

直接評等法是由管理者針對員工工作的整體表現直接進行評估，並排序出
第一名、第二名……最後一名，接受評估單位內的員工只有一位會被列為表現
最佳者，亦只有一位會被列為表現最差者。此種方法的優點在於評比方式非常
簡單，且明確地列出每位員工的評比排序地位；但缺點則是評估過於主觀，有
時常造成評估不公平之爭議問題。

2.交替評等法 (alternation ranking method)

交替評等法主要在解決直接評等法過於主觀，或忽略某些不易察覺的考核
事件之缺點，此種方法係針對接受評估單位內的員工中，首先將最優者及最差
者選出，其次在針對剩下的員工中篩選出最優者及最差者，如此循序的交替比
序，直到每一位員工皆獲得績效評比為止。

3.配對評比法 (pair comparison method)

配對評比法是由管理者根據一項明定的績效標準，將員工兩兩相互配對比
較，挑選出較好的及較差的員工，再將所獲得評比較好的員工與其他較好的員
工配對比較，而評比較差的員工則與其他較差的員工配對比較，而逐步將接受
評比單位內的員工績效評估出不同的等第。此種方法雖較直接評等更具公平性，
但若評估員工過多時，則可能費時費力。

4.強迫分配法 (forced distribution)

強迫分配法是管理者利用統計學上的常態分配原則，將接受評估的員工，
按照評估的不同等級如 A、B、C、D、E 級，強制給予每一等級人數的固定比

率限制，評估時每一評估等級的評估人數比，不得超過固定比例，如表 10.1 所示，先將 A ～ E 各等級訂定固定比例的人數，再依固定比例將員工分級。此種方法的優點在於避免管理人員評等時，因為順應人情而評估出過多的最佳表現者，而失去考核的意義性；缺點則是在於所有員工的績效表現的比例不見得符合所訂定的評等固定比例，而恐有失考核公平性。

表 10.1　強迫分配等級

等級	A	B	C	D	E
固定比例	15%	20%	30%	20%	15%
60 人	9 人	12 人	18 人	12 人	9 人

㈡工作行為考核

工作行為考核較側重於員工在人格特質、工作態度行為或從事管理績效表現的評估，而較不適用於以生產量為績效標準的操作員評估。工作行為考核的方法大致有下列五種：

1. 書面評鑑 (written essays)

書面評鑑主要是由主管人員在特定期間（如每季、每半年或每一年）針對員工在工作態度、個人管理績效成果、人際關係及發展潛力等方面進行評估，並以文字敘述方式提出書面評鑑報告，以提供受評者參考。此種方式優點在於較多元而客觀的就事論述受評者的績效表現；但缺點則在於評估者可能因文筆的好壞而產生辭不達意的現象，未能真實表達員工的工作行為與績效表現。

2. 關鍵事件法 (critical incident method)

關鍵事件法就是管理者針對員工的特殊事蹟或主要貢獻等關鍵性的事件進行評估，評估較側重於員工關鍵事件的行為表現，而較不重視其他屬於例行性之非關鍵性的行為表現；換言之，管理者以書面方式記錄員工在特定期間內所發生主要事蹟、重大貢獻行為或過失行為，而判定員工的績效表現的優劣性。

3. 評等尺度法 (scaling method)

評等尺度法又稱為圖表測量法 (graphic rating scales)，管理者依據各種評估

的因素來設計評估的項目，並在每一個評比項目進行分數的評定，以衡量員工的工作績效表現。例如人格特質因素的評估項目可包括積極性、進取性、溝通性，又如麥當勞公司的店務管理評估項目可包括桌面清潔性、櫥窗清潔性、化妝室清潔性等。評估主管人員在執行員工評比作業前，可針對各樣評估項目訂定不同的評估尺度，一般可以五點尺度進行評估：如「1」代表非常不乾淨，「5」代表非常乾淨。在進行各種項目的評估分數後再予以加總所得的總分數，則可作為員工的績效評估成果。此種方法的優點在於評估成果具數量化，易於進行員工或各部門彼此的績效比較。

4. 行為定錨尺度評等法 (behaviorally anchored rating scales)

　　評估者依據員工特定的工作內容，列舉出執行該工作內容的執行項目，並賦予每個項目適當的評等分數，評估者只要根據受測者在該工作內容的實際行為表現，在所列舉的項目中圈選分數，再將所有的分數加總後，便成為受測者在該工作內容的評估分數。如表 10.2 為餐廳服務人員的行為定錨尺度評等法。

表 10.2　餐廳服務人員行為定錨尺度評等法

工作內容：餐桌服務	評分
總是正確將菜送到正確的餐桌	10
總是迅速地清潔與佈置餐桌	9
總是能快速地回應顧客要求	8
總是很禮貌地向客戶打招呼	7
總是正確無誤地開立客戶所訂的菜單	6
總是能主動詢問顧客的需求	5

5. 360 度評等法 (360-degree appraisal)

　　員工在接受評估時，係由上司、工作團隊成員、組織內其他單位員工、顧客及供應商等多方面的角度來共同評核其整體的工作績效表現。此種評估員工的考核方式，可敦促員工除在個人的工作任務力求完善的表現外，亦需注重與組織內外其他人員或單位，維持互動溝通的關係與團隊合作精神。

(三)計量基礎考核

　　計量基礎考核就是組織必須以明確化、數量化的評核指標，作為員工績效考核的標準，目標管理法 (management by Objectives; MBO) 即是本類型的典型考核方式。事實上目標管理法本質上就是員工績效考核的方法之一，主要是管理者事先訂定員工（受評者）的工作目標如銷售額、銷售成長率、市場佔有率、生產量等，而後再以員工的實際工作成果和所訂定的工作目標作比較，用以評估員工的績效成果，請參見本書第五章第四節之目標管理運作方法。

第二節　績效考核程序

　　組織為了能公平、公開及公正的執行員工績效考核，必須建立完善的績效考核程序，才能達到激勵員工士氣及發展員工未來潛能的目的。一般而言，組織在執行員工績效考核所採取的程序包含七個步驟（參見圖 10.1）

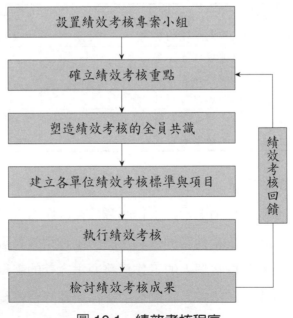

圖 10.1　績效考核程序

1.設置績效考核專案小組

企業組織在進行員工績效考核時，應該先成立績效考核專案小組，負責績效考核的執行規劃、標準的訂定及績效考核成果評估；該績效考核專案小組的成員應該由跨功能部門的人員所構成，較能確保績效考核的客觀性及公信力。

2.確定績效考核重點

績效考核執行前必須事先根據組織的整體目標及部門單位目標，釐定績效考核的重點項目，一個組織的績效考核項目，必須切合組織經營問題或重點所在，則績效考核才具有意義性；事實上，考核的重要項目除了必須反映組織目前亟需改善的績效指標外，亦應考量組織發展的定位目標。

3.塑造績效考核的全員共識

績效考核獲得組織內所有員工的支持是管理者必須關注的事項之一，若能獲得全體員工的認同與支持才能儘量避免數據造假及敷衍行事的現象產生。因此，組織在績效考核執行前，必須透過各種管道使員工充分瞭解績效考核的意義與重要性,若有必要亦可邀集員工共同參與績效考核項目與評估方法的決定，扭轉員工往往視績效考核為惡意批判手段之觀點，而將績效考核視為正面的協助輔導功能。

4.建立各單位績效考核標準與項目

組織應根據各部門單位的工作性質，而訂定不同的考核標準與項目，才不至於產生考核標準與工作任務內容大相逕庭的現象，而為了確保各部門績效考核項目與工作任務內容的一致性，組織內各部門成員可共同研訂客觀的評核標準與項目。

5.執行績效考核

執行績效考核時，可依照訂定的時程採同步或各單位逐籍分批的方式進行考核，而在執行績效考核過程中，不宜為了追求時效而影響績效考核的客觀性。

6.檢討績效考核成果

績效考核實施後，必須比較員工的考核結果與原先預定的績效目標是否有差距存在，並召開員工的績效檢討會議，由主管人員個別約談每個員工進行績效良好或不佳的原因討論，並提出可供參考或指導建議，以協助員工提升績效

成果。

7.績效考核回饋

組織根據績效考核所獲得的成果，經過組織內部充分的分析與檢討後，應將檢討所獲得的結論提供給各部門及員工參考，並可列為下次執行績效考核的追蹤評估項目與改善方向。

第三節　薪資福利

一、薪資的意義與目的

對員工來說薪資具有雙重的意義，一是企業組織對員工所付出之時間和勞力的一種正常報酬，另一則是員工在企業中受到重視的程度。依營利事業所得稅查核準則第七十一條規定，「薪資」係包括薪金、俸給、工資、津貼、獎金、退休金、退職金、養老金、資遣費、按期定額給付之交通費及膳宿費、各種補助費及其他給與。薪資的目的主要有四：

(1)酬勞員工的勞務付出服務

企業組織為了償報員工在工作的時間、體力與腦力的付出，而必須給予員工適當的薪資。

(2)安定員工的基本生活所需

員工所支領的薪資將可維持其基本的食衣住行所需。

(3)維護員工的社會地位

員工可藉由其在企業組織所支領薪水的高低，來顯現其在社會上的地位。

(4)滿足員工生活基本需求以外的其它需求

員工所支領的薪資除了支付基本的生活需求，若仍可支付其他的額外花費如購置豪華的房子、車子，將可滿足員工其他的安全或成就需求。

二、薪資的計算方式

按照組織賦與的薪資計算方式，薪資制度大致有以下幾種：

1. 計件制

計件制是以員工從事勞動的產出量作為給付薪資的標準，計件制薪資可分為保障計件制及不保障計件制兩類：前者保障員工的最低薪資，也就是員工未達到所設定的標準產出量時，仍可領到最低的薪資；後者則是一律按實際生產量計算工資，若員工因為產出量不足，而無法如前者可領到最低薪資。計件制一般較適合生產線操作人員的薪資計列。

2. 計時制

計時制是以員工所從事的工作時間作為計算薪資的依據，也就是以固定的時薪乘以員工的工作時數，作為薪資給付的計列方式，此種方式不考慮員工的產出量，因此較適合於組織內臨時人員 (part time) 的薪資計列。

3. 獎工制

獎工制度需先設定員工的標準生產量，若員工生產量超過標準生產量時，除了可領到標準量的基本薪資外，超過標準生產量部分的產出量，則按照一定的比例給予員工額外的獎金，此種制度較計件制更有激勵效果。

4. 技能基礎薪給制

最近企業組織為了因應日趨扁平化的組織結構，鼓勵員工學習更多樣化的技能，而發展出技能基礎薪給制 (skill base payment)。技能基礎薪給制的付薪方式，幾乎不考慮員工的年資，也不考量他執行的任務特性，而是依員工擁有的技術多寡、能力或知識作為敘薪的基礎。若員工擁有更多樣的技能或證照，將可獲得更高的報酬，例如目前之金融業就經常將員工的證照數量列為敘薪的重要基礎，因此薪資的變動不必然與工作年資相關。組織採用技能基礎薪給制有三個主要的優點：

⑴提高人力調度彈性

在技能基礎薪給制下，員工的薪資水準與其專業技能的多樣化有高度的連結性，因此該制度下實可有效激勵員工不斷學習新技能或增加第二、三專長，因而提升組織人力調度的高度彈性。

⑵提升組織運作效率

員工專業能力廣度擴大後，將可隨時支援組織人力的不足調度，而提高

組織的運作效率。

(3)強化專案團隊績效

員工學習多樣化的專業技能後，將更有利於在組織內所形成各種專案團隊的運作，將使得專案團隊成員更易互相學習與任務支援，而強化專案團隊的績效成果。

雖然技能基礎薪給制度具有上述提高人力應用彈性、提升組織效率及提升團隊績效等優點，而漸漸受到實務界的重視與應用；然而，為有效落實該制度之實施，在應用時應將下列兩個原則納入考量：

(1)配合外在的薪資：組織應參考當地或同業的水準，訂出各類技術或能力的起薪標準及上限，以避免訂定過低的薪資影響員工提升技術能力多樣化的動機及人員流失，或是訂定過高的薪資水準造成成本的沉重負擔。

(2)結合工作內容：技能基礎薪給制本身的制度設計，必須與員工的任務內容相結合，以避免員工增加的技能專長與工作任務內容無關。

三、員工福利的意義與種類

㈠員工福利的意義

員工福利是指除了員工薪資以外，還可享有的利益及服務。員工福利是求才與留才的重要誘因，企業組織往往徘徊於提供福利和節省支出兩難之間，但如何謀求兩者妥適的平衡點，將是規劃員工福利的重要考量關鍵。完善的福利制度可以滿足員工需求、安定員工的工作情緒、振奮員工士氣、提高工作效率。

㈡員工福利種類

常見的員工福利大致可分為四大種類：

1.有薪休假

有薪休假係指員工於休假時間，仍可照常支領薪資，例如年休假、病假、事假、婚假、喪假、週休二日、派外進修等。

2.勞工保險

勞工保險的主要精神就是組織基於危險分擔原則及互助精神，結合政府及多數人的經濟力量，以解決少數人遭受重大殘障所造成的經濟困境，藉以達到保障勞工生活及促進社會安全的措施。勞工保險係雇主與員工每月共同支付定額的費用，為了保障員工在特殊的意外事件發生造成殘障時，可以獲得補償而維持基本經濟生活所需。

3.員工服務措施

員工服務泛指企業提供員工的一切優惠服務，例如設立員工餐廳、福利社、購物折扣、三節獎金、員工旅遊及祝壽金等。目前許多企業甚至於在企業內部設立員工子女托育中心或安親班，使得員工在工作時間可安心工作，不必擔憂子女的的照料問題。

4.退休、撫恤金

退休金是協助員工計畫性的儲蓄金錢以備老年退休養老之用，它亦屬於員工福利範圍之一。組織的退休制度不但可以淘汰老弱，促進組織人員的新陳代謝，亦可使年輕新進員工之新知識及新觀念得以引入組織內，以增加組織的活力。退休金的給付制度除了可解決老年退休的經濟失業問題外，亦可使在職人員在退休有保障的認知下，更全心全力的投入組織所賦與的任務。退休的型態有常態退休、自動退休、強迫退休三種，退休金的給付方法則可分為一次退休金、月退金、一次與月退休金並行三種。

撫恤乃從業人員死亡後，由企業組織給付其遺族之一種施惠，以保障其遺族生活，以慰勉死者生前為組織付出之貢獻。撫恤的條件方面依據我國公務人員撫恤法第三條規定，公務人員有下列情形之一者，給予遺族撫恤金：(1)病故或意外身亡者；(2)因公死亡者。撫恤金的給予方式與退休金大致相同，分為一次撫恤金、月（年）撫恤金、一次及月（年）撫恤金並領等方式。

㈢福利制度設計考量要素

每個組織除了考量法定的員工福利制度外，通常根據其文化背景、營運狀況或員工需求，而採取不同的福利制度，但不論是採取何種特質的福利制度，

組織在設計員工福利制度時應考量下列因素：

1.企業資金的充裕性

企業在成長初期通常資金較為不足及經營風險性較高，應盡量減少固定成本的員工福利支出；但若企業組織已經穩定運行，則應當將員工福利措施所必須的成本支出列為公司的經常性預算科目，以安定員工的就業穩定性，增加組織未來發展的競爭力。

2.企業文化的結合

有些企業組織的文化認為組織內的員工應該享有優厚的福利措施，有些企業組織的文化則認為薪酬與福利制度一樣，都應隨著員工的工作表現和企業的績效成果而加以調整。因此一個企業組織在設計員工福利制度時應該配合該企業的文化特質。

3.員工的年齡與家庭狀況

不同背景之員工對於薪資福利制度的期盼會有所差異，年紀輕的員工通常較喜歡有薪休假，年紀高的則較偏好退休金及保險制度；薪資收入低的員工較喜歡直接的薪金支付多於福利措施，薪資收入高的員工則喜歡以員工福利減低課稅。因此設計福利制度應考慮員工各方面的條件需求，以增加工作滿足感與成就感。

第四節　勞資關係

一、勞資關係的本質

(一)勞資關係的意義

勞資關係是指勞方（工會）與資方（管理當局）之間的互動行為，它涉及勞資雙方面之間之權利與義務的相關運作事項。勞資關係具有兩項涵義，從法律的觀點而言，勞資關係依據僱傭雙方所訂之勞動契約而產生的權利與義務關係；而從社會的觀點而言，勞資關係則指勞資彼此間的人際互動及情感交流關

係,也就是勞資雙方權利義務以外的不成文倫理關係。

事實上,近年來勞資關係的發展趨勢已逐漸演變成勞方、資方與政府之間的關係行為,當勞資發生糾紛而產生嚴重對立時,相互採取抵制的措施如罷工等,往往對國家整體的經濟發展造成衝擊;此時,基於國家之整體利益考量,往往寄望政府以第三者的仲裁角色適當地介入與協調,促使勞資雙方和平解決糾紛,以維護全體社會大眾的權益。

㈡勞資關係的領域

工業革命是勞資關係形成的一個重要分界點,由於動力機器的發明和使用,取代了原有的手工生產方式,導致工廠制度因而興起。工廠制度興起之後,資本家與勞工便產生了互相依賴的關係,資本家靠勞工提供的勞力,將原料製造成產品以賺取利潤,而勞工則依賴資本家提供的工資維生。但雇主基於營利考量往往儘可能地壓低勞工工資、延長工時、雇用童工及忽視安全衛生,造成勞工境遇的不堪,勞資問題應運而生。勞資關係的領域可分為個體領域及總體領域兩部份。

1.個體領域

勞資關係的個體領域主要為勞工與雇主,或工會與企業組織之雙方面的關係。當勞資雙方產生對立而無法解決時,在攻守進退之間往往都採用直接對抗或攻擊性手段,以謀求自身之權益。

勞工方面往往由工會領導採取強硬的手段,以「怠工」、「杯葛」、甚至最激烈的「罷工」方式來迫使雇主就範。雇主方面在受到勞工組織日益強大的壓力下,採取強硬或雇主間的聯合抵抗,透過「排工」或「關廠」等方式,以剝奪勞工的工作機會作為迫使勞工讓步的手段。

2.總體領域

勞資關係的總體領域為勞方、資方及扮演仲裁角色的政府三者之間的勞資運作關係;當勞資雙方產生糾紛對立而無法解決時,通常先由工會與雇主或雇主團體,以和平的方式開會協商即為團體協商,團體協商的結果便是締結團體協約。若是協商毫無結果,則政府以法律手段先進行「調解」,調解不成再交付

仲裁機關予以「仲裁」，一經仲裁成立，爭議之勞資雙方均不得聲請不服，而必須進行和解。

我國於民國二十一年公布施行之團體協約法，就明確規定雇主或具有法人資格之雇主團體，與工會經由團體協商方式達成有關勞動條件及勞動關係事項所締結之書面契約，即為團體協約。團體協約的內容，經由勞資雙方同意均可訂立，但仍須以不違背法令為原則，並應注意公平性及合理性。

二、勞資合作

勞資雙方一旦發生重大衝突，均將損及勞資雙方的權益，無論對資方營運利潤、勞工經濟生活以及社會大眾的生活均有不良影響。因此，組織除了透過法令程序和平解決勞資爭議外,最重要的仍在於如何建立和諧的勞資合作關係，而勞資建立良好合作關係的先決條件如下：

(1)勞資雙方應有榮辱與共的觀念
(2)雇主與勞工彼此的互重與互信
(3)勞資雙方良好的溝通管道
(4)勞資雙方共同分享利潤
(5)建立符合勞工法令的員工福利制度

三、工會組織

工會是一群勞工為了爭取共同利益集合而成的一個團體，它是勞資雙方意見溝通的最好橋樑，工會設立的宗旨係在保障勞工權益、增進勞工智能和改善勞工生活。

工會為了達成設立的宗旨目標，除了透過團體協商外，另一則是採取政治行動，所謂政治行動是透過贊助、支持與協助親勞工的政治候選人進入立法機構，制定有利勞工的政策和法令，促進勞工的經濟福利與社會地位。

我國現行的工會組織根據工會法規定，可分為基層組織和聯合組織兩種：基層組織為產業工會和職業工會，根據我國「工會法」第六條的規定，同一產業內由不同職業之工人所組織者為產業工會，產業工會通常以同一家企業組織

的員工為組成對象，例如第一銀行產業工會、中華航空公司產業工會；而同一職業工人所組織者為職業工會，例如高雄市餐飲業職業工會、臺北市電腦工程業職業工會；而聯合組織則指由基層工會所組成之總會，如中華民國營造業職業工會全國總會。

四、勞資爭議的處理程序與原則

當勞資爭議產生時，勞資雙方應先自行協商以尋求解決方案，若有協商結論，則爭議立即終止；但若無法妥協則進入後續程序，此為自我協商階段。假使爭議屬權利事項則進行調解，勞資爭議當事人申請調解時，應向主管機關提出調解申請書，主管機關得依職權交付調解，再不成立則進行法院訴訟程序。假使爭議屬於調解事項，一樣必須先經調解程序，若調解不成立則雙方可申請仲裁。若調解及仲裁均無法解決，最後訴諸法律訴訟程序。

個案研討：長榮企業集團的福利系統

一、長榮企業集團簡介

長榮集團的發展始於 1968 年 9 月所創立的長榮海運公司，靠著一艘老舊的「長信輪」雜貨船開始經營，1985 年躍居為世界第一大的貨櫃船運公司，如今已發展成為擁有百餘艘貨櫃輪的團隊，船隊規模居於全球的領導地位；又於 1989 年成立我國第一家民營的國際航空公司——長榮航空，使得長榮企業成為全球知名的國際性交通運輸集團。目前該集團除了經營交通運輸產業外，還包括重工業及飯店服務業。

二、重視人才

長榮企業集團的創辦人張榮發總裁認為，人才是企業最重要的資

產，若沒有人才的話，不論是創業或是擴大經營規模，都是很難成功的，因此長榮對於人才是相當重視的。長榮徵用人才時，學歷並非抉擇的主要條件，反而對員工的學歷、人品、上進、熱忱及願意接受公司規範的態度更為重視，因為長榮集團的高階管理者認為，員工只要基本條件夠，其他的專業技能都是可透過訓練來加以培養，而且有鑑於早期公司初創期透過關說進入公司的員工表現大都工作懈怠，因此日後長榮相關企業在聘用人才時都堅持採用公開招考方式，甚至於在招募啟事中直接載明：「託人關說者，恕不錄用」，以杜絕關說的員工。

此外，長榮集團不喜歡聘用跳槽的員工，認為轉換工作的員工往往帶著過去曾任職企業的工作價值觀與習性，而很難融入長榮企業集團的組織文化，因而造成管理上的問題與困擾，因此在招募員工時較傾向聘用剛畢業或剛退伍的年輕人，因為這些社會新鮮人較為單純且可塑性高，較易完全融入長榮的企業文化。在教育訓練方面，該企業集團透過師徒制的方式來教育訓練員工，藉以凝聚員工彼此情感外，亦可建立大家庭式的倫理關係，強化組織的整合性運作效能。然而，公司為了避免師父留一手的陋習弊病，張榮發先生建立代代傳承的精神，員工若想要晉升較高職位的基本要求，就得先將部屬訓練到可接手目前的職務工作，才有機會獲得職務晉升。

三、員工福利系統

有關長榮集團在關照員工的福利系統方面，完全以人性化的角度來加以設計，除了一般企業普遍施行的基本福利制度外，其他較具特色的福利措施尚包括：

㈠海陸輪調制度

由於船員每次出海總要很久的時間才能再次與家人團聚，而且陸上的營運單位又常與載運船舶的營運單位為了載貨超量問題起爭執，

因此設立了海陸輪調制度，一方面可增進海上與陸上作業單位業務內容的互相包容與體諒，另一方面亦可減低長期出海對船員正常家庭生活的影響。

㈡家屬提領部分薪資

長榮集團相當重視員工的家庭生活，考慮到船員出航期間家裡的開銷問題，也考慮長期在船上枯燥工作的員工，在靠岸後可能會亂花錢而影響家庭經濟，因此船員的薪資有部分是直接由家屬來提領。

㈢照顧長青員工

長榮的退休年齡是六十歲，但為了照顧屆退休年齡但仍有工作能力的員工，對於退休仍有意願在公司服務，而身體及精神狀況尚能負荷者，會安排其適當的第二春工作。

㈣成立基金會照顧員工

該企業集團除了給予員工比一般公司更優渥的薪資福利外，為了強化對員工的照顧，在 1985 年成立了財團法人張榮發基金會，這個基金會除了一般的社會公益服務外，也用來幫助需要緊急協助的員工，使員工又多了一層照顧。

總而言之，長榮企業集團是較偏向於日本企業的員工管理方式，以終身雇用制來設計各種福利系統，使員工的生活無後顧之憂，但相對地也要求員工對公司必須要有絕對的忠誠度，並強化員工與公司是生命共同體的認知。

四、研討題綱

1.請說明企業在招募人才時，錄用「社會新鮮人」與「有經驗的人」各有何優缺點存在。

2.請詳述企業在聘用人才或晉升人才時，應考量的資格條件為何。並列舉上述資格條件的主要優先順序及理由何在。

3. 請討論「公開甄選」與「人情關說」所聘用的員工可能為企業管理制度運作帶來那些正面或負面的影響性。

4. 請問企業如何建立一個使員工生活保障無後顧之憂的福利制度與措施？

個案主要參考資料來源

1. 長榮企業集團網站：http://www.evergreen.com.tw/

2. 許龍君，《台灣世界級企業家領導風範》，智庫文化，民93年。

第五篇 領 導 —————————

第十一章 領 導

◎ 導 論

　　古今中外成功的領袖通常擁有良好的領導能力，藉由個人的領導才能促使被領導者群策群力，一起為共同的願景與目標而努力。企業組織亦是如此，如何有效領導員工，激發員工的專業潛能已普遍成為組織內決策主管關切的重要課題之一。然而，從管理理論的蛻變過程中，雖然各種領導學說與論著百家爭鳴，但卻無法提供標準化的處方來解決各種領導效能不彰的現象，主要在於領導者必須視不同的情境，如不同的人格或不同的任務內容等，而採取適當的領導行為。

　　事實上，雖然許多企業經營多年且規模日益擴大，但高階決策主管常感嘆組織內部所擁有的管理者綽綽有餘，但真正的領導者卻是屈指可數。這似乎顯示一種主要的涵義，就是企業組織培養領導者遠比培養管理者困難多了。因此，一個組織若是要培養優秀的的領導者，實有必要明確地區分領導者與管理者不同的特質。因此，本章將先探討領導者與管理者的差異本質，並介紹領導者特徵理論及領導行為理論，最後進行領導權變理論的論述。

◎ 本章綱要

　　*領導的意義與本質

　　*領導者的特徵

　　*領導的權力種類

　　*領導行為理論

　　　　*李溫的領導型態

　　　　*領導行為連續帶模式

　　＊俄亥俄州大學雙構面理論

　　＊密西根大學領導構面結構理論

　　＊管理方格理論

　　＊魅力型領導理論

　　＊願景式領導

＊領導的權變理論

　　＊費德勒的領導權變模式

　　＊路徑—目標理論

　　＊領導者—參與模式

　　＊情境領導模式

◎ 本章學習目標

1. 瞭解領導的意義、本質、內涵及領導者所應具備的特徵。

2. 區別領導者權力來源的種類。

3. 學習各種領導行為理論以及領導權變理論之主要論點。

第一節　領導的意義與本質

　　過去許多學者們對於「領導」一詞有不同的定義及見解，就個人層級而言，領導就是一個人如何影響他人的行為、態度或信仰，使其努力實現共同願景與目標的一種過程；而就組織的運作層級而言，領導就是組織內不同層級的主管人員，如何透過職權、專業、溝通或激勵的方式，以影響組織成員的工作態度或激發工作動機與潛能，促使組織成員願意努力地實現領導者所設定任務的一種過程與藝術。

　　在組織內常常將「領導者」與「管理者」的本質內涵互為混淆引用，使得身居組織內最高決策主管者實應扮演較高比重的領導角色，但卻常以管理者的

全職角色來執行事務，而影響組織的未來發展性。事實上，領導者與管理者的特質是不相同的，兩者的差異性如表 11.1 所示。根據該表顯示領導者較強調策略規劃面，重視組織長期目標的達成性，通常採取創新導向，激勵員工創意行為，並不斷地採取各種管理新思維與新方式；另一方面，管理者則較強調靜態的組織制度執行面，以效率作為評估績效的主要準則，不注重創新而日漸趨向於因循過去舊制度與保守方法。

表 11.1　領導者與管理者的差異性

領導者	管理者
‧強調策略規劃面	‧強調制度執行面
‧創造有利的環境	‧適應現況的環境
‧關注長期目標	‧關注短期利潤
‧激勵員工創意行為	‧控制員工行為
‧注重效果	‧注重效率
‧創新導向	‧守成導向
‧倡導新思維	‧維持舊方法
‧做對的事情 (do right things)	‧把事情做好 (do things right)

　　一般而言，領導者所展現的特質是未來生存與發展的重要關鍵因素之一。在面對高度不穩定的市場環境下，領導者必須具備前瞻性的策略觀，於組織內不斷地導入管理新思維，隨著環境的變化迅速調整經營策略及定位。同時，一位卓越領導者通常會主動創造組織未來的有利情勢，勇於破壞市場均衡態勢及挑戰主要競爭對手。當領導者規劃組織願景時，應反覆探討組織的核心能力所在，以為組織尋求未來發展的最有利策略定位。此外，在處於未來環境高度不確定性的情勢下，組織領導者需要靠自身敏銳的洞察力與智慧，來決定組織未來發展的策略方向並建構核心競爭力。組織固然可提供大量管理相關的資訊或報表，但值得注意的是，這些資訊均建構於過去已發生的歷史資料，所以領導者在進行重大決策時，不宜全然受這些歷史性的資訊所左右，而必須以創新性及前瞻性的思維來構築組織未來的願景與夢想，並透過溝通的方式來影響與鼓舞部屬同心協力為組織的未來願景而努力。隨著環境變遷速度的加快與未來不確定性的提升，領導者在組織內所扮演角色的重要性與日俱增已是不爭的事實。

　　相對於上述領導者所必須具備的特質，管理者較專注於現行制度與規章的維持。管理者通常會冷靜分析所有可能掌握的管理資訊來進行決策，盡可能客觀地找出一套穩健有效率的管理制度，並傾向於訂定一系列的短期目標，俾能以漸進的方式逐步達成組織的長期目標。另外，管理者的特質之一就是在舊有的組織架構下，肩負指導組織成員如何更有效率的執行工作任務，以提升組織的生產力。

　　正如本書第一章第二節所述，效果是做對的事 (do right things)，效率是把事情做好 (do things right)，領導者就是做正確的事情，而管理者則是偏向於把事情做正確。由此可瞭解，領導者講求效果，管理者則強調效率。換言之，領導者的責任是在變動的環境中，擬定組織未來的發展定位與策略，以發揮組織的經營效果；管理者的職責則是如何運用最具經濟效率的方法，穩健地執行既定的策略目標。因此，缺乏優良的管理者，領導者所擘畫的未來願景與目標將缺乏執行力，而無法順利達成；同樣地，欠缺卓越的領導者，管理者將喪失可供依賴的明確指引方向與目標。

　　若以某企業組織為例，公司的董事長應屬領導者，總經理則屬管理者。董事長致力為公司描繪願景並研擬策略方向，總經理則應有效的執行策略，二者的職責係完全不一樣的。所以，一位優秀的總經理未必能勝任董事長，反之亦然。在理論上，固然領導者與管理者可明確地區分，但在企業實務運作上，這兩者的運作內涵則具有互補作用，因為管理者若不參與公司願景及策略的制定，便無法有效地執行策略；領導者若不明瞭組織資源的侷限之處，所勾勒的企業願景亦可能僅是鏡花水月罷了。

第二節　領導者的特徵

　　早期領導理論尚未成熟的時候，許多學者嘗試對在政治或企業界普受推崇的成功領導者之決策特質或人格屬性加以歸納，而發展出一位成功領導者所共同擁有的特徵 (trait) 學說，並稱之為領導特徵理論 (trait theories of leadership)。根據學者們所提出各種成功領導者的特徵理論，一位領導者若要能有效地領導

員工，應該具備下列特徵：

1.旺盛的企圖心

領導者通常會展現旺盛的企圖心，並經常採取主動積極的精神來實現願景與目標。

2.成就驅動力

領導者擁有較高的成就慾望及較大的野心，而該強烈的成就慾望所顯現的動機背景並非著重於成就本身所獲得的報酬，而係著重於成就所帶來他人的肯定與敬重。

3.良好的人際關係

一位成功領導者通常與部屬之間保持良好的互動關係，對於部屬的工作價值與尊嚴均保持肯定的態度，並設法融合全體組織成員共同為目標而努力。

4.強烈的領導慾

成功領導者通常擁有較高的領導慾，透過有效的說服力企圖影響及領導他人，並顯現出勇於任事與負責的態度。

5.誠信與正直

成功領導者通常展現出言行一致及誠信可靠的特質來帶領員工部屬；此外，領導者亦必須具備不為個人私利及正直無私的行事風格。

6.整合性能力

成功領導者通常具有將所獲得的大量資訊加以整合、歸納及分析的能力，以做出良好的決策品質。

7.自信心

組織處於困境或危難時，成功領導者通常具備帶領員工部屬突破現況開創新局面的自信心。領導者亦必須顯現足夠的自信心來說服員工部屬相信其所規劃願景的美好性與決策的正確性。

8.豐富的專業知識

成功領導者通常擁有非常豐富的產業環境知識及任務相關的專業技能，以作為帶領組織成員開創新局的重要根基。

第三節　領導的權力種類

　　權力 (power) 係指某一個人影響他人行為或決策的能力。權力為何會存在呢？主要的原因在於人與人之間有依賴的關係，當一個人擁有支配或控制別人所欲求的資源時，則被支配者將對支配者產生依賴性，依賴關係越重要則掌握的權力就越大；因此，人與人之間的相互依賴性係權力的關鍵所在。

　　換言之，在組織內擁有更高的支配性與控制性的人，所享有的權力就愈大。譬如在一個組織內，單位主管擁有支配部屬敘薪、獎賞及晉升的考核權責，如果部屬對於敘薪、獎賞及晉升的慾望愈高，則對單位主管的依賴關係就愈強，此時自然而然形成單位主管所擔任職務的權力。

　　一個人在組織內除了擁有來自於自身關係所伴隨而來的權力外，是否還有其他的權力種類呢？事實上，依照權力來源基礎的不同，大致有五種權力類型：強制權力 (coercive power)、獎賞權力 (reward power)、法定權力 (legitimate power)、專家權力 (expert power) 及參考權力 (reference power)，如圖 11.1 之說明。

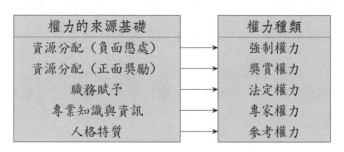

圖 11.1　權力來源基礎與種類

一、強制權力

　　強制權力就是主管擁有對部屬進行負面懲處的資源分配權力，使得部屬在恐懼害怕的情況下屈從領導；譬如組織內的單位主管對於員工具有施行解雇、調職、降級、減薪、指派無趣不符專長工作或評定工作表現等負面懲處的權力，使得部屬產生可能喪失工作機會及薪資福利的恐懼心理，而強制部屬在不滿單

位主管領導的情況下仍屈從其指揮調度。

二、獎賞權力

獎賞權力的基礎來自於某個人擁有正面獎勵的資源分配角色，而使得他人在期盼渴望的情況下屈從領導，獎賞權力的行使主要在於透過對部屬員工正面肯定獎賞，而使部屬服從管理者的指揮。它不同於強制權力的行使是透過對部屬的負面懲處手段而使部屬屈從管理者的指揮，在組織內的單位主管由於擁有支配部屬的加薪、升遷、指派符合專長興趣工作、評定有利的績效考核、調任較佳的營業區域、較好的工作環境及記功等正向資源分配權力，而促使員工願意接受單位主管的管理與指揮。

三、法定權力

法定權力的基礎來自於一個人在組織內所擔任特定職位時，組織所賦予行使該職務的權力；當一個人離開該特定職位時，原先賦予該職位的權力就隨即消失，此種權力一般稱之為職權。譬如立法院的立法委員就擁有立法權力及政府相關預算審查之權力；而公司的董事長、總經理及經理人員則由於所擔任職位之不同，而擁有不同的法定權力。一般而言，法定權力的範圍通常包括前述的強制權力和獎賞權力在內，法定權力的擁有者透過該權力的行使，可迫使下級機關或部屬服從其督導與指揮。

四、專家權力

專家權力的基礎建構於某人因擁有特殊專長、才能、技術或成就所產生的；例如奧運金牌的得主或諾貝爾獎的得主，均將因為擁有特殊的運動專長或特殊成就，而使他人願意接受其專長領域範圍的建議與指揮。此外，國內許多科技廠商就常聘用具有特殊專長領域的顧問人員，這些顧問人員雖然未納入正式的組織編制內，而未能擁有強制權力、獎賞權力及法定權力，但卻由於擁有特殊的技術專業，而往往在組織內仍然能夠扮演舉足輕重的地位角色，這正是專家權力的最佳例證。

五、參考權力

參考權力的基礎來自於一個人因擁有令他人仰慕或令他人認同的人格特質，而成為競相學習及模仿的對象時，而產生對他人行為與態度的影響力。譬如國內知名企業家、廣告名人或者歌手偶像，往往因為企業形象或偶像特質受到仰慕肯定，而成為青少朋友的學習仿效對象。事實上，許多組織通常會耗費鉅資邀集名企業家或明星偶像廣告宣傳，主要就是希望透過這些人物的參考權力，來提升消費者的購買意願。

第四節　領導行為理論

正如本書前節所述,雖然領導者特徵理論首先針對成功領導者的人格特質，區分出有效領導與無效領導的差異性，但領導者特徵理論卻有某些缺失存在；譬如該理論忽略了領導者的行為面,也就是有效領導除了領導者的人格特徵外，尚需包括正確的領導行為在內。此外，特徵理論亦未考量組織的情境因素，亦即在組織的不同環境情境下，應採取不同的領導行為，這正是權變理論的起源基礎。本節將首先介紹各種的領導行為理論 (behavioral theories of leadership)。

一、李溫的領導型態

李溫 (Kurt Lewin) 於 1930 年代在愛荷華大學所進行的研究,首先探討領導者的行為理論，並區分出三種領導型態：專制領導型態 (autocratic style)、民主領導型態 (democratic style) 及放任性領導型態 (laissez-faire style)；該三種型態的特質說明如下。

1.專制領導型態

此種型態的領導者採集權式決策、制定嚴謹的制度規章、限制員工的決策參與權及要求員工照章行事。

2.民主領導型態

此種型態的領導者採授權式決策、鼓勵員工積極參與管理決策及各種規章

的制定工作、賦予員工適當的決策與資源分配權及運用績效回饋機制管理員工的工作成效。

3.放任領導型態

此種型態的領導者賦予員工決策的完全自主性、員工自行制定各種管理規章、員工自行選定方法執行任務及提供必要資訊給員工自行評估績效。

二、領導行為連續帶模式

田納伯及史密德 (Robert Tannenbaum and Warren Schmidt) 於 1973 年提出領導行為連續帶模式，如圖 11.2 所示。該圖顯示領導者行為可從「以員工為中心」（放任式）和「以主管為中心」（專制式）的兩個構面來判定不同的領導行為，愈偏向模式左邊的領導行為，則愈屬於專制式領導，此時管理者使用的職

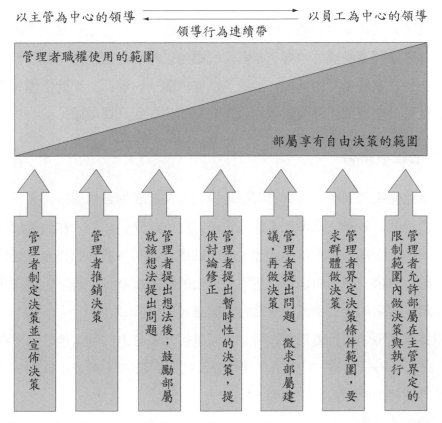

資料來源：Tannebaum, R. and W. H. Schmidt, "How to Choose a Leadership Pattern," *Harvard Business Review,* 1973.

圖 11.2　領導行為連續帶模式

權範圍愈大，而部屬的行事自由幅度則愈小；相對地，愈偏向模式右邊的領導行為則趨於放任式領導，此時管理者使用的職權範圍愈小，而部屬的行事自由幅度就愈大。同樣地，從模式的左邊愈傾向右邊時，則代表任何決策的形成與制定，由原先個人管理者的獨斷獨行，逐漸傾向於部屬的決策參與，甚至於賦予部屬在限定範圍內的自主決策權。

三、俄亥俄州大學雙構面理論

1940 年代晚期美國俄亥俄州州立大學進行領導行為構面探討時，經由一千多個領導行為變數不斷地篩選與縮減後，萃取出兩個代表性的領導行為構面：關懷 (consideration) 及結構化體制 (initiating structure)。

㈠關懷構面

關懷構面是指領導者與部屬之間建立關心體諒、相互依賴及尊重的關係。一個具有高度關懷特質的領導者常關切部屬的工作滿足感、環境舒適性、福利制度健全性及家庭生活的情況，並給予適度的關懷與協助。如此的領導者通常是友善且易於親近的，部屬對他亦具有高度的信任感及尊敬感。

㈡結構化體制構面

結構化體制構面係指領導者明確地界定企業組織的結構層級、規範組織成員的權責範圍，並制定標準化工作內容與方法；此外，領導者亦嚴謹的界定與部屬之間的主從關係。一位傾向運用高度結構化體制特質的領導者，通常給予部屬明確的目標、要求組織成員遵照標準化的制度規章程序行事，及嚴格要求部屬在規定期限內完成指派的任務內容與績效成果。

根據該兩個領導行為構面，可以將領導行為區分為四種型態：人際關係式領導、民主參與式領導、自由放任式領導及威權式領導（參見圖 11.3）；至於該四種領導型態的特徵內容說明如下：

1.人際關係式領導

當領導者傾向於高度關懷員工及低度結構化體制運作時，則屬於人際關係

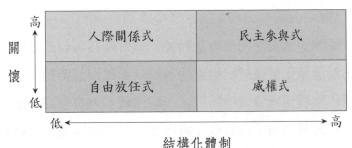

資料來源：Ralph M. Stogdill and Alvin E. Coons, eds., *Leader Behavior: Its Description and Measurement,* Research Monograph NO. 88, Columbus: Ohio State University, Bureau of Business Research, 1951.

圖 11.3　雙構面的領導行為類型

式領導。在這種領導型態下，領導者非常關心部屬的福利、工作環境與工作滿足感，但對於建立嚴謹的制度化體制較不重視。

2. 民主參與式領導

當領導者傾向於高度關懷員工及較重視高度結構化體制運作時，則屬於民主參與式領導。在這種領導型態下，領導者非常關心部屬的工作感受、工作福利與環境，同時亦非常強調部屬必須遵循制定的規章與作業程序行事。

3. 自由放任式領導

當領導者傾向於低度關懷員工及低度的結構化體制運用時，則可歸之為自由放任式領導；這種領導型態下，領導者不僅對於員工的福祉與工作感受不關心外，對於結構化體制之建立也不太重視。

4. 威權式領導

當領導者對於員工的關懷度低，並建立高度的結構化體制時，則屬於威權式的領導型態。這種領導型態下，領導者不僅關切部屬必須嚴守制度規章及主從分際，並非常重視員工的績效表現，但對於部屬在執行任務過程中所面對的不滿意是不受到關懷的。

四、密西根大學領導構面結構理論

當俄亥俄州州立大學在從事領導行為構面研究的同時，密西根大學的調查研究中心學者們也正在進行類似的領導行為研究，研究結果舉出領導行為的兩

個構面為員工導向 (employee oriented) 及生產導向 (production oriented)。前者代表領導者非常強調與部屬之間的互動關係，非常關心每位部屬的需求與工作滿意度，並體認到需依照組織成員需求的差異性而派遣適當的工作任務。後者則代表領導者關心組織目標達成的情形，視組織成員為實現目標的手段，強調員工工作技術熟練度及任務的執行度。密西根大學的研究認為組織採員工導向的領導行為，將可得到較高的生產力及較高的工作滿意度，而採生產導向領導行為則通常會有較低的生產力及較低的工作滿意度。該大學的李克特 (Rensis Likert, 1957) 教授則進一步依照員工導向及生產導向兩個構面，將領導行為區分為四種類型，分別為系統一、系統二、系統三及系統四，如表 11.2 所示。系統一係屬於高度生產導向為中心的領導特質，又稱之為剝削式集權領導，而系統四則是屬於高度員工導向為中心的領導特質，又稱之為參與式民主領導；而系統二及系統三則分別屬於偏向生產導向之仁慈式集權領導，以及偏向員工導向之諮商式民主領導。

表 11.2　李克特領導行為類型

系統一	系統二	系統三	系統四
剝削式 集權領導	仁慈式 集權領導	諮商式 民主領導	參與式 民主領導

資料來源：Likert, R. and S. P. Hayes, *Some Applications of Behavioural Research*, 1957.

五、管理方格理論

在 1964 年布拉格 (Robert Blake) 及莫頓 (Jane Mouton) 兩位學者提出領導行為的兩個構面：關心員工 (concern for people) 及關心生產 (concern for production)。事實上該兩個構面與前俄亥俄州州立大學之關懷及結構化體制構面、密西根大學的員工導向與生產導向構面是非常相近的。同時，布拉格與莫頓學者根據所提出的兩個構面各區分成九個不同的程度等級，而產生 81 種領導行為風格，在學術上稱之為管理方格 (managerial grid)，如圖 11.4 所示；本書將針對管理方格中 (1.1)、(9.1)、(1.9)、(5.5) 及 (9.9) 五種領導風格進行說明：

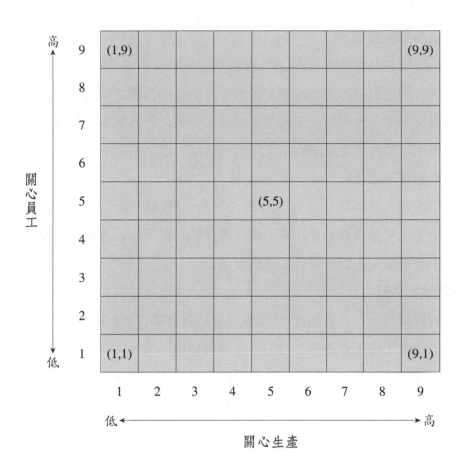

資料來源：Blake, R. R. and J. S. Mouton, *The Managerial Grid III,* Houston: Gulf Publishing, 1984.

圖 11.4　管理方格

1. 放任管理 (1,1)

　　位於管理方格左下方 (1,1) 者為放任管理，領導者只願意花費最少的努力來執行必要的工作任務，以維持企業組織最起碼的運作條件。領導者不僅不關心員工，亦不關心生產，其領導風格較為冷淡中立，只要求員工依照既有的行事規章及標準作業程序執行工作即可。

2. 任務管理 (9,1)

　　位於管理方格右下方 (9,1) 的領導風格稱為任務管理；在該領導風格下領導者在管理過程中，通常將人情因素的干擾排除在工作任務執行內容之外，如此才能產生作業效率。此種領導者的風格只關心任務是否有效率的達成，而較不關心員工的工作內容是否枯燥無趣或工作是否有成就感。

3.鄉村俱樂部管理 (1,9)

位於管理方格左上方 (1,9) 的領導風格稱為鄉村俱樂部管理；在該領導風格下，領導者關切員工的工作滿意度與感受，建立與部屬之間良好的人際關係及營造舒適友善的工作環境，但較不重視員工任務是否有效率的達成，任由員工自由地依照自訂的規章準則行事。

4.中間路線管理 (5,5)

位於管理方格中間 (5,5) 的領導風格稱為中間路線管理；在該領導風格下，領導者除了適當的保持員工任務的效率性及執行成果外，亦同樣適度地兼顧員工的工作滿意度、工作士氣及工作成就感。

5.團隊管理 (9,9)

位於管理方格右上方 (9,9) 的管理風格稱為團隊管理；在該領導風格下領導者非常關切員工的工作效率，同時亦非常關切員工的工作滿意度、工作士氣及工作的認同感。團隊管理型式一般透過對於員工工作滿意度的關心及工作士氣的強化，促使員工產生對工作的高度認同感，因而在工作任務的效率表現有良好的成果。

六、魅力型領導理論 (charismatic leadership theory)

魅力型領導理論認為追隨者往往觀察領導者所展現的某些特定行為特質與行事風格，並視為領導者之所以成為英雄或成功人物的主要屬性及關鍵因素。事實上，許多的研究結果顯示魅力型的領導者對於組織的高績效表現及部屬的滿意度是具有正向的影響關係。

霍斯 (Robert House, 1971) 曾歸納出魅力型領導者有三個特徵：高度的自信心、支配慾望及堅定信念；而班尼斯 (Warren Bennis) 研究美國九十位最有領導效能及最成功領導者的特質後，確認出四種魅力型領導者特徵：明確願景、闡明願景能力、執行願景的堅定信念及善用優勢；而孔茲 (Jay Conger) 和可努歐 (Rabindra Kanungo) 於 1988 年則列舉出魅力型領導者的人格特徵如表 11.3 所示。

表 11.3 魅力型領導的特徵

人格特徵	領導行為
自信心	・對自己的判斷能力及決策能力充滿高度的自信心
願景的擘畫	・擁有針對未來展現不平凡視野與遠見的能力 ・善於規劃比現狀更為理想及吸引力的目標與情勢
闡明願景與創新的能力	・具備溝通及說服追隨者認同願景的能力 ・可有效激勵員工的整合力量全力執行願景
執行願景的堅定信念	・對願景有強烈的使命感，願以較高成本投資、自我犧牲奉獻及承受高風險的創業精神以實現願景
不平凡的新思維與做法	・行為與思維通常較傾向創新性、反傳統性、具突破性且不依循舊例的引導組織達到一個新的里程碑
變革與創新的驅動者	・變革與創新的驅動者，而非現狀的維持者
環境敏感度	・可有效的判定環境變化所引發的衝擊與機會，並且能夠合理地評估組織變革所需的資源

資料來源：Conger, J. A. and R. N. Kanungo, *Charismatic Leadership,* San Francisco: Jossey-Bass, 1988, p. 91.

七、願景式領導

願景式領導係指領導者以目前組織現況的改善及轉型升級為出發點，而擘畫未來具可實現性、可信任性及吸引力願景的能力，該願景的具體執行將可有效整合整個組織或部門單位的資源，群策群力地共同努力創造未來的競爭優勢。然而願景的設定原則必須是獨特性的、激勵性的、挑戰性的、可實現性的及吸引性的。一位願景式領導者有效執行願景應具備的特質如下：

(1)願景說服能力

　　領導者具備說服部屬認同所規劃的願景及可為組織與本身部屬帶來共同利益之能力。

(2)願景執行堅定信念

　　領導者能夠以堅定的信念、承諾與行動，引導組織內所有資源與成員的力量來全力執行願景。

(3)願景全面普及性

　　領導者可以將為了達成願景所衍生出來的各種行動方案，全面的運用到組織內各個層級及各種管理情境。

第五節　領導的權變理論

　　領導特徵理論及領導行為理論已明確地敘述有關領導者特徵或領導行為類型與組織績效的影響關係。然而，另一個令管理者所感到困惑的問題，在於領導者特徵或領導行為類型對組織績效影響關係似乎無法取得一致性的結論；也就是在某些組織情境下，領導者特徵或領導行為類型對組織效能確實具有正面的相關性存在，但處於不同的組織情境下，可能就無法產生相同的研究結論。很顯然地，領導者特徵及領導行為類型的研究內容中，可能忽視了組織情境因素之干擾作用，而無法獲得一致性結論，這正是領導權變理論 (contingency theory of leadership) 興起的緣由。

　　權變理論的主要論點在於領導者特徵或領導行為類型與組織績效的關係性，受到組織的不同情境因素所影響，這些情境因素包括任務結構化程度、員工專業能力、部屬與主管的互信程度或主管對部屬的控制程度等。本節將逐序介紹較具代表性的領導權變理論包括: 費德勒領導權變模式、路徑─目標理論 (path-goal theory)、領導者─參與模式 (leader-participation model) 及情境領導風格。

一、費德勒的領導權變模式

　　弗瑞得‧費德勒 (Fred Fielder) 於 1967 年發表領導權變模式，該領導權變模式認為領導行為類型與組織效能的配適關係，是受到下列情境因素的影響: 領導者與部屬的關係 (leader-member relations)、任務結構 (task structure) 及職位權力 (position power)。基本上，費德勒領導權變模式係由領導者行為特徵理論所發展出來的，只是該模式更完整地將上述三種不同的情境因素納入領導行為特徵與組織效能的關係模式中進行討論，如圖 11.5 所示。

　　費德勒為了發展領導權變模式，首先發展一個可以衡量領導者風格的問卷，稱之為「最不受歡迎之同事」(least-preferred coworker; LPC) 量表，該量表以十六個詞彙來描述與「最不易共事同事」在相處時的感受，並採八點評量進行評估如圖 11.6 所示。一個領導者經過圖 11.6 之 LPC 量表的衡量後，獲得 64 分以

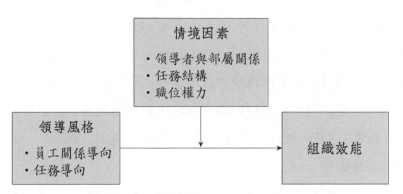

資料來源：Fielder, F. E., *Theory of Leadership Effectiveness,* New York: McGraw-Hill, 1967.

圖 11.5　費德勒領導模式架構

請回想過去曾與你共事或現在正與你共事的同仁中，一個最不易跟他共事以做好工作的人，並依下列題次描繪你對他的感受。		
令人愉悅	8 7 6 5 4 3 2 1	令人不愉悅
友善的	8 7 6 5 4 3 2 1	不友善的
不易接納他的	1 2 3 4 5 6 7 8	易於接納他
協助他	8 7 6 5 4 3 2 1	不協助他
不熱忱對待	1 2 3 4 5 6 7 8	熱忱對待
相處緊張	1 2 3 4 5 6 7 8	相處輕鬆
疏遠地	1 2 3 4 5 6 7 8	親近它
冷漠	1 2 3 4 5 6 7 8	溫情
合作態度	8 7 6 5 4 3 2 1	不合作態度
支持他	8 7 6 5 4 3 2 1	敵視他
無聊	1 2 3 4 5 6 7 8	有趣
爭辯性	1 2 3 4 5 6 7 8	和諧性
自信	8 7 6 5 4 3 2 1	猶豫
有效率	8 7 6 5 4 3 2 1	無效率
鬱悶	1 2 3 4 5 6 7 8	高興
開放心胸	8 7 6 5 4 3 2 1	自閉心態

資料來源：Fielder, F. E., *Theory of Leadership Effectiveness,* New York: McGraw-Hill, 1967.

圖 11.6　LPC 量表

上的高分數時，代表該領導者對於最不易共事的同仁秉持的態度是樂觀、熱誠及合作自信，很顯然該領導者擁有良好的人際溝通關係，並歸納為員工關係導

向的領導風格；相對地，如果獲得 57 分以下之較低分數，對於不易共事同仁所秉持的態度則是悲觀、冷漠及敵視爭辯，很顯然地該領導者較不關注與部屬的人際關係構通，而較重視工作績效的表現成果，稱之為任務導向的領導風格。

為了尋求上述兩種領導風格與組織情境的最佳配適模式，以獲得良好企業組織效能，費德勒領導權變模式中，提出的組織情境因素有三：

1.領導者與部屬關係

領導者與部屬關係的情境因素係指部屬對於領導者所顯現的服從、信賴、忠誠及尊敬程度，如果程度愈高則代表兩者的人際關係愈趨於良好，程度愈低則兩者的人際關係愈趨於不佳。

2.任務結構

任務結構情境因素係指領導者賦予部屬任務的明確化、例行性及標準化的程度。如果任務的指派愈傾向明確化，任務屬於例行性工作及標準化的作業內容，則代表任務結構化程度愈高；若指派的任務愈不明確，任務愈不屬於例行工作及較不具標準化的作業內容，則代表任務結構化程度愈低。

3.職位權力

職務權力情境因素係指領導者對於部屬的甄選、昇遷、解雇、調職、調薪及獎勵懲處的支配控制程度；如果支配控制程度愈高，則職位權力就愈強；如果支配程度愈低，則職位權力就愈弱。

費德勒領導權變模式進一步將上述三種組織情境因素中，分別區分為良好與不佳的領導者與部屬關係、高度與低度任務結構及強與低職位權力等八種不同情境組合，並透過個案研究而尋找出該八種情境組合與兩種不同領導風格的有利或不利的配合關係，如圖 11.7 所示。根據圖 11.7 顯示當領導者於有利與不利的情勢時，在 1、2、3、7、8 的組織情境下採任務導向的領導風格將有較佳的績效表現。當領導者處於中度有利的情勢時，在 4、5、6 的組織情境下，採員工關係導向的領導風格可獲得較佳的組織績效。

二、路徑—目標理論

路徑—目標理論是霍斯 (Robert House) 於 1971 年所提出的領導權變理論，

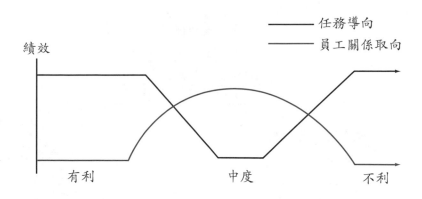

資料來源：Fielder, F. E., *Theory of Leadership Effectiveness,* New York: McGraw-Hill, 1967.

圖 11.7　費德勒領導權變模式

情境	1	2	3	4	5	6	7	8
領導者與部屬關係	良好	良好	良好	良好	不佳	不佳	不佳	不佳
任務結構	(高)	(高)	(低)	(低)	(高)	(高)	(低)	(低)
職位權力	強	弱	強	弱	強	弱	強	弱

該理論整合了前俄亥俄州州立大學的領導者行為理論及激勵理論，其模式架構如圖 11.8 所示。該理論模式認為領導者行為類型—組織成果的配置關係，是受環境及部屬特質等兩種情境因素所影響。該模式中，首先將領導者類型區分為四種：指導型、支援型、參與型及成就導向型。

1.指導型領導

　　指導型的領導者會讓部屬充分瞭解上司的期望與目標，並擔任部屬工作任務的指導角色；指導型領導者在部屬執行工作任務過程中特別的給予指導與協助，這與前述俄亥俄州州立大學之結構化體制構面相類似。

2.支援型領導

　　支援型的領導者對部屬非常友善，肯定員工的工作價值與表現，亦主動對部屬的工作滿意與環境需求表達關心之意，這與前俄亥俄州州立大學之關懷構面相類似。

3.參與型領導

　　參與型的領導者在進行決策之前，皆事先徵詢部屬的意見與看法，並接受部屬的建議，意即領導者給予部屬參與決策的權力。

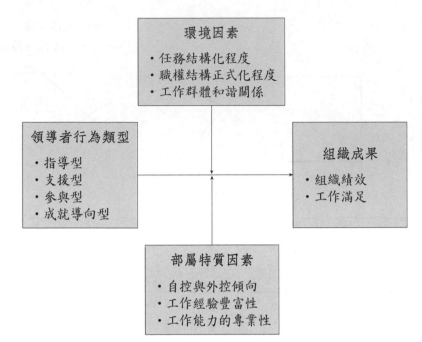

資料來源：House, R. J. "A Path-Goal Theory of Leader Effectiveness," *Administrative Science Quarterly,* September 1971, pp. 321–338.

圖 11.8　路徑－目標模式

4.成就導向型領導

　　成就導向型的領導者會預先設定挑戰性的目標，期望及激發部屬發揮潛能實力，以達成目標。

　　同時，路徑－目標理論模式指出三種環境情境因素，分別為任務結構化程度、職權結構正式化程度及工作群體和諧關係。另一組部屬特質情境因素則為自控與外控傾向、工作經驗豐富性及工作能力專業性。其中自控傾向係指部屬自我控制、自我要求及自我期望的程度，而外控傾向係指部屬較無法自我控制及要求，而必須透過外在的規範來管理部屬行為。有關路徑－目標理論所獲得的主要研究結論如下：

　　⑴面對內控傾向的部屬，採取參與型領導行為，部屬可獲得較高的工作滿足感。

　　⑵面對外控傾向的部屬，採取指導型領導行為，部屬可獲得較高的工作滿足感。

⑶面對任務結構不明確時，採取成就導向型領導行為，部屬可獲得較高的工作滿足感。

⑷面對工作群體的成員存有衝突矛盾時，採取指導型的領導行為，部屬可獲得較高的工作滿足感。

⑸面對職權結構愈清晰及明確化的情境時，採取支援型的領導行為所獲得的績效成果，較佳於指導型領導行為。

⑹面對擁有良好的工作經驗及專業能力的員工時，採取指導型領導行為，對組織成果的良好表現是不具影響性的。

⑺面對執行高度結構化任務的部屬，採取支援型領導行為，可獲得較良好的組織績效及較高的工作滿足感。

⑻面對任務結構不明確及不清晰時，採指導型領導行為，部屬可獲得較高的工作滿足感。

三、領導者─參與模式

維克特・伏論 (Victor Vroom) 及菲力浦・亞頓 (Philip Yetton) 於 1973 年發展領導者─參與模式，這個模式設定七種不同的權變情境下，利用決策樹分析方法，從可供選擇的五種領導風格，選擇出最配適的領導風格。該模式的七種權變情境問題分別編序為 A、B、C、D、E、F 及 G。

A. 你解決問題的決策品質是否非常重要？

B. 你是否擁有足夠的資訊，以做出高品質的決策？

C. 你解決的問題是否非常明確清晰？

D. 部屬承諾有效執行你的決策是否非常重要？

E. 你是否能確定部屬對你的決策具有高度的承諾？

F. 部屬們是否認為你解決問題所做的決策對組織目標具貢獻性與意義性？

G. 部屬是否對於你所做的決策方案有不同的衝突意見？

同時，領導者─參與模式根據部屬在決策過程的參與程度，而描述出五種不同的領導風格：

AI 型：

運用自己的資訊，自己解決問題及作決策。

AII 型：

從部屬獲得必要的資訊後，自行解決問題及作決策。在決策過程中，部屬僅扮演資訊的提供者而已，並不參與決策。

CI 型：

分別與不同的部屬進行問題的研商討論聽取他們的意見後，自行做決策，在決策過程中並未將部屬們集合在一起進行群體決策。

CII 型：

集合所有的部屬一起研商討論問題，聽取部屬們的看法與意見後，自行做決策。

GII 型：

集合所有的部屬一起協商討論問題，在形成群體共識後，進行群體決策。

管理者在應用領導者—參與模式時，係根據圖中決策樹的決策起點，順著 A、B、C、D、E、F、G 的問項順序答覆「是」或「否」之後，則可找到最適配的領導風格，詳如圖 11.9 所示。

四、情境領導模式

包爾‧荷西 (Paul Hersey) 和肯尼斯‧白蘭查 (Kenneth Blanchard) 於 1974 年發展情境領導模式 (situational leadership theory; SLT)，主要理論重點在於領導者的領導風格必須隨部屬的不同工作準備程度 (readiness) 而進行調整。此處的部屬工作準備程度係指部屬的工作能力及工作意願，情境領導模式的架構說明如圖 11.10 所示。該模式首先依據關係導向及任務導向兩個構面，而區分出四個領導風格；命令型領導（高度任務導向、低度關係導向）、推銷型領導（高度任務導向、高度關係導向）、參與型領導（低度任務導向、高度關係導向）及授權型領導（低度任務導向、低度關係導向）。同時，亦將部屬的工作準備程度區分為 R4（有能力且願意工作）、R3（有能力但不願意工作）R2（無能力但願意工作）及 R1（無能力且不願意工作）。

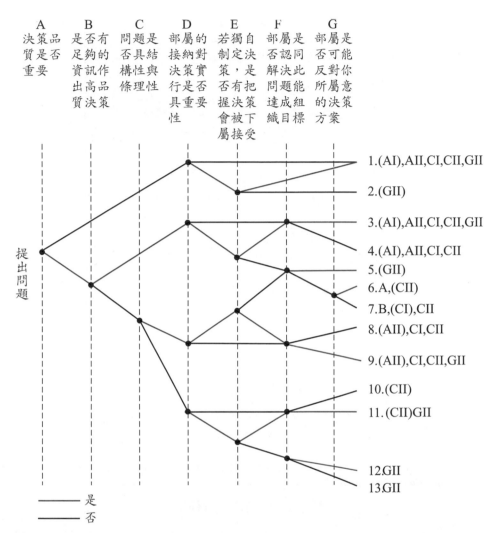

資料來源：Victor H. Vroom, and Plilip W. Yetton, "*Leadership and Decision-Making*", University of Pittsburgh Press, 1973.

圖 11.9 領導者－參與模式

　　該模式認為當部屬處於 R4 的工作準備情境時，最適的領導風格就是授權型領導，而當處於 R1 的工作準備情境時，最適的領導風格就是推銷型領導，主要原因在於透過高度任務導向來補足部屬能力的不足，同時亦可利用高關係導向以形成部屬對上司所勾勒願景的共識，而強化其工作意願。當部屬處於 R2 的工作準備情境時，則最適的領導風格為高度任務導向及低度關係導向的命令型領導；部屬處於 R3 的工作準備情境時，則採取參與型的領導風格較為適宜。

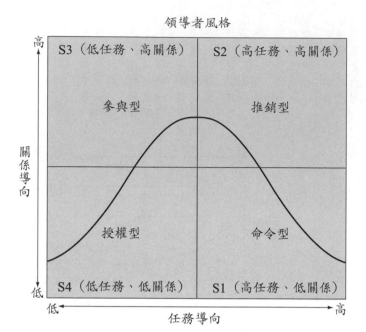

領導者風格

資料來源：Paul Hersey and Kenneth H. Blanchard, *Management of Organizational Behavior: Utilizing Human Resource*, 4th ed., Englewood Cliffs N. J., Prentice-Hall, 1974.

圖 11.10　情境領導模式

個案研討：無為而治——奇美集團許文龍的領導哲學

一、奇美集團簡介

奇美實業於 1953 年由許文龍先生創辦，為臺灣早期的塑膠加工業

者之一，以生產美麗耐用的塑膠日用品與玩具而稱譽業界。奇美以「企業是追求幸福的手段」、「人性管理」及「以和為貴」作為企業的經營理念，持續在石化界擴大發展，並於 1998 年成立奇美電子公司，投入製造 TFT–LCD 之電子產業領域，經過不斷地轉型與成長，目前該企業集團橫跨包含石化、物流、工程、醫院、食品及電子，目前資本額為 467 億元，擁有員工數約 12,000 人，在石化界享有「北台塑，南奇美」之美稱，而奇美企業集團董事長許文龍「無為而治」的領導風格，也一直是許多企業界與學術界研究討論的焦點。

二、許文龍的領導風格

　　許文龍董事長在成立初期對於公司的管理方式較傾向於採走動式管理，為了瞭解公司經營管理的問題點，常常與員工一起工作，一旦發現工廠問題就可立即採取解決行動，而且一直沒有設立個人專屬的辦公室，直到 1992 年為了各部門主管的積極協調便利性，才設置個人專屬辦公室。對於公司的管理則採充分授權的領導方式，目前每星期只到公司一、二天開會進行重大決策，其餘的時間完全授權公司內的主管人員進行各種管理決策，自己則陶醉於釣魚、彈琴、臨摹作畫及音樂欣賞的興趣，是一位富人文氣息的傑出企業家。

　　許文龍董事長的決策風格屬於果決明快型，他曾說：「企業要站在巨人的肩膀看清未來下決策，不要站在矮人的身旁下決策，那只有今年與明年的決策，見近利而無遠謀」。1959 年許文龍發現不碎玻璃（壓克力）的高度發展潛力，立即決定引進而成為臺灣第一家製造壓克力的廠商，並贏得「壓克力之父」的稱號。又在 1962 年市場競爭激烈的環境中，大膽投入「化粧合板」（奇麗板）的市場，使奇美公司在該產業風光了 20 幾年，但當他發現「化粧合板」的市場逐漸萎縮時，在已投資數百萬元新設備的情況下，仍於 1985 年斷然決定退出市場，當時

有人就問他以奇美在該產業獨霸一方的局面，這樣退出市場面子會不會掛不住，他笑著說：「我一生最大的財富，就是沒有面子的負擔」，這種果決明快的決策風格正是奇美企業集團不斷攻佔高附加價值產業的重要原動力之一。

許文龍董事長具有過人的前瞻性視野、膽識與智慧，於 1997 年在各界普遍對高科技產業未來持續發展存有疑慮時，出身石化產業的奇美集團卻亦然決然的成立奇美電子公司，投入了完全陌生的光電產業，製造 TFT-LCD（薄膜電晶體液晶顯示器面板）面板，並於 1999 年快速發展出臺灣第一片自主技術研發成功的 TFT-LCD 面板，而在嚴竣的競爭環境下，奇美電子公司卻能掌握賠少賺多的經營績效，2002 年賠 3.6 億，但 2003 則順利為企業集團賺進 111 億元。

事實上，過人的膽識也是許文龍董事長出名的特色之一，更帶動了奇美團隊往前衝刺的精神，當企業集團的高階經營團隊向他簡報 ABS（一種塑膠原料產品）的投資評估報告時，他只問：「公司內有沒有人能做，有的話，那就做吧！」，近百億元的投資就這樣下定決策。而當奇美企業集團決策是否要進入光電產業時，他也是簡單一問：「如果投資二百億元都賠光了，奇美實業還能不能挺得住？」，當相關的部門單位主管回答說：「可以」，奇美企業集團就立即進入光電產業了。

由於許文龍的行事簡明及決策快速的風格，個人辦公室內少有公文，他要求部屬有事最好直接用說的，儘量不要用書面報告，因此奇美決策速度相當快速，200 多億元的建廠案，往往只需幾個月就完成了評估決策，而有別於其他企業必須動輒耗費好幾年才能下定決策。

許文龍董事長為了激勵員工的自發性創意行為，對於犯錯的員工不會嚴辭指責，反而將重點放在尋求問題的解答方面，而非一味的追究員工；他認為企業要塑造創新的文化，就要避免員工害怕說錯話、做錯事的心理，因此奇美的員工都可以大膽嘗試、自由工作。此外，

許文龍也相當重視員工的意見，要求主管對員工要有傾聽的耐心，他本身則儘量讓自己成為一個平凡的員工，因而在奇美的層級意識並不顯著。另外為了強化溝通功能，每星期都會邀請高階主管到家中談天講古、分享經驗，所談內容從藝術、文學到音樂都有，並不侷限於工作內容，藉以培養情感，增加工作默契。

許文龍非常關懷員工的工作及生活品質，認為員工不應為了工作而犧牲個人生活品質，而塑造良好的工作環境、創造優異績效成果、避免股東干預及利潤回饋員工，已成為奇美的重要經營準則，因此奇美的員工福利與就業保障制度相當完善，包括員工配股、週休二日、高額獎金，甚至提供免費的早、午、晚餐及宵夜；當 1973 年石油危機時，仍堅持不裁員、不減薪的政策，許文龍維護員工權益、保障員工工作安定性的政策可見一斑，當然也為奇美培養出一群忠誠敬業的員工。

三、研討題綱

1. 請討論許文龍董事長具備卓越經營者的領導特質為何。

2. 請就個案公司而言，討論一個企業採取充分授權的領導方式，應具備哪些先決的條件。

3. 請討論一個企業為了激發員工自發性的創意行為，應採取哪些措施與方法。

4. 請問奇美企業集團究竟有那些重要誘因，而可培養出一群忠誠敬業的員工，並創造卓越的企業績效成果。

個案主要參考資料來源

1. 奇美企業集團網站：http://www.chimei.com.tw/

2. 張殿文，〈奇美董事長許文龍——做世界第一幸福的人〉，《天下雜誌》，第 282 期，民 92 年。

3.莊素玉等,《許文龍與奇美實業的利潤池管理》,天下遠見,民89年。

4.許龍君,《台灣世界級企業家領導風範》,智庫文化,民93年。

第十二章　員工激勵

◎ 導　論

　　組織內每位員工的積極態度與工作表現皆不盡相同，有些人勇於任事皆盡全力尋求良好的績效成果；但有人則抱持著得過且過消極任事的心態，管理者如何激勵組織員工皆能積極任事，努力朝向目標前進係重要的職責之一。為了有效激勵員工的工作士氣，就必須先瞭解員工工作的動機與需求所在，作為激勵的誘因以驅使員工盡全力完成交付的任務。

　　本章首先將介紹激勵的意義，並描述早期的激勵理論如科學管理理論、馬斯洛需求層級理論、X 理論與 Y 理論、雙因子理論等，以及近代激勵理論如三項需求理論、公平理論、期望理論、工作特性模型理論等，最後再闡述溝通在員工激勵過程中所扮演的角色，以及溝通的程序、工具及有效溝通的法則等議題內容。

◎ 本章綱要

*激勵的意義
*早期的激勵理論
　　*科學管理理論
　　*馬斯洛需求層級理論
　　*X 理論與 Y 理論
　　*雙因子理論
*近代的激勵理論
　　*三項需求理論
　　*公平理論

　　　　　　＊期望理論
　　　　　　＊工作特性模型的激勵理論
　　　　＊溝　　通
　　　　　　＊溝通的意義與程序
　　　　　　＊溝通的方式
　　　　　　＊溝通的工具
　　　　　　＊有效溝通的障礙
　　　　　　＊有效溝通

◎ 本章學習目標

1. 瞭解激勵與溝通的意義及其在經營管理中所扮演的角色。
2. 區別各種激勵理論的主要論點，及在管理實務中如何利用激勵理論來激
　 勵員工士氣。
3. 學習不同的溝通方式，釐清溝通的障礙及如何達到有效的溝通。

第一節　　激勵的意義

　　在討論激勵理論之前，首先需瞭解動機的本質與意義，因為組織的激勵措
施對於組織成員工作動機具有深遠的正面影響性。學者們定義「動機」為在滿
足個人基本需求的情況下，組織成員全心全力地為了達成組織目標或工作任務
而努力的意願，意願愈高則工作動機愈強烈，意願愈低則工作動機愈低。針對
工作動機較低的組織成員，管理者有義務透過激勵的手段，來提振組織成員的
工作動機與意願。激勵措施對組織運作具深遠影響性的主要理由有五：

1.提升組織績效

　　透過激勵措施可使績效良好的員工有意願追求更高的績效水準，而績效表
現較差的員工則可鼓勵其發展原有的潛能，而全面提升組織績效。

2.強化員工的專業潛能

激勵措施可使員工為了獲得良好的獎酬，而不斷地自我學習與成長，提升其專業潛能。

3.強化員工的成就感與向心力

激勵措施鼓勵與肯定表現良好的員工，如此的激勵示範作用，將可強化組織成員的成就感與向心力。

4.引導員工的期望

激勵措施可建構組織成員如果明天表現更良好，可以獲得更多獎酬的期望與夢想，讓員工工作於充滿憧憬的環境。

5.建立公平的工作環境

激勵措施可彌補基本的薪資制度可能出現「同酬不同工」或「同工不同酬」的現象，以建立公平的工作環境與待遇。

事實上，學者們大都認為激勵作用是一種滿足個人需求的過程，而所謂的需求 (need) 係指個人對於某些具吸引力的誘因如加薪、晉升主管階級或績效獎金等有所期望時，所產生的心理緊張狀態。圖 12.1 正顯示一個人受到激勵所展示的心理狀態與過程。當組織成員或個人的某些需求在未達滿足的情境下，將會產生心理的緊張，一旦有心理緊張的現象就會引發個人內心的驅使力 (drive)，以搜尋及採取可以獲得需求滿足的行動，當採取行動的結果可以獲得所要滿足的需求時，就可降低個人處於緊張的心理狀態；當個人的某些需求達到一定程度的滿足感後，將可能再尋求更高程度的滿足或其他的需求項目，而再次產生未滿足的情境，並依照上述激發過程以降低心理緊張狀態。

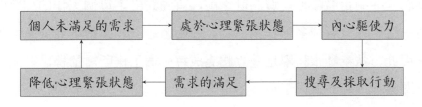

圖 12.1　激勵的過程

就激勵過程的實務運作而言，企業組織內的員工可能因為某些需求未能滿

足，如薪水不足、想晉升主管職務或獲得更多的績效獎金，而處於心理緊張的不均衡狀態；此時，組織就可提供獎勵制度，確保員工的良好行為將可獲得加薪、績效獎金或晉升的報酬，以引導員工更加努力的執行任務。員工心理緊張的狀態將驅使個人更加努力的工作，以獲得加薪、績效獎金或晉升等需求之滿足；在獲得上述需求的局部滿足後，就可降低員工的心理緊張狀態。由於人類的需求通常是無止境的，因此在個人某些需求的滿足後，若僅稍微降低而未完全消弭心理的緊張狀態下，員工將進入另一個新的激勵過程；相對地，組織亦可提供更優惠的激勵措施，以鼓勵員工的工作績效表現能更上層樓。

第二節　早期的激勵理論

1911～1940 年代係激勵理論的萌芽期，該期間較具代表性的激勵理論主要有：科學管理理論、需求層級理論、X 理論與 Y 理論及雙因子激勵理論。雖然從現在的眼光來評斷該些理論難免因屬較早期的研究，而有部分不嚴謹的缺失存在，但不可諱言地，卻是日後得以發展更具實務適用性激勵理論的重要基礎。

一、科學管理理論

泰勒 (1911) 的科學管理理論主要在於教導主管人員如何激勵員工的生產量與工作效率。泰勒認為當高生產力的員工發現所獲得工資與低生產力員工的工資相同或較低時，則高生產力員工的生產量將會下降。泰勒為了解決此問題，就制定以員工個人生產力的表現以決定薪資水準的激勵性薪資制度。

泰勒是在制定激勵性薪資制度之前，首先先訂定每個工作的標準時間，也就是將一個工作分解成多項作業活動，並衡量每一作業活動完成所需的標準時間，運用此方法泰勒很科學地建立起完成每一個工作所需的標準時間，並以該標準時間換算成每一個員工每天的標準生產量。當工人的產量在未達到標準生產量之前，是依據某一工資率論件計酬；但若產量達到標準生產量以上時，超過標準生產量的數量會以一個較具誘因性的高工資率計酬，而且當日所有的產量均以該較高工資率計酬。因此，依據這個激勵性的薪資制度，大多數的員工

為了超越標準產量以大幅增加工資報酬而願意提升生產量。該理論的基本假設前提就是金錢為員工的主要激勵因素，如果報酬能高到一定程度的水準，則員工的生產量將會更多。

二、馬斯洛需求層級理論

除了科學管理理論外，另一個較常為經理人員引用的激勵理論就是馬斯洛 (1954) 的需求層級理論 (Maslow's hierarchy of needs)。依馬斯洛的看法，人類的需求可分為五種層級，包括生理需求 (physiological needs)、安全需求 (safety needs)、歸屬認同需求 (belongingness needs)、尊重需求 (esteem needs) 及自我實現需求 (self-actualization needs)，如圖 12.2 所示，至於該五種需求層級的內容說明如下：

圖 12.2　馬斯洛的需求層級理論

1. 生理需求

生理需求係指維持個人生存所需的基本需求，包括食物、衣著、居住、行、性慾或其它生存上必備的需求。在組織中係指提供員工的基本薪資及工作福利條件，如提供交通車、午餐或宿舍等，皆屬於滿足員工生理需求的重要措施。

2.安全需求

安全需求指個人免於危險、威脅及意外傷害的安全保障需求，它包括身體及感情的安全、安定與受保護感。在組織中提供員工撫恤制度、退休制度、保健制度及安全的工作環境保障等，皆屬於滿足員工安全需求的措施。

3.歸屬認同需求

歸屬認同需求指個人尋找人際互動、友情關係、同僚認同及情感交流的需要。在組織中指提供員工彼此和諧的團隊關係、工作價值的認同及上司部屬良好的溝通氣氛等，皆屬於滿足員工歸屬認同需求的範圍。

4.尊重需求

尊重的需求指個人尋求自我尊重和受他人的敬重的需要，它一般可區分內在尊重如自尊、自治權及成就感，外在尊重如社會地位、事業成就及特殊專業能力。在組織中指供員工晉升主管機會、配給隱密性的辦公室、賦予某些特權或指派接受特殊專長訓練等，皆屬於對員工需求的滿足。

5.自我實現需求

自我實現需求指每一個人皆有充分發揮其個人能力，進而實現個人志向及成就之需要，它包括成長及發揮自我潛能或自我實踐理想，譬如某位億萬富翁冒著生命危險攀登世界第一高峰聖母峰之作為，就是為了滿足自我實現的需求。

馬斯洛將生理、安全及歸屬認同需求歸類為基本的需求 (deficiency needs)，它屬於較低層次的需求；而尊重需求及自我實現需求則稱為成長需求，它屬於較高層次的需求，與個人潛力的開發及成就的期望有關。馬斯洛需求理論認為上述的各種需求是每個人與生俱來的，它係金字塔型的不同層級排列，來顯示不同需求的層級架構。雖然每個人的各種需求層級架構皆相同，但所處的層級卻不同，當個人較低層的需求被滿足後，較高層級的需求才會變得比較重要。

從激勵的立場而論，馬斯洛認為沒有任何的需求層級是可以被百分之百完全滿足的；因此，當某項需求層級大部分已獲得滿足之後，則該項需求層級將不再成為激勵的因素。換言之，管理者為了有效激勵員工，首先必須清楚地瞭解員工的需求處於哪一個層級，然後針對其他尚未滿足的上一個層級提供必要的激勵措施，才能達到激勵的作用與目的。雖然馬斯洛需求層級理論普遍受到

經理人員的引用，但運用上仍須注意下列要項：

(1)個人的需求是沿著較低層級逐漸向上提升。

(2)個人的需求不必然要達到百分百的滿足後，才會向上一個層級延伸。

(3)各個需求層級之間，沒有明確的劃分界線，因此可能會有重疊之處；當其一需求層級的強度超過另一個需求層級的強度時，個人就有可能往需求強度較高的層級爬升。

(4)馬斯洛的需求層級順序，不見得適用於每一個人，因此有些人的需求層級順序是不盡相同的。

(5)有些人可能始終關注較低層級的需求，而不願往上爬升，而有些人可能對較高層級的需求有較高的興趣。

三、X 理論與 Y 理論

道格拉斯・邁克里格 (Douglas McGregor, 1960) 所提出的 X 理論 (theory X) 及 Y 理論 (theory Y) 提出人性假設的兩種正負面評價，其中 X 理論係假設人性的負面評價，並主張以懲處的手段來激勵員工往上提升，並傾向於採用威權式的領導行為；而 Y 理論係假設人性的正面評價，主張以授權的方式來激勵員工努力工作，傾向於採用參與式的領導行為。至於 X 理論與 Y 理論對於人性的假設詳如表 12.1 之彙整說明。

表 12.1　X 理論與 Y 理論的基本假設比較

X 理論	Y 理論
・員工天生不喜歡工作，如果可能的話儘量避免甚至於逃避工作	・員工視工作如遊戲和休息一般的輕鬆自然
・由於員工不喜歡，因此必須以處罰強迫、控制或威脅的手段才能使員工付出足夠的努力達成組織目標	・只要員工所認同的目標，就會自我要求與自我控制來達成目標
・員工為了逃避責任，盡可能地接受指揮	・在適當狀況下，員工不只學習如何承擔責任，甚至會主動尋求肩負責任
・員工缺乏企圖心，以尋求穩定安全為優先考量	・大多數的員工擁有解決組織問題所需的智慧與能力

事實上，Y 理論所衍生出來的參與式領導及決策授權的主張，目前已經逐漸成為管理的主流之一，在實務界上所謂的「人性化管理」，亦正是依循 Y 理論的論點而行。在各種職場所進行的調查結果大都顯示在 50 及 60 年代富裕環境出生成長的職場新生代，大部分皆難以忍受主管人員獨斷專制的領導方式，而比較偏愛授權參與式領導的工作環境，這正是目前管理者所必須瞭解的事實與現象。

四、雙因子理論

雙因子理論是由心理學家佛德瑞克‧赫茲伯格 (Frederick Herzberg, 1959) 針對二百多位會計師及工程師訪談研究成果所推衍出來。在研究過程中，發現十六個對工作滿足程度具影響性的因子 (factors)，並深入探討出該十六個因子中，可歸類成兩種不同的本質，分別為激勵因子 (motivators factors) 及保健因子 (hygiene factors)。

㈠激勵因子

激勵因子就是員工從工作特性中可獲得滿足感的因子，例如從工作中獲得成就感及學習成長、受到同仁肯定與讚賞、工作責任的重要性、工作挑戰性及獲得職任昇遷等。這些因子主要是能滿足馬斯洛需求理論中較高層級的需求，當組織提供員工良好的激勵因子時，可以激發員工的工作動機與意願，並導致工作滿足感，但若組織無法提供員工在工作特性所顯現的激勵因子時，並不會導致員工心生不滿的感覺，只是不會擁有工作愉快與勝任的感受而已。

㈡保健因子

保健因子係指員工在工作過程中對組織產生不滿的因子，它主要來自於工作特性以外的影響因子，如薪資報酬的合理性、工作環境的舒適性與安全性、同事的和諧關係、上司與部屬的良好關係、工作穩定性及公司政策的明確遵循性，它較屬於馬斯洛需求理論的生理、安全及歸屬認同等較低層級的需求。組織若不能提供員工良好的保健因子時，將造成員工對於組織心生不滿與怨懟之

感，但若組織提供員工良好的保健因子時，員工亦不能感到滿足感，而僅能消除員工對組織不滿與怨懟之情緒而已。

有關激勵因子與保健因子的本頁內涵及員工對該兩因子的「不滿」與「滿足」感受，如圖 12.3 所示。

激勵因子	保健因子
工作成就感 同事的肯定與讚賞 工作挑戰性 工作責任的重要性 職位升遷 工作學習與成長機會	公司政策的明確遵循性 上司與部屬的良好關係 薪資報酬的合理性 工作環境的舒適性與安全性 同事的和諧關係 工作穩定性
良好　　　　　　不良好 導致員工滿足感　不會導致員工不滿	良好　　　　　　不良好 不能導致員工滿足感　導致員工不滿

圖 12.3　雙因子理論

第三節　近代的激勵理論

本書先前提到的激勵理論，目前已普遍受到經理人員之引用，以詮釋各種不同的激勵作用與結果，但這些激勵理論皆屬於較早期的研究，若要運用於現代錯綜複雜的管理問題，則難免有侷限之處；因此近代許多知名管理學者根據較早期激勵理論不足之缺失，而陸續提出較完整的激勵理論。本節將介紹較為管理實務者所熟知與引用之理論，包括三項需求理論、公平理論及期望理論。

一、三項需求理論

大衛・麥克里蘭 (David McClelland) 於 1961 年提出三項需求理論，認為組織成員盡力執行工作任務以達成組織目標的主要需求動機為成就需求 (need for achievement)、權力需求 (need for power) 及歸屬感需求 (need for affiliation)：

1. 成就需求

成就需求就是一個人具有不斷超越某些目標的慾望，主要驅動力在於企圖不斷地凌駕別人，期望工作成就受到他人肯定及追求卓越成功的需求。當員工具有成就感的高度需求時，通常會尋求擔任更重要的職責及偏好解決具挑戰性的問題。此外，擁有高度成就感需求的員工亦會為自己設定適當的挑戰目標，並隨時檢視與修正個人的績效表現，以期能順利完成目標。

2. 權力需求

權力需求就是一個人具有驅使、支配或影響他人意願的需求；擁有高權力需求者通常偏好名位導向的高度競爭環境，並喜歡掌控他人的意圖與行為，以達成個人的權力目標。

3. 歸屬感需求

歸屬感需求就是一個人具有尋求他人認同及追求友善和諧人際關係的需求；高度歸屬感需求者，傾向於尋找良好的同事友誼關係並期望處於互動和諧的工作環境，同時，亦不偏好於競爭性的環境下工作。

二、公平理論

當一位員工進入組織後，通常會將所得的報酬與組織內的其他員工或其他公司的同仁比較，比較的基準通常是工作量、年資、經驗及薪資水準等，相較之後就會產生報酬公平或不公平的評價；若感覺公平則會產生較高的工作滿足感及工作效率，但若感覺不公平則會產生較低的工作滿足感及工作效率，這正是公平理論的基本原理。

史代斯‧亞當斯 (Stacey Adams, 1965) 提出公平理論之觀點，認為員工的工作所得與投入的比率值，相較於參考對象 (如組織內的員工或其他公司的員工) 的工作所得與投入的比率值，將產生員工對於報酬公平或不公平的評估結果比率值，以企業組織內或其他企業組織的員工的投入／產出比率值為參考對象 (referent) 進行比較與評估，比較結果如表 12.2 所示。

若員工的比率值與參考對象比率值相當，則員工會感覺到報酬公平的狀態，若員工的比率值低於或高於參考對象的比率值時，則員工就會處於報酬的不公

表 12.2　公平理論的評估結果

認知比率的比較			員工評估公平結果
A 的所得／A 的投入	＜	B 的所得／B 的投入	不公平（報酬不足）
A 的所得／A 的投入	＝	B 的所得／B 的投入	公平
A 的所得／A 的投入	＞	B 的所得／B 的投入	不公平（報酬超過）

註：A 代表員工；B 代表參考對象

平狀態。根據公平理論的觀點，參考對象的來源有三類：

1.他人 (other)

他人指在組織本身內或其他組織從事類似工作性質的人；它通常包括同事、朋友與鄰居的口語相傳，此外，報章、雜誌、報導或專業團體勞動契約所顯示的報酬資訊。員工會將自己的報酬與投入比率的情形，與上述參考對象的相對性資訊進行比較。

2.系統 (system)

系統指組織內部所訂定的薪資政策、程序及系統的公平性與健全性；換言之，員工將考量在組織的薪資系統下，所賦予員工明列及暗支的薪酬水準是否符合整體的公平性。

3.自我 (self)

自我指員工將考量所獲得的報酬是否合理地反映個人專業能力、工作經驗、工作年資、學歷及家庭生計的負擔，來衡量報酬的公平性。

根據公平理論，當員工認知到遭受不公平的報酬待遇時，將採取下列的修正行為與行動：

1.改變投入

如果員工認知到所獲得的報酬率高於參考對象時，則員工將增加投入或努力以達到公平狀態；但若員工認知到報酬與參考對象相較而顯現不足時，則員工將減少投入或努力，以達到公平的現象。

2.扭曲報酬率的資訊認知

在心理上認為所獲得有關個人及參考對象報酬水準的資訊是不正確的，甚至於自認為這種報酬不公平的現象僅是短暫現象，組織很快就可達到報酬公平

的情形。

3.選擇不同的參考對象

當員工認為個人的報酬水準與特定他人比較而感受到不公平時，將選擇其他可能產生公平比較的人員作為參考對象，以減緩不公平的心理緊張狀態。

4.請求組織調離現有的工作職位或申請離職

5.請求公司加薪及承諾未來給予更多的報酬

三、期望理論

期望理論 (expectancy theory) 由學者維克特‧伏論 (Victor Vroom, 1964) 所發展而來；該理論係屬於近代激勵理論中較為完整的模式，詳細的剖析一個人工作努力所獲得報酬是否符合個人期望目標所產生的激勵過程，如圖 12.4 所示。根據圖 12.4 所顯示的期望理論分析模式，它主要包括三個主要的連結關係：個人努力與個人績效、個人績效與組織報酬及組織報酬與個人期望目標；至於三種連結關係的意義說明如下：

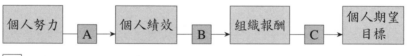

A ＝個人努力與個人績效關聯性
B ＝個人績效與組織報酬關聯性
C ＝組織報酬與個人期望目標關聯性

圖 12.4　期望理論分析模式

1.個人努力與個人績效的連結關係

這個連結關係係指個人在工作上的努力付出，是否能充分展現在績效的表現；如果個人工作努力與績效表現具有高度的關聯性時，則員工的激勵過程與作用就不至於中斷，但若個人工作努力與績效表現之間並無法產生高度關聯性時，則激勵過程與作用就難以繼續下去。從組織運作的觀點而言，組織為了維持個人努力與個人績效的高度連結性，實有賴於組織透過教育訓練以強化員工的專業與管理技能，並建立員工標準作業程序，使得員工所投入的努力程度能

充分展現在工作績效成果。

2.個人績效與組織報酬的連結關係

此連結關係係指個人的績效表現能透過組織的薪資給予而獲得適當公平的報償。如果個人良好的績效表現無法從組織的獎勵制度中獲得適當的報酬，則員工的激勵過程將無以為繼，激勵效果將受到影響。從組織的運作觀點而言，組織應建立公平的薪資政策與獎勵制度，才能使員工的工作表現充分反映在所獲得薪資報酬方面，才能達到激勵效果。

3.組織報酬與個人期望目標的連結關係

此連結關係係指組織給予員工的報酬額度是否能符合員工心目中的期望目標，如果員工努力工作所獲得的報酬對於員工的期望目標僅是杯水車薪或不具重要意義性，則激勵效果是非常有限的；因此，一個組織在設計獎勵制度時，必須考量所支付的薪資與獎金，對於員工生活品質的提升是具有重大影響性及吸引性。

四、工作特性模型的激勵理論

李查·漢克曼 (Richard Hackman) 和葛瑞·歐德漢 (Greg Oldham) 於 1976 年所發表另一個激勵理論為工作特性模型 (job characteristics model; JCM)；該模型首先認為任何的工作內容，可以從技能多樣性 (skill variety)、任務完整性 (task identity)、任務重要性 (task significance)、員工自主性 (autonomy) 及績效回饋 (feedback) 等五個工作特性構面來加以描述：

1.技能多樣性

技能多樣性指員工在執行工作任務時，必須具備技術能力的多樣性。

2.任務完整性

任務完整性指員工執行一項工作所涉及活動項目的範圍寬度；如果員工執行一項工作所涉及活動項目的範圍愈寬，則代表任務完整性愈高；但如果員工執行一項工作所涉及活動項目的範圍愈少，則任務完整性愈低。

3.任務重要性：

任務重要性指員工執行工作任務對組織營運成果的重要影響性。

4. 員工自主性

員工自主性意指員工在執行工作任務時，可獨立性的自行決策幅度；若獨立性及自行決策權限愈高，則員工自主性愈高；反之亦然。

5. 績效回饋性

績效回饋性就是員工在執行工作任務時，能夠清楚明確地掌握工作績效回饋的程度。

此外，該激勵理論將上述五個工作特性構面整合成一個評估指標稱為激勵潛力分數 (motivating potential score; MPS)，並認為員工所執行的工作內容，若所獲得的激勵潛力分數愈高，則員工將受到更大的激勵效果，並顯現出更好的績效與滿意度。有關 MPS 評估指標的計算公式如下：

$$MPS = \frac{(技能多樣性 + 任務完整性 + 任務重要性)}{3} \times 員工自主性 \times 績效回饋性$$

第四節　溝　通

管理者的重要功能之一，就是整合組織內成員的力量來共同達成組織的目標；然而在整合組織成員力量的過程中，除了有效的領導行為外，溝通能力亦扮演著另一個關鍵的角色。一位有效的領導者在面對問題作成決策後，如何透過溝通的程序把決策訊息正確無誤地傳達給部屬，將對部屬能否一致性地貫徹決策內容，實具深遠影響性。

就個人層級而言，員工與員工之間若沒有良好的溝通環境與管道，很容易造成員工彼此在工作上的猜忌、衝突及不和諧現象，而影響組織的運作效率。就組織內各部門層級而言，各個部門之間若缺乏正式或非正式的溝通管道與技巧，則將因為部門的本位主義作祟，出現組織運作不一致的現象，而大幅降低組織的競爭力。另外，就主管與部屬關係而言，若主管與部屬之間的溝通技巧不佳或溝通管道不暢通，亦將造成主管獨斷獨行，部屬墨守成規缺乏創意及缺乏互信的氣氛，對於主管的領導效能大打折扣。換言之，組織內培養員工良好的溝通技巧及管道，將可提升組織效率、員工工作士氣及競爭力，而逐漸成為

管理者關切的課題之一。

一、溝通的意義與程序

溝通 (communication) 的意義係指發訊者透過各種管道將個人的訊息或意圖傳達到收訊者的過程。根據該定義一個有效的溝通應該是具備三個要件：

(1)發訊者必須正確無誤地進行訊息溝通。

(2)發訊者必須選擇最適當溝通管道進行訊息傳達。

(3)收訊者必須能全盤地接收訊息及瞭解訊息所隱含的意義。

根據上述三個有效溝通的要件，本書以圖 12.5 來顯示溝通的程序，藉以瞭解管理者無法進行有效溝通的可能問題點與障礙所在。

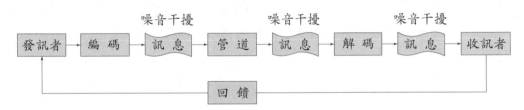

圖 12.5　溝通訊息傳遞程序

1.發訊者

發訊者係指要傳達訊息或意圖的人，發訊者在溝通之前通常會先確認溝通的目的為何，有了溝通的目的才能清楚地確認所要傳達的訊息內容。一般而言，溝通的效果通常深受發訊者的人格特質、表達的技巧、態度、知識及經驗的影響。

2.編　碼

編碼係指發訊者將所想要傳達的訊息或意圖，以不同的形式如言語、文字、符號、圖畫或表情等加以傳遞出去。事實上，在訊息編碼過程中，發訊者應該考量收訊者的文化背景、風俗習慣、肢體語言的不同涵義或口語語言的不同意義，而謹慎地選擇訊息編碼的形式，以避免造成訊息扭曲或誤解的現象。

3.訊　息

訊息是指發訊者將訊息加以編碼後所形成的語言、文字、符號、圖畫或表情等實體產物。例如信件的表達內容、講話的內容、作畫的圖畫，臉部表情或

肢體動作皆屬於溝通的訊息。

4.管　道

管道係指訊息傳達的媒介，它可能是組織內的正式管道，亦可能是非正式管道。一般而言，訊息傳達的管道主要有電話、書信傳送、口頭告知、正式公文、電子郵件或公告等。每一種溝通管道皆有不同的優缺點存在；譬如口頭告知較具誠懇性，但訊息較易被扭曲；而正式公文或公告的訊息雖然較不易扭曲，但卻常有公事公辦的冷漠感；因此發訊者應該依照所要傳達訊息的重要性或複雜性，而慎選不同的溝通管道。

5.解　碼

解碼係指收訊者將傳達過來的訊息轉換成收訊者所能瞭解的形式，訊息接收者必須具備將編碼後的訊息予以閱讀或傾聽的能力，才能接收訊息。事實上，在解碼的過程中，可能因為不同的文化背景或不同的語言涵義，而造成訊息原意的誤解。因此，訊息接收者在進行訊息解碼時，需考量訊息發放者的文化背景差異性及使用語言的特定涵義，以確保解碼時仍能保持訊息的原意。

6.收訊者

收訊者係指訊息接收者，他可能因為文化背景、風俗習慣或價值觀與發送者有所差異，而造成訊息的扭曲與誤解。

7.回　饋

回饋係指收訊者將所瞭解的訊息內容，反應回饋給發訊者的過程，訊息回饋的主要目的在於確認訊息原意正確無誤被接收；事實上訊息回饋可協助發訊者確認是否正確無誤地傳達訊息給對方，藉以修正下次傳達訊息時如何更有效地進行溝通。

二、溝通的方式

組織的溝通管道可分為兩種：正式溝通及非正式溝通；正式溝通係指組織內管理當局正式核可發佈的各種訊息，如正式的公告、公函等。若就溝通訊息的傳遞方向而言，組織正式溝通的方式可分為向下溝通 (downward communication)、向上溝通 (upward communication)、平行溝通 (horizontal communication) 及

斜向溝通 (diagonal communication) 四種，該四種溝通方式的內容說明如下：

1.向下溝通

　　向下溝通係指組織內主管部門或人員依照行政體系及職責對於下級部門或人員所做的訊息溝通，這些溝通的訊息最常見就是頒行組織政策、公告、命令、規章、指示、通知等。由於它係屬於單向溝通的方式，若在發佈任何訊息之前組織內部並未經過充分的討論而形成共識時，由於下級部門或部屬只能在毫無表達意見的情況下服從訊息指示，往往會造成部門或員工執行不力的現象。

2.向上溝通

　　向上溝通係指下屬部門或部屬對於上級主管當局提供決策所需的資訊。一般而言，部屬通常會依照行政體系的要求，而定期或不定期的向上級主管人員呈報工作績效表現及工作進度執行情形。同時，亦會在特定時刻向上級主管人員提出未來的工作計畫及努力的目標。有些組織為了改善工作效率及績效，鼓勵員工針對組織各項管理制度或作業流程缺失，提出改善建議與措施；譬如組織實施的品管圈制度或提案改善制度，皆屬於向上溝通的方式之一。

3.平行溝通

　　平行溝通係指組織內不具有上下隸屬關係的部門或員工之間所進行的訊息傳遞與溝通。事實上，當組織規模日益擴大及組織層級愈來愈多時，往往由於組織部門的本位主義作祟，而阻礙了組織溝通的正確性及決策迅速性。但組織內各部門的平行溝通可促進部門之間的整合性及內部協調的一致性，進而有效提升組織的運作效能及團結合作的精神，致使管理者逐漸體認到平行溝通的重要性。

4.斜向溝通

　　斜向溝通係指組織內各個不同階層的人員皆可進行訊息的傳遞與溝通，一般適用於組織內特定部門需要其他部門提供決策所需要的資訊傳遞與溝通，例如會計部門要求製造部門提供必要的製造資料以編製會計報表。

　　此外，非正式溝通係指組織內行政系統以外所傳達的訊息，學者有時稱之為葡萄藤 (grapevine)，它通常不被組織所認可與支持。事實上，在一個日漸開放的組織環境中，傳遞著非正式的溝通訊息是很難以避免與禁止的，有時流傳

的訊息對組織的改善是具有正面建議性的，不盡然皆屬於不正確的謠言，因此管理者與其無法禁絕它的存在，倒不如有效地正面運用它較屬明智之舉。

三、溝通的工具

目前存在於組織內成員或部門之間溝通的工具大概有：書面溝通 (written communication)、口語溝通 (oral communication)、非口語溝通 (nonverbal communication) 及電子媒體溝通 (electronic media communication) 四種，每一種工具皆有其不同的優缺點存在，管理者可針對溝通訊息的性質與不同的情境而選擇適當的溝通方式，以達到訊息正確傳達的目的。至於該四種溝通工具的內容說明如下：

㈠書面溝通

組織內較常使用的書面溝通包括：報告、信件、公文、備忘錄、會議記錄、技術檔案、管理手冊、組織發行的刊物及其他以書面方式或符號所表達的訊息的方式。書面溝通具有下列的優點：

1. **持久性**

書面溝通所傳達的訊息可以長久保持，當訊息傳達過久而有所遺忘時，則可以隨時查閱，以確保組織內管理制度或規章訊息執行的一致性。

2. **具體有形性**

書面溝通的訊息具有可描述性及具體性，較易引起訊息接收者的注意，譬如發出正式的命令與公告代表著組織對此訊息的嚴肅性與重視性，可有效引起訊息接受者的重視。

3. **佐驗性**

當訊息的傳遞因為時日已久而產生訊息內容的疑慮時，可以把原先的書面內容進行比對與查証，以免造成誤解時查無實證。

4. **精確性**

書面溝通是一種較為周全、邏輯性、條理性及清晰性的訊息傳達，因此較可確保訊息內容的精確性。

5.知識傳承性

　　透過書面溝通訊息的長期保存，將可以使組織的經驗與知識有效地傳承給後進的員工。

　　雖然書面溝通具有上述的優點，但亦存在某些缺點，如傳達的訊息較為複雜時，則書面溝通可能較無法全盤地正確描述；此外，書面溝通的另外兩個缺點乃是訊息缺乏回饋及書面溝通較為費時。

㈡口語溝通

　　組織一般較常使用的口語溝通方式包括面對面交談、演講、廣播、電話訪談、會議、團體研討會及非正式討論等。口語溝通的主要優點在於溝通速度快、雙向溝通可立即獲得訊息回饋及精確傳遞訊息；缺點則是口語溝通訊息傳遞到第三者時就可能因為個人詮釋角度或立場不同而曲解了訊息的原意。

㈢非口語溝通

　　非口語溝通最常見的方式就是聲音、圖像、符號、顏色、肢體語言和說話音調等，例如企業組織常以紅色代表工作環境的危險性、綠色代表安全性，以高頻率或高響度的聲音來警示危險；又如以前垃圾車撥放「給愛麗絲」音樂代表收垃圾的時間。同時，身體語言中，有關臉部表情或手部姿勢皆可能代表喜悅、憤怒、羞怯、傲慢或侵略等訊息。一般而言，肢體語言比口語溝通所能傳達的訊息更為豐富與具真實感，因此管理者在進行口語表達時，需謹慎地配合使用臉部表情與手部姿勢，以強化溝通的效能。

㈣電子媒體溝通

　　基於資訊與網路科技的日漸發達，組織已充分地透過電子媒體來進行溝通，目前可供使用的電子媒體包括：電話、傳真機、電子郵件、語音郵件、手機簡訊、視訊會議及網際網路的運用等。透過電子媒體的溝通不僅迅速、溝通成本較低，還可同步將訊息傳達給多數人。目前許多組織已將運用電子媒體溝通能力列為組織成員必備的工作條件之一。

四、有效溝通的障礙

在溝通的過程中，每一個程序皆有可能發生訊息扭曲或誤解之現象，為了達到有效溝通的目的，瞭解導致訊息扭曲或誤解的因素係管理者不可忽視的課題之一。一般而言，組織內造成有效溝通障礙的主要原因包括：過濾作用 (filtering)、選擇性知覺 (selection perception)、資訊負荷過重 (information overload)、個人情緒干擾、語言認知差異、溝通恐懼 (communication apprehension) 及非口語的暗示 (nonverbal cues)；這些原因如何造成溝通障礙詳述如下：

1.過濾作用

過濾作用係指組織成員為了迎合訊息接受者的偏好，而蓄意地操縱資訊的涵義。例如：企業組織的經理人員只對老闆傳達正面的評價訊息或說好聽的話。一般而言，企業組織的組織層級愈多，則訊息傳達過程中被過濾的機會也愈高。同樣地，如果一個企業組織的管理文化屬於專制領導型，或是獎勵制度較重視員工外在行為的表現時，則管理者在訊息傳遞過程中過濾績效訊息的機會就愈高。

2.選擇性知覺

訊息接收者在溝通的過程中，基於個人喜好、需求、動機、經驗、背景及人格特質，或對自己較具重要影響性的訊息，而會選擇性的聽聞、閱讀或注意特定的訊息。譬如一家公司要從許多候選者中挑選一位擔任單位主管時，主持面談的高階主管人員就有可能基於個人的刻板印象與價值觀，而主觀認定女性通常將家庭重要性擺在事業之前，而在面談前就已經對女性候選人產生偏見與誤解，以至於影響人才的甄選結果，這就是對於訊息的選擇性知覺所產生的不適當決策。

3.資訊負荷過重

資訊負荷過重係指一個人接受訊息的負荷量超過其所能處理的有限能量；當一個管理者在面對負荷過重的資訊時，就可能會進行資訊的篩選、甚至於忽視遺忘某些資訊或過了一段時間較有空閒時再處理遺下的訊息，結果往往因為資訊的不安全造成決策的盲點，也有可能因為溝通時效已過，而產生組織效能

不彰的現象。

4. 個人情緒干擾

個人情緒干擾係指一個人在溝通過程中，由於興奮、悲傷或憤怒的情緒反應，而造成訊息溝通的障礙。當一個人處於極端興奮或憤怒的情緒下，對於相同的訊息往往會產生不同的解讀；因此，管理者在處於上述的極端情緒下，儘可能不要根據所獲得的訊息做決策，以避免因為不客觀的訊息解讀而造成錯誤的決策。同樣地，人與人的溝通過程中，若一方處於極端憤怒或悲傷情緒時，是難以進行有效溝通的，唯有等待對方的情緒較於平穩後再進行溝通對話，才能產生良好的溝通效果。

5. 語言認知差異

語言認知差異係指相同的訊息可能因為接收者在文化背景、年齡、教育程度、專業背景或經歷背景的差異性，而有不同涵義的認知與解釋。在一個規模較大的組織中，由於成員可能來自不同的家庭背景及專業訓練背景，因此對於彼此的溝通訊息就可能產生各種不同的內容解讀，而產生溝通障礙。

6. 溝通恐懼 (communication apprehension)

肢體語言所隱含的各種暗示性訊息，會因為訊息接收者的立場及理念不同而有所差異，而在溝通的過程中，由於溝通方式的不適應或溝通者雙方職位差距太大，將可能致使其中一方產生情緒不安或恐懼的現象，而造成溝通的障礙；譬如許多研究顯示，口頭溝通較書面溝通更易於造成員工的焦慮感，致使員工在溝通的過程中影響其表達技巧與能力，而形成溝通的障礙之一。另一方面，如果組織內的較高階主管如總經理或副總經理直接找基層員工進行面對面溝通時，就有可能因為職位差距太大造成基層員工的情緒不安與恐懼，不敢暢所欲言地進行溝通對話，而影響彼此溝通的順暢性。

7. 非口語的暗示

口語溝通的進行過程中，往往會伴隨著肢體語言的出現，但事實上，肢體語言的表達通常比口語溝通伴隨著非口語溝通的出現，然而非口語溝通的肢體語言與說話表情態度，往往更具豐富化與意義性的訊息，因此非口語化溝通進行過程中可能因為豐富化的表達訊息，而產生不同的的訊息接受者，對於非口

語溝通所暗示的意涵有不同的訊息認知，而將造成溝通障礙。

此外，管理者在溝通時，如果口語溝通與非口語溝通所傳達的訊息不一致時，就可能造成溝通障礙。譬如一個主管與部屬進行交流晤談時，首先告知部屬將誠懇地傾聽他的看法與建議，但在交流過程卻不斷地接聽電話或閱讀資料，則此時很顯然該主管的口語溝通與非口語溝通所傳達的訊息不一致，而將造成主管與部屬的溝通障礙。

五、有效溝通

在瞭解企業組織內產生溝通障礙的原因之後，有關管理者如何克服溝通障礙，而達到有效的溝通呢？本書的建議方式有下列幾項：

㈠使用訊息回饋機制

利用溝通過程中的訊息回饋以確認溝通訊息的完整性，以及所認知訊息內涵意義的正確性。一個主管在進行任務指派給下屬時，詢問下屬是否瞭解任務指派內容，或要求下屬重述任務指派的內容，就是訊息回饋的一種機制。如果下屬很肯定的回答「是」，提示下屬清楚的接受到任務指派訊息；但如果下屬回答「否」時，則有必要進一步就任務內容再次溝通說明。同樣地，如果下屬無法詳細清楚地重複描述任務內容時，此時主管人員就有必要針對所指派的工作內容進行訊息補充溝通。

事實上，學校裡所舉辦的各種平時考、期中考及期末考皆是屬於訊息回饋機制，主要在確認教師在課堂上講授所傳遞的知識訊息，學生的接受與瞭解情形。企業組織內定期與員工舉辦的業務檢討會及員工績效檢討會議，亦皆是屬於訊息回饋機制，主要在於確認企業組織所設定的績效目標訊息是否已正確無誤為員工所執行。此外，企業組織通常會建立顧客情報回饋系統，此亦屬於訊息回饋機制，主要用來作為與顧客就產品及服務品質訊息進行溝通的管道，透過該系統，企業組織可以迅速地依照訊息所傳達之顧客的真實需求，立即進行產品及服務品質的改善，以強化市場競爭力。由上述例子可知，溝通是時時存在的，為了維持溝通的順暢性，利用訊息回饋機制係非常重要的。

㈡使用簡化及共用的言詞

　　不論利用書面溝通還是口語溝通，言詞的使用不當通常是造成溝通障礙的主要原因之一，在溝通訊息的過程中，應該儘量使用雙方易於瞭解及記憶的詞彙，而不宜以艱澀及難懂的用語，才能達到有效溝通的目的。在企業組織中若屬於同一專業領域時，則儘量使用雙方易於瞭解涵義之專業用語，以增進彼此溝通的有效性及速率性，譬如資訊業的專業用語如 CPU 代表中央處理器，而醫護界的專業用語如 CPR 代表心肺復甦術、ICU 代表加護病房等。

㈢主動傾聽

　　係指訊息的傾聽者不作任何的判斷解釋或辯駁的行為，而完全的傾聽對方的溝通表達。主動傾聽的主要目的在於以對方的立場設身處地的誠懇傾聽，及主動探索所要表達的真正意義與感受，而非僅是虛應形式的傾聽而已，此處的感受係指訊息發放者的反對、認同、愉快、壓力、平和、憤怒、喜愛及困惑的情緒表現。當一個人看待另一個人存有預設立場、刻板現象或有成見的情境下，是很難主動傾聽的，因此建議管理者與部屬進行溝通時，若要成為一個主動傾聽者，首要的任務就是摒棄成見及預設立場，以同理心的態度從發訊者處境、需求及利益的角度來傾聽與體諒發訊者的訊息內涵，將可達到有效溝通的目的。至於主動傾聽的原則有下列幾項：

　　⑴專注傾聽

　　　在傾聽時應該放下手邊所有的工作如接電話、翻閱資料等。

　　⑵同理心

　　　以同理心的態度傾聽看待對方所傳達的訊息內容。

　　⑶接受性

　　　客觀地傾聽訊息而不作任何的判斷，接受說話者所傳達的所有訊息。

　　⑷完整性

　　　盡可能讓對方完全充分地表達與傳達訊息，避免中途打斷訊息的傳達。

　　雖然已瞭解主動傾聽的原則，但管理者在進行主動傾聽時應注意下列主動

傾聽技巧與表情：

(1)與發話者隨時保持目光的接觸，以表達誠懇專注之意。

(2)利用點頭或適當的面部表情，以表達肯定認同之意。

(3)避免心不在焉的任何舉動與行為。

(4)避免中斷對方的說話。

(5)營造發話者感覺舒適自在的氣氛。

(6)重述發話者的言詞，並回饋給對方。

(7)對方說話應保持靜默傾聽的態度。

(8)不採用嚴厲的口吻評比發話者的論點。

(9)保持平和的心情來傾聽對方的發言。

(10)適當地轉換發言者與傾聽者的角色。

(四)控制情緒

當我們與別人在進行溝通時，較常批判對方因不理性的態度而無法溝通對話，當溝通的雙方無法秉持控制情緒以平和的態度進行溝通時，將難以清楚客觀地表達自己的想法，而順利達到溝通的目的。因此，當溝通過程雙方處於情緒激昂的情境下時，最好的方式就是移轉溝通的議題焦點，或以幽默的方式跳脫情緒的不安，等待雙方平靜後再進行溝通較為妥適。

(五)口語表達與非口語暗示的一致性

係指溝通的雙方在進行口語溝通表達，必須與伴隨而生之非口語溝通暗示保持一致性，此外，在傾聽對方的口語表達時，亦應察覺與注意非口語如肢體語言或表情姿勢所隱含的重要訊息。

個案研討：中鋼民營化推手——溝通高手王鐘渝董事長

一、中國鋼鐵公司簡介

　　中國鋼鐵股份有限公司（簡稱中鋼）創立於 1971 年，成立之初期屬於民營型態，之後由於國外合資夥伴撤資，再加上國內民間資金裹足不前，於 1977 年乃由政府出資經營而成為國營事業的一員。此後，由於政府推動公營事業民營化政策，自 1989 年起開始陸續釋放股權，直至 1995 年正式成為上市的一家民營企業。

　　中鋼在民營化之前就一直是國營事業的模範生，民營化之後中鋼的經營成果表現更加亮麗，不但榮登臺灣第一大民營製造業的寶座，也成為全球最賺錢的鋼鐵公司之一。此外，民營化後的中鋼公司，採取專業分工原則，朝向多角化及集團化策略，以積極發展成為以製造業為核心，並同步開拓貿易、運輸、工程及金融服務之新創事業群，而成為國際化的大型企業集團。

二、民營化的推手

　　王鐘渝董事長自中原大學化工系畢業後，曾擔任中央研究院的研究助理，參與過亞東纖維的建廠工作，並於 1972 年進入中鋼公司，在中鋼的就職期間除了曾調任經濟部國營事業執行長一職外，從未離開過中鋼。而他在中鋼最膾炙人口的事蹟，就是成功帶領中鋼民營化，並逐步推動完成多角化與集團化的跨世紀工程。

　　在中鋼民營化的過程中，就如同許多國營企業民營化一般，由於可能採取裁員、資遣、減薪、關廠或裁併之措施，而同樣造成中鋼員

工的反彈與抗爭行動，而為了化解員工的可能反彈情緒，光是溝通大會就舉辦了將近400場左右，而且大部分都由王鐘渝董事長親自主持溝通，除了耐心的聽取員工的意見外，同時也向員工宣導民營化後採取多角化策略的未來願景，並透過教育訓練方式協助員工發展未來策略所必須具備的專業能力。同時，中鋼還編列了溝通手冊，讓同仁瞭解每次座談會的溝通結果，使員工充分瞭解民營化的過程及各種決策內容，以安定員工焦慮的心情。在溝通的過程中，將經濟情勢對中鋼公司沒有民營化的負面衝擊，及未來可能面臨的危機均事先經過整理分析，利用大家都聽得懂的言語來告訴員工，使員工瞭解到民營化的重要性及未來的願景目標，而產生高度的共識，順利朝著民營化的腳步邁進。

由於事先的充分溝通與準備，中鋼民營化不僅沒有裁員、減薪，在員工權益方面也都給予適當的補償和訓練，其他如經營決策、管理制度、組織人力調整等也都順利得以進行。

三、溝通貴在真誠

王鐘渝先生以擅長溝通及辯才無礙著稱，且喜歡逆向思考，經常被拿來與趙耀東先生做比較，這兩位都被稱為「公雞」的前後任董事長，都有著喜歡改革的共同點，趙耀東在中鋼民營化的初期，為了激發員工破舊納新，提出一句名言為：「趙耀東要反趙耀東」，而王鐘渝在和員工溝通時，最常用的口頭禪則是：「這件事一定要這樣做嗎？可以改改看」。

王鐘渝是個滿腦子有著新奇點子的人，中鋼公司的許多政策與管理變革多半是由王鐘渝的點子所激發出來的，但在執行各項變革決策之前，也同樣會進行充分的溝通與協調，就如同民營化的過程一樣；譬如，中鋼公司目前已奪得高雄捷運工程標案，而當初為了化解員工

普遍質疑中鋼公司在短短四年的民營化過程中，歷經許多數不盡的經營變動而尚未趨向穩定之際，組織是否仍有能力承受如此複雜龐大的捷運工程計畫，王鐘渝舉辦公開說明會，一場接著一場地向員工闡述中鋼如何以高雄捷運工程作為出發點，以成就中鋼公司第三核心事業軌道工業的必要性與急迫性。雖然王鐘渝的溝通方式看似強勢，但卻極具說服力而深得中鋼人的心，員工普遍認為王鐘渝的溝通能力不僅在於口才好、邏輯清晰，重要的是可確實地感受到他所表達出來的善意與誠意，同時可設身處地的為溝通對方需求著想，找出解決方案並給予必要的支持與協助。

四、研討題綱

1. 請就個案公司的內容，討論「展現誠意」對溝通效果有何助益性。
2. 請問王鐘渝董事長透過何種方式來展現其溝通的誠意？
3. 請討論一個企業從事轉型的過程中，可能面臨的員工管理問題。管理者如何透過有效的溝通方式來加以化解？
4. 請就個案公司而言，討論一個良好的溝通領導者應具備哪些特質與能力。

個案主要參考資料來源

1. 中國鋼鐵公司網站：http://www.csc.com.tw/index.html
2. 劉玉珍，《鋼鐵風雲——王鐘渝的中鋼歲月》，天下文化，民 91 年。
3. 李驊芳，〈溝通高手，鋼鐵般領導——王鐘渝〉，中國生產力中心網站。http://www.cpcnets.com.tw/A05/USER/ASP/A05_1.asp

第六篇　控　制——————

第十三章　控　制

◎ 導　論

　　當組織在設定策略目標後，為了確保根據策略目標所發展的計畫方案可有效地貫徹執行，並達到預定的目標成果，管理者必須定期與不定期地搜集資訊，針對計畫方案的執行績效與預定目標進行差異化比較分析，若遇有偏差情形時，可立即採取計畫方案的修正與調整行動，這正是管理五大功能的控制內容。本章將分別就控制程序及各種功能領域的控制內容與方式進行深入探討，如生產控制、行銷控制、人力資源控制、研發控制及財務控制。

◎ 本章綱要

　　*控制的意義、程序和種類
　　　　*控制的意義
　　　　*控制的重要性
　　　　*控制的程序
　　　　*控制的種類
　　*控制的領域
　　　　*生產控制
　　　　*行銷控制
　　　　*人力資源控制
　　　　*研發控制
　　　　*財務控制

◎ 本章學習目標

1. 瞭解控制的意義及管理系統所扮演的功能。

2. 熟悉控制的管理運作程序。

3. 學習各種不同功能領域的控制內容與指標。

第一節　控制的意義、程序和種類

一、控制的意義

控制就是管理者定期或不定期地搜集整理相關資訊所呈現的實際績效成果，與預定的績效目標進行差異分析，並針對差異情形採取適當的矯正行動與措施，以確保所採用的行動方案績效成果能達成組織目標的一連串活動過程。事實上，管理者從事控制的主要目的在於確保組織資源投入計畫方案，所產生的績效成果能充分反應到組織目標。根據上述控制的意義，一個健全的控制功能包括下列的要素：

1. 搜集與整理相關資訊

管理者必須針對所設定的目標，搜集相關的資訊內容，而該些資訊的內容足以反映組織部門或成員的實際績效成果表現。

2. 呈現實際績效成果

管理者必須針對所搜集的資訊內容，透過彙整或統計分析的過程後，才能成為績效的真實成果表現；換言之，一個健全組織控制功能必須能透過科學管理方法或實際的績效成果表現。

3. 績效成果與預期目標差異分析

管理者在從事控制的過程中，另一個主要的功能要素，就是將實際的績效成果與原先預定的目標進行差異分析。組織在進行目標設定時，可供參考的背

景資料包括：歷史資料、產業平均水準、願景目標及標竿設定 (bench marking)。其中，以歷史資料作為目標設定的方式就是指組織以過去同期的績效值，給予適當的調升或調降比例後所獲得的目標值；產業平均水準的目標設定方式就是組織以同業目前的平均績效值，予以適當的調升或調降比例後所獲得的目標值；願景目標的設定就是以組織事先設定的階段性願景目標，來作為目標設定的基準值；標竿設定就是將同業中績效表現最良好的競爭對手作為標竿典範，以該競爭對手各種績效指標的表現成果來設定目標。

4.採取矯正與調整行動

當管理者在進行差異分析後，若發現實際績效成果表現與預定目標之間有差距時，則必須針對差距原因進行分析與探討，並適當地調整原先規劃的行動方案。

5.定期與不定期控制

在控制過程中，另一個不可忽略的因素就是管理者必須定期或不定期地進行績效成果控管。定期就是固定一段時間如每日、每週、每月或每季進行例行性控制，但管理者如果發現異常現象的頻率增加時，則可加入不定期的控制機制，直到異常頻率降低到某一特定水準或恢復正常時，再恢復原先的定期控制機制。

二、控制的重要性

每位管理者大都深切地體認到為了要順利達成組織所賦予的各項重要任務與工作，必須事先要擬定嚴謹完善的工作計畫，然而儘管再完善的計畫若沒有健全的控制機制，則完善的計畫仍有可能難以付諸實現的。因此，控制功能對於管理者具有下列的重要性：

1.確保計畫的實現性

當管理者對於計畫進行定期或不定期的控制時，藉由回饋系統的運作，將可隨著調整與修正管理行動方案，以確保所擬定的計畫內容可如期的付諸實施與完成，以避免「差之毫釐，失之千里」的現象產生。

2.整合成員的努力方向

定期與不定期的控制功能，可確保組織內每位成員執行的工作內容皆能符合計畫目標與內容，以整合所有成員的共同努力方向，進而增加組織目標的成功性。

3.資源投資的正確性

事實上，組織雖然訂定明確的目標，但可能由於部門本位主義作祟，造成組織內成員個人認知的不同，產生各部門資源投資決策方向漫無章法的情形，進而影響組織目標的達成性。因此，透過控制機制的執行可隨時修正組織內各單位或成員所進行的投資決策方向，能符合組織的經營目標要求。

4.預防管理的推動

在控制功能的進行過程中，管理者可針對過去所發生的各種問題個案，透過控制機制建立差異徵兆、差異原因或差異解決方法的診斷模式；這些個案模式正可以作為管理者針對未來可能發生的差異問題，事先採取預防措施，以避免相同的差異或錯誤現象重複發生，而達到預防管理的功能。

5.績效衡量的參考依據

管理者在執行控制功能的過程中所搜集的相關資訊，除了可作為評估與衡量各部門或成員績效表現的主要參考依據外，亦可作為推動績效獎勵制度評比的來源之一。

6.員工學習成長的參考資訊

組織透過控制功能的運作所搜集的個案相關資訊，可編列為組織內員工教育訓練的教材與內容，以提供學習如何判定差異現象，分析差異原因及解決差異問題的方法，促使員工在教育訓練過程就可學習到各種的個案現象與解決措施，而達到學習成長的功效。

三、控制的程序

管理者針對特定任務或工作內容進行控制的過程中，不論領導風格或控制的對象有何差異性，基本上控制的程序則是大同小異；一般而言，組織從事控制的程序主要包括：搜集資料、衡量實際績效成果並與目標比較、差異原因分

析及採取矯正行動措施；但是在進行控制程序之前必須先設定組織整體目標及關鍵績效指標 (key performance index; KPI)，並訂定 KPI 的衡量標準值；譬如某飯店設定明年度組織目標為營業額成長 30% 後，必須找出影響營業額成長的關鍵因素如住房情形、尋找新客戶情形、留住舊客戶、提升顧客服務品質等，並針對關鍵因素訂出 KPI 的標準，如住房率標準值為 90%、新客戶開發率之標準值為 30%、顧客 check in 或 check out 時間的標準值為 3 分鐘以內等；當設定 KPI 的標準後，管理者就根據 KPI 的標準進行控制程序。以下將針對控制所涉及的程序及管理內容說明如下：

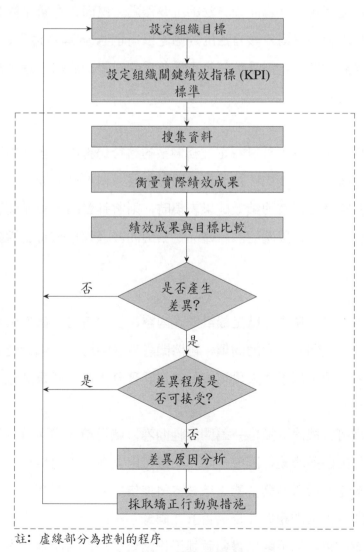

註：虛線部分為控制的程序

圖 13.1 控制程序

㈠搜集資料

管理者為了衡量關鍵績效指標的達成情形，必須搜集資料以呈現績效執行狀況，管理者搜集資料的常用方法包括：實地觀察、個案分析、問卷調查、書面報告及口頭報告等。

1.實地觀察

所謂實地觀察就是管理者直接到工作現場或場所，針對組織成員的工作表現進行客觀的搜集資料，由於此種方法所搜集的資料皆屬於第一手資料，因此資訊較具可信度與可靠性為此種方法的主要優點。然而，在實地觀察過程所耗費的時間與成本較昂貴則為該方法的缺點之一；而且，管理者進行實地觀察時，員工可能感受到被監視，不受信任及不受尊重的感覺，而對管理者產生不滿之情，亦是缺點之一。

2.個案分析

個案分析是指管理者針對特定任務個案的執行過程中，定期與不定期地進行績效成果相關資料的搜集；譬如某公司從事某一個新產品開發個案時，管理者為了衡量該新產品個案的績效成果表現時，則將針對該新產品開發的每個過程進行績效資料搜集，以確認該新產品個案的開發過程是否符合原先預定規劃目標。

3.問卷調查

問卷調查的第一個步驟就是設計問卷內容，管理者首先針對所要衡量的關鍵績效指標設計成問卷內容的問項，再將問卷寄送給可提供績效資料的對象如客戶、主管人員或現場工作人員填寫，經過整理分析後，成為績效成果的衡量資料。

問卷內容可分成為兩類：一為開放性問卷，就是填寫者可以詳細地以書面方式敘述工作的績效表現，開放性問卷一般可用來衡量不易量化的服務品質績效部分，它較適用於服務業型態之績效資料搜集；另一為封閉性問卷，就是填寫者僅能在問卷上的問題以「是／否」、「同意／不同意」或填寫數據等方式來表達工作績效成果，而不能以書面敘述工作績效表現，封閉性問卷一般可用來

衡量量化的績效指標部分，較適用於製造業型態。實務上，在進行績效成果衡量時，可採取封閉性及開放性問項並用的問卷內容，除了可以獲得量化的客觀數據外，亦可以補足難以量化的主觀績效數據部分。

4.書面報告

書面報告就是管理者要求組織部門主管或成員針對所規定的報告格式與內容，以書面形式提報必要的績效成果。由於書面報告通常經過提報者的整理歸納，有些資料可能被意圖性的加以過濾，產生績效成果不良的指標被淡化，但績效表現平平的指標卻被強化的誤導現象，這是書面報告的缺失之一；但書面報告所搜集資料的具體性與條理性，可作為組織成員共同評論及教育訓練的題材，則是優點之一。

5.口頭報告

口頭報告就是管理者要求組織部門主管或成員透過口頭簡報、電話洽詢、面對面交談、會議及研討會方式來提報必要的績效表現資料。目前，在組織內的主管人員較常採用部屬口頭簡報的方式，搜集必要的績效資料；通常，組織內的主管人員邀集相關人員進行會議討論或針對特定功能部門的相關議題進行研討的過程，皆可搜集到實際的績效表現資料。口頭報告的主要優點在於透過組織成員的互動，較易搜集到更廣泛性及更多元化的績效成果資料；但主要的缺點則是所搜集的資料可能較屬於片斷性或較不具系統性，而不易掌握績效成果的全貌。

(二)衡量實際績效成果

在搜集各種資料後，管理者就可透過整理、歸納及統計分析的步驟，而呈現實際績效成果的全貌；一般可用來展現績效成果的圖表有：直方圖、長條圖、散佈圖、管制圖及日本企業常使用的雷達圖；至於這些圖表的使用方式請參閱本書第十四章的文章內容。

一個組織的績效成果衡量屬性可概分為兩種：一為客觀性績效成果，亦即可加以量化的績效成果，如便利商店來客數、營業額、毛利率、品質不良率等；另一則為主觀性績效成果，亦即難以量化的績效成果，如麥當勞服務人員的服

務熱忱度、親切性或禮貌性等。當管理者在進行績效成果的衡量時，最好能採客觀數據與主觀數據共同並用為宜，若僅單獨採客觀數據的衡量，往往可能導引員工只重視有形的數量績效成果，而忽視其他更重要的無形品質績效如良好顧客關係、和諧的人際互動關係、無微不至的服務品質等；若單獨採主觀數據的衡量，則又可能導引員工重視無形的服務品質績效成果，而忽視具體有形的數量成果表現。一般而言，組織若較傾向於服務業的經營型態如便利商店、飯店、加油站等時，則可採主觀數據為主，客觀數據為輔的績效衡量方法。但若較傾向於製造業的經營型態如電腦製造、通訊製造業等，則可採取客觀數據為主，主觀數據為輔的績效衡量方法。當然，主觀及客觀數據的衡量配置比率，仍需視組織的經營特性及企業文化而定。

㈢績效成果與設定目標比較

　　係指管理者將搜集到的實際績效成果，與預先設定的績效目標進行差距比較。差距比較的主要目的有二：一為瞭解所設定的績效標準是否達成；另一則是檢查差距的程度是否在可接受的範圍之內。就前者而言，管理者在進行差距比較後，如果出現實際績效成果等於、大於績效目標的情況時，則管理者就可以不必進行下一步驟之差異原因分析及矯正行動措施的程序；但如果出現實際績效成果大於或小於預定績效標準的差異情況時，則有必要進一步判定該差異現象是否在可接受的變動範圍內。此處的可接受變動範圍，係指管理者事先根據先前的工作經驗或以前搜集的資料，而設定實際值與目標值差異的可接受上限及下限（參見圖 13.2）；如果差異值介於可接受上限及下限之變動範圍內，則差異的現象係屬於管理者可接受的合理績效表現，此時管理者就不必採取差異分析及採取矯正措施；但差距值若超過可接受的變動範圍時，則不論實際績效成果大於或小於預定目標皆需進行差異原因分析，並採取適當的矯正行動方案與措施。

㈣差異原因分析

　　當管理者在判定實際績效成果與預定績效目標的差異超過可接受的變動範

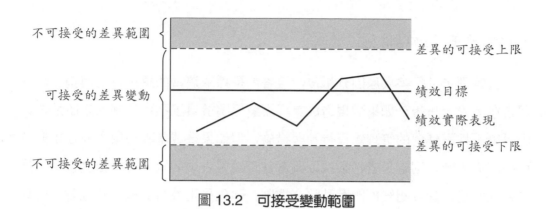

圖 13.2　可接受變動範圍

圍時，則必須進行差異原因分析；此時管理者可能會陷入管理的迷思，那就是當實際績效成果表現超過績效目標時，是否仍然必須進行差異原因分析呢？事實上此狀況仍需分析差異原因，檢討當初訂定目標績效是否訂得太低，或是計畫執行過程中，員工究竟採用何種較佳的工作方法與措施才能達到有如此良好的績效表現，以做為日後執行類似行動方案的參考。一般而言，管理的差異原因可分為可控制原因及不可控制原因兩類，茲分別說明如下：

1. 可控制原因

可控制原因有時亦稱為非隨機因素，也就是績效的差異原因係人為的不正常現象所造成，它係可以透過管理者措施加以控制的，可控制原因包括：設定的組織目標不切實際、組織成員士氣不佳、工作內容不熟練、員工訓練不良、機器設備老舊、產能不足、獎酬制度不公平、福利制度不健全、領導不當、人員請假、管理制度不合理、工作不專心或設備故障等。

2. 不可控制原因

不可控制原因有時亦稱為隨機原因，也就是績效差異原因係由於不可抗拒的因素所造成，它一般是無法透過管理方法與措施加以控制的。不可控制的原因包括：火災、水災、地震、電力系統電壓不穩定、政府法令限制或經濟蕭條等。如果差異分析的結果屬於不可控制原因之類，則下次在進行組織目標或績效標準的設定前，就必須將不可控制原因所可能造成績效成果的負面影響納入考量，以盡量避免設定一個組織成員難以掌握的績效目標。

㈤採取矯正行動與措施

當管理者進行差異原因分析後，接著就是採取適當的矯正行動與措施。管理者在差異分析後，如果發現造成差異現象係屬於員工不可控制因素所造成，則可能不採取任何的管理矯正行動與措施，但如果造成差異現象主要係來自於可控制原因時，則管理者必須採取改善實際績效表現的矯正行動措施包括：調整組織結構、建立組織部門互動整合機制、強化員工教育訓練、建立公平合理的獎酬制度、投資新穎機器設備、重新設計標準作業程序、或培養員工自行解決問題能力。

管理者採取矯正措施的主要目的在於解決產生差異的問題點，但基於時間、成本或資源限制的考量下，管理者通常以治標而非治本的方式，提出矯正行動與措施。所謂治標係指管理者僅從短期的成本及利益考量，提出改善措施，也就是所謂「頭痛醫頭，腳痛醫腳」的管理行為。而治本則是從長期的成本與利益為考量，提出能正本清源徹底解決差異原因的管理行動措施。譬如管理者分析生產人員的績效表現無法生產符合目標的原因係由於機器老舊所造成的不良品過多及生產效率低落的現象，但管理者基於投資時間及資金限制下，雇用更多生產人員來提高實際生產量治標措施；但若是治本的方式，則應該以較新穎先進的機器設備更換老舊的機器設備，以長期徹底解決實際生產量不足的現象。

四、控制的種類

當管理者針對員工進行績效控制時，一般可根據員工執行任務的三個不同階段：資源投入 (input)、轉換 (transformation) 及產出 (output)，而將控制的種類區分為事前控制 (pre-contral)、過程控制 (process contral) 及成果控制 (result contral)，如圖 13.3 所示。

㈠事前控制

事前控制係指管理者在員工執行任務前的資源投入或規劃階段所從事的控制，有時亦稱為預防控制 (preventive contral)；事前控制的主要的目的在於事先

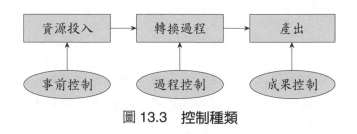

圖 13.3　**控制種類**

確保資源投入的內容與品質能夠符合任務活動所需，並預測未來可能發生的問題點，以便採取適當的預防控制措施。因此，事前控制係屬於防範問題於未然的控制機制，它提供管理階層針對未來可能發生的問題事先採取防範措施的控制模式，係較為理想的控制方法。

　　至於組織進行事前控制運作案例方面，就如同一般的餐廳或麥當勞之類的公司對於購入的材料事先進行品質檢驗，以避免購買材料品質不當造成日後產品品質的問題，引發顧客的抱怨事件。又如金融公司在發行信用或現金卡之前事先審核或查詢申請者的信用情形、財務或職業狀況，以儘可能避免事後產生呆帳，就是屬於事前控制之機制。雖然，事前控制對於管理者而言係較為理想的控制模式，但是要能針對未來可能發生的問題事先搜集足夠的資訊，預擬各種問題產生時可供防範措施的能力，卻是非常不容易的事；除了管理者必須有豐富的經驗外，亦須擁有洞察先機的高度智慧。

(二)過程控制

　　過程控制係指管理者在員工執行任務過程中，定期或不定期進行導入常軌的控制方式，它不同於事前控制係為了防範問題於未然，它主要的目的在於趁著問題已發生但尚未擴大或蔓延之前，就採取修正差異的行動，有些學者亦稱之為同步控制。事實上，在目前資訊科技及網際網路非常發達的今日，許多組織大都利用資訊技術，隨時掌握組織內各種可能偏離常軌問題的資料訊息，並利用事先設計於電腦資料庫內之修正行為模式，而即時提供管理者進行過程控制之機制；譬如個人如果單次刷卡消費的金額超過特定的額度時，金融卡公司就會打電話確認刷卡者之身分，以避免發生盜刷問題時之持續蔓延與擴大，此即是屬於過程控制之例。

(三)成果控制

成果控制係指管理者在實際績效成果產出後，發現與預定的目標有異常差距時，而採取管理補救措施的一種控制方式，換言之，就是一般所稱的「亡羊補牢」型態。成果控制是在問題出現後才採取管理補救行動，因此往往會造成組織的重大損失；譬如一家餐廳由於未進行購買材料的事前控制及菜餚製作過程的控制，致使客戶吃了以後造成身體不適時，縱使採取任何管理補救行動之成果控制皆為時已晚，因為所面臨的賠償及商譽損失是非常巨大的。事實上，早期的管理者皆採取成果控制機制，如品質管理所採取的全面品質檢驗就是一例，然而鑑於成果控制所可能造成組織之重大損失考量，管理者逐漸側重於過程控制或事前控制。

雖然成果控制並非理想的類型，但是許多組織仍必須以成果控制作為另外兩者控制類型的輔助方法；事實上，管理者可針對成果控制所發生的個案建立如何發現問題徵兆及可採行因應措施的資料庫，以作為管理者從事事前控制的參考典範與案例。

第二節　控制的領域

一個企業的生產、行銷、人力資源、研發、財務等五個管理活動，對於市場上所提供產品或服務的競爭優勢具重要貢獻性；同時，一個企業的市場價值性與績效成果表現亦深受上述五個管理能力的影響，因此管理者如何針對生產、行銷、人力資源、研發及財務活動進行控制便顯得非常重要，並應該列為重要的控制領域與範圍。本節將針對上述五個領域的控制事項進行介紹。

一、生產控制

組織係透過生產管理系統進行有形產品及無形服務的製造提供，然而製造商提供產品服務的生產管理系統包括投入、轉換過成及產出三部分如圖 13.4 所示。

投入係指原物料、人力、設備、土地、資金、廠房及管理等因素的投入之

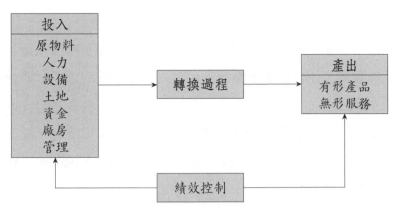

圖 13.4　生產管理系統

意；組織為了確保所生產的有形產品及所提供的無形服務品質符合顧客的期望，則必須依賴管理者在投入、轉換過程及產出階段的績效資訊搜集與分析，並採取適當的控制行為及矯正措施。一般而言，生產管理系統所採用的績效目標主要有下列九種：

(1)低成本

　　就是組織能以最低的成本製造產品或提供服務；它引導組織如何透過最低成本的投入及最經濟的生產轉換來達到低生產成本的控制目標。

(2)低不良率品質

　　就是組織能以最低的品質不良率來生產產品及提供服務；一般而言，組織可透過良好的品質設計、原物料進貨檢驗、製程檢驗及成品檢驗的方式來達到生產最低不良率的產品與服務。

(3)高功能品質

　　高功能品質係指組織能生產較同業競爭對手所提供類似產品更高的功能或性能，此處的高功能就如同電腦產品的快速運算能力或車子從起動到時速達 100 公里所需的時間等。

(4)產能高利用率

　　產能高利用率係指組織所擁有生產線的產能利用程度；譬如某工廠的所有生產線最高每天可生產皮鞋 50 雙，如果某天能生產量為 40 雙，則該日產能利用率為 80%。

(5)高生產力

高生產力係指組織內平均每人的生產數量或生產金額投入量；各單位部門或每位員工生產力的不斷提升已成為組織重要的追求目標之一。

(6)準時交貨性

準時交貨性係指企業能夠準時交貨的比率；一般可將每年延遲交貨的訂單數（或金額），除以每年交貨總訂單數（或金額）的比值，作為準時交貨性的控制衡量指標。

(7)迅速交貨性

迅速交貨性係指企業從接受顧客訂單一直到將貨品交到顧客手中所需的週期時間；在飯店業則以用顧客上桌點菜後到送菜上桌所需的時間，作為迅速交貨性的控制衡量指標。

(8)售後服務品質

售後服務品質係指企業在售出產品後，遇到顧客有品質訴怨時所提供的售後服務品質水準；企業一般可利用優厚的產品保固條款來強化售後服務能力。

(9)產能規模

產能規模係指企業內的所有生產線能供給顧客最大訂單的能量；如果提供的量愈多，則產能規模愈大。

以上係指生產管理系統的控制指標，然而在生產管理控制事項中，最常見就是訂單生產控制。一般而言，訂單生產的程序包括：接受客戶訂單、擬定材料需求單、制定製造加工程序、擬訂生產排程表、發出製造工單正式生產及交貨（參見圖 13.5），至於每一個程序的控制事項說明如下：

(1)接受客戶訂單

在這個步驟所需控制的事項有：確認訂單品名、種類、規格、數量、價格、交貨期、交貨條件、及客戶的品質需求條件。譬如個人如果到一般的速食店用餐時，當點了一份餐點後，常常會有店員再複誦一次訂餐內容，以確認所抄寫訂單與顧客所需無誤，這就是在進行客戶訂單的控制動作。

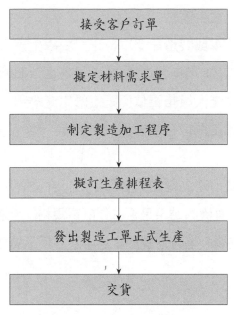

圖 13.5　訂單生產控制程序

(2)擬定材料需求單

　　擬定材料需求單係指企業在接受訂單後，將依據訂單產品製造所需的材料、零組件及配件的標準用數量進行編列。此時的控制事項有：標準用料量的編列正確性、查核庫存量是否足夠供應訂單量額、供應商交貨期與品質控制及提請工程部或設計部門確認供應商所供應零組件。

(3)制訂製造加工程序

　　就是制定訂單產品的製造加工程序；此時的控制事項有：標準製造加工程序是否與技術手冊及品質手冊相符、標準製造加工程序是否經過合理化的分析及製造作業程序是否符合人體工學以提升生產人員工作效率等。

(4)擬定生產排程表

　　就是根據客戶訂單的交貨期，而往前推演出製造訂單產品所需原物料或零件的訂購時間與生產完成期限，以確保在交貨期限內準時的提供顧客所需的訂單數量。此處的控制事項有：外購零件是否準時交貨、外購零件品質是否符合規格、自製零件是否準時完成製造、自製零件品質是否符合規格及生產時程能否符合顧客交貨期限等。

⑸發出製造工單正式生產

　　就是發出製造工單或製造命令單，正式要求生產人員按照生產排程表進
行生產。此時的控制事項有：生產人員是否依照制定的標準製造作業程
序進行生產，生產人員是否依照既定的生產排程進行製造或在生產過程
的品質檢驗條件是否符合品質手冊規範等。

⑹交貨

　　就是將生產完成的產品運送到客戶手上；在交貨的過程中，控制的事項
有：交貨品的品質檢測結果是否符合訂單規格、運送過程是否可確保產品
的品質、成品是否可準時送達顧客手中及客戶品質訴怨處理的迅速性等。

二、行銷控制

　　行銷係指組織如何透過產品區隔定位、定價、配銷通路及促銷方法將產品
銷售出去的活動內容；在行銷策略的執行過程中，行銷部門主管必須不斷地針
對行銷績效成果進行監督與控制，提早發現行銷目標與績效成果的差異問題，
並適當地採取行銷策略修正行動，以確保行銷目標能順利達成，因此企業建立
健全的行銷控制作業系統是必要的。行銷控制的範圍主要包括：行銷策略控制、
促銷方案控制、配銷通路控制及市場競爭力控制；至於該四種範圍的作業內容
及控制事項說明如下。

㈠行銷策略控制

　　行銷策略控制係指管理者針對企業整體行銷策略推動的一致性、行銷總成
果及未來潛力市場拓展性進行監督與控制。事實上，行銷策略是藉由訂價、產
品定位、促銷及通路等行銷 4P 組合的展開來達到產品銷售的目的，因此管理者
必須藉由控制的機制，隨時瞭解組織的產品訂價決策、產品目標市場的定位決
策、推展的各種促銷廣告活動決策及實體配送通路決策，是否能充分符合整體
行銷策略目標的需求，並維持彼此的一致性。此外，管理決策者亦需監控組織
是否針對未來潛力市場動態擬定有效的行銷拓展計畫與內容。主要的控制事項
有：訂價決策是否在市場上具有競爭力、產品定位決策是否符合組織的產品優

勢所在、各種促銷決策、通路決策是否能配合行銷目標之執行及開拓未來潛力市場行銷計畫的完整性。

㈡促銷方案控制

促銷方案控制係指組織針對年度的各種促銷活動（如廣告、商品展等）進行預算、時程及績效成果控制之意。一個企業在推動各種促銷活動之前，必須事先制定促銷活動的目標，管理者則根據促銷活動目標來評估各種促銷活動的績效成果是否符合目標。譬如舉辦商品展或者是產品試嚐會就必須制定到場的客戶目標數，或百貨公司舉辦折扣活動時就會訂定活動期間的業績成長率，並評估所舉辦的商品展的到客數或百貨業折扣活動期間所創造業績是否符合預定的促銷目標，以決定是否適時提出修改促銷活動內容或再提出另一新的促銷方案。促銷活動方案的主要控制事宜包括：促銷活動是否依照預定的進度與內容執行、促銷活動的費用是否超出預算、顧客對促銷活動的滿意度、促銷活動的績效是否符合預定的目標等。

㈢配銷通路控制

配銷通路控制係指組織針對產品從工廠運送到經銷商或客戶手中之配銷過程進行控制之意。通路控制的事項包括：商品運送過程的品質控制、商品在配銷商處儲存品質的控制、配銷成本的控制及配銷效率的控制、配銷物品錯誤比率的控制等。

㈣市場競爭力控制

市場競爭力控制係指企業針對市場上所推出產品與競爭對手產品在市場上的優勢表現進行控制之意。市場競爭力主要的控制事項包括：市場現存產品機種的競爭力表現、新推出產品機種是否具競爭優勢、市場佔有率的績效控制、產品獲利率的控制及顧客對公司產品的整體評價控制等。

三、人力資源控制

人力資源控制係指組織針對所有員工專業技能及潛能的發揮成效進行控制的過程。人力資源控制的範圍主要有三：甄選人才品質控制、員工訓練成效控制及員工績效控制等，該三種人力資源控制範圍的推動與執行，係一個組織成功的重要關鍵因素之一。

㈠甄選人才品質控制

甄選人才品質控制主要是在一個組織要任用新人、晉升主管或人員的職位調動時，為了確保甄選人才品質所進行的控制程序。當一個組織在任用或招募新人時，人事部門主管或用人單位主管就必須針對所甄選任用的人才在學經歷、性向、專業及體力等資格條件進行控管，以避免晉用的人才不能符合職位規範說明書的要求，而無法勝任所擔任的職任。同時，當組織必須從內部、外部晉升一個主管人員時，人事部門主管或主導晉升的主管就必須針對晉升的人員在學經歷、溝通合作、專業能力及未來是否有發展潛力等進行控制，以確保晉升人才的品質。此外，當組織內的職位出缺而必須由內部人員進行調動時，亦必須針對出缺職位所需的資格條件進行分析，做為調入該職位人才品質的控制指標，以確保出任出缺職位的人才品質。

㈡員工訓練成效控制

組織針對員工施行在職訓練的主要目的在於改變員工的工作方法與行為態度，以提升員工的工作績效表現。而針對員工教育訓練的主要控制事項有：訓練教材對學員的啟發性、訓練內容是否有效提升學員專業能力、訓練測驗成果是否符合設定目標、學員受訓後的行為與績效表現是否進步。通常許多組織在訓練後都透過學員的學習測驗，頒發結業證書或專業證照，以控制員工教育訓練的品質成效。

㈢員工績效控制

　　員工績效控制係屬於人力資源控制的另一個範圍，它主要在於控制員工的績效是否能符合組織的期望。通常員工績效控制過程所顯現的資訊可作為員工加薪、獎賞、升遷、調職、終止雇用或訓練發展的決策依據參考。一般而言，員工績效控制指標有：生產力、專業能力、工作能力、溝通協調能力、出勤率、發展潛力、領導能力、工作目標達成率、團隊合作能力及向心力等。

四、研發控制

　　研發新產品機種的能力通常是評估一個企業未來是否具有競爭優勢的主要關鍵因素之一；因此，組職如何對於新產品機種研發過程或成果進行管理控制就顯得非常重要。然而討論研發控制必須先瞭解新產品研發的活動與內容，一般而言，新產品的研發階段可分為前置準備期、研發期及追蹤期等，各階段的研發活動彙整如表 13.1。

　　至於研發控制所使用的指標主要有：新產品從開發到上市所需的時間、新產品獲利率、新產品研發準時完成率、新產品研發成功的比例、新產品研發成本佔研發預算的比例、新產品符合技術手冊規範的程度、新產品的市場吸引力及新產品的品質穩定性等。

五、財務控制

　　為了確保有效達成組織的利潤目標，經營管理者必須針對財務狀況及資金運用成效定期或不定期的控制。組織進行財務控制的目的有二：一為防止組織資源的不適當配置，使得組織的整體效能無法充分發揮；另一則為是利用回饋的財務資訊適時採取調整財務資金的運用計畫，以發揮財務投資的最高效能。一般而言，組織進行財務控制的方法有三種：預算制度、財務報表及財務比率分析；至於該三種方法的運作內容詳述如下。

表 13.1　研發管理活動

新產品研發活動		活動內容
前置期	新產品創意產生 (idea generation)	係指組織如何從不同的新產品創意來源進行資訊搜集以獲得新產品創意；新產品創意來源主要有：顧客需求、競爭對手、生產人員以及研發人員或售後服務人員等
	新產品方案的初步篩選 (initial screening)	對於各種新產品創意是否投入資金進行研發之評估決策；透過此活動以挑選出較合適的新產品創意
	新產品初步市場分析 (preliminary market analysis)	以非正式的方法或管道針對新產品創意進行市場之初步性瞭解與分析
	新產品初步技術分析 (preliminary technical analysis gathering technical information)	對新產品專案所涉及技術問題與公司資源能力、優勢所在進行可行性評估與分析
	市場研究 (market study)	針對市場內的潛在顧客進行抽樣調查與分析，藉以評估新產品專案未來的業務成長潛力與獲利
	初步財務分析 (preliminary financial analysis)	從企業財務分析的觀點來決定是否針對新產品專案進行開發
研發期	產品發展與規劃設計 (product development product specification)	此階段的工作內容有：搜尋新產品研發過程所需關鍵零組件供應商來源、成立新產品開發專案小組及產品原型的設計
	新產品內部環境測試 (in-house product testing)	在公司內部的實驗室或控制良好的模擬環境中進行產品測試
	顧客端測試 (consumer product testing)	邀請顧客在實際使用環境中測試產品，例如邀請顧客試用或舉辦品嚐會
	新產品的市場試銷 (market testing)	直接在市場上提供新產品給特定參與測試的顧客群使用及測試，以瞭解顧客的看法與感受
	試產 (pilot run)	透過小批量的方式進行新產品的生產與測試，藉以瞭解及解決新產品試產時所出現的品質問題，並調整生產條件及建立標準化的生產程序
	上市前置作業 (pre-commercialization business analysis)	產品研發成功後，在上市前先進行財務與市場分析
	量產 (production start-up)	新產品的全面商品化量產
	上市 (market launch)	產品全面上市，並配合各項行銷活動的推出
追蹤期	顧客滿意追蹤	透過各種研究調查，瞭解顧客對新產品之滿意程度
	產品再創新	瞭解市場及技術變化，作為產品再創新之參考

㈠預算制度

　　預算係指組織管理者針對未來某個固定期間即將實施的計畫活動內容，編制預計使用的經費需求，如產品銷售、生產產品、資本設備購置或經常費用支出等預算。預算為經營的重要控制指標，它可用來控制實際的費用支出與預算標準的差異情況，是否已超出可容忍的限制範圍，協助管理決策者針對費用的使用情形預先進行合理有效分配。組織進行預算編製的主要目的有三：

　　(1)協助管理者有效運用與分配組織資源。

　　(2)協助管理者在預算期間控制資源的使用。

　　(3)協助管理者事先進行預算偏差的矯正行動。

　　一般而言，組織編製預算的內容主要包括：銷售或收入預算、生產預算、財務預算、資本支出預算及各種雜項費用之預算。組織編製年度預算的執行步驟主要有三：

　　(1)預測各單位年度的營運目標

　　　　編製預算的首要步驟就是預測各單位部門的營運目標，譬如汽車公司預測該年度的銷售收入後，生產部門根據銷售收入就可預估各種車系的生產數量目標及需求的人力，而人力資源部門比較製造部門的需求人力與現有實際人力的差異後，就成為人力資源部門調整配置製造人力的目標。

　　(2)擬定各單位年度的工作計畫

　　　　各單位根據所訂定的營運目標後，就可規劃年度的工作計畫與執行內容，當然在規劃時必須訂定執行的工作項目，執行進度及所需的人力、設備、廠房或其他的資源數量。

　　(3)編製年度預算

　　　　組織根據各單位預定要執行的工作計畫內容及所需的資源而編製經費預算；一般而言，組織編製的預算科目類別有下列四項：

　　　a.銷售預算

　　　　　銷售預算係指預測銷售收入的總金額，銷售預算通常可按週、月、季或年的基礎來加以預估，它是組織的主要預算控制基礎，雖然組織可

能尚有其他的收入如租金收入、權利金收入或其他收入等，但畢竟銷售金額係最主要的收入來源，因此銷售預算的精密預估及嚴謹控管是非常重要的。

b.資本預算

資本預算係指組織有關廠房擴增、機器設備購置、土地交易、商品存貨購買等屬於資本型之較大金額支出預估。由於資本支出所購置的資源項目，通常必須較長久的時間才能回收，因此組織必須以特定的資本購置專案計畫為基礎來加以編製，並且具體的分別細列各項資本支出項目。

c.費用預算

組織的營運費用科目相當多，編製的費用科目預算亦較為繁雜，通常可編製的費用預算科目包括：直接人工、間接人工、直接材料、間接材料、租金支出、水電、差旅費、文具費、印刷、廣告費、公關費或其他雜項費等。為了便於經營決策者的分析與有效控管，通常針對上述的繁雜科目分門歸類，而區分成數個主要的統制項目，各項細目彙整歸屬於上述的統制項目之下。

d.現金預算

現金預算就是預測組織固定期間的可能現金收入及現金支出，以作為資金調度的參考。事實上，現金預算控管是非常重要的，一個組織縱使資產大於負債額，但若沒有現金隨時支付到期的現金需求，則仍將面臨倒閉或破產的危機。

㈡財務報表

組織定期或不定期編製的書面財務報表亦是財務控制的重要方法之一。決策者可透過財務報表瞭解資金的配置及運用成效；一般而言，組織最常使用的財務報表有三種：

1.資產負債表

資產負債表主要在於顯示企業組織在某一個特定時點為止，在資產、負債

與淨值（或稱業主權益）三個帳戶的總額，編製資產負債表的基本原則有二，就是帳戶餘額 (account balance) 原則及借貸平衡 (debit credit balance) 原則。

(1)帳戶餘額原則

由於資產負債表主要在顯示上述三個帳戶的餘額，藉以瞭解企業組織的財務狀況；換言之，經營者在進行財務分析時係以該三個帳戶餘額為重心，如果無法充分表現正確的餘額，將失去作為財務分析工具的意義。

(2)借貸平衡原則

資產負債表係根據借貸平衡原則所編制而成的，資產總額必須等於負債加淨值的總額，因此代表借方的資產總額應該與貸方的負債加淨值總額相等，亦稱之為平衡。若不相等或不平衡時，則顯示所呈現的資產負債表數據有錯誤發生，應尋求原因並予以調整訂正，直到借貸平衡為止。

2.損益表

損益表 (income statement) 係表示組織在某一特定期間經營的績效成果，企業組織編製損益表的主要作用在於顯示營運收入的各種來源與經費支出的項目，藉以表達資產增減變化的情形。損益表編製時，使用的主要計算公式如下：

毛利 (gross profit) ＝營業收入－營業成本

營業利益 (operating income) ＝毛利－銷管費用

本期淨益 (net income) ＝營業利益＋營業外收入－營業外支出

為求公正表達組織經營之績效成果，編製損益表的原則有三：

(1)「成本與收益配合」原則

成本與收益配合係指成本的計算，應以收益能力的年限作為分攤標準，或者營業成本及各項費用的刪除應與同期所獲得的營業收入一併認列。例如用 80 萬元購置一部機器，使用年限假定為 8 年時，則每年平均分攤成本為 10 萬元。如果每年營業收益超過上述 10 萬元成本的餘額部分，則可視為純益。反之，如果收益低於成本則為虧損、如此才能顯示公正的營運效果。

(2)「成本歸屬」原則

組織所銷售的產品種類繁多時，應訂定客觀明確的分攤歸屬原則，才能
達到成本公平分攤的目的。

(3)「公正客觀」原則

由於損益表內的成本與費用通常有逐年分攤的科目，而分攤原則若完全
依人為因素決定，則分攤的結果勢必較難達到公正的原則，所以編製損
益表時需具有客觀公正之態度，才能達到合理而正確的要求。

3. 盈餘分配表

盈餘分配表又稱保留盈餘表 (statement of retained earnings)，它係資產負債
表與損益表聯合製作之附表。損益表之盈虧數字，經由盈餘分配表的表達，而
成為資產負債表上淨值變化之說明。一般而言，企業在有盈餘的年度會使用「盈
餘分配表」名稱；但若企業該年度是處於虧損的年度，則會使用「盈虧撥補表」
名稱。

㈢財務比率分析

企業經營者係根據財務報表進行財務比率分析。一般而言，財務比率分析
較常用的指標可分為變現性指標、槓桿性指標、活動性指標及獲利性指標等四
種類型，至於該四種財務比率指標的意義及衡量方式詳如表 13.2。

1. 變現性指標

變現性指標主要在衡量一個企業短期負債的償付能力；此處的短期負債通
常指一年內到期的負債如應付帳款或應付票據等。變現性指標可協助管理者瞭
解企業是否具有足夠的現金來償付一年內到期的負債，而較常採用的指標有流
動比率及速動比率。

2. 槓桿性指標

槓桿性指標主要在衡量一個企業對於長期總負債的償付能力，它可顯示企
業資產來自借貸的比例或股東債權人提供資金的比率。一般較常採用的槓桿性
指標有：總負債對總資產比率、負債對業主權益比率、固定資產對業主權益比
率及固定資產對權益總額比率等。

3.活動性指標

　　活動性指標主要在衡量一個企業對於資源的運用效率；活動性指標愈高，代表企業的資源運用效率愈好。一般企業較常採用的流動性衡量指標有：存貨週轉率、應收帳款週轉率、固定資產週轉率及資產週轉率比率等。

4.獲利性指標

　　獲利性指標主要在衡量一個企業經營的獲利性及投資報酬成果；一般而言，企業較常使用的獲利性衡量指標有：利潤率（或稱純益率）、資產報酬率、銷貨毛利率及每股盈餘等。

表 13.2　企業組織常用的財務指標

財務指標類別	財務指標	計算公式	意義
變現性指標	流動比率	流動資產 / 流動負債	測定企業組織對於短期負債的償付能力；代表每一元的流動負債有多少的流動資產可供支應；該比率值愈大，償付能力愈高；通常該比率值為 2 較為適當
	速動比率	流動資產－存貨 / 流動負債	測定企業組織對於短期負債隨時請求清償的能力；比率值愈大，即時清償能力愈高；通常比率值為 1 較為妥當
槓桿性指標	總負債對總資產比率	負債總額 / 資產總額	測定企業組織的總資產中，來自於借貸的比例；該比例值愈大，則企業組織破產危險性愈高
	負債對業主權益比率	負債總額 / 業主權益	測定企業組織的固定資產中，來自於業主投資的比率，它代表業主投資的比重
	固定資產對業主權益比率	固定資產 / 業主權益	測定企業組織的廠房與設備的擴充程度，它可評估廠房是否過度擴充
	固定資產對權益總額比率	固定資產 / 負債＋業主權益	測定企業組織的資金中，業主及債權人所提供的比例；比例值代表企業組織的理財能力
活動性指標	存貨週轉率	銷貨成本 / 平均存貨	測定企業組織為了營運所必須準備的存貨資金；存貨週轉次數愈多，代表營運成效愈良好；它亦可用來評估存貨的管理能力
	應收帳款週轉率	銷貨淨額 / 應收帳款	測定企業組織應收帳款回收速度的快慢；次數愈高，應收帳款回收速度愈快；它可以用來評估企業組織的商業授信期限或金額是否過於寬鬆

（續表 13.2）

財務指標類別	財務指標	計算公式	意義
活動性指標	固定資產週轉率	銷貨淨額 / 固定資產	測定企業組織固定資產可以創造銷售額的經營效能，亦即每一元的固定資產投資可創造的銷售業績；比率值愈高，代表固定資產使用效率愈佳
	資產週轉率	銷貨淨額 / 資產總額	測定企業組織總額可以創造銷售額的經營效能，亦即每一元總資產投資，可創造的銷售業績；比率值愈高，代表資產使用效率愈佳
獲利性指標	利潤率	稅後純益 / 銷貨淨額	測定企業組織經營的稅後獲利能力，亦即每一元銷售所能創造稅後的獲利空間；該比率值愈高，則代表企業組織經營效能愈好
	資產報酬率	稅後純益 / 資產總額	測定企業組織運用資產的獲利能力，亦即每一元的資產投資可創造的獲利空間；該比率值愈高，則代表資產的獲利成效愈良好
	銷貨毛利率	銷貨毛利 / 銷貨淨額	測定企業組織所銷售產品的獲利能力；該比率值愈大，代表產品的附加價值愈高；它亦可用來評估企業組織的產品價值性
	每股盈餘	普通股淨利額 / 發行在外普通股	測定企業組織每一股所開放的股利額度，它間接反應企業組織的經營成效及市場價值

個案研討：絕對領導主義——鴻海郭台銘董事長

一、鴻海企業集團簡介

　　鴻海企業集團從事的業務範疇主要包括：精密模具的製造加工、網路連結器、機電整合元件、無線產品、消費性電子產品、桌上系統組裝產品、伺服器產品、網路系統整合及新產品開發等九個事業群，

在郭台銘董事長的領導下，向來以嚴格的紀律規範和貫徹到底的執行力著稱，全球員工人數超過 90,000 人；目前在臺灣、中國大陸、日本、東南亞、美洲及歐洲等地都有子公司，每日營業進帳高達新臺幣十幾億元，2003 年的營收規模已突破 100 億美元，近幾年來每年更以超過 50% 的高成長率持續擴大經營版圖，並逐步由以製造加工為主的鴻海轉型為以科技研發為主的鴻海。

二、郭台銘的走動式管理

郭台銘董事長非常重視走動式管理。事實上，依鴻海企業集團的營運規模，董事長大可在 101 摩天大樓內俯看臺北市，間接號令指揮整個企業集團的運作，但他卻認為製造業管理者首重與基層員工工作在一起，以迅速掌握工廠實際的問題點，並立即加以解決；因此，鴻海企業創立迄今皆實施廠辦合一，而郭台銘董事長更是徹底執行走動式管理，他除了沒固定的辦公室，而經常巡迴視察各部門的業務外，若是發現哪個單位的績效成果必須加強督導時，甚至於立刻在該單位旁成立臨時的辦公室，以進行即時的督導，例如鴻海公司剛開始引進連接器衝壓技術時，經常達不到顧客的品質要求，為了提升技術水準，郭台銘就在技術領班的隔壁設置臨時辦公室，並在領班辦公室內隔一小空間作為臨時會議室，透過如此的隨時督促運作了 6 個多月後，便立刻將鴻海的連接器衝壓技術提升到國際的品質水準。

三、絕對領導主義
(一)絕對的權威

郭台銘的領導風格屬於絕對權威型，他所發出的命令與要求是不允許員工有任何質疑的；公司內任何職位的主管若無法達到任務要求，或無法清楚答覆職責範圍內所發生的問題時，常常是嚴辭以對，嚴重

時則可能會馬上被撤換職務。他的管理強調任務優先、效率第一、績效為重，所交辦的臨時性重要事項必須在 15 分鐘內回報，若是負責的權責人員身在國外，亦必須在八個小時內進行回覆。他說：「民主是最沒有效率的東西，只是一種讓大家進行溝通的氣氛而已，而在快速成長的企業環境下，領導者應該多一些霸氣」。雖然他具有絕對的領導風格，但卻是非常講求道理原則的人，由於他個人係以公司利益優先為領導管理的核心價值，因此員工必須在該核心價值的前提下，講道理、論是非。

㈡絕對的紀律

公司的紀律係鴻海集團的重要企業文化，郭台銘董事長以嚴格的紀律來要求員工執行工作任務，認為員工的工作如果沒有時間、品質、成本與績效的壓力，那不叫上班而叫玩樂；他曾說：「員工走出實驗室，沒有科技，只有紀律」。

㈢絕對的執行力

鴻海企業集團的高度執行力在業界是出了名的，而此執行力的主要動力來源就是郭台銘的以身作則，透過員工上行下效的結果，形成鴻海集團超強執行力的另一企業文化特質。根據鴻海集團的員工表示，郭董事長以前曾為了爭取一個重要的客戶，在風雨中苦等二、三個小時；此外，為了爭取當時位居全球個人電腦第二大品牌的康柏 (compaq) 公司採用鴻海的產品，在歷經多次的業務爭取卻無重大進展的情況下，仍不惜成本在康柏公司總部附近設了鴻海的製造工廠，直接為康柏公司製造產品、提供服務，終於贏得康柏公司每年數十億美元的訂單。而這種堅毅不撓的執行力精神，所憑藉的就是郭台銘先生絕對權威領導下所建立的紀律文化，郭台銘先生要求執行力是從自身做起，高階主管亦身先士卒帶頭做，而責任也由上位者來扛；在任務的執行過程中，若有功先獎賞部屬，若有過失則先罰上級。他相信擁有高度

責任心及完全執行力的組織團隊，才能提供讓顧客放心滿意的產品與服務。

㈣絕對的效益

鴻海企業集團對於生產設備與專業人才的投資決策絕不假思索，只要有最先進的製造設備與生產技術出現時，不論價格的高低，均較同業其他公司更早採用及引進；而只要是業界一流的專業人才，亦不惜重金加以禮聘，以發揮鴻海集團的最大競爭效益。

四、研討題綱

1. 請說明郭台銘董事長的走動式管理，對於組織、部門或員工的績效控制有何實質助益性。

2. 請討論個案中「絕對權威」、「絕對紀律」及「絕對執行力」三者之間有何管理的關連性存在。該三者是否可有效取代或降低組織的控制功能，理由何在？

3. 請討論「絕對權威」及「絕對紀律」的企業文化對於管理控制的運作有那些正面或負面的影響性，應該如何解決呢？

4. 請就組織的控制程序而言，論述鴻海集團如何貫徹「絕對紀律」及「絕對執行力」的企業文化。

個案主要參考資料來源

1. 鴻海企業集團網站：http://www.foxconn.com.tw/

2. 許龍君，《台灣世界級企業家領導風範》，智庫文化，民 93 年。

3. 張戌誼、張殿文、盧智芳，《三千萬傳奇——郭台銘的鴻海帝國》，天下雜誌出版，民 92 年。

4. 王力行、刁明芳，〈執行力大帥，統領鴻海〉，《遠見雜誌》，民 92 年，五月號。

第十四章　管理控制系統與工具

◎ 導　論

　　第十三章已介紹控制的意義與程序，至於如何建立一個有效的管理控制系統，以及管理者可供使用的各種控制工具，將是本章的論述重點。

　　本章首先將闡述組織建立有效管理控制系統的原則，然後介紹常用的控制工具如甘特圖、工作負荷圖、計畫評核術 (PERT) 及雷達圖等，最後將針對控制系統中極具重要地位的全面品質管理進行說明，內容包括全面品質管理的演進、管理哲學及常用的控管工具等。

◎ 本章綱要

*管理控制系統

　　*管理控制系統的層次

　　*管理控制系統的重要性

　　*健全管理控制系統的要件

*常用的控制工具

　　*甘特圖

　　*工作負荷圖

　　*計畫評核術

　　*雷達圖

*全面品質管理

　　*品質競爭優勢

　　*品質管理制度演進歷程

　　*全面品質管理哲學

　　　　　*品質管理手法

　　　　　*全面品質管理的成功要素

　　　*平衡計分卡

　　　　　*平衡計分卡之運作架構

　　　　　*平衡計分卡的實施效益

　　　　　*平衡計分卡的實施步驟

　　　　　*實施平衡計分卡的關鍵成功因素

◎ 本章學習目標

1. 瞭解一個健全管理控制系統的要件及設計考量因素。

2. 學習各種控制的管理工具如甘特圖、工作負荷圖、計畫評核術、損益平衡分析及雷達圖。

3. 解析全面品質管理的管理哲學及活動內容，並探討全面品質管理的成功要素。

第一節　管理控制系統

　　管理控制系統係企業為了達成目標，針對外部環境因素變動及資源運用成效的情形，進行監督與控制所建立的一套管理程序與機制。目前由於資訊及網路科技的快速發展，已促使企業內的管理控制系統由以往的被動回應方式逐漸調整為快速反應 (quick response; QR) 的運作方式，以符合急劇的競爭腳步。譬如，企業組織透過網路技術的運用，將本身的品質資訊控制系統與供應商的品質資訊控制系統連結，而可隨時反映及控管供應商的供貨品質。又如國際性的快遞公司利用網路資訊技術進行郵件包裹運送過程的管理控制，顧客可透過快遞公司的網路線上作業系統，隨時查詢所交寄的郵件或包裹目前在那一個班機上，已送到哪一個機場或幾天後可送達目的地。又如生產部門可利用資訊技術

將現場各部門的生產數量訊息隨時回饋給生產管理部門，以利生產績效的即時控制。很顯然地，網路資訊技術在管理控制系統中扮演著極為重要的角色。

一、管理控制系統的層次

管理控制系統的實施運用，依其管理涵蓋面可分為三個不同的層面：高階管理控制系統、中階管理控制系統及基層管理控制系統。上述三種不同層級的管理控制系統運用，彼此具有高度的整合性、連續性及相關性，而非獨立分割性。一個企業組織在規劃管理控制系統時必須考量上述三種不同層級管理系統的整合性，而中階管理控制系統必須根植於高階管理控制系統的基礎而推演產出，至於基層管理控制系統亦必須依循中階管理控制系統的模式而加以建構之。有關該三種層次的管理控制系統所涵蓋內容說明如下。

1.高階管理控制系統

高階管理控制系統係指高階主管如（董事長、總經理、副總經理或協理）所進行企業整體策略規劃的管理控制系統，主要包括：環境因素（技術、產品生命週期、顧客需求、競爭對手策略）的管理控制系統、企業組織整體資源運作的績效管理控制系統、各關係企業的資源分配成效管理控制系統及集團內所屬各專業策略單位的績效管理控制系統。

2.中階管理控制系統

中階管理控制系統係指中階主管（如經理、副理、襄理）就其所隸管部門績效表現進行管理控制的系統，它主要包括：單位部門人力控制系統及單位部門各項績效控管系統。

3.基層管理控制系統

基層管理控制系統係指低階管理主管（如課長、組長、班長）針對所隸屬員工的績效表現進行控制的管理系統，它主要包括：員工個人的績效成果管理控制系統、員工個人教育訓練管理控制系統。

二、管理控制系統的重要性

企業組織為何要建立管理控制系統呢？事實上，根據許多的學術文獻及實

務的個案顯示，管理控制系統對企業組織而言，具有下列的重要性：

1.預防組織危機的產生

根據前段所述，高階管理控制系統可事先針對環境因素的變動進行偵測與控管，預先採取防範的措施，以避免小問題醞釀成大危機。

2.推動作業程序標準化

管理者事先訂定各種的作業標準程序，如果沒有健全的管理控制系統，員工往往不易持之以恆的按照標準程序進行運作，致使時日一久造成工作績效及作業效率的低落；但若透過健全的管理控制機制將可時時指導或矯正員工工作方式，促使各項標準作業程序得以在組織內落實執行。

3.提升員工工作效能

管理控制系統運作的過程中，將可充分的搜集到組織內各部門或員工的績效表現資訊，而這些資訊正足以提供組織實施員工績效獎勵制度的客觀資訊。此外，管理控制系統的運作亦可隨時針對績效表現不甚良好的員工進行輔導與協助，以有效提升公司的效率與效能。

4.快速調整策略計畫

管理控制系統的運作過程中，由於隨時在檢視企業組織的整體策略表現是否符合預定的期望，因此可促使組織隨時針對環境變動可能造成的負面影響，不斷地調整與修正組織計畫，以確保競爭優勢。

5.確保組織資源運用效率

企業組織透過管理控制系統的運用時，可不斷地針對組織內的各種資源如機器設備、原物料、資金、人員的數量品質及使用成效進行控管，如此將可防止資源的浪費或竊佔現象發生，進而提升資源的運用效率。

三、健全管理控制系統的要件

一個企業在推動各種管理控制系統時，如何確保該控制系統的健全性與有效性係管理者關切的重要課題。一般而言，一個可以充分發揮效能的管理控制系統必須具備下列要件：

1.資訊的精確性

管理控制系統首重資訊搜集的精確性，管理控制系統必須能掌握精確的資訊才能反應實際的績效表現，而不致於讓管理者採取錯誤的控制矯正決策。換言之，管理控制系統必須能針對實際環境，盡可能地搜集客觀資訊，才能有利於管理者採取正確的修正計畫及矯正行動。

2.資訊的時效性

如何確保資訊的時效性係管理控制系統有效運作的另一要件，企業組織在控制管理的過程中，如果搜集屬於過時的資訊，則該資訊將毫無價值可言，且無價值的過時資訊甚至可能因為管理者的誤用造成管理控制的偏差，而影響員工士氣及績效。但如果可針對未來可能發生的管理問題事先搜集資訊，將可使管理控制系統預先採取適當的防範措施，而杜絕危機於未然，因此確保管理控制系統資訊的即時性，是非常值得經營決策者多加關注的課題之一。

3.員工的瞭解性

一個有效的管理控制系統必須能夠讓員工很清楚地瞭解該控制系統的運用方式、內容或如何自行採取適當的矯正行動；換言之，管理控制系統應該盡可能地朝向簡單化、清晰化及易瞭解性的原則來加以設計。如果管理控制系統的設計過於複雜時，由於員工對於控制規則及基準的不瞭解，而可能產生無所適從或敷衍了事的現象。正如同交通號誌就是一個有效的管理控制系統，它具有簡單化、清晰化及易瞭解性的原則，如紅燈代表停止、綠燈代表可通行、黃燈代表警示快速通行的意義，如此的簡單明瞭設計就能發揮控管功能。當然，在推動管理控制系統時，為了增加員工的瞭解性，可輔以適當的顏色標示（如紅色、綠色、黃色）或燈示，來隨時提醒員工績效表現是否超過或落後控制的目標基準。

4.投資的效益性

經營者在建構管理控制系統時，必須同時從人力、時間成本投資的經濟性及組織適用性來加以考量；如果投入大量的人力、時間與成本建立一個非常龐大複雜的管理控制系統，但卻因為組織規模或結構簡單，而無法充分運作與發揮該管理控制系統的成效，係不具經濟效益性的。因此，組織在建構各項管理控制系統時必須衡量組織規模大小的適當性，決定該管理控制系統的細膩性及

複雜性，以符合投資的經濟效益。

5. 運作的彈性

　　組織所建立的各種管理控制系統，並非一成不變的，它必須能夠因應組織內部或外部環境因素的變動，而隨時彈性地調整修正管理控制系統的標準及程序內容。事實上，組織所面對的環境是多變化的，如果所建立的管理控制系統無法隨時調整或修正時，則可能較難因應變化以發揮管理控制所預期的成果。

6. 合理的控制指標

　　組織在各項管理控制系統中所建立的控制指標，必須具有合理性、挑戰性及客觀性，才能有效激勵員工依循控制系統的預期目標而努力；如果所引用的控制指標過於模糊不明確或標準太高，將造成員工的無所適從或挫折感，而影響組織績效的達成。因此，管理者在制定各種管理控制系統時，實有必要搜集員工過去的績效表現資料，審慎地評估訂定具激勵性、挑戰性及可實現性的控制指標。

7. 使用多元控制指標

　　一個組織的整體績效表現並非單獨依賴一個特定的績效指標表現而可達成的；換言之，它必須靠多元化績效指標的同步推動執行，才能獲得整體性的績效成果。因此，組織在設定管理控制系統的績效目標時，必須從多元指標的角度來加以考量，如果只設立單一目標時，將可能引導員工將組織資源過度投入該特定目標，而影響其他主要績效目標的表現結果。同時，亦可能由於僅用單一績效指標來評估員工的績效表現，造成績效獎勵制度以偏概全的負面形象，而影響員工的士氣表現。就如同一個組織在設立銷售人員的績效管理控制系統時，如果係以銷售人員業務量的單一指標來衡量其績效表現，而不將呆帳損失之指標亦納入控制系統中，則將產生銷售人員只考慮將產品銷售出去，而不對客戶的信用問題事先進行查核，一旦客戶無法支付債款產生呆帳時，就可能對組織產生更大的損失風險。

8. 例外管理之運用

　　管理者在建立管理控制系統時，必須考量例外管理原則之運用，因為例外管理原則之運用，將可以免除決策主管耗費過多的心力在一些例行性及瑣碎性

的事務。譬如許多組織就設定不同管理階層主管的經費核決權限，例如總經理核決權限為 50 萬元以上，副總經理核決權限為 30～50 萬元、協理的核決權限為 10～30 萬元、經理的核決權限為 10 萬元以下，如此的經費權限控管將可避免高階主管必須針對小額支出的例行性事務進行核決，造成時間浪費及過於官僚化。此外，例外管理原則運用於管理控制系統中，亦可授權賦予員工在面對各種不同的問題或緊急狀況，可採取必要的應對措施，以避免因必須向上級請示後才採取決策措施，所造成時機延誤產生的風險損失。

9.預擬因應的行動方案

　　組織在建立管理控制系統時，應該針對可能的發生問題，事先預擬各種不同的行動方案及解決方式，並編製成員工的控管應變手冊，員工根據控管應變手冊，就可依控制系統所發生的問題，不必向上級請示而可自行迅速地採取因應措施，以培養員工自行解決問題的能力。

四、管理控制系統設計的考量因素

　　雖然本書在上一節已提出建構一個有效管理控制系統的原則與要件，但事實上管理者在運用該些原則與要件時，仍需要考量下列的組織要素：組織規模大小、職位高低、授權程度、領導方式及結構化程度，而適度地加以調整。至於組織要素與管理控制系統的設計關係詳述如下，並請參見表 14.1 之彙整。

表 14.1　有效控制系統設計考量因素

組織要素		控制內容
組織規模大小	中小企業	直接監督、現場走動管理為主
	大企業	正式化、規範性控制機制為主
職位高低	高	較多元化及較主觀性的績效衡量指標
	低	較不多元化及較客觀性的績效衡量指標
授權程度	高	控制次數較多、控制幅度較廣
	低	控制次數較少、控制幅度較小
領導方式	開放參與式	非正式化之員工自我控制方式
	威權式	正式化之外加控制方式
結構化程度	高	精細化、廣泛的控制範圍
	低	寬鬆化、狹窄的控制範圍

㈠組織規模大小

管理控制系統必須考量組織規模的大小，而採取不同管理控制方式；例如就國內屬於 100 人以下之中小型規模企業而言，應採取直接監督及現場走動管理的即時式控管方式為主，以符合中小企業強調高度效率化及彈性化的競爭特質；而大企業由於組織規模較為龐大複雜，則必須於事前、過程及事後階段採取正式化及規範性的控管機制為主，而輔以直接監督及現場走動管理較為妥適。

㈡職位高低

當組織針對個人的績效表現設立控制指標時，就必須根據個人於組織中所處的職位高低，來決定採取較單元化或多元化的衡量指標。在組織中所處的職位愈高時，則所擔負的組織責任較具全面性與廣泛性，如總經理必須負責企業整體的經營成效，此時所設定的績效就比較朝向多元化指標的設計，而且可能較偏向於主觀或抽象的衡量指標。而在組織中所處的職位愈低時，則由於所擔負的工作內容與職責較為單純及例行性，因此所設定的績效指標就較朝向不多元化及易衡量性的設計，如現場生產人員的績效控制指標就可能僅有生產數量及品質不良率等兩個易衡量性控制指標而已。

㈢授權程度

當組織的授權程度愈高時，由於賦予各單位部門主管或人員較廣泛的自主決策權力，則管理控制系統在設計時就必須考慮增加績效控制的頻率與次數；相對地，如果組織係採取較低度授權的情形時，由於高階主管隨時可掌握各單位部門績效表現資訊，就可降低各單位部門與人員績效表現的控制頻率與次數。

㈣領導方式

一個組織的領導方式若傾向於開放參與式時，由於各部門成員之間具有良好的互動關係及具有自行解決問題的特質，因此在設計管理控制系統時可採取非正式化之自我控制的設計原則，以符合員工自主創意及自律的精神；但組織

的領導方式若傾向於集權式時，由於各部門成員可能具有服從、照章行事的特質，因此管理控制系統就可採取正式化之外加控制機制的設計原則。

㈤結構化程度

一個組織的結構化程度愈高，也就是組織層級愈多及組織規章的訂定愈明確時，則管理控制系統的設計較適合採取精細化及控制範圍廣泛化原則，以配合組織高度結構化的運作特性；但組織結構化程度愈低，也就是組織層級愈少及組織規章的訂定愈模糊時，則管理控制系統的設計較適合採取寬鬆化及控制範圍狹窄化原則，以配合組織低度結構化的運作特質。

第二節　常用的控制工具

管理者在從事各種工作任務的過程中，將透過不同的控制工具以確保任務進度能準時完成，並達到預期的績效成果；一般組織較常用且較簡易的控制工具有：甘特圖 (grant chart)、工作負荷圖 (work load chart)、計畫評核術 (program evaluation and review technique; PERT) 及雷達圖；本節將分別介紹上述各種控制工具的功能及使用方法。

一、甘特圖

甘特圖主要用於時程進度控制，當一個企業接受到不同訂單時，由於每一筆訂單的交貨期及生產時間皆不一樣，此時就必須借助甘特圖針對不同訂單的交貨期進行控制，以確保每一筆訂單均能準時交貨。甘特圖係以時間為橫軸，特定任務活動或訂單為縱軸所結合而成的進度控制圖，如圖 14.1；它可顯示各種任務活動或訂單的預定執行進度及目前的實際進度，如此經理人員就可以一目了然地瞭解哪些任務活動或訂單的執行進度超前、落後或符合預定的執行進度，以利管理者採取適當的管理措施、進度趕工或人力調派的調整依據。

根據圖 14.1，某公司目前接獲四筆訂單 X–1、X–2、X–3 及 X–4，灰色的長條圖代表每一筆訂單的預定進度及交貨日，而套色長條圖則代表實際完成的

工作進度，圖中「△」代表目前的查核控制時點。假若目前時間的查核控制時點為第二週，則很顯然地，X-1 訂單目前實際進度恰好符合預定的工作進度，X-2 及 X-3 訂單均超前預定的工作進度，但 X-4 訂單的實際進度則約落後預定進度一週。

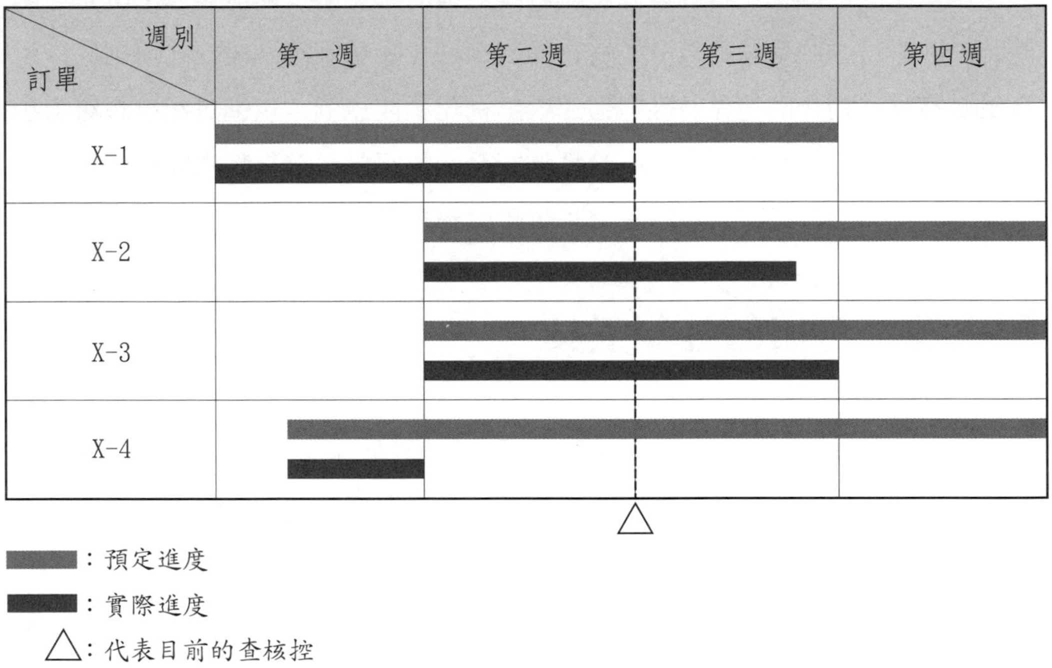

週別\n訂單	第一週	第二週	第三週	第四週
X-1				
X-2				
X-3				
X-4				

▬▬▬ ：預定進度

▬▬▬ ：實際進度

△：代表目前的查核控

圖 14.1　甘特圖

二、工作負荷圖

工作負荷圖 (work load chart) 係根據甘特圖加以局部修正而得，它可適用於組織內員工、部門或機器的工作負荷情形；管理者透過工作負荷圖的運用，可清楚地瞭解各部門員工或設備的工作分配負荷，也就是哪個時段的工作已負荷滿載、哪個時段尚有餘裕能量可安排新工作或新訂單。工作負荷圖係以時間為橫座標，而每位員工或設備的名稱為縱軸所構成的負荷控制圖，如圖 14.2。

根據圖 14.2 顯示，小王的工作負荷中，尚有 2 月份半個月及 5 月份整個月的餘裕時間可安排新任務或工作；小張則有 1 月份整個月及 4 月份半個月可安排新工作，但小陳 1～6 月份的工作負荷已經滿檔，可能難以再安排新任務或新

工作；而小李 1～2 月及 4～6 月亦均已工作負荷滿載，但 3 月份尚有空閒時段，而可安排新工作。

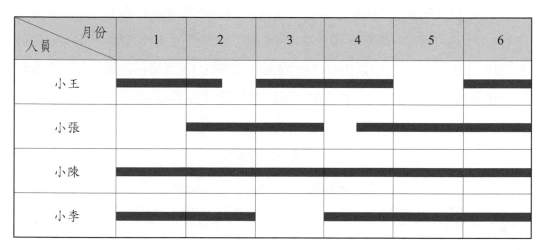

月份 人員	1	2	3	4	5	6
小王	██		██	██		██
小張		██	██	██		
小陳	██	██	██	██	██	██
小李	██	██		██	██	██

██████ ：已安排工作或訂單的時段

圖 14.2　工作負荷圖

三、計畫評核術

　　前述甘特圖及工作負荷圖主要用於較簡單工作任務的進度控制及負荷控制，但是管理者若要從事較複雜或較龐大的專案計畫如設立新廠房、從事新產品開發或舉辦員工旅遊活動時，則需要運用較精細的計畫評核術 (PERT) 來評估控制整個專案計畫的完成時段及經費預算；管理者在使用計畫評核術進行專案計畫控制時，必須依序執行下列步驟：

　　⑴確定專案計畫所必須執行的各項活動。

　　⑵確定各項活動執行的先後順序。

　　⑶描繪出從開始到結束的各項活動的流程，確定各活動與其他活動之間的先後連結關係。一般係利用「○」符號代表事件，「──→」符號代表活動，來描繪整個專案計畫的執行流程圖，也就是 PERT 網路圖，如圖 14.3 範例所示。

　　⑷估計各項活動所需完成的時間。

(5)管理者可依照整個專案計畫的完成期限，推算專案計畫所牽涉的各項相關活動的開始和完成時間。

如圖 14.3 的範例可知，該專案計畫從開始到結束可執行的工作路徑分別有三種：1–2–4–5–6、1–2–5–6 及 1–3–5–6；該三條路徑的工作所需時間分別為 15 週、18 週及 12 週；其中以 1–2–5–6 路徑所需時間 18 週最長，此路徑稱之為要徑 (critical path)。換言之，該專案計畫所需的完成時間為 18 週。

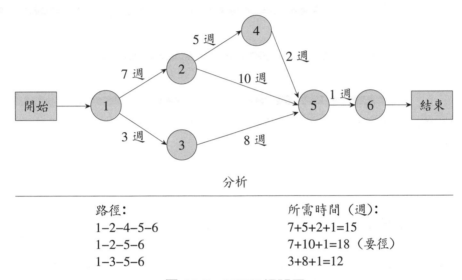

分析

路徑：	所需時間（週）：
1–2–4–5–6	7+5+2+1=15
1–2–5–6	7+10+1=18（要徑）
1–3–5–6	3+8+1=12

圖 14.3　PERT 網路圖

以下舉例說明某一個組織在進行建廠專案計畫時，根據建廠所需從事的各項活動及先後關係（如表 14.2 所示），而可繪出該專案計畫的 PERT 網路圖（參見圖 14.4）。

表 14.2　建廠專案計畫的主要活動

事件	活動內容	時間（週）	先前活動
A	核准工廠設立及完成設計圖	3	–
B	挖地基及整地	2	A
C	建構地基	2	B
D	建立防護牆	3	C
E	建構廠房外體	4	D
F	安裝窗戶	1	E

（續表 14.2）

事件	活動內容	時間（週）	先前活動
G	蓋廠房屋頂	1	F
H	砌外磚	2	F、G
I	安裝水電	3	E
J	安裝地板	2	I
K	打磨地板	3	J
L	生產設備安裝	5	K
M	生產設備測試	3	L
N	油漆廠房	2	H
O	安裝辦公設備	2	N
P	最後修飾	1	M、O
Q	廠房驗收	1	O、P

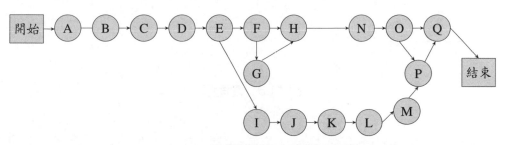

圖 14.4　建廠專案計畫的 PERT 網路圖

四、雷達圖

　　雷達圖係管理者為了同時對於多元績效指標的表現成果進行控制的一種工具，雷達圖在日本的企業組織內經常被使用，它係以多元構面來代表不同的績效指標，並依照各種不同績效指標的實際成果表現與預定目標進行差異控制，如圖 14.5 所示。圖中虛線部份代表預定的績效目標，實線部分則代表實際的績效成果，很顯然該企業在獲利率的表現超過預定的目標值，品質不良率及生產成本的績效表現恰好符合預定的績效目標值；但在市場佔有率、銷售額、生產力、銷售成長率及存貨週轉率方面的績效表現，則未達到預定的績效目標，管理者必須加以控管並採取適當的矯正行動與措施。

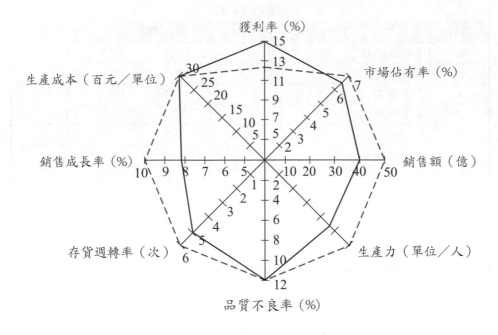

圖 14.5　雷達圖

第三節　全面品質管理

　　隨著消費者品質意識的逐漸抬頭，使得品質優勢已成為企業競爭的重要來源之一。目前有關品質管理的運用哲學，已從早期的品質檢驗方式，逐漸演化至今日強調全員參與的全面品質管理 (total quality management; TQM) 精神。本節將針對品質競爭優勢、品質管理制度演變歷程、全面品質管理哲學及品質管理手法等四個角度進行全面品質管理精神與原則詳細說明。

一、品質競爭優勢

　　1970 年代初期，著名的品質管理先驅戴明 (Edwards Deming, 1970) 及裘蘭 (Joseph Juran, 1974, 1978, 1980, 1981) 首先倡議品質管理的重要性，並協助第二次世界大戰後的日本汽車廠商，建立品質的核心競爭力。戴明認為品質並非只

是員工的責任，更是管理者的重要職責之一，管理者有責任在組織內塑造員工
發掘品質問題及自行解決問題的品質文化。裘蘭於 1974 年強調組織從事持續性
品質改善活動對組織競爭力提升的重要性，並教導管理者如何對員工進行品質
教育訓練，以培養員工自行解決品質問題的能力。至 1970 年代中期發生能源危
機後，消費者開始注意到日本企業所推出節省耗油量的的高品質小型車，而受
到市場青睞；也激發日本國內廠商積極從事品質管理策略以強化產品的競爭優
勢。

　　1980 年代日本企業運用品質管理所獲得的市場成功性開始受到美國及西
方國家的重視，在面對日本商品高品質的競爭下，為了保有市場優勢，亦如火
如荼的展開各種品質管理之活動。1990 年代之後，在顧客需求多元化的潮流下，
許多廠商也開始朝向生產顧客化及多樣化的高品質產品發展，如今品質已從過
去的重要競爭優勢來源，轉變為競爭的必備基本條件之一。

二、品質管理制度演進歷程

　　1940 年前的早期企業管理者普遍認為品質是靠檢驗出來的，到了 1940 年
代以後，則認為品質是靠製造出來的，到 1960 年代則認為品質是靠管理出來的，
而到 1980 年代以後，則普遍認為品質是靠員工的習慣而產生的。本書參照費根
堡 (Feigenbaum, 1983) 之觀點，將品質管理制度的演進歷程區分為六個時期，包
括：作業員檢驗期、領班檢驗期、品檢員檢驗期、統計品質管制 (statistical quality
control; SQC) 期、全面品質管制 (total quality control; TQC) 期及全面品質管理
(total quality management; TQM) 期；詳見圖 14.6；以下將分別說明該六個時期
的品質管理特色與精神。

㈠作業員檢驗期（1900 年之前）

　　早期的製造工廠大多屬於家庭工廠的型態，從原料之挑選、生產製造乃至
於到成品檢驗，都是由作業員自行包辦。因此，此時期的品質管理制度是由作
業員自己對產品進行品質檢驗，換言之，品質是檢驗出來的，當時，工廠並沒
有設置專人進行品質檢驗。

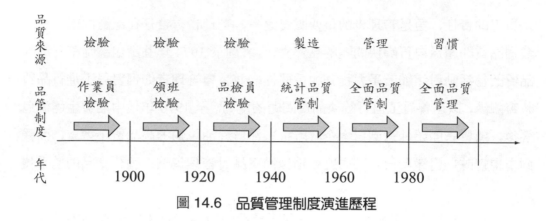

圖 14.6　品質管理制度演進歷程

(二)領班檢驗期 (1900 年～1920 年)

此時期工廠制度漸漸成形，生產型態逐漸轉為大量生產模式，而由於泰勒博士倡導科學管理，工廠開始設立領班人員除了用來監管作業員，更重要的就負責工作及產品品質的監控。因此，該時期的品質管理制度是由領班來負責品質檢驗工作，但仍屬於品質係檢驗出來的階段。

(三)品檢員檢驗期 (1920 年～1940 年)

到了第一次世界大戰時期，隨著工廠規模的逐漸擴大，生產產量的大幅成長，生產系統日益複雜化，作業員及領班人員在產量增加的壓力下，逐漸無法兼顧到品質檢驗的工作，此時生產工作與品質檢驗工作開始進行專業分工，由組織設立專責的品檢人員來負責產品品質的檢驗工作，甚至設置專門的品檢部門負責所有的品質檢驗工作。

(四)統計品質管制期 (1940 年～1960 年)

貝爾電話實驗室的修華特 (W. A. Shewhart, 1939) 利用統計技術來監控產品品質的異常變化。另外，道奇及若明 (H. F. Dodge and H. G. Roming, 1959) 則發明了抽樣檢驗來替代全面檢驗。而隨著工廠生產規模持續擴大，專職的品檢人員愈來愈多，此時期品管部門正式由製造部門中獨立出來，而此時也正是科學管理發展最盛的時期，為了提升品質控管的效率，品質管理學者開始以統計

理論為基礎，大量應用各種統計方法進行品質的控制，通常稱之為統計品管 (statistical quality control; SQC)，也就是針對過去所發生的產品不良資料，透過統計抽樣的概念進行分析而建立產品原料檢驗、製程檢驗、成品檢驗的基礎，以預防不良品的出現，此時期已出現預防品管的概念。

㈤全面品質管制期 (1960 年～1980 年)

在 1960 年代以前，品質管制的責任都是由特定的品檢人員負責，但費根堡則將品質管制的範圍擴展至整個企業的營運機能，從產品的研發、設計、採購、製造、銷售及售後服務等，都應該運用品質管理的原則進行品質的控管，以達到全面品質控制的目標；由於品質管制層面擴及公司營運的各個階段，故稱之為全面品質管制 (total quality control; TQC)。此時期日本企業結合裘蘭的品質管理方法及費根堡的全面品質管制，而發展成有名的日本式全面品質管制，亦即為全公司品質管制 (company wide quality contral; CWQC)。

㈥全面品質管理期 (1980 年～迄今)

到了 1980 年代之後，全員品質意識逐漸受到管理者的重視，從以往僅僅擴及於企業各個營運部的全面品質管制概念，推展到擴及整個企業每一位員工品質責任的全面品質管理理念。全面品質管理強調品質並非只是某一些人員或單一部門的責任，而是組織全體成員的共同責任，唯有透過組織內所有員工的全員品質參與，才能提升組織的品質能力。當全體成員及各種管理功能都能落實執行所訂定的各種作業內容，而且在每個執行環節都做好品質管理工作，才能達到組織的最佳品質水準表現。

三、全面品質管理哲學

全面品質管理 (total quality management; TQM) 是指組織內透過所有成員持續努力改善品質以達成顧客滿意的一種管理哲學，非常強調持續品質改善的基本原則，並大量運用統計方法及人力資源來改善組織內部製程的品質問題；同時，側重於事前的品質問題預防而非事後的缺失矯正。此外，全面品質管理

亦強調管理者須提供全體成員能夠持續進行改善的工作環境，強調團隊合作的運作精神。因此，全面品質管理與傳統品質管制之觀念是有其差異之處（參見表 14.3）。

表 14.3　全面品質管理與傳統品質觀念之比較

品質管理要素	傳統品質管制觀念	全面品質管理觀念
整體任務	投資報酬率最大	符合或超越顧客滿意度
目標追求	重視短期規劃	長期與短期規劃併重
管理決策	不鼓勵員工參與	鼓勵員工參與
供應商	敵對／競爭關係	合作夥伴關係
品質焦點	產品導向	顧客導向
問題解決	員工獨立解決	團隊合作共同解決
品質改善原則	個案式品質改善	持續性品質改善
品質處理方式	事後品質問題矯正	事先品質問題預防

資料來源：Stevenson, W. J., *Operations Management, 7th, ed.,* Boston: Irwin/Mc-Graw-Hill, 2002.

根據前述有關全面品質管理的定義，可瞭解全面品質管理包括三個重要精神：(1)以顧客滿意度為導向；(2)員工全員參與品質活動；(3)持續性品質改善；同時，全面品質管理利用標竿學習製程設計、產品／服務設計、採購管理及品質管理手法之訓練等品質管理活動的推行，以達到全面品質管理之運作精神。美國學者賈斯基及瑞之梅 (Krajewski and Ritzman, 1999) 將全面品質管理的精神及品質管理作法彙整成圖 14.7 之全面品質管理輪 (TQM wheel)。

本書首先介紹全面品質管理的精神，再分別詳述全面品質管理活動之運作。

㈠全面品質管理的精神

1.顧客滿意度導向

全面品質管理強調以顧客滿意度為導向的品質目標，組織為了提升顧客滿意度，首先必須瞭解顧客對公司產品與服務的需求與期望，才能訂定明確的品質策略及品質管理作法。事實上，顧客有不同的涵義，一般而言可分為內部顧客 (internal customer) 與外部顧客 (external customer) 兩種；外部顧客就是組織各種經營活動有關的外部團體與個人，譬如購買公司產品／服務的最終消費者、

資料來源：Krajewski, L. J. and L. P. Ritzman, *Operation Management: Strategy and Analysis*, 5th ed., Addison-Wesley, 1999.

圖 14.7　全面品質管理輪

中間商、經銷商、消費者保護團體、立法機構及政府機關等；而內部顧客係指組織內具有作業程序上、下游關係的個人或部門單位皆存在著顧客的意涵；譬如研發部門設計好的產品圖，交由下游作業的製程部門負責生產，此時，製造部門則為研發部門的內部顧客，又如部屬定期陳送管理資料或報表給主管，此時主管就是該部屬的內部顧客；全面品質管理的重要精神之一，就是要求組織的所有員工必須以滿足內部顧客之需求及外部顧客為導向，來從事各種管理活動，才能達到全面品質管理的境界。

2.持續性品質改善

　　所謂持續性品質改善 (continuous improvement) 就是強調員工必須針對所從事的工作任務內容，不斷地提出問題點，並加以改善，以達到持續改善工作品質的目的。

　　持續性品質改善要求組織內的各個部門必須針對所面對的工作任務採取規劃 (plan)、執行 (do)、查核 (check) 及矯正行動 (action) 等四個步驟持續不斷地改善品質及提升品質水準，一般稱之為戴明循環或 P-D-C-A 循環，如圖 14.8 所示。

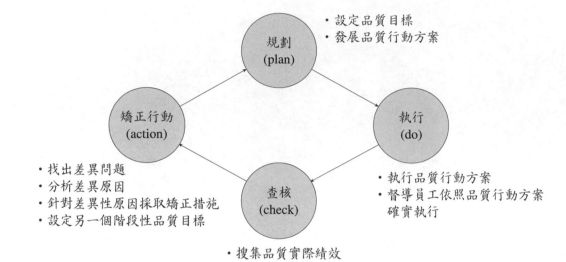

圖 14.8　P-D-C-A 循環（戴明循環）

(1)規劃 (plan)：就是管理者針對部門及個人以往的品質表現情形，而設定未來的品質努力目標，並根據該品質目標訂定品質行動方案與活動內容。

(2)執行 (do)：就是根據已訂定的品質行動方案與活動內容，予以貫徹執行；管理者此時必須確實督導各部門人員按預定的時程及編列的預算經費，來執行行動方案的內容。

(3)查核 (check)：就是管理者實際到現場或各單位搜集必要的品質績效成果，並與設定的品質目標進行差異比較，以瞭解實際的品質成果是否符合品質目標，以作為下一步差異分析的參考基礎。

(4)矯正行動 (action)：當實際的品質績效成果未能達到品質目標水準時，管理者必須針對差異原因進行分析，並採取適當的矯正行動與措施，當決定所採取的矯正措施後，便可重新訂定下一階段的新品質目標。

3.員工全員參與品質管理活動

　　全面品質管理的另一個重要精神就是員工積極參與各項品質管理活動；員工係直接執行任務工作的人，最瞭解任務工作的內容及品質狀況，藉由員工的積極參與可有效掌握相關的品質資訊，經由員工自行訂出來的品質目標或解決方案，也較能得到員工的認同並具體地加以落實執行。員工在全面品質管理活

動的參與過程中，管理者應該秉持肯定員工價值的態度，並激勵員工認同自己的工作價值，才能使得員工願意積極參與各項品質問題的發掘與改善；當然，組織亦可透過適當獎勵制度來鼓勵員工積極參與品質管理活動。

㈡全面品質管理活動之活動內容

1.標竿學習 (benchmarking)

標竿學習就是以產業內領導廠商的績效表現為學習典範，來衡量與改善企業產品及服務品質的系統性運作程序；一個企業運用標竿學習程序，將可瞭解產業內傑出廠商的成功關鍵因素，並作為改良自身經營體系的參考指標。一般而言，可使用的標竿學習指標包括：產品單位成本、顧客抱怨率、單位產品、生產時間、單位利潤、投資報酬率、顧客回流率及顧客滿意水準等，由於標竿學習係屬於一個組織績效目標的持續改善程序，因此它包括下列的四個運作步驟：

⑴規劃：就是首先確認組織的學習標竿對象、標竿指標項目及設定標竿指標的目標值。

⑵分析：就是進行組織績效資料的搜集與分析，並將搜集的實際績效表現與標竿企業的表現值進行差異比較，找出產生差異的原因及解決方法。

⑶整合：管理者必須整合性的分配組織資源，以投入改善上述產生績效差異原因之所在，達到組織績效與競爭對手並駕齊驅的地位。

⑷行動：就是組織必須組成跨功能部門的專案小組，共同發展可趕上標竿企業績效表現的各種行動方案，具體地執行及控管。

2.採　購

不論是何種產業，多數的企業都需要供應商提供原物料及生產設備以從事產品的製造，然而採購原物料或生產設備的品質好壞，往往對於產品或服務的品質具重大影響性，一旦於採購過程中不慎流入品質有問題的原物料或生產設備時，通常很難在後續的製程中將可能出現的產品品質問題予以矯正回來；因此，採購品質是全面品質管理中極為重要的一環。一位採購者在採購之前必須針對供應商的品質水準、技術能力、交期可靠性及價格合理性進行評估，以擇取適當的供應商；而在採購過程中則必須針對供應的原物料、零配件或設備進

行產品進料檢驗及可靠度 (reliability) 測試，以確保供應的產品品質水準。事實上，在全面品質管理的基本精神中，係將供應商視為產品品質保證的重要一環，建議應與供應商保持長期合作的夥伴關係，並要求供應商應積極參與組織所推行的各項品質管理活動，以達到全員參與的運作原則。

3. 製程設計

製程設計的良劣將影響產品或服務的品質，許多產品的品質問題往往係因為製程設計不良或製程設備的維修保養不當所造成，而並非全因生產人員的操作錯誤所產生；因此，企業為了要提升產品及服務的品質水準，應將製程的設計與維修保養管理納入全面品質管理活動推動時不可忽略的要項之一。一個企業可透過先進製程設備或新穎製造設備的購置，來提升產品的品質精密度及降低品質不良率；但是再好的製造設備仍必須透過健全的維修保養制度，才能確保製程設備的製造能力，以生產出良好的產品或服務品質。此外，透過針對生產人員進行技術方面的教育訓練，使其熟練製程設備的標準作業程序及保養作業內容，亦均可達到提升產品及服務品質水準之目的。因此，將製程設計的合理化、製程設備的維修保養制度及員工技術教育訓練執行納入全面品質管理活動的執行內容，亦是不容忽視的項目之一。

4. 產品與服務設計

產品與服務設計的變動通常會造成原物料、製造方法及品質規格的改變，而大幅增加產品品質不良率；同樣地，產品與服務設計變更的頻率太高亦會增加製造的錯誤率；因此穩定的產品與服務設計實有助於內部品質問題的發生。但是在面對高度競爭的市場環境，企業必須針對現有產品與服務不斷地進行設計變更及推陳出新，才能於市場上持續保有市場佔有率，既然不斷變更產品與服務的內容係重要的策略方法之一，管理者就必須瞭解產品與服務設計變更所可能產生的品質問題，而在重新設計時謹慎地規劃製造可行性，組裝便利性及測試的正確性，以降低品質不良率。

事實上，組織的研發人員在設計產品與服務時，可考量從下列的品質競爭構面來提升產品的市場價值性。

(1)高功能 (performance) 品質：產品具有較高或優越的基本功能，如電腦的

處理速度或電視機的畫質及清晰度。

⑵獨特功能 (feature) 品質：產品具有的特定功能，以用來補強基本功能，如電視機遙控器。

⑶一致性 (conformance) 品質：係指製造出來的產品符合原先設計規格的程度，可用品質不良率來加以衡量。

⑷可靠度 (reliability) 品質：在特定的時間內，產品故障的機率，可以第一次發生故障的平均時間 (MIFF) 或連續發生兩次故障的平均時間 (MTBF) 來衡量。

⑸耐用性 (durability) 品質：產品不堪使用前，提供顧客的使用數量，它可以使用時間來加以衡量。

⑹售後服務 (serviceability) 品質：產品修理或客戶訴怨處理的迅速性。

⑺造型美觀 (aesthetics) 品質：產品在外型上給人感官的印象，它受顧客個人主義偏好的影響。

⑻顧客認知品質 (perceived quality)：顧客認知公司的產品或服務具有良好形象及聲譽。

5.品質管理手法之訓練

全面品質管理強調的是持續不斷地品質改善，因此培養員工自行分析與解決品質問題就顯得非常重要；目前經過品質管理學者不斷地發展，全面品質管理可應用工具手法相當地多，例如品管七大手法、品管圈、品質機能展開 (QFD)、統計製程管制 (SPC)、田口方法……等，本書僅就目前較簡易及較常使用的手法於下文介紹之。

四、品質管理手法

為了有效進行持續性的品質改善活動，就得先掌握品質的狀況，以簡單而有效的方法進行資料分析，培養員工自行解決品質問題的能力；目前品質管理較常使用的品質管理手法包括：次數分配表、直方圖、柏拉圖、散佈圖、要因圖及管制圖，茲將分述如次：

1.次數分配表

次數分配表通常是進行品質問題分析的第一個步驟，它是一種用來記錄品質不良發生次數的表格。例如書本印製時，產生不良品的品質缺失項目之次數分配表如表 14.4。

表 14.4　次數分配表

品質缺失項目	週					合計	比率
	一	二	三	四	五		
墨色偏差	/	/		//		4	8%
污點	/		/	/		3	6%
缺漏頁	/	/	///	/	/	7	14%
紙張破損	///// /////	/////	///// /////	///// /////	/	36	72%
總計						50	100%

2.直方圖

直方圖 (histogram) 係根據次數分配所繪製的圖形，可用於顯示不良品質項目的分佈情形，進而研判可能造成該分佈情形的原因。如上述之書本印製不良品案例，則可將不良品項目繪製成 14.9 之直方圖，以進一步將分析的品質管理焦點集中在發生次數較多的品質不良項目。

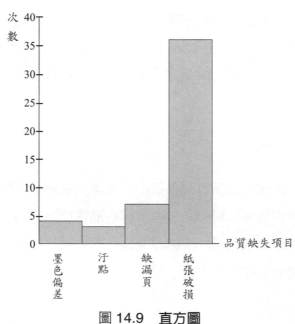

圖 14.9　直方圖

3. 柏拉圖

　　柏拉圖 (Pareto chart) 是義大利人 Pareto 於 1897 年所發明的，此圖主要概念來自於 80/20 法則，也就是說大部分的不良品 (80%) 是由少數的品質不良項目 (20%) 所造成的；因此，在進行品質控管時，應該將管理焦點集中在造成大部分不良品的少數品質不良項目之上。柏拉圖的縱軸是不良品缺點的次數比率，而橫軸則是造成不良品的品質缺失項目（參見圖 14.10）。管理者可由此圖看出主要的不良品品質缺失項目為紙張破損，因此應將紙張破損項目列為品質改善的首要項目。

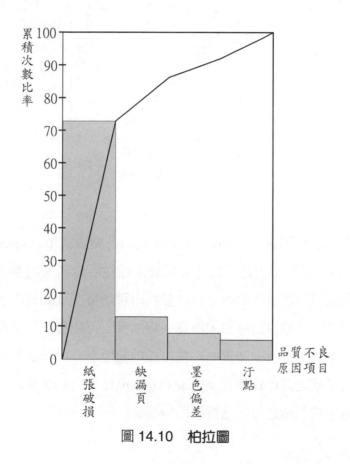

圖 14.10　柏拉圖

4. 散佈圖

　　散佈圖 (scatter diagrams) 主要用來觀察兩變數之間是否具有因果關聯性的簡便判定圖形；關聯性分析結果可作為品質問題之原因分析或制定品質改善方

案的重要參考。一般而言，兩變數的相關性可分為正相關、負相關及無相關三種，正相關係指當一個變數值增加時，另一變數值也會顯著增加，譬如圖 14.11 (a)顯示當生產線操作人員的生產速度愈高時，品質不良率愈高；負相關係指當一個變數值增加時，則另一變數值會顯著減少，譬如圖 14.11 (b)顯示員工教育訓練時數愈高，品質不良率愈低；而所謂的無相關，則指一變數之增減與另一變數之增減無顯著的線性關係存在，譬如圖 14.11 (c)就顯示員工年齡與品質不良率無相關性。

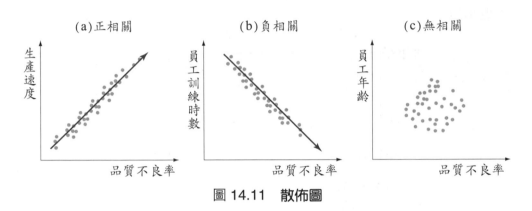

圖 14.11　散佈圖

5. 要因圖

日本品質專家石川馨 (Ishikawa, 1968) 提出的要因圖 (cause-and-effect diagrams)，係一種以圖形來表達造成產品品質問題主要原因及次要的管理手法；它針對特定的品質問題進行原因分析，並找出可能發生此品質問題的主要原因（亦稱之為要因），並根據這些要因再逐一細部探討可能發生不良品質的次要原因，如此則可系統性地找出製程中不良產品的問題點；由於此圖畫出來類似魚刺的形狀，故又稱之為魚骨圖 (fishbone diagrams)。圖 14.12 係例示某一印刷廠印製出不良品的紙張所進行的品質要因分析圖。

6. 管制圖

管制圖 (control charts) 是由修華特所提出來的 (Waher, Shewhat, 1931)，其主要的目的是用來追蹤控管製造過程中的品質水準變異，以瞭解變異的程度是否超出可接受範圍，若未超出則可視為隨機的變異，若超出可接受的範圍則需進行分析原因，並提出矯正措施。管制圖之縱軸為管理者所要管制的品質項目，

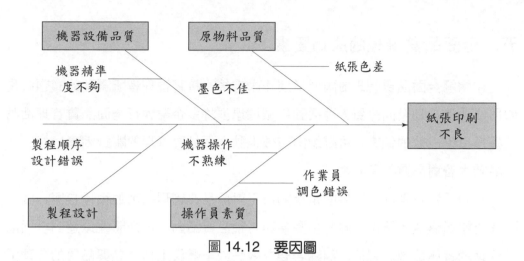

圖 14.12　要因圖

例如產品尺寸的平均數、全距、不良率等；而橫軸則是製造過程的檢驗時間，在橫軸上會有管制中線 (central line; CL)，代表產品品質特性的平均值；而在距離 CL 上下各加減 n 個標準差而形成兩條虛線，上者稱為管制上限 (upper control limit; UCL)，下者稱為管制下限 (lower control limit; LCL)，若檢驗值超出 UCL 或 LCL 時，則表示產品品質已發生異常現象（參見圖 14.13）。

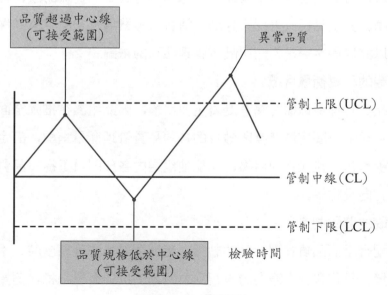

圖 14.13　管制圖

五、全面品質管理的成功要素

在瞭解全面品質管理的內涵及運作內容後，接著管理者所關注的議題就是如何成功的推動全面品質管理活動；根據過去許多企業執行全面品質管理活動並獲得良好成效的個案，可歸納出有效推動全面品質管理的關鍵因素：

1.高階主管對品質的承若性

全面品質管理非常強調的是全體員工對於品質管理活動的積極參與，因此除非全體組織成員皆能認同並主動參與各種品質活動，否則將難以達到全面品質管理的實施成效。然而，組織若要有效鼓勵全體員工積極參與品質的各項活動，高階主管必須以身作則展現其對品質管理活動的承諾性，並實質給與品質管理推動過程中所必須投入資源的高度支持性，以塑造組織內全員品質管理的意識與文化。

2.專注顧客需求

全面品質管理強調以顧客需求及滿意度為導向，因此組織在推動全面品質管理活動時，必須透過各種市場調查管道如問卷調查、實際訪談、售後服務品質情報回饋、員工品質改善提案建議、消費者專業調查雜誌等來掌握市場顧客的需求，以滿足顧客需求為一切品質管理活動的依歸。

3.建立客觀的品質衡量目標

全面品質管理係以顧客滿意度為主要目標，因此組織在推動全面品質管理活動時，必須針對顧客滿意度所涉及的各項品質管理衡量指標，訂定客觀性、具體化、數據化及挑戰性的目標，才能使組織內各部門員工從事品質管理活動有依據的方向及標準。

4.品質基礎的獎酬制度

為了配合全面品質管理活動的執行，組織在設計獎酬制度時，不宜僅將員工的生產量、銷售量或生產力的表現列為獎勵制度的衡量指標，更重要的是必須將員工的工作品質及服務品質成果亦納入獎酬制度的一環，也就是建立品質基礎的獎酬制度，透過該制度除了可鼓勵員工提升生產量、銷售量或生產力外，亦必須兼顧製造良好的產品品質及提供卓越的服務品質，以確保全面品質管理

的顧客滿意度目標可順利達成。

5.鼓勵員工發表品質意見

在推動全面品質管理的過程中，鼓勵員工積極提出各項作業內容或管理活動的品質改善意見，才能塑造組織全員品管的意識與文化。一般而言，組織可透過品管圈 (quality circles；QC) 活動，也就是利用組織內的各個小團隊，透過自行設定品質目標，發現品質問題及共同提出解決方法，來達到全員品管的目的；此外，許多組織亦推動員工品質提案改善制度，鼓勵員工針對工作任務的內容隨時發現品質問題即提出解決方案，並給予適當的獎金，以達到全面品質管理的目的。

6.正本清源解決品質問題

事實上，全面品質管理活動重視的是品質問題的事先偵測及防患於未然，而不強調事後品質問題的分析與解決；因此，只有強調品質問題的事先偵測與預防，才能正本清源的徹底解決品質問題，而事後品質問題的解決，係屬於亡羊補牢的管理方式，則難以避免同樣品質問題的再次發生。

7.建立供應商的良好合作關係

一個執行全面品質管理活動的組織，較重視與供應商建立長期合作的夥伴關係，以取代短期利益取向的關係；因此，在選擇供應商時，主要係以品質為主要的抉擇標準，而非以價位為主要考量。當擇定一個長期合作的供應商時，該供應商亦將積極參與全面品質管理活動，確保供應商與合作廠商能共同改善品質及成長。

8.部門的良好互動關係

全面品質管理成功推行需來自於組織全體成員對品質的承諾性，因此組織內各部門的良好合作互動關係，就成為全面品質管理的成敗關鍵因素之一。例如，研發部門在設計產品時需考量製造部門的製程能力，而也需配合行銷部門有關顧客需求的資訊，以設計出符合顧客需求且具易製造性的產品。人力資源也需與各部門保持密切的互動合作關係，充份瞭解部門員工的專長優劣勢，而設計出符合員工需求的教育訓練課程及職場生涯發展計畫。

第四節　平衡計分卡

　　傳統上企業係以財務績效作為經營成果的主要衡量指標，但財務績效指標僅代表過去已發生的經營成果顯現，而無法展示企業未來的發展潛力；然而，在面對市場競爭激烈及迅速變動的環境下，培養企業未來的核心競爭力已成為經營者普遍關注的重要課題之一。事實上，平衡計分卡 (the balanced score card) 係依據組織的願景與策略為基礎，分別從財務、企業內部流程、學習與成長及顧客關係等四個構面來訂定衡量目標及發展行動方案的一種績效控制系統；由於平衡計分卡同時兼顧強調過去績效成果的財務構面，及重視未來競爭能力的非財務構面，如企業內部流程、學習與成長及顧客關係等，而具有平衡兩種不同績效角度的意涵。

　　基於財務指標一般只能衡量過去的績效表現，它屬於績效反應落後指標；但諸如良好的服務品質、內部流程反應、顧客需求的迅速性、顧客對企業忠誠度或員工學習與成長動機等無形資產與能力，均為企業未來是否具有競爭性的重要關鍵影響因素,而這些卻都無法透過傳統的財務指標來加以顯現績效成果，因此在柯普朗及諾頓 (Kaplan and Norton) 兩位學者積極倡導平衡計分卡下，目前已成為許多企業運用的重要績效控制方法之一。

一、平衡計分卡之運作架構

　　財務性指標是一種績效反應落後性指標,可表現過去企業活動執行的成果，然而卻無法作為驅動企業培養未來競爭力的引導性指標，因此平衡計分卡以企業願景與策略為運作核心，除了保留過去傳統的財務績效構面外，尚整合企業內部流程、組織學習成長及顧客關係構面，而成為一個全方位的平衡績效控制系統；至於詳細的運作架構如圖 14.14 所示。

㈠財務構面

　　財務構面是平衡計分卡的重要組成要素之一，它最能直接反映過去企業活

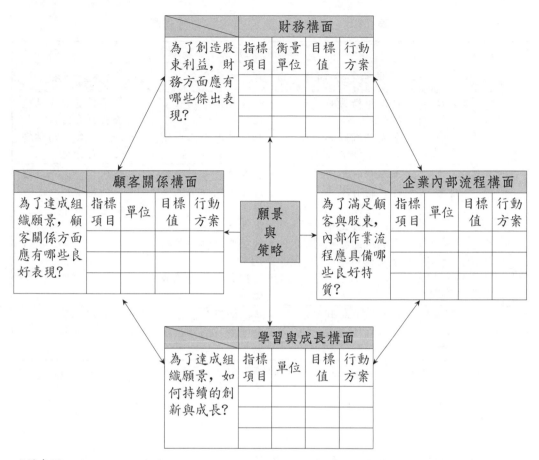

資料來源：Kaplan, R. S. and D. P. Norton, "Using the Balance Scorecard and a Strategic Management System," *Harvard Business Review,* 74(1), Jan–Feb 1996, pp. 75–81.

圖 14.14　平衡計分卡架構

動執行的績效成果，亦可以顯示事業策略的實施是否可有效改善營利狀況。根據柯普郎與諾頓 (Kaplan and Norton, 1996) 的觀點，企業的生命週期階段大致可分為成長期、維持期及豐收期；無論企業處於那一個階段，均應從經營成長和組合、成本與生產力及資產利用等角度，訂定適當的績效衡量指標；較常用的衡量指標如表 14.5 所示。

表 14.5　財務策略議題與常用衡量指標

企業生命週期 / 財務構面		財務性策略議題		
		營收成長和組合	成本與生產力	資產利用
事業單位策略	成長期	・目標市場營收成長率 ・新產品或顧客服務收入佔總營收比率	・每位員工平均收益值 ・每位員工平均產值	・每年投資金額佔總營收百分比 ・每年研發費用佔總營收百分比
	維持期	・市場佔有率 ・客戶佔有率 ・獲利性產品的收入佔總營收比率 ・產品線的獲利率 ・產品獲利率	・相對於競爭對手在產品單位成本的表現 ・成本下降率 ・間接費用佔總營收比率 ・直接成本佔總營收比率	・營運資金比率（現金週轉率） ・資產利用率
	豐收期	・產品線的獲利率 ・非獲利性顧客的比率	・產品的單位成本 ・每筆交易的單位成本	・產能利用率 ・設備利用率

資料來源：朱道凱譯，《平衡計分卡：資訊時代的策略管理工具》，臉譜文化，民88年。

㈡顧客構面

在選擇顧客關係構面的衡量指標時，企業必須先釐清兩個關鍵項目：⑴目標顧客群的需求屬性；⑵提供給目標顧客的產品與服務價值內容；當企業清晰的確認上述兩個關鍵項目後，就可作為顧客關係衡量指標的訂定依據，目前企業一般較確定常用的顧客關係評比指標如表 14.6 所示。

表 14.6　顧客構面常用衡量指標

・顧客滿意度 ・顧客忠誠度 ・市場佔有率 ・顧客抱怨件數 ・退貨率 ・顧客回購率 ・新顧客成長比率 ・顧客佔有率	・每位顧客平均年消費額 ・服務顧客的專業性 ・顧客接觸企業的便利性 ・企業品牌與形象認同度 ・服務顧客的迅速性 ・產品品質水準 ・服務品質水準

(三)內部流程構面

內部流程係指企業為了滿足顧客需求及股東權益，在創造產品及服務價值過程所從事的各種內部作業及活動程序，以期能更有效的利用組織資源，來達成財務和顧客關係目標。傳統的績效衡量系統較著重於單一部門或利潤中心的財務控制，縱使近年許多企業已將品質、生產量及生產週期時間列入績效控制系統之內，但仍侷限於僅針對單一部門進行運作流程的獨立性評估，而未能針對全組織整合性運作流程進行控管；事實上，平衡計分卡所強調的就是進行企業全體作業流程的整合性衡量控制；因此，平衡計分卡的企業內部流程包括：創新流程、營運流程及售後服務流程；至於該三個流程較常用的衡量指標如表14.7。

表 14.7　企業內部流程構面常用衡量指標

企業內部流程	創新流程	營運流程	售後服務流程
衡量指標	・研發費用 ・新產品收入佔總營收百分比 ・獨家產品收入佔總營收百分比 ・新產品研發週期時間 ・專利的平均年限 ・相較於競爭對手，新產品的上市速度	・存貨週轉率 ・產品重作比率 ・廢料降低率 ・空間利用率 ・交通週期時間 ・準時交貨率 ・退貨比率 ・顧客等待時間	・顧客品質訴怨的平均回應時間 ・維修服務的迅速性 ・保固條件的優厚性 ・顧客換貨退貨的便利性

(四)學習與成長構面

當企業過度重視短期取向的財務績效目標時，往往會忽視員工學習與組織成長的動力，然而平衡計分卡則強調組織投資未來的重要性，它除了主張企業不可只如傳統般一味投資於新設備的購置、新技術的引進及新廠房擴建，雖然上述項目的投資固然重要，但如果企業希望培育長期的競爭力，就必須兼顧投資於組織的基礎架構要素：人員、系統及組織程序；因此就平衡計分卡的推動觀點，認為組織的學習與成長構面包括人員學習、資訊系統學習及組織運作學

習等，至於該三個要素的學習績效指標如表 14.8。

表 14.8　學習與成長構面常用衡量指標

	人員學習	資訊系統學習	組織運作學習
衡量指標	·每位員工的平均訓練金額 ·員工訓練時數 ·員工曠職率 ·員工流動率 ·員工滿意度	·員工績效資訊正確率 ·員工績效回饋迅速性 ·員工在線上取得顧客資訊的比例 ·員工在線上取得顧客資訊的迅速性	·整合性專案團隊的數目 ·員工學習動機 ·組織決策迅速性 ·各部門的互動整合程度

二、平衡計分卡的實施效益

平衡計分卡係根據組織願景與策略目標而推衍出以財務、顧客關係、企業內部系統及學習成長構面為驅動目標的行動方案，它不僅兼顧財務及非財務性績效指標的衡量，同時亦透過嚴謹的運作系統，將行動方案推及於組織內各部門的所有員工，建立員工對於策略目標的共識性與策略行動方案的一致性。一般而言，企業推動平衡計分卡，可帶來下列的效益：

(1)釐清組織策略目標並形成內部的共識性，提升員工高度向心力。

(2)組織策略目標與顧客關係，企業內部流程、財務、學習成長的衡量指標之間具有高度的連結一致性，強化市場競爭力。

(3)功能部門策略與個人決策均能一致性的配合組織策略的推動實施，使得組織資源運作更具綜效性。

(4)隨時調整策略行動方案，快速因應市場競爭需求。

(5)財務及學習成長構面的績效表現，透過資訊系統的不斷回饋、學習與成長，有助於提升組織創新能力。

三、平衡計分卡的實施步驟

每個組織的文化與背景大都不一樣，建構的平衡計分卡運作內容與衡量指標亦可能不相同，但一般而言，實施平衡計分卡的步驟大致可分為下列六個步驟：

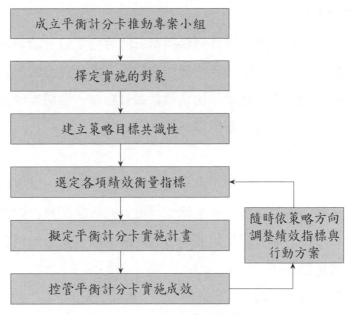

圖 14.15　平衡計分卡實施步驟

1. 成立平衡計分卡推動專案小組

　　組織為了有效推動平衡計分卡，首先應該成立一個跨功能部門相關人員的專案推動小組，負責平衡計分卡的實施規劃、績效評估及策略修正調整等相關作業事宜；此外，為了有效落實平衡計分卡的各種計畫內容與成果，該專案推動小組的負責人應由組織內較高階主管，如協理或副總經理以上層級人員擔任。

2. 擇定實施的對象

　　由於目前許多企業均朝向高度多角化的企業集團發展，因此在平衡計分卡的實施初期，以策略事業單位 (straategic business unit; SBU) 為實施對象，因為每個策略事業單位均有明確的策略目標及較易獨立計列各項績效表現；此外，較理想的實施對象，應該具備跨越整個產業價值鏈活動的高度垂直整合策略事業單位；也就是擁有自己的產品、顧客、行銷通路及生產系統。

3. 建立策略目標共識性

　　由高階主管人員負責召開第一回合之主管討論會議及平衡計分卡專案小組會議，以建立組織成員對於策略目標的一致性共識，並建構策略目標與平衡計分卡四個構面績效指標的因果連結關係。

4.選定各項績效衡量指標

　　由組織高階主管與中階主管共同參與第二回合之主管討論會議，分別針對組織的策略目標、市場競爭環境及經營能力現況，進行充分的討論溝通，建立平衡計分卡四個績效構面的衡量指標項目，並針對每一個選定的績效指標進行詳細描述、確立衡量單位及衡量目標值。

5.擬定平衡計分卡實施計畫

　　進行第三回合的主管討論會，以擬定平衡計分卡的實施計畫內容與時程；計畫內容通常包括：各項績效衡量指標如何與資訊系統銜接、如何針對組織成員進行平衡計分卡的宣導溝通及組織內較高層級的績效衡量如何發展成為較低層級單位的績效衡量指標。

6.控管平衡計分卡實施成效

　　組織為了確保平衡計分卡的實施成效，應該建立一套與平衡計分卡具聯結性的獎勵制度；同時，平衡計分卡專案推動小組應該召開專案會議定期評估與檢討實施成效，必要時亦需隨著策略方向的修正而調整顧客關係、財務、企業內部流程、學習成長構面的績效目標與行動方案。

四、實施平衡計分卡的關鍵成功因素

　　就如同企業推動各項管理制度，如 TQM、企業再造及即時生產一般，平衡計分卡的推動實施不乏成功的個案，但亦出現不少的失敗案例；一般而言，影響一個企業推動平衡計分卡成功性的關鍵因素主要如下：

　　⑴高階主管的承諾性與支持性

　　　組織高階主管必須積極的參與各項平衡計分卡的活動內容，並承諾投資執行平衡計分卡過程中所需的必要性資源如人員、設備、資金或訓練活動。

　　⑵創造組織成員對於願景的共識

　　　組織的管理人員若要能有效獲得平衡計分卡的實施成果，必須凝聚組織全體員工對於平衡計分卡可為企業帶來的美好願景與執行向心力。

　　⑶績效資訊的即時回饋

　　　平衡計分卡推動小組應該搜集整個組織或各個單位部門在財務、顧客關

係、內部流程及學習成長績效的表現資訊，隨時反映給組織內部的員工，作為修正行動方案的參考數據，以確保上述四個績效構面指標能順利完成。

⑷塑造持續性管理改進意識與文化

平衡計分卡係屬於長期持續性的管理改善活動，它並非屬於短期片斷性的作業內容，因此建立員工針對各項績效表現持續性的提出改善行動方案的認知及意識，係平衡計分卡執行成效的影響因素之一。

個案研討：中華電信的 TQM 執行成效

一、中華電信簡介

中華電信股份有限公司是由交通部電信總局依據「電信法」及「中華電信股份有限公司條例」，於 1996 年改制而成，總資本額為新臺幣 964.77 億元，員工人數約 28,500 人，主要業務包括固網通信、行動通信及數據通信三個領域，提供顧客語音服務、專線電路、網際網路、寬頻上網、智慧型網路、虛擬網路、電子商務及企業整合服務。

二、中華電信推動 TQM 的背景

由於中華電信公司在電信事業尚未開放自由化以前，一直是屬於國營的獨佔事業，因此養成中華電信內部官僚氣息濃厚，對顧客的服務品質表現不甚良好，造成消費者的不滿。1980 年代政府的電信政策開始轉變，除了開放民營電信事業外，並積極推動中華電信公司的民營化，在民營化釋股的壓力及民營固網業者的開放競爭下，使得中華電信公司開始飽受市場的競爭威脅，而逐漸注重顧客的需求與權益，迫使高階主管們重新思考組織的策略定位、產品品質及服務水準的改進之道，以迎接更具挑戰性的未來。

三、TQM 的推動步驟與內容

中華電信公司體認到必須從顧客的需求角度來提升服務品質水準，才能有效提升市場競爭力；因此，該公司除了規劃自由化及國際化的策略作法外，亦於內部著手進行一連串的品質改善活動，而在 1997 年時導入全面品質管理（TQM）活動。

有鑑於 TQM 的推行並非僅是個人或某一單位的職責，而是組織內所有成員的共同信念與承諾，於是中華電信公司成立了 TQM 推動委員會，藉由專家學者及員工的參與活動，建立全員的品質意識及推動 TOM 的執行決心，該公司導入 TQM 的步驟說明如下：

㈠設置 TQM 推動委員會

該公司首先成立 TQM 推動委員會，主要的職責為 TQM 的推動策略規劃與諮詢；該委員會設置主任委員及執行長各一人，負責推動與控管 TQM 的各項活動內容。

㈡進行溝通討論

中華電信公司為了凝聚員工的品質共識及訂定品質改善重點，分別針對高階、中階、基層主管及員工進行訪談及小組討論。高階主管人員主要係採個別訪談方式進行，無法面談者則透過書面方式，訪談討論除了瞭解到高階主管對於 TQM 活動的極力支持外，亦歸納該公司未來品質的改善重點，包括：改善公務員被動保守的行事態度及以同理心觀點強化顧客的關係管理；而經由中階主管的溝通討論後所歸納出未來品質的改善重點有：重視客戶關係、加強顧客的溝通管道及提升服務品質；至於基層主管的溝通討論則彙整出品質的改善方向，有：關懷客戶、改善作業流程、加強員工的服務訓練及提升服務品質；此外，基層員工的會議結果則找出七項品質改善的重點項目：塑造良好品質形象、服務親切周到、品質政策透明化、品質問題立即改善、主動服務出擊、提升產品與技術品質及加強服務水準。

(三)舉辦 TQM 共識營

　　全面品質管理強調的是全員的品質參與，惟有全體成員共同研討訂定企業的品質政策、品質目標、品質計畫及行動方案，才能有效的推動 TQM 活動；因此，中華電信公司特別舉辦共識營，藉此塑造員工對 TQM 的積極參與熱忱度與承諾性。

(四)擬定 TQM 行動方案

　　中華電信公司根據共識營所討論制定的策略方向，訂定下列推動 TQM 的行動方案，包括：

1. 業務推廣計畫

　　加強行銷服務以鞏固市場，大樓客戶享有較優惠的固網費用，期望提升固網專戶滿意度達到 4 成以上的目標，並於 2004 年達到 20 億元的固網專戶營收。

2. 寬頻網路建設計畫

　　提供顧客多媒體高速上網服務，並購置數位接取設備，完成寬頻交換設施，提供高速寬頻網路以搶佔寬頻市場，達到每年 2 億元以上的業務目標。

3. 提高顧客滿意度計畫

　　為了提高顧客滿意度，將採行的具體做法有四：(1)專職人員輪值擔任專線客服人員；(2)凝聚員工向心力，強化員工危機意識，以建立員工 TQM 共識；(3)隨時提供線上業務申辦，減少顧客外出辦理手續之需求；(4)主動替顧客規劃各項電信服務。

4. 改善作業流程計畫

　　檢討並簡化現有作業流程，以達到降低作業成本及提升績效，而能快速提供客戶服務，計畫目標為提升員工平均生產力 12%。

(五)績效評估與檢討

　　依據 P-D-C-A 循環，由各單位派員每月定期檢核各部門 TQM 的

執行成效，並隨時採取必要的品質矯正行動方案與措施，以達到「顧客滿意、員工得意、公司如意」的 TQM 品質目標。

四、TQM 推動成效

在中華電信公司導入 TQM 之前，由於經營策略的運作較其他民營業者缺乏靈活性，內部員工仍普遍存有公務員心態，造成工作效率不彰，致使行動電話市場不斷地流失。而在導入 TQM 之後，各方面表現均有顯著改進；在工作成效方面，人員作業錯誤率大幅降低，不僅提高工作績效也同時達到降低成本之效益，根據中華電信的統計，產品不良率在 1998 年為 65%，經 TQM 不斷持續改進的努力，已逐年下降至 2003 年的 34%；而顧客對產品品質的滿意度也由 1998 年的 49% 提升到 2003 年的 90%；此外，員工因為不斷參與各項品質管理活動，已逐漸養成主動發掘品質問題及自行解決的思維模式，如此的全員品質意識已充分展現在顧客服務的態度方面，目前的顧客滿意度指標，已由 1998 年的 55%，逐年提升到 2003 年的 95%，

五、研討題綱

1. 請論述中華電信公司在推動 TQM 的過程中可能遭遇的阻礙因素有哪些，管理者應如何加以克服。
2. 請探討中華電信公司推動 TQM 活動獲得具體成效的關鍵因素為何。
3. 請討論中華電信為了因應未來的市場競爭，可列為 TQM 活動的品質重點改善項目有哪些。

個案主要參考資料來源

1. 中華電信企業網站：http://www.cht.com.tw/
2. 曾振盛、柯志哲，《推動品管圈活動績效之探討——以中華電信公司為例》，中山人管所，民 88 年。

第七篇　變革與創新管理-

第十五章　變革與創新

第十五章 變革與創新

◎ 導 論

在面對二十一世紀知識經濟的時代，企業必須建構一個全員學習的組織環境，不斷地的吸收新知識、引進新觀念及新創意，逐漸推動組織變革，才得以維持與創造競爭優勢。事實上，企業所推動之組織變革、學習型組織與知識管理係具有高度的運作關係性與互補性。因此成為管理者為了有效因應市場與科技環境快速變動的關注焦點之一。組織變革係指企業必須針對外部環境的變化隨時引進新觀念與作法，達到體質調整與轉型的管理活動；而學習型組織就是管理者如何激勵全體員工不斷自我學習與成長的過程；此外，知識管理則是一個企業如何將所吸收的資訊轉化為組織的寶貴知識，並供全體人員共享的管理機制；很顯然地，企業可透過學習型組織及知識管理機制之運作而達到組織變革的目的。

本章將從組織結構、技術變革、人員及產品技術之觀點探討組織變革的活動內容，並分析員工抗拒變革的原因及可採取的因應措施。至於企業如何建構一個學習型組織及健全的知識管理體制亦為本章的重要討論議題。

◎ 本章綱要

*組織變革

    *組織變革的內容

    *組織變革的驅動力

    *員工抗拒變革的原因

    *降低員工抗拒變革的措施

    *組織變革的管理程序

　　　　　　　＊組織變革成長模式

　　　　　＊學習型組織

　　　　　　　＊學習型組織的定義

　　　　　　　＊學習型組織的特質

　　　　　　　＊學習型組織的運作模式

　　　　　＊知識管理

　　　　　　　＊知識的定義與種類

　　　　　　　＊知識管理的涵義

　　　　　　　＊知識管理的運作架構

　　　　＊從 A 到 A$^+$

　　　　　　　＊企業從優秀到卓越的關鍵因素

　　　　　　　＊飛輪效應

◎ 本章學習目標

1. 瞭解組織變革內容以及組織變革的驅動力來源。

2. 探討員工抗拒組織變革的原因，並學習如何降低員工對組織變革的抗拒及推動組織變革的管理程序。

3. 熟悉學習型組織的特質及運作模式。

4. 學習知識管理的內涵及知識管理的運作架構。

第一節　組織變革

一、組織變革的內容

　　企業處在快速變動的經營環境下，惟有進行組織變革，才能持續為企業體注入活力與新創意，以維持市場競爭優勢。雖然組織可從不同的角度進行組織

變革，但大體上組織變革的內容可分為四個範疇：組織結構、技術、人員及產品變革，如圖 15.1 所示。

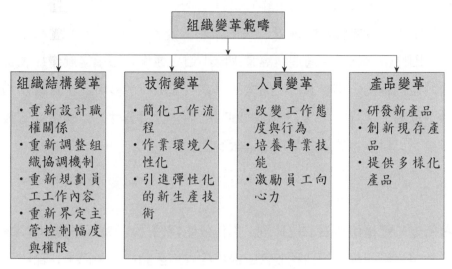

圖 15.1　組織變革的範疇

㈠組織結構變革

重新設計與調整組織結構係從事變革的重要內容之一，它涉及到職權關係的重新設計、組織成員或部門之間互動協調機制的重新調整、員工工作內容的重新規劃及主管控制幅度的重新界定等。

1.重新設計職權關係

職權關係的重新設計是指組織為了因應環境的快速變動，縮減組織層級結構或推動跨部門單位所成立的專案團隊運作，以達到快速決策及迅速反應市場競爭需求，所從事的一切變革活動。

2.重新調整互動協調機制

就是組織針對如何強化員工或部門之間的溝通及協調性所進行的各種變革方法，包括：成立各種專業團隊的運作、召開業務性協調會議設置業務協調中心或實施互動協調的教育訓練等。

3.重新規劃員工工作內容

組織從事員工工作內容重新規劃的變革活動包括：工作輪調、工作豐富化、

工作擴大化或培養員工第二專長等；該些變革活動的主要目的在於培養員工的多樣性技能及學習更廣泛性的工作任務，除了可增加員工派遣調度的彈性外，亦可為組織帶來更具創意性的工作方法。

4.重新界定主管控制幅度與權限

為了因應許多組織普遍運用專案團隊小組之運作，必須適度增加主管的控制幅度與授權程度；事實上，組織內的專案團隊數目愈多時，主管控制幅度可適度的予以擴大，同時，為了使專業團隊的運作更具彈性，組織可採取較大幅度的授權，以減少主管親自核決的權限範圍。

(二)技術變革

技術變革就是組織為了提升員工工作效能,針對員工執行任務的作業程序、方式及使用技術設備進行調整改善所從事的管理活動；一般而言，組織從事技術變革活動的主要內容包括：工作流程簡化、作業環境人性化及引進彈性化的新生產技術。

1.簡化工作流程

工作流程簡化就是組織針對員工所從事工作的程序或活動項目，進行合理化及簡單化的分析，以消除不必要的作業程序和活動項目，來達到提升工作效率及工作內容變革的目標。

2.作業環境人性化

作業環境人性化係指組織在設計員工的工作方法與作業場所時，透過人體工學的運作原理，建構一個符合舒適性、健康性及安全性的工作環境；作業環境人性化設計，將可以避免因工作場所的不適當設計造成員工身心的危害，而提升員工的作業效率與工作安全感。

3.引進彈性化的新生產技術

基於近年來顧客需求偏好的多元化，企業如何在市場上快速推出多樣化的產品機種，已成為目前市場競爭優勢的來源之一；一個企業為了強化於市場上快速推出多樣化產品機種的彈性能力，必須針對所採用的生產設備與技術進行變革，也就是必須大量引用可從事彈性化生產的技術設備如電腦輔助製造

(computer aided manufacturing; CAM)、電腦輔助設計 (computer aided design; CAD) 及可程式化 (programmable) 設備等。當然，組織在從事技術變革的過程中，亦必須對員工進行專業技能的訓練，以配合新生產技術之使用。

㈢人員變革

人員變革係指組織如何透過各種管理活動如良善的教育訓練規劃、健全的獎勵制度及前瞻的員工職涯規劃等，以改變員工的工作態度與專業技能，使其具備正確的職場倫理觀及良好的專業技能變革過程。一般而言，組織可透過完善的教育訓練規劃與課程，來改善員工的工作態度與行為；同時，組織如何培養員工具備第二或第三專長技能，以配合組織未來的發展目標，亦屬於組織變革的重要部分。此外，組織實施具誘因性的獎勵制度及員工職涯規劃來激勵員工的向心力，以提升組織的營運效能，也是組織變革不可忽略的重要內容之一。

㈣產品變革

產品變革係指組織為了快速研發新產品、創新現存產品或於市場上推出多樣化產品所從事的各項變革活動。一般而言，組織可透過健全的研發管理機制，來達到產品變革的目的。目前研發管理機制較常採用的方式有兩種：循序研發管理作法及同步研發管理作法。循序研發管理作法係指廠商在研發產品的過程中，依照產品創意產生、產品創意篩選、技術與市場可行性分析、原型設計、試產及量產之研發步驟循序完成產品開發工作，採取該作法的優點為研發風險較低，但其缺點則是研發速度較為緩慢；同步研發管理作法則是在新產品研發之前邀集各個涉及新產品開發的部門人員共同組成「新產品研發專案小組」，同步進行上述的研發步驟，該作法的主要優點在於可大幅縮減新產品的開發時間，目前許多企業組織在研發新產品時，較傾向於採用同步研發管理作法。

二、組織變革的驅動力

基本上，促使組織從事變革活動的驅動力大致可分為兩種，一為外部驅動力；另一則內部驅動力（參見圖 15.2）。

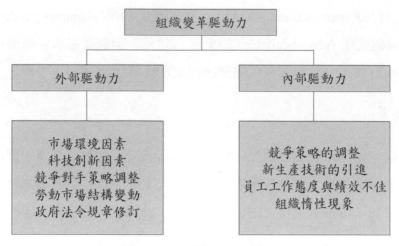

圖 15.2　組織變革驅動力

㈠組織外部驅動力

組織可能基於市場環境、科技創新、競爭對手策略調整、勞動市場結構變動或政府法令規章修正等外部因素的變動，而從事組織的變革活動。組織若無法順應上述因素的改變，採取適當的組織變革計劃與行動，可能難以持續保有市場競爭優勢。下列將分別針對市場環境因素、科技創新因素、競爭對手策略調整、勞動市場結構變動及政府法令規章修訂對組織變革的影響性，詳細說明如下：

1.市場環境因素

市場環境因素包括顧客需求及產品生命週期的變動性；當組織面對顧客需求偏好變換迅速，或產品生命週期愈來愈短暫的情勢下，就必須針對市場現存產品的功能、研發人員專業技能或涉及產品研發的各項管理制度進行必要的變革與創新，以推出能滿足客戶需求及具競爭性的產品，以創造及維持競爭優勢。

2.科技創新因素

為了維持市場競爭力，管理者將針對所使用的產品技術及製程技術進行變革與改良，以因應企業必須不斷創新現存產品及持續推出新產品的競爭需求。此外，企業為了在業界保有技術領先的地位，可透過技術移轉、策略聯盟或購併企業之方式，來快速引進新技術與製程裝備。

3.競爭對手策略調整

在面對競爭對手可能採取降價、推出新產品、推動新管理方法及引進新技術的策略變動手段時,企業為了維持競爭優勢就必須採取各種變革方法與措施,以達到強化企業競爭體質的目的。

4.勞動市場結構變動

當供給勞動市場結構發生變化時,如人力素質不良、基層勞工不足或就業年齡延長等, 就可能迫使組織採取必要的變革活動如培養多技能員工、引進可程式化設備、簡化工作流程或組織精簡等, 以確保組織的長期發展性。

5.政府法令規章修訂

當政府的法令規章如勞基法、消保法、工安法、環保法等進行修正與變更時, 組織就必須採取適當的變革手段, 使得組織內各項營運管理制度或產品設計能夠符合政府的法令規範, 例如聘用一定比例之殘障人士、使用不破壞環保的原物料, 或建立安全性的工作環境等。

(二)組織內部驅動力

組織從事變革的影響因素除了上述外部的驅動因素外,來自於組織內部的亦是重要的驅動來源。當企業決策者調整競爭策略方向、新生產技術引進、員工工作態度及績效不佳或出現組織惰性時,均將可能驅使組織推動各種變革活動,以維持市場競爭力。至於上述因素如何驅使組織從事變革,茲詳述如下。

1.競爭策略調整

當組織的高階決策主管重新設定或修正策略目標與方向時,勢必對企業資源如技術投資、人員專長、產品定位等進行重新調整與配置,以導引核心能力的競爭焦點可符合競爭目標的需求;然而,組織對資源的重新調整與配置,必然將針對組織結構、人員專長培養、技術設備投資等方面採取變革性的管理作法。

2.新生產技術引進

組織在引進新的生產技術時,代表著組織必須針對現有的生產流程與員工工作內容重新進行調整與分配,亦可能必須對員工進行技術專長的再訓練。而這些生產流程簡化、工作內容調整或員工技術專長的再培育,皆屬於組織變革

的重要推動項目。

3. 員工工作態度及績效不佳

組織可能因為員工工作態度不能符合組織的文化價值觀、工作績效表現不佳或部門本位主義濃厚時，而採取組織結構的重新設計、職權關係調整、協調機制重新建置或施行員工管理與技能訓練等方式進行組織變革活動。

4. 組織惰性 (inertia) 現象

組織可能由於歷史太久產生守舊文化、規模太大造成官僚僵化、員工老化缺乏創意或設備投資金額龐大尚未回收而不願更新設備等因素，而產生組織惰性現象。此時，組織管理者為了消除組織惰性現象，可透過組織層級結構的扁平化、人力素質再教育或管理流程再造之變革措施以強化組織的運作靈活性，重新塑造市場競爭力。

三、員工抗拒變革的原因

管理者通常是組織變革的媒介或引導者，它除了推動組織變革活動內容外，也需擔負抗拒變革的溝通與疏導工作。為了有效推動組織變革以順利達成未來發展目標，管理者實有必要深入瞭解員工抗拒組織變革的動機與原因。基本上，產生員工抗拒組織變革的主要原因有：員工自利考量、員工的誤解與不信任、員工對未來的恐懼與不安感、組織惰性及員工成長動機不足（參見圖 15.3）。

1. 員工自利考量

當組織從事變革時，將可能涉及組織內既得利益者之決策權或資源（如預算經費或特權等）方面的重新分配，影響個人自身的利益，而不願意配合組織的變革；因此，組織內的員工可能基於自利的考量，而對於組織變革活動產生抗拒的行為。

2. 員工的誤解與不信任

員工可能因為不瞭解組織變革的目標、內容及帶來的共同利益，甚至於對組織變革產生誤解如可能遭解僱、減薪或調職等，而產生高度的不信任感；此時，員工就難免對組織的各種變革措施採取排斥甚至杯葛的手段。

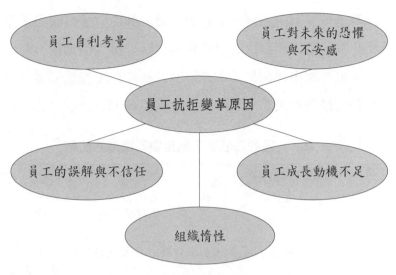

圖 15.3　員工抗拒變革的原因

3. 員工對於未來的恐懼與不安全感

　　如果員工對於組織變革後的未來情境是無法預期或想像時，均將使員工對於未來充滿恐懼與不安感，而增添員工的抗拒心理。因此，扮演組織變革媒介的管理者實有必要適當地透過各種宣導管道與員工進行溝通，以消弭員工的不安全感。

4. 組織惰性

　　當組織在推動各種變革活動時，可能由於組織內的成員早已習慣多年來一成不變的工作方式與組織文化，而無法隨著組織變革的腳步迅速調整；這種組織內的成員惰性就可能對組織變革活動產生抗拒行為。

5. 員工成長動機不足

　　組織進行各種變革活動的過程中，員工惟有依循變革方向與目標，不斷透過自我學習成長來吸收新知識與充實專業技能，以發揮組織變革的成效。因此，當管理者在推動組織變革時，常因員工的學習成長動機不足，而對變革活動採取消極抵制與不合作的行為。

四、降低員工抗拒變革的措施

　　管理者明確地瞭解員工抗拒變革的原因後，接著就是思考如何採取適當的

因應措施，以降低或消弭組織變革的抗拒力量。針對前述有關員工對於組織變革的各種抗拒心理，組織可採取的因應措施包括：員工溝通與教育、員工參與變革決策、員工輔導與支援、員工團體協商、拉攏員工意見領袖及強制員工配合。至於上述各種措施的優、缺點比較，彙整如表15.1。

表 15.1　各種降低員工抗拒變革措施的比較

抗拒變革原因	降低變革抗拒措施	優點	缺點
• 員工的誤解與不信任 • 組織惰性	• 員工溝通與教育	• 釐清誤解與不信任 • 建立員工正確的觀念	• 若員工與公司的互信基礎薄弱，較不可行
• 員工對未來的恐懼不安感 • 員工的誤解與不信任感	• 員工參與變革決策	• 員工貢獻專長形成共識	• 員工意見分歧造成決策品質低弱
• 員工對未來的恐懼不安感	• 員工輔導與支持	• 安撫員工抗拒情緒	• 較為費時、費力、費事
• 員工自利考量	• 員工團體協商	• 較省時、省力及省事	• 企業組織受到團體的脅制
• 員工自利考量	• 拉攏員工意見領袖	• 耗費的溝通成本較低	• 可能產生不公平的私相授受行為，破壞企業組織的正常機制
• 員工成長動機不足組織惰性	• 強制員工配合	• 較省時、省力及省事	• 破壞員工對公司的向心力與信任感

1.員工溝通與教育

組織為了消除員工對於變革後未來工作情境的疑懼與不安，可定期召開有關變革的宣傳說明會、一對一的員工懇談或實施變革相關議題的教育訓練，來降低員工的抗拒力量。

2.員工參與變革決策

組織為了使員工更瞭解變革的目標、程序及未來的共同利益所在，管理者應鼓勵員工積極參與變革活動的相關決策，使得各種變革的措施，能在組織內部形成高度的共識與支持性，提高員工對於變革活動的配合度。

3.員工的輔導與支持

在從事各項變革活動的過程中，員工可能因為工作內容的調整、直屬主管

關係的重新配置或新專業技能的學習,而對於員工身心產生壓力與焦慮;此時,組織應成立一個專責的諮詢與輔導單位,負責員工身心治療與撫慰的輔導功能,以協助員工渡過組織變革的不安時期。

4.員工團體協商

組織在進行各種變革活動時,有必要先針對員工非正式的組織或工會等團體進行協商溝通,若能獲得員工團體的支持時,將可藉由團體的共識力量,降低員工個人對於組織變革活動的抗拒心理與行為。因此,一個組織在推動各項變革活動之前,事先透過協商方式獲得員工團體的認同,是非常必要的。

5.拉攏員工意見領袖

員工團體中,往往有一些關鍵性的影響人物,他通常可左右著員工的行為傾向或價值觀,一般稱之為員工意見領袖;組織的經營管理者可透過適當的利益交換方式,來拉攏或操縱員工意見領袖,藉由意見領袖的影響力來降低員工的抗拒行為。

6.強制員工配合

強制員工配合就是組織採取直接威脅的方式,強制要求員工必須配合組織變革的相關措施,而可能採取直接的威脅方式包括:減薪、解僱、降職或關廠等。

五、組織變革的管理程序

李溫 (Kurt Lewin) 於 1951 年提出組織變革的三部曲來說明企業從事組織變革的管理模式;根據李溫的看法,一個組織要能成功地從事變革必須歷經三個階段: 解凍 (unfreezing) 現況、產生新狀態及再凍結 (refreezing) 組織變革方案等。

1.解凍現況

由於組織在現行的管理體制已運行一段時日而達到均衡狀況,若組織要從事組織變革時,則必須突破現行已呈現均衡狀態的管理方法與體制,如組織結構、部門之間的溝通管道、指揮系統、工作流程及薪酬制度等,這就是所謂的解凍現況。唯有進行現存管理文化與制度之解凍與革新,組織內的各部門員工才能接受新觀念與方法而達到組織再造及轉型之目的。

2.產生新狀態

當組織解凍現況後，就可順利將組織變革內容中，有關組織結構調整、人員專長培育、製造技術新方法、產品技術新觀念與管理創意逐序在組織內部導入與推動，促使組織進行各種變革，而產出新的經營管理狀態。同時，管理決策者必須適當地使用各種管理新技術與方法來疏導員工，降低員工抗拒組織變革的力量，以順利達到組織變革的新狀態。

3.再凍結組織變革方案

當組織完成各種變革活動的推行後，管理決策者必須將新的各種管理新觀念、新作法及新的變革方案加以貫徹執行，並成為組織日後依循的運作模式，稱之為再凍結組織變革方案。如果組織變革所推動的各種新方案無法持續落實一段時日，使員工習慣於新的變革體制，過了不久員工可能漸漸又回復到變革前的經營管理體制，那麼組織變革的努力將功虧一簣。因此，組織必須歷經再凍結組織變革方案之階段，主要的目的在於定著已建立的變革新狀態，以持續保持變革的成效。

為了達到組織變革的成效，管理者應該透過健全的組織變革管理程序，逐步引導組織推動各項變革內容與活動。一般而言，組織從事變革的程序通常包括：產生組織變革驅動力、確認組織變革的必要性、設定組織變革目標、發展組織變革的行動方案、評估行動方案執行成果及評估再變革的可能性，如圖 15.4 所示。

1.產生組織變革驅動力

當組織的運作遭逢困境或訂定新的策略願景時，就可能激起決策者從事變革的意圖和決心。正如前所述，當組織面臨市場激烈的競爭、產業出現新產品及新製程技術、勞動市場結構發生變化及政府法令規章修改等外部因素的變動，或是競爭策略方向修正、新生產技術引進、員工工作態度及績效不佳、組織惰性等內部因素的產生時，均將驅使組織興起改革的動機，藉以強化組織的經營體質及管理模式的轉型升級。

2.確認組織變革的必要性

當驅使組織變革的力量產生時，管理決策者必須確認組織若不從事改革所

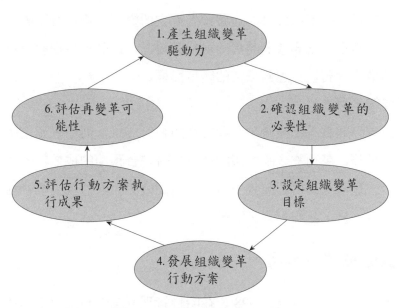

圖 15.4　組織變革管理程序

可能帶來的問題點與嚴重性，也就是進行組織從事變革所涉及層面的成功性及變革利益性的比較分析之後，以決定施行組織變革的必要性與迫切性。

3.設定組織變革目標

當組織確認推動變革活動的必要性後，接著就是設定組織變革的焦點項目與目標。然而，管理者在設定變革焦點項目與目標時，必須從組織所面臨的經營困境、未來發展的競爭利基及標竿企業的優勢等因素來加以考量，以避免所設定的變革目標與企業的未來發展生存不見關聯性的現象。

4.發展組織變革的行動方案

組織內的各單位部門根據已設定的變革目標，發展各種可行的變革行動方案，一般而言，組織可透過各部門人員集體討論的方式，共同訂定可行的變革方案。當然，每一個變革方案均將牽涉到組織內文化、價值觀、管理作法、權力結構或既得利益之破壞與重分配，因此獲得組織成員的認同與共識是非常重要的。此外，為了有效落實執行各種行動方案，亦必須訂定行動方案的推動時程及資源的需求，並進行控管與全力支援，才能確保變革活動的高度執行力。

5.評估行動方案執行結果

在執行變革行動方案的過程中，管理者必須定期搜集各部門在組織變革活

動的落實程度及執行績效成果，並與預先訂定的變革目標進行比較，若有必要時應將執行方案不力的現象隨時提出檢討與矯正，以確保各種變革行動方案能按照規劃的進度執行，以達到預定的變革目標。

6.評估再變革的可能性

　　管理決策者將各種組織變革行動方案的執行成果，與原先預定的組織變革目標進行比較後，就可充分瞭解組織變革是否符合預期的成效；若無法達到預期成效時，管理決策者除了應找出無法達到成效的原因並找出解決對策外，亦可考量實施另一波的組織再變革活動。

六、組織變革成長模式

　　葛恩納 (L. E. Greiner) 於 1998 年在哈佛管理評論期刊提出企業在成長過程中可採取的組織變革管理模式，該文章認為一個企業依照組織規模與組織年齡而將成長歷程區分為五個階段，每一階段管理者採取的領導模式及所面臨的成長危機與動力皆有所不同，參見圖 15.5 及表 15.2。

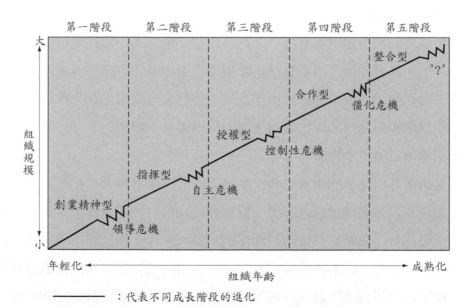

資料來源：Greiner, Larry E., "Evolution and Revolution as Organizations Grow," *Harvard Business Review*, 1998, pp. 55–67.

圖 15.5　組織成長的五個變革階段

表 15.2　組織成長五個變革階段的管理實務

管理實務項目	第一階段	第二階段	第三階段	第四階段	第五階段
管理焦點	生產與銷售	作業效率	市場擴張策略	新事業體創立	解決問題與創新
組織結構	非正式組織	中央集權及功能組織配置	分權及區域式組織配置	事業部制的組織配置	專案團隊與矩陣式組織
高階主管領導風格	創業精神型	指揮型	授權型	合作型	整合型
控制系統	鬆散式的管理控制	作業標準化與作業效率的控制	報表管理及利潤中心的控制	複雜的管理規章制度；總管理處負責企業體的總體規劃	建立完善的快速資訊回饋系統
獎酬系統重點	基本薪資	基本薪資及獎金	基本薪資與紅利	利潤分享及股票選擇權	團隊績效表現為獎酬基礎

資料來源：Greiner, Larry E., "Evolution and Revolution as Organizations Grow", *Harvard Business Review*, 1998, vol76, pp. 55–67.

1. 第一階段：創業精神型領導 (creativity)

　　處於第一階段的組織大都屬於新生的企業，非常強調產品及市場的創意表現；此階段的組織主要特質為企業創立者通常採取技術本位及創業(entrepreneurial)導向的領導類型。而在組織的溝通與協調方面，由於組織結構的配置尚未完整，因此通常透過非正式組織進行部門與個人的溝通。組織最高主管本身往往就是企業擁有者，在該階段的員工通常只支領基本的薪資，較不可能與企業擁有者共同分享經營利潤。而隨著組織的成長，創辦者開始面臨組織管理問題與領導危機。

2. 第二階段：指揮型領導 (direction)

　　為因應領導危機，這個階段開始引進專業的經理人，而不像第一階段企業擁有者本身就是專業經理人，而可能產生資本家與專業經理人職責不分之現象。在引進專業經理人後，企業可透過所建立的管理制度，對員工採取指揮型的管理。此外，企業的組織結構採集權式及功能式的配置方式，並利用標準化的作業程序進行適當的成本控制，並且以如何提升作業效率作為管理的主要焦點。由於專業經理人主導組織管理，使創意部門（如研發）人員產生自主危機。

3.第三階段：授權型領導 (delegation)

　　為降低自主危機，第三階段的組織開始採用授權型領導，採取授權式及區域制的組織結構配置方式，該階段組織的主要特質包括：賦予行銷經理及製造經理更多的權責、採行市場擴張策略及實施利潤中心制，同時，透過各種管理報表針對各區域單位進行管理控制。同時，組織設計的獎酬制度係以發放員工個人紅利 (bonus) 作為激勵的主要誘因。由於充分授權，通常可使各區域部門快速成長，而引發高階主管組織全面控制感之喪失，而產生控制性危機。

4.第四階段：合作型領導 (coordination)

　　為克服控制性危機，第四階段組織偏好合作型領導方式，透過正式的組織結構與管理系統，來強化各部門的互動合作關係，而高階主管的經營管理焦點著重於新事業體的創立與管理。此階段企業組織類似於目前企業集團 (group) 的組織運作型態，例如台塑企業集團、統一企業集團或遠東企業集團等。企業集團將設立總管理處負責企業體內各種投資專案的規劃與評估，並針對各事業部的績效成果進行控管與建議。同時，由於企業體的逐漸擴大而產生過度複雜的管理規章制度，漸漸形成官僚式的運作型態，而產生僵化危機 (red tape)。

5.第五階段：整合型領導 (collaboration)

　　為了克服第四階段的官僚式運作型態的僵化困境，組織將充分運用專案團隊的方式進化到第五階段。第五階段的組織主要是為了建立一個更具彈性的整合型領導管理運作系統，因此，進化到第五階段的組織將具備下列的特質：

　　⑴經營者的管理焦點著重於如何透過團隊小組的運作以快速解決問題。

　　⑵團隊小組的成員來自於各功能部門的專業人員，以執行特定任務。

　　⑶採用矩陣式組織結構的運作。

　　⑷經常舉辦經理人員人際關係之訓練課程，以強化經理人員領導各種團隊小組及解決團隊成員衝突的能力。

　　⑸建立回饋資訊系統以迅速反應各種管理問題及協助管理者進行決策。

　　⑹較偏向以團隊績效成果為基礎的獎酬制度而非以個人績效成果為重要考量基礎。

　　⑺企業組織隨時引進最新的管理觀念、產品創意及生產技術。

第二節　學習型組織

一、學習型組織的定義

近年來在面臨競爭環境的瞬息變化下，大多數的經營決策者已將如何建立快速回應市場需求的能力，列為重要的經營課題之一。正因如此，有關組織扁平化、企業再造工程或全員學習的管理實務作法正如火如荼地在企業界展開，並已獲得良好的績效成果。雖然組織扁平化、企業再造工程或全員學習的實務運作，皆屬於學習型組織 (learning organization) 的探討範疇，但卻仍不足以代表學習型組織之全貌。國內外的許多成功企業如福特汽車 (Ford)、英代爾 (Intel)、惠普 (HP) 等皆一致性地認為在二十一世紀的競爭新年代，一個成功組織的特質就是必須建構一個能積極探索市場新機會、鼓勵員工自發性 (autonomous) 思考學習及不斷調適體質，以因應環境變動的學習型組織。事實上，觀之現今的全球化競爭浪潮，組織惟有不斷地透過學習成長、變革與創新才能超越競爭對手，持續地保有市場的先制優勢。

當代的著名管理學者彼得・聖吉 (Peter Senge) 於 1990 年所發表的《第五項修練——學習型組織的藝術與修練》一書中曾闡述，未來最具成功面相的企業必須是一個學習型組織，並定義學習型組織的特質在於員工能自發性地發覺管理問題、追求自我學習及超越、改變現有的工作態度與行為模式、與員工建立共同願景及強調團隊學習。一個具備上述特質的企業組織將可引導員工追求工作的價值性，促使組織內各階層的員工都能不斷地以全新的工作態度、觀念及方法投入工作，享受工作的樂趣，進而激發組織未來發展的無限潛力。

二、學習型組織的特質

正由於學者彼得・聖吉所提及的學習型組織普遍地受到企業界的重視，近年來許多國內外實務界陸續地於企業體內推動學習型組織。根據企業界推動學習型組織所獲得的經驗與知識，一個企業是否具備學習型組織的本質特性可從

組織運作特性及組織能力的觀點來加以辨識。

㈠組織運作特性

首先就組織運作的觀點而言，一個學習型組織應該具備下列的特性：

⑴組織內各階層人員均擁有自我學習成長的高度動機。

⑵組織專注於引進與營運範疇相關的新觀念、新創意及新做法。

⑶組織具有不斷地搜集資訊及累積知識的運作體系。

⑷組織透過獎勵制度塑造員工個人學習及團隊學習的文化。

⑸組織將學習文化傳播到顧客、供應商及組織運作相關的第三團體 (third party)。

⑹組織強調學習的持續過程，一個學習型組織不宜只強調學習結果而忽視學習過程的重要性。

⑺組織的員工學習不侷限於正式的教育訓練，非常強調組織內員工或部門之間的互動學習。

⑻組織的成長係透過組織整體學習所得，而非個人學習所致。

⑼組織視學習是一種長期投資而非成本浪費。

⑽組織視學習是個人員工追求自我超越的過程。

㈡組織能力

一個學習型組織應具備下列的能力特質：

⑴具備快速回應競爭對手策略變動的能力。

⑵具備快速研發新產品與新服務的能力。

⑶具備快速導入新管理觀念及作法的能力。

⑷具備快速從競爭對手及合作夥伴獲得經驗學習的能力。

⑸組織內各部門具備知識快速移轉及學習的能力。

⑹具備快速執行組織變革的能力。

⑺具備快速回應與滿足消費需求偏好變動的能力。

⑻具備激勵組織內各階層部門及員工在各種專長領域持續性改進的能力。

⑼具備激勵員工自發性思考與創意行為的能力。

三、學習型組織的運作模式

上述已討論過一個學習型組織所具備的運作特性與能力，至於一個企業如何建置一個學習型組織，則是管理者所必須深入探討的另一課題。根據馬魁德 (Michael Marquardt) 於 1996 年所發表的著作認為，一個學習型組織基本上係由學習系統、組織系統、人員系統、技術系統及知識系統等五個範疇所組成；其中學習系統係學習型組織的運作核心內容，而其他四個系統係屬於支援性系統，它們的主要功能在於強化與擴展學習系統所產生的品質及效果，該五個系統彼此具有緊密相輔的關係存在，茲分別就該五個系統的運作內容說明如下。

㈠學習系統

1.學習層面

從學習系統的觀點而言，組織建置一個學習型組織首先必須塑造一個全員學習的文化與環境，而全員學習文化與環境的塑造可從個人學習層面 (individual learning level)、團隊學習層面 (group learning level) 及組織學習層面 (organization learning level) 來著手進行。

⑴個人學習層面

個人學習是指組織內的員工利用個人的工作經驗累積、進修學習、專業技能再訓練及現場實地臨摹觀察等學習方式，來改變其個人的工作態度、工作方法、工作倫理觀及專業技術能力的學習過程。組織透過個人學習層面的工作環境塑造，將可為學習型組織的運作建立良好的基礎。

⑵團隊學習層面

團隊學習是指組織內所成立的各種專案工作團隊小組，透過團隊內各個成員學習如何配合團隊目標來強化其專業技能、專業知識及改善工作態度行為，或是利用不同團隊間彼此觀摩學習，進而強化團隊小組整體專業能力的過程。事實上，一個組織除了需推動員工個人層面的學習外，亦須透過各個不同團隊小組的學習，而將學習風氣帶到全體公司，才能

有效建構一個學習型組織。

(3)組織學習層面

組織學習是指組織針對環境預測的結果，採取適應性策略行動，再將策略行動結果與事先預測的情勢做比較，並進行差異分析，然後採取策略矯正行動等一連串活動的回饋學習過程，如圖 15.6 所示。

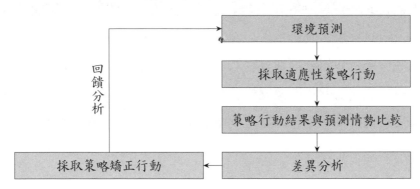

圖 15.6　組織學習過程

2.專業技能學習模式的建立原則

在學習系統中，組織在建置員工專業技能的學習模式時，必須從下列的原則著手：

(1)系統性思考

學習型組織必須培養員工邏輯思考、整合性分析及自行解決問題的能力，亦即要以組織內各個不同系統相互關聯性的整合性角度來剖析問題，並提出改善方案，如此才能使管理問題達到正本清源的效果。

(2)心態模式改變

學習型組織必須培養與塑造員工自發性的創意行為與態度，徹底改善因循傳統的守舊思考模式，透過自發性創意行為與態度，員工將能夠隨時以全新的工作方法與思考模式來處理業務職責，而不至於因故步自封而無法配合組織未來的發展需求。

(3)自我超越

學習型組織將激勵員工及各部門抱持終身學習的態度，不斷的精進工作

所需相關知識與專業技能，以自我超越作為追求的目標。同樣地，整體
的企業組織亦須透過向競爭對手或相關團體的學習與觀摩，不斷地追求
知識學習與成長，以持續達到自我超越的最高境界。

(4)團隊學習

學習型組織應鼓勵組織內各個專案團隊小組的互動學習模式如品管圈活
動、讀書會或研討會等，來促進團隊內各個成員們的互相交流與知識傳
輸，以達到團隊學習的擴散效果。

(5)共識的願景

一個學習型組織應透過組織內員工的共同參與討論,以組織共同的願景;
而在參與討論的過程中，員工除了可學習到組織所面臨的環境現況、因
應的措施及組織未來發展方向之相關知識外，並可藉此形成組織願景的
共識促使員工能行動一致地朝向願景目標進行,發揮組織的整合性能力。

㈡組織系統

建置一個學習型組織所涉及的組織系統必須推動的執行內容包括：塑造學
習文化、訂定組織願景與策略目標及建立彈性化的組織結構,茲分別說明如下:

1.塑造學習文化

一個學習型組織的高階主管人員應以身作則，於組織內積極塑造員工不斷
學習的文化精神，誠如本書前段所述，組織可透過個人學習、團體學習及組織
學習等三個層次來達到全員學習的文化精神，同時亦可建立獎勵制度來激發員
工不斷保持學習精神與成長動機。

2.訂定組織願景與策略目標

一個學習型組織將針對環境的偵測情形，考量核心能力及未來發展定位,
透過員工的決策參與共同訂定組織願景，以作為員工共同努力的方向。之後,
組織再根據已訂定的共同願景，發展明確的策略行動方案。事實上，學習型組
織可定期地邀集組織內的相關員工共同召開「策略發展規劃會議」，透過腦力激
盪法來形成組織的願景，並訂定未來的策略發展方案。

3.建立彈性化的組織結構

一個學習型組織為了快速因應環境的變動性，在規劃或調整組織結構時可採取下列的措施：

(1)簡化作業程序及賦予員工更具自主性及彈性化的決策能力，使得員工創意能快速有效地在組織內加以執行與推動。

(2)縮減組織結構層級及推動組織扁平化，使組織的各項管理決策更具效率性與迅速性。此外，組織亦可賦與員工更高度彈性的行事自由度，以充分實現員工自創的構想，當然員工也必須為執行結果負責。

(3)充分利用跨功能專案團隊運作模式及專案管理方法，來推動組織各項具時效性之新業務及特定任務，以提升組織運作成效。

(4)培養多樣化技能的員工，積極鼓勵與訓練員工的第二或三專長，以增加組織人員調度運用之彈性。

(5)縮減組織規模以強化內部溝通及靈活運作能力。一般組織可採取部分業務外包或員工自行於內部創業方式，來因應業務成長所增加之人力需求，而不至於產生組織規模過於龐大，決策運作遲鈍之現象。

(三)人員系統

建構一個學習型組織所必須考量的另一個系統就是人員系統，人員系統的組成份子包括：組織內基層員工、領導管理者、顧客、供應商、中間商、股東及涉及與組織利益相關的第三團體如公司鄰近的社區或消費者文教基金會等機構。一個學習型組織需培養管理者及基層員工主動創意與自我學習的精神，來建構一個全員學習創新的工作環境。同時，一個組織亦需定期與不定期針對顧客、供應商、中間商或消費者權益相關團體的需求資訊進行搜集及分析，俾能建構一個隨時掌握市場環境動態，以及不斷吸收外界新知識的學習型組織。至於一個組織如何針對人員系統內的組成份子採取各種激勵學習成長的措施，以建構學習型組織，茲說明如下：

1.組織內基層員工

基層員工是組織推動學習型組織最重要的一環，因此，如何激勵基層員工

持續地秉持自我學習、自我成長及自我超越的精神，將是組織推動全員學習成功與否的重要關鍵因素之一。組織為了促進基層員工自我學習與成長的首要條件，就是培養員工自我解決問題的能力。同時，組織除了應激發員工或工作團隊小組自發性創意行為外，亦應賦予員工或工作團隊小組執行創意行為所需的足夠資源與適度的自行決策權,如此才能有效地建立全員學習的組織文化特質，逐漸朝向學習型組織的方向邁進。此外，推動健全的員工職場生涯規劃，使得員工對於未來充滿前景，才能激發員工對組織的向心力，並順利推動學習型組織。

2.領導管理者

高階主管對於學習型組織推動過程的高度承諾與積極參與性，將是企業能否成功建構學習型組織的重要影響因素之一。透過組織內高階主管自我學習與成長的示範作用，可有效帶動組織的全面學習成果。組織可針對未來環境的變化與企業組織的發展策略目標，規劃出各級主管人員的長、中、短期教育訓練內容與職涯發展培育計劃，以激勵領導管理者不斷學習成長的動機。

3.供應商

事實上，將供應商的學習能力納入企業推動學習型組織的運作一環，係目前不容忽視的管理趨勢。由於供應商的技術與品質能力對於一個企業組織的營運績效具深遠影響性，因此供應商若能針對所供應企業的未來發展共同學習與成長，就能確保供應商的專業能力配合組織策略發展所需的核心能力。

4.顧 客

一個學習型組織通常會邀集顧客參與企業的產品品質檢討會議，經由顧客的參與過程中所提供產品的品質缺失、競爭對手新產品資訊及市場顧客需求偏好等訊息，便可強化組織如何設計出具市場競爭優勢產品的相關知識，達到組織學習成長的功能。此外，組織亦可建立完善的品質資訊回饋系統，經由顧客透過該系統所做的品質反應，以達到組織學習的效能。

5.中間商

事實上，許多的企業往往透過中間商來銷售其所製造的產品；換言之，該些企業無法直接接觸最終消費者，而間接透過中間商來掌握顧客的需求。此時，

企業為了保持良好的產品與服務品質水準，就必須將中間商納入推動學習型組織的重要成員之一。中間商積極參與企業所推動的學習型組織時，將可充分地發表有關顧客的品質反應需求，可使企業充分瞭解顧客對於產品的需求資訊，或如何儲存包裝才能確保產品品質變異的訊息，達到不斷從顧客端獲得知識學習與成長的成效。

6.利益相關的第三團體

與企業相關的利益關係第三團體主要包括：社區、消基會或立法機關等，一個企業在推動學習型組織活動時，實有必要將企業附近的社區居民或代表消費者權益的公益團體意見，納入組織自我學習的範疇之內，如此就可塑造組織重視消費者權益、社會公益及積極營造社區生活品質的良好公共形象。

7.股　東

一個學習型組織通常會利用年度所舉辦的股東大會，將投資大眾對企業經營的未來期望與需求，納入整個企業在推動個人學習、團體學習及組織學習的重要思考與學習項目之一。事實上，在組織學習的過程中，針對股東的期望與關切點除了作為組織內部各部門與員工在學習成長過程中充實知識的依循方向外，亦可作為組織採取因應措施與行動方案的主要利基點，而可提高股東對企業的認同感，進而增加企業的社會價值性。

(四)知識系統

知識的獲得與內化係一個學習型組織的重要績效成果；企業建構學習型組織的主要目的在於如何將自企業內部與外部獲得營運的相關資訊，內化成為組織的知識資產，並透過資訊分享的機制，使組織的員工利用共享的知識資產來做為工作決策的基礎。一個學習型組織建構知識系統的程序包括：資訊的獲得、知識的產生、知識的儲存、知識的內化及知識的分享應用（參見圖 15.7）。

1.資訊的獲得

資訊的獲得係指一個學習型組織可透過組織內部員工、工作團隊及各個部門的教育訓練及彼此互動觀摩學習而獲得資訊。此外，一個學習型組織亦可透過組織外部之顧客、供應商、股東及中間商所提供的顧客需求與品質意見反應，

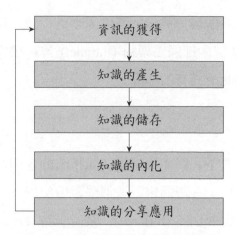

圖 15.7　學習型組織建構知識系統的程序

以獲得必要的產品競爭資訊。

2.知識的產生

　　一個學習型組織經由內部人員或外部機構所搜集的資料及資訊，有時候可能無法立即成為企業可茲利用的知識，而必須透過組織內部員工的研析之後，才成為企業的知識。因此，一個學習型組織可成立「知識產生委員會」針對內外部來源所搜集的資料進行討論，討論的議題包括：搜集資料應用的價值性、如何轉換為內部知識及未來的應用內容等。

3.知識的儲存

　　一個學習型組織將所獲得的資訊轉變成可供決策的知識後，便可儲存在各部門或共同性的資料庫內，必要時可設定適當的安全控管機制，以供組織內各個成員隨時提取與使用，以達到組織全員學習與成果的效果。

4.知識的內化

　　在儲存知識後，如何將所儲存的知識內化成為企業內員工的作業準則，係知識管理的重要程序之一。一般而言，一個組織可透過技術手冊、制度、規章、管理表格及各種標準作業程序的制定，將知識內化成為員工的決策參考資訊範例。

5.知識的分享應用

　　內化的知識能夠有效提供給組織內的成員分享並善加應用於所從事的相關

作業及管理活動，係知識系統發揮成效的關鍵因素之一。一個學習型組織可利用網路資訊技術如 E-mail 或內部網路架構 (Intranet) 等，使得組織內的各部門或員工能夠很容易分享彼此所擁有的知識。

㈤技術系統

技術系統係指一個學習型組織如何透過資訊技術的應用，以協助組織的員工進行自我學習與自我成長。一般而言，一個學習型組織所涉及有關資訊系統的技術系統主要就是透過內部網路 (Intranet)、區域網路 (Local Area Network)、網際網路 (Internet)、電子商務 (E.C.) 及網路服務 (Web Service) 等不同層級的網路技術建置，而能使員工不斷地搜集組織內、外部資訊掌握產業上游供應商與下游顧客的相關資訊，以獲得學習與成長的機會。至於企業建構內部網路、區域網路、網際網路、電子商務及網路服務的運作內容、所需軟硬體設備及管理效益請參見表 15.3 之說明。

表 15.3　各種網路資訊技術系統的比較分析

	內部網路 Intranet	區域網路 Local Area Network	網際網路 Internet	電子商務 Electronic Commerce	網路服務 Web Service
運作內容	透過網路技術連結企業組織內部的各種資訊系統	在特定空間內（通常為同一辦公室或建築物）透過網路(可為電話線、網路線或光纖電纜連結電腦及各種週邊設備、形成共同之工作群組	透過通訊協定（如 TCP/IP）來整合由各種不同的網路架構（如內部網路、區域網路），形成跨越多網路的資訊架構，提供網路連接服務	應用網際網路技術，進行各種商業交易行為（包括資訊流、物流、金流等）	以網際網路做為基礎架構，並結合各種服務管理機制，將各種不同的應用服務整合在同一網路上，發展服務導向架構軟體開發模式，以提供各種使用者所需服務

(續表 15.3)

	內部網路 Intranet	區域網路 Local Area Network	網際網路 Internet	電子商務 Electronic Commerce	網路服務 Web Service
軟硬體系統	・PC 工作站 ・網路介面卡 ・網路線 ・網路作業系統 ・檔案伺服器	・PC 工作站 ・網路介面卡 ・網路線 ・網路作業系統 ・檔案伺服器 ・印表機或掃描器	・PC 工作站 ・網路介面卡 ・網路線 ・網路作業系統 ・ISP（如ADSL）	・PC 工作站 ・網路介面卡 ・網路線 ・網路作業系統 ・ISP（如ADSL） ・電子商務應用軟體	・軟體設施（如 WSDL, XML） ・通訊協定（如 SOAP, HTTP, TCP/IP） ・服務管理機制（包括共享、服務管理、資源知識管理、交換管理等機制） ・各種應用服務軟體
功能	提供組織內部各單位及員工存取及傳遞資料	提供使用者資訊及設備共享，可同時存取伺服器上的資料或執行程式軟體	提供使用者可以跨越不同區域網路架構在不同的主機系統間傳輸或存取資料，亦或執行程式	提供廠商與顧客一個跨越時間與空間的交易平臺，透過網際網路進行交易行為（如查詢、下單、付款等）。目前電子商務的形式主要包括 B2B, B2C, C2C 等	應用分散性計算架構，提供企業能夠快速整合與維護更新各種應用程式的服務導向架構軟體開發模式
效益	利用內部資訊同步化，強化群體合作關係，並可降低組織成員間資訊交換成本	透過資料、軟體及程式共享，提升內部資訊與資源應用效率與效能	藉由網際網路的連結，不同電腦系統可以彼此傳輸資訊或分享檔案（如 E-mail, FTP, 網站服務），並可共用軟硬體設施	透過電子商務，買賣雙方透過網際網路進行交易，可提升雙方資訊的即時性與正確性及減少各項交易作業成本，並可跨越時空障礙而降低交易成本	可加速整合與更新企業各項應用服務系統，並可快速地銜接各企業間的多種系統平臺，而可降低企業開發資訊系統的成本，並提高企業快速回應市場變動性的彈性能力

第三節　知識管理

二十一世紀知識經濟時代的來臨，組織所擁有的知識已成為未來競爭的重要基礎之一。知識就如同組織成長的養分一般，在經過組織系統化的獲得、儲存、內化、移轉及分享應用後，員工由於知識的滋潤始可不斷地自我成長與創新，因此組織在面臨外來的市場環境衝擊時，就能展現厚實的因應能力。大多數成功的組織能夠持續不斷創新的主要原動力，在於能夠隨時吸取內、外部的資訊，並將之轉化成組織的知識，作為員工學習和工作決策的重要參考依據。換言之，組織如何做好知識管理，以隨時掌握及具備市場未來競爭所需的專業技能，將是持續保有競爭的關鍵要素之一。

事實上，從微軟 (Microsoft) 及奇異 (GE) 公司等美國頂尖企業的成功經驗得知，組織不可安於目前的榮景現況，而必須透過一次又一次變革與創新才能掌握未來競爭力；然而企業組織要有效進行變革與創新，最重要的就是要建立完善的知識管理機制。本節分別從知識的定義、知識管理的涵義及組織如何推動知識管理等三個角度來敘述一個企業的知識管理機制。

一、知識的定義與種類

(一)知識的定義

知識是組織或個人透過經驗、分析及推論後所發展而成的有意義的資訊；舉凡文字化的資訊、結構化的經驗、專家獨特的見解及企業的價值觀等，都屬於知識的範圍。知識是無所不在的，它不但可以隱藏在員工的例行性工作規範之中，亦可以藉由文件化與系統化的整合機制，而將知識儲存在組織各種不同型式的資料庫中。

組織所擁有的核心知識係未來競爭力的來源，知識本身並不會產生價值，它必須藉由組織內的管理和創新機制，才能轉化成實質的經濟效益。近年來知識管理的研究已蔚為風潮，專家與學者們逐漸地將焦點集中於如何將深藏在運

作過程中的專業知識，轉化成有價值的知識，使得組織能產生更高附加價值的商品與服務，並提高企業的市場價值性。

在探討知識管理之前，有必要先釐清資料 (data)、資訊 (information) 及知識 (knowledge) 三者之間的本質。一般而言，學術界與實務界通常將資料、資訊及知識區分為不同的層級涵義，如圖 15.8。該圖所指的資料就是原始資料之意，就如同銷售額、生產量或政府公佈物價指數等原始統計數字；而資訊就是將企業組織所獲得的資料加以整理與比較後，而能表達特定的訊息意義與內容，譬如企業組織將今年度銷售額與上年度銷售額做比較後，而產生銷售額成長或衰退的資訊；知識則是根據所獲得的資訊進行推理分析，並可提供後續應用於決策的價值性資產，譬如企業針對銷售額衰退的問題進行原因分析後，而獲得如何提升銷售額的具體作法，就成為組織的知識。

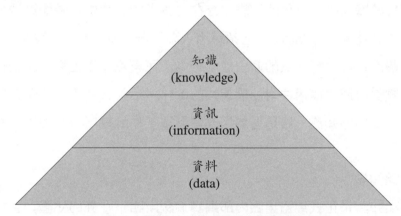

圖 15.8　資料、資訊與知識的層級涵義

㈡知識的種類

知識的種類依層級可區分為個人知識與組織知識；若依可見度則可區分為內隱知識與外顯知識。

1.個人知識與組織知識

就層級而言，一個企業的知識種類有個人知識與組織知識兩類，其中個人知識就是指企業內員工由於學、經歷過程所擁有的個人專業能力，它主要包括

個人的學識知識、經驗、創意、靈感、體驗、直覺與價值信念等；而組織知識則是企業透過每位員工個人知識的轉化所形成的整合性知識，組織知識相較於個人知識而言，較易於被組織內的成員所分享，它包括組織的作業手冊、顧客資料、設計圖、工具書、研討會論文、技術報告、發明與專利等。

2.內隱知識與外顯知識

就知識可見度而言，知識可區分為內隱知識與外顯知識；透過該兩種知識交互作用的過程將可創造出組織的整合性知識。

(1)內隱知識

內隱知識存在於個人之中，往往是可以意會而不可言傳的，它具有不易口語化、不具形式化及無法明確描述等特性，通常是透過個人經驗、印象、技術、文化、習慣等方式表現出來。換言之，內隱知識是員工個人親身經歷及工作累積的知識，存在於個人的心智中，較難以透過言語文字的表達來轉移知識，而必須藉由人際互動溝通，才可以彼此共享知識。一般而言，內隱知識的產出成本較高，可重複使用的機會比較低，通常組織都會將它應用在附加價值較高的作業活動如新產品開發、新技術研發等；內隱知識一般是透過個人學歷或工作經歷所習得的專業技能而形成。

(2)外顯知識

外顯知識是正式經過組織內部編譯過程所顯示在外的知識，它具有言語性與結構性的特質。在員工的學習過程效率和擴散速度方面，外顯知識明顯高於內隱知識，且大多數的人認為外顯知識是知識經濟中最重要的生產因子，它具有廣泛適用性、重複使用及複製與學習的優點，可以透過整理、歸納、分類與儲存而達到組織全體員工共同分享的目的，例如技術報告、技術手冊等。

二、知識管理的涵義

知識管理就是組織為了提高未來的市場競爭力，如何經由一連串獲取、內化及創造知識的程序，並在適當時間將知識提供給組織成員進行決策與行事依

據的運作機制。知識管理是一個策略性的議題，它是組織因應日趨複雜的經營環境所採取的主要措施之一，它可有效創造組織的社會價值性。同時，知識管理亦能強化組織自我學習的能力，並使組織達到學習型組織的理想。

　　一個組織要發展健全的的知識管理機制，必須以策略規劃的方式設定知識管理的目標，針對組織環境中所接觸的各種資料加以取得、儲存、分析、歸納及文件化，使資料可真實與完整地表達組織的知識，並透過組織成員共享與共議的方式達到知識流通、發展、應用的目的。

三、知識管理的運作架構

　　知識管理的目的就是要提高組織的智慧以培養因應未來競爭的核心能力。如果組織只是一味的將資料搜集起來，但卻不加以分析歸納及轉化，那就失去知識管理的意義了。知識管理的重點在於營造一個分享的組織型態，讓知識得以有效地供給組織內成員共同分享；甚至於組織如果透過資訊科技的應用，讓知識的搜尋、取得及傳遞都更容易的話，那麼所衍生出來的組織能量將是非常可觀的。學者們曾提出各種不同的知識管理模式與架構，下列將介紹較為學術界所熟悉的理論架構。

㈠那帕的知識管理架構

　　根據那帕 (Ellen Knapp) 於 1998 年所提出的知識管理架構，認為企業在推動知識管理機制應包含六項要素，分別為內容、學習、文化、評估、科技與責任，如圖 15.9 所示。

　　⑴內容：在推動知識管理的過程中，組織必須確定所得到的知識內容是具有價值性且易搜尋性。

　　⑵學習：一個健全的知識管理機制應該能鼓勵組織內的成員自我學習，並對於提升個人專業知識與技能的員工給予適度的獎勵。

　　⑶評估：知識管理的執行成果必須以適當的評估指標如顧客滿意度、新產品開發時間、知識資本累積量、知識分享資訊化及專利數量等，來檢核知識管理的成效。

⑷科技：知識管理必須充分的運用資訊科技以促進組織內個人或團隊的資訊分享成效；常用的工作包括：網路瀏覽器 (navigation)、搜尋引擎與資料採礦 (data mining) 技術等。

⑸文化：一個健全的知識管理機制必須創造員工相互信任與合作的組織文化。

⑹責任：在知識管理的運作過程中，必須使員工體認到創造知識是每個人的責任，而非僅是組織內少數人如高階管理者或研發人員的職責而已。

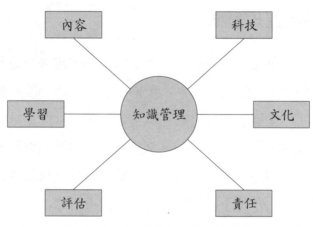

圖 15.9　那帕的知識管理架構

㈡科尼的知識管理架構

科尼 (Koenig) 於 1998 年所發表的著作，從知識分享及團隊合作等兩個構面來論述知識管理的運作情形，首先將一個組織的知識分享區分為個人知識分享、團體知識分享，而組織的團隊合作程度則區分為高度互動、低度互動；根據一個組織在上述兩個構面的實施情況，將組織的能力分為：創新 (innovation)、技能 (competency)、反應力 (responsiveness) 及生產力 (productivity) 等四大類，架構圖如 15.10 所示。

科尼認為一個組織的知識管理內涵如果較屬於個人知識分享及較傾向於採取高度互動的團隊合作時，則其產品及服務創新的能力表現較佳；組織如果較屬於個人知識分享及較傾向於低度互動的團體合作關係時，則員工個人專業技

能的能力表現較良好；組織如果較屬於團體知識分享及傾向高度互動的團隊合作時，則針對市場變動採取快速反應措施的反應能力表現較良好；此外，一個組織較屬於團體知識分享及較傾向於低度互動的團隊合作時，則其員工生產力的表現較佳。上述中屬於員工個人專業技能及員工生產力的良好表現相對於反應力的表現而言，對組織的價值較不具貢獻性。

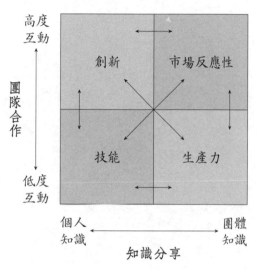

資料來源：Koenig, M. "The 1998 Conference Board Conference," *Information Today*, July/August, 1998. pp.13–14.

圖 15.10　科尼的知識管理架構

因此，一個理想的知識管理組織，應該往高知識分享程度、高團隊合作程度來努力，以獲取長期的生存發展。

㈢微軟公司的知識管理架構

微軟公司認為知識管理是處理組織文化、策略、程序及技術問題的重要機制，所以應該提供適當的誘因及工具給共享知識的員工。一個組織所從事的知識管理活動必須符合企業的實際策略競爭需求，因此，在進行知識管理時，應該就作業流程、組織結構及科技要素進行全盤考量，如圖 15.11 所示。

　⑴作業流程：一個企業所推動的知識管理相關措施，應能與組織流程並行不悖。

　　(2)組織結構：一個企業在設計組織結構時，必須將如何克服員工共享知識
　　　　的障礙及鼓勵員工發揮創新精神納入考量，以確保知識管理運作的順
　　　　暢性。

　　(3)資訊科技：知識管理推動的過程中，必須培養員工運用資訊科技進行知
　　　　識創造及分享的能力。

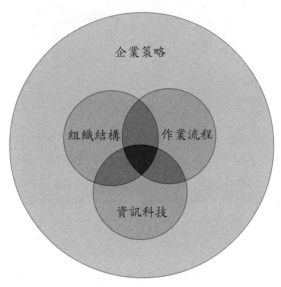

圖 15.11　微軟公司的知識管理架構

四伊爾的知識管理架構

　　伊爾 (Earl) 於 1997 年所發表的文章指出，企業為了要建構一個以知識為策
略性競爭能力的管理機制，應至少包括四個要素：知識管理系統、網路技術、
知識工作者以及學習型組織，如圖 15.12 所示。

1.知識管理系統

　　組織必須要有一個分散式的資訊搜集系統，使得各部門單位可同步獲取有
價值的工作知識與經驗，而獲取知識或經驗的來源可包括：產品、市場、經營
系統及作業程序等各方面。此外，從事知識管理時，亦要建立組織的資料庫系
統及決策支援系統，以確保相關的資料都能夠被儲存下來，並進行必要的彙整
分析作業。雖然組織係由分散式的資訊搜集系統進行資料搜集，但應該集中由

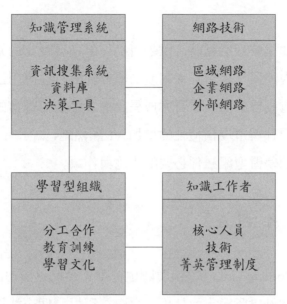

資料來源：Earl, M. J., 1997. "Knowledge as Strategy: Reflections on Skandia International and Shorko Films", *Knowledge in Organizations*, Boston: Oxford, pp. 1–16.

圖 15.12　伊爾的知識管理構成要素

特定部門單位加以整合分析與管理，以確保資料運用的廣度與有效性。

2.網路技術

網路技術的運用對於知識獲取、知識建立及知識傳播是非常重要的途徑，企業在推動知識管理過程中，運用網路技術係不可或缺的要件之一；例如利用網路交換文件、資料或訊息，而可提高企業知識管理所獲得資訊傳播的效率性與正確性。

3.知識工作者

事實上，組織內的知識工作者係一個企業推動知識管理不可或缺的要角之一；即使企業以資訊科技的投資來取代人員進行知識搜集，但知識工作者仍是公司的核心資產。一個企業為了培養組織內的知識工作者，薪資制度的設計不宜只是以員工的工作時間、生產力、產量及效率成果作為衡量的重要基礎，而應將員工所具備的專業知識及技術能力對企業未來競爭發展的貢獻與價值性納入考量，薪資的給付已經不再只是以時間、結果或努力為基礎，員工所具備的專業知識與技能水準已逐漸成為薪資支付水準的重要考量因素之一。

4. 學習型組織

　　組織在從事知識管理活動時，雖然可從外部獲得豐富的知識資產，但更重要的則在於組織內的員工是否具備高度的學習動機，並應用已獲得的寶貴知識資產；若員工沒有高度的自我學習與成長動機，縱使有豐富的知識資產亦無益於企業競爭力的提升與市場價值性的增加。很顯然地，為了有效推動知識管理，塑造企業成為一個學習型組織係必要的措施與作為。

第四節　從 A 到 A⁺

　　從 A 到 A⁺(Good to Great) 是由美國史丹佛大學柯林斯 (Jim Collins) 教授耗費五年時間的研究計畫所發表之著作，主要在探討一個企業從優秀 (A) 的經營績效躍升為卓越 (A⁺) 營運成果所具備的企業文化屬性與管理特質。根據柯林斯的研究觀點，企業要能夠從優秀進步到卓越階段所擁有的關鍵獨特因素包括：有紀律的員工、員工自發性創意思考、有紀律的行動，至於成為卓越企業的經營運作原則（參見圖 15.13）茲詳述如下：

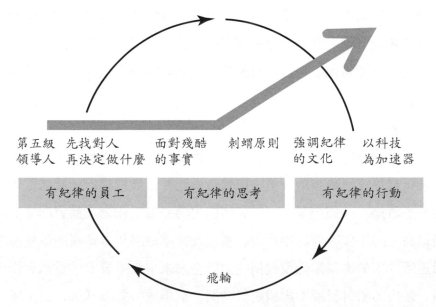

資料來源：Collins, C. J., *Good to Great: Why Some Companies Make the Leap and Others Don't*, New York: Harper Business, 2001.

圖 15.13　從 A 到 A⁺

一、企業從優秀到卓越的關鍵因素

㈠有紀律的員工

企業培養紀律性的員工係從優秀進階到卓越的首件要務；培養紀律性員工所從事的工作內容包括:「培育第五級領導人」及「先找對人，再決定做什麼」。

1.第五級領導人

柯林斯將領導能力區分為五個不同層級（如圖 15.14）；其中，第五級領導人的能力是屬於最高層次者，它具備了其他四個層級的管理特質與能力；第五級領導人較不同於其他層級的兩個特質在於具備謙沖為懷的個性及堅持專業的意志力；至於該兩個特質的內涵列舉說明如表 15.4 所示。

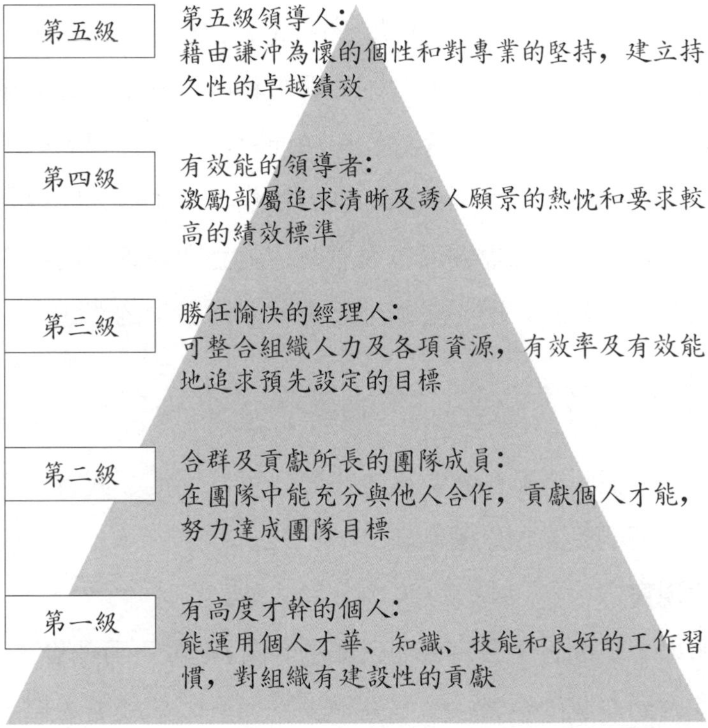

第五級	第五級領導人: 藉由謙沖為懷的個性和對專業的堅持，建立持久性的卓越績效
第四級	有效能的領導者: 激勵部屬追求清晰及誘人願景的熱忱和要求較高的績效標準
第三級	勝任愉快的經理人: 可整合組織人力及各項資源，有效率及有效能地追求預先設定的目標
第二級	合群及貢獻所長的團隊成員: 在團隊中能充分與他人合作，貢獻個人才能，努力達成團隊目標
第一級	有高度才幹的個人: 能運用個人才華、知識、技能和良好的工作習慣，對組織有建設性的貢獻

資料來源: Collins, C. J., *Good to Great: Why Some Companies Make the Leap and Others Don't*, New York: Harper Business, 2001.

圖 15.14　領導能力的五個層級

表 15.4　第五級領導人的特質內容

堅持專業的意志力	謙沖為懷的個性
• 旺盛企圖心、努力不懈及堅毅卓絕的精神	• 為人謙虛，安靜優雅及溫和低調
• 不論遭遇各種困境，皆秉持不屈不撓堅持到底的態度，盡一切努力追求長期的卓越	• 冷靜沉著而堅定：以誠懇態度及令人信服的領導能力激勵員工追求卓越
• 絕無妥協，以建立持久不墜的卓越公司為終極目標	• 一切的行事作為都是為了公司利益而非個人利益；選擇可為公司再創高峰的接班人
• 處於逆境時，通常照鏡自省，承擔所有的責任，而非向窗外指責他人及怪罪時運不佳	• 處於順境時，通常依窗子往外看，尋求更高的境界；並非照鏡自賞，往往將公司的成就歸功於同事、外在因素和幸運

資料來源：齊若蘭譯，《從 A 到 A⁺：向上提升，或向下沉淪？企業從優秀到卓越奧祕》，遠流出版社，民 91 年。

2.先找對人，再決定做什麼

推動優秀企業邁向卓越的領導人，首先必須找到對的人加入工作團隊，其次再決定「該做什麼」，理由非常簡單，如果企業找對了人，根本不太需要擔憂激勵員工和管理員工的問題，甚至於不需要嚴格的管理或強烈的誘因，員工就會有最好的表現，創造出卓越的企業。一般而言，一個從優秀到卓越的企業在決定人事問題都相當嚴謹，主要的原則性做法包括：(1)用人時只要存有疑慮，寧可暫時不錄用；(2)當感到需要改革人事時，就立即採取行動；(3)讓最優秀的人才掌握企業最大的契機，而不是讓他們去解決最嚴重的問題。

㈡員工自發性創意思考

領導者在激發員工自發性創意思考方面，可分別從「面對殘酷的現實」和「刺蝟原則」兩個觀點來加以說明。

1.面對殘酷的現實

領導者如果不能面對企業真實而殘酷的現實，則較不可能做出正確的決策，因此所有從優秀到卓越的企業，都是先從誠實面對眼前殘酷的現實開始；當領導者能夠客觀、坦誠及深入的釐清各種管理情勢時，才能採取正確的決策。因此，領導人必須塑造能夠聽到真話的企業文化，基本的做法包括：(1)鼓勵員工主動提出新做法與新觀念；(2)激發員工辯論及對話的空間，而非採取專制統治

壓縮員工創意思考；⑶事後檢討，但不責怪；⑷建立如何將所獲得的重要資訊轉變為不容忽視資訊的機制。

2.刺蝟原則

「刺蝟」是源自於「刺蝟與狐狸」的寓言故事而將領導人員分成兩種類型：刺蝟及狐狸；狐狸型的領導人詭計多端、行動敏捷、懂得許多事情，但是執行後卻前後矛盾，缺乏一致性；他總是同時追求許多不同的目標但卻皆不可得；刺蝟型的領導人單純、憨厚、只懂得一件大事，但卻能一以貫之；他通常可將所有挑戰和難題都簡化為單純及清晰的概念，並導引出一個明確的策略方向與目標，作為一切努力的依歸，這就是刺蝟原則。柯林斯發現「從優秀到卓越」的企業家通常將策略的規劃與執行要務奠基於刺蝟原則的運用。至於刺蝟原則的運作必須逐步釐清下列的經營問題：⑴你們對什麼事業充滿熱情？⑵你們在哪些方面能達到世界頂尖水準；⑶你們的經濟引擎主要靠什麼來驅動？換言之，刺蝟原則並非想盡辦法將企業的各方面才能皆達到頂尖的地步，而是深入瞭解自己的核心專長所在，依此來設定目標與策略，並將之發揮到最好的境界，而能成為世界頂尖的水準。

㈢有紀律的行動

一個從優秀到卓越的企業員工與體制運作特質，通常擁有高度的行動紀律性，並透過「強調紀律的文化」和「以科技為加速器」兩個觀點來加以推動。

1.強調紀律的文化

從優秀到卓越的企業，通常都能建立明確及一致的制度，並在該制度下賦予員工充分的決策自由權和責任，而企業裡的第五級領導者也會建立起能長治久安的企業文化，並網羅能充分自律而不需多費心管理的員工，因此企業能將更多心力花在管理制度而非管理員工。在此文化與管理制度下，員工都能採取紀律的一致性行動配合公司的主要策略目標；同時，嚴格遵守「刺蝟原則」，只選擇專長的領域盡情發揮所長而能從優秀躍升為卓越。

2.以科技為加速器

從優秀到卓越的企業並不把科技視為升級啟動器，而是作為加速器，他們

並不以科技創新來啟動轉型的變革，而是掌握符合刺蝟原則，精挑細選出符合競爭利基的專長技術；一旦企業開始展露突破環境的契機時，若能將刺蝟原則充分運用於技術策略的抉擇時，通常可成為產業界科技應用的先鋒。

二、飛輪效應

若從粗淺的觀點角度而言，往往視優秀到卓越的企業轉型過程好像極具戲劇化及革命性，但事實上從優秀到卓越的轉型通常都是一連串的漸進過程，並非可單靠一次的好運或奇蹟而可獲致成功，而是先厚植實力，然後才突飛猛進，就如同推動一個巨大的飛輪一般，剛開始要費很大的力氣才能啟動，但初期只要持續朝一致的方向推動，經過累積足夠的動能之後，就會有所突破而快速飛馳並邁向卓越之途。

個案研討：台積電的知識管理

一、台積電簡介

台灣積體電路公司（以下簡稱台積電）創立於 1985 年，係目前國內最大的半導體廠商，員工人數約 15,000 人，營運項目主要為：極大型與超大型積體電路晶圓製造、晶圓針測、包裝與測試、光罩製作及設計支援服務，2003 年度營業額約為新臺幣 2,019 億元，稅前純益約達 510 億，廠房遍佈新竹科學園區、臺南科學園區、美國華盛頓州及新加坡等地；並於美國加州聖荷西市、荷蘭阿姆斯特丹及日本橫濱皆設有行銷及工程支援辦公室；該公司的經營理念（通常暱稱為台積電十誡）：

(1)堅持高度職業道德。

(2)專注於「專業積體電路製造服務」本業。

(3)放眼世界市場，國際化經營。

(4)注意長期策略，追求永續經營。

(5)客戶是我們的夥伴。

(6)品質是工作與服務的原則。

(7)鼓勵各方面創新，以確保企業活力。

(8)營造具挑戰性、有樂趣的工作環境。

(9)建立開放性管理模式。

(10)兼顧員工福利與股東權益，盡力回饋社會。

當競爭環境對速度的要求愈來愈劇烈時，台積電內部也不斷地在加強各種速度能力，當一般廠商的交貨週期為8～10週時，台積電卻只要4～6週，此所代表的真正意義，正是一般外人只聚焦於張忠謀的光環下，而經常忽略的台積電核心競爭優勢之一：優異的知識管理能力。

二、台積電學習文化

台積電的知識管理及學習風氣之所以如此盛行，與領導者張忠謀董事長的高度重視有相當大的關連性，張忠謀係以「願景、文化、策略」三塊磐石推砌成台積電的經營理念，所有拜訪台積電的賓客，皆可在台積電的接待處隨手取得台積電十誡的簡介。張忠謀認為，一個企業領導人最重要的任務就是明確的願景，並鼓勵員工不斷創新與成長，塑造一個學習型組織的環境。台積電之所以能夠不斷累積組織知識，主要在於張忠謀積極引導台積電人一定要熱愛學習，使台積電成為一個學習型組織。

張忠謀常言：「公司在成長，你不能成長，會使你的存在成為公司的麻煩 (trouble)」，這使台積電每位員工都有必須不斷學習的危機意識。他認為一個公司不能光靠優厚的待遇留住人才，最重要的是還要讓員工有學習發展的機會，他才會願意留下來，否則當員工的價值一

直在折舊時，必定無法久留公司。

三、標竿學習風氣

　　台積電的員工每天透過工作及閱讀書籍的過程中挖掘出最好的作業方式及專業知識，並隨時將學到的新技術與方法運用於日常的工作任務上。縱使公司內的高階主管亦同樣抱持積極學習的精神與態度，不但積極鼓勵員工學習創新,並且能夠很容易的接受新觀念與新做法。每當張忠謀閱覽到良好的文章時，都會隨時拿出來與同仁共享，其他的高階主管也常透過午餐時間與同仁分享學習到的新知識，使得分享知識與學習成長的風氣散布在台積電公司的每一個角落。

　　台積電公司內部的標竿學習也頻頻上演；譬如某個工廠的設備操作達到最好的效能，相關人員必定記錄下產生良好的設定條件及解決方案以供其他廠學習，各個工廠每天也都會由廠長召開生產會議，討論工廠前一天發生的各種問題，並將解決問題的方案列入會議記錄，再分門別類歸到各個相關的檔案，並由公司的檔案中心專門列管，供公司內其他人員參閱，以避免再發生同樣的錯誤與問題。

四、台積電的知識管理機制

　　基於台積電組織的運作規模漸趨龐大，每日所面對的各種經營問題日益複雜化，為了累積公司營運過程中產生的資訊，並轉化成寶貴的知識，台積電利用資訊技術和網際網路科技，並建構下列的知識管理機制：

㈠聰明複製

　　台積電利用「中央檔案」(central team) 的概念來進行各種專業知識的聰明複製，譬如公司興建完成一座新的晶圓廠後，即可利用興建過程所產生的各種建廠資訊，轉換成興建另一座晶圓廠的建廠知識。

此外，台積電積極建立各種教戰手冊；譬如購買一套新設備經測試通過後，立即編製完成該設備的使用教戰手冊，教導員工如何操作新設備與運用新技術，提醒員工上機操作可能遭遇的技術問題，及事先預防與事後解決之道；換言之，將過去擁有的寶貴知識進行傳承，使新進技術人員能迅速上機操作新設備，亦可作為現在技術人員進行設備功能改善的重要參考依據。

即使一般行政事務會議及股東會，也都進行知識的聰明複製；例如台積電的股東大會該如何開，每位員工要負責什麼事，每年開完會所討論的結果都列入公司的文件檔案中，並且不斷地自動更新員工的各種工作手冊及作業標準。為了落實知識管理機制的推動，台積電要求每一位員工將自己的工作經驗加以記錄、編碼及儲存，並將員工與別人分享經驗的成效納入人事考核的重要項目之一。

㈡資訊科技角色

資訊科技在台積電做好知識管理中，扮演著重要的支援角色；台積電的資訊科技部門積極規劃以電腦處理員工的例行性工作事務，而人員只需解決電腦無法取代的事務，如：決策、規劃等；譬如該公司技術人員不用整日守在自動化的機器旁，當機械設備因故停機時，電腦會自動通知技術人員身上的呼叫器及值班人員前往瞭解機器狀況。

㈢實現虛擬工廠

資訊科技的運用讓整個台積電的製程透明化，客戶可以透過網際網路，直接連接台積電的生產工廠，及時瞭解生產的狀況與進度。任何一個客戶只要透過電腦直接向台積電下訂單後，台積電的電腦系統就會自動確認及回覆客戶，並同時通知訂單多久可以出貨；客戶也可以直接在線上反映不同的意見與需求，透過網際網路直接登錄到台積電的客戶資料庫，公司內的任何人皆無權刪除反映的資料，這種網際網路運用的及時性與便利性，讓遠在歐美的客戶感覺到台積電就像在

自家隔壁，而願意讓台積電進行代工業務。

㈣知識累積

台積電各部門的人員在工作過程中無時無刻都不斷的累積新知識，內容包括公司的專利、發明、客戶檔案、新的製程技術知識、新的作業方法及營業祕密等；譬如該公司的業務人員與兩位企業客戶的代表人進行接觸洽談後，必須將上述會談人員的職位、對市場的未來發展觀點及台積電必須提供的協助等事項皆列入業務洽談報告 (contact report)，並建置於公司的客戶資料庫中；因此，在台積電客戶服務部的資料中可立即查詢到客戶的訂單類別、型號、交易問題點及解決方法等相關資訊。

當台積電的新進人員到公司時，都會指派一個資深員工負責教導與協助；例如工廠的資深人員會花兩天的時間教導新人如何使用機器，並安排上課；而新進員工也必須花費大量的時間閱讀已編碼及儲存的知識庫。此外，每個月台積電的高階主管會定期開會與員工共同溫習舊知識及學習新知識，並且定期檢討工廠所發生的重大事件，討論如何避免再度發生及如何解決，藉由討論的結果來累積新知識及適度的更新原先建立的知識內容。

五、研討題綱

1. 請討論台積電公司如何建立知識管理機制。
2. 請討論學習型組織對於知識管理機制的推動有何助益性。
3. 請討論台積電公司成功推動知識管理的關鍵因素為何。

個案主要參考資料來源

1. 台積電企業網站：http://www.tsmc.com/chinese/default.htm
2. 網路流傳文章，〈台積電的知識管理〉，http://www.bliayad.org/articles/

pages/0315.htm

3. 尤克強，《知識管理與創新》，天下文化，民 90 年。

4. 莊素玉、張玉文等，《張忠謀與台積電的知識管理》，遠見出版社，民 89 年。

5. 許龍君，《台灣世界級企業家領導風範》，智庫文化，民 93 年。

參考資料

● 中文部分

1. 尤克強，《知識管理與創新》，天下文化，民 90 年。

2. 王力行、刁明芳，〈執行力大帥，統領鴻海〉，《遠見雜誌》，民 92 年，五月號。

3. 朱道凱譯，《平衡計分卡——資訊時代的策略管理工具》，臉譜文化，民 88 年。

4. 吳琬瑜，〈專訪施振榮——E 世代組織變革〉，《CHEERS 雜誌》，民 89 年，七月號。

5. 狄英，〈王永慶談經營管理要合理〉，《天下雜誌》，第 3 期，民 70 年，頁 30。

6. 官振萱，〈理律敵人不在三十億，在向心力〉，《天下雜誌》，第 301 期，民 93 年。

7. 林宜諄，〈聯強國際——網路串通供應鏈〉，《天下雜誌》，第 203 期，民 88 年。

8. 林益發，〈資訊通路業第一巨人〉，《商業週刊》，民 87 年，十月號，頁 36–55。

9. 柴松林，〈企業的社會責任〉，《彰銀資料》，第 48 期，第 4 卷，民 88 年，頁 1–4。

10. 高聖凱，〈趨勢科技超國界經營〉，《遠見雜誌》，第 212 期，民 93 年。

11. 張戍誼、張殿文、盧智芳，《三千萬傳奇——郭台銘的鴻海帝國》，天下雜誌，民 92 年。

12. 張明正、陳怡蓁，《擋不住的趨勢》，天下文化，民 92 年。

13. 張殿文，〈奇美董事長許文龍——做世界第一幸福的人〉，《天下雜誌》，第 282 期，民 92 年。

14. 莊素玉，《嚴凱泰反敗為勝》，天下雜誌，民 87 年。

15. 莊素玉、張玉文等，《張忠謀與台積電的知識管理》，遠見出版社，民 89 年。

16. 莊素玉等，《許文龍與奇美實業的利潤池管理》，天下遠見，民 89 年。

17. 許龍君，《台灣世界級企業家領導風範》，智庫文化，民 93 年。

18. 郭晉彰，《不停駛的驛馬——聯強國際的通路霸業》，商訊文化，民 89 年。

19. 郭泰，《王永慶的管理鐵鎚》，遠流出版社，民 75 年。

20. 陳之俊，〈封面故事——陳長文：我們不甘心〉，《遠見雜誌》，第 210 期，民 92 年。

21. 曾振盛、柯志哲，《推動品管圈活動績效之探討——以中華電信公司為例》，中山人管所，民 88 年。

22. 游育蓁，〈用教育訓練擦亮麥當勞的金色拱門〉，《管理雜誌》，第 300 期，民 87 年。，

23. 齊若蘭譯，《從 A 到 A⁺：向上升升，或向下沉淪？企業從優秀到卓越奧秘》，遠流出版社，民 91 年。

24. 劉玉珍，《鋼鐵風雲——王鍾渝的中鋼歲月》，天下文化，民 91 年。

25. 鄭淑芳，〈電腦資訊的專業通路經營者〉，《能力雜誌》，第 500 期，民 86 年，頁 102–107。

26. 韓定國譯，《麥當勞經營策略——現代化餐飲的成功秘訣》，卓越出版，民 75 年。

27. 顏振國，《麥當勞傳奇——成功者背後奮鬥事蹟》，大步文化，民 92 年。

● 英文部分

1. Adams, J. S., "Inequity in Social Exchange", *Advances in Experimental Social Psychology* (ed.), L Berkowitz, New York: Academic Press, 1965, pp.267–300.

2. Blake, R. R. and J. S. Mouton, *The Managerial Grid*, Houston: Gulf Publishing, 1964.

3. Bossidy, L. and R. Charan, *Execution: the discipline of getting things done*, New York: Crown Business, 2002.

4. Burns, T. and G. Stalker, *The Management of Innovation*, London: Tavistock Institute, 1961.

5. Chang, S. C., N. P. Lin, C. L. Wea, and C. Sheu, "Aligning Manufacturing Capabilities with Business Strategy: An Empirical Study in High Tech. Industry," *International Journal of Technology Management*, 24 (1), 2002a, pp. 70–87.

6. Chang, S. C., N. P., Lin, and C. Sheu, "Aligning Manufacturing Flexibility with Environmental Uncertainty: Evidence From High-Technology Component Manufactures in Taiwan," *International Journal of Production Research*. 40(18), 2002b, pp. 4765–4780.

7. Collins, C. J., *Good to great: why some companies make the leap...and others don't*, New York: Harper Business,2001.

8. Conger, J. A. and R. N. Kanungo, *Charismatic Leadership*, San Francisco: Jossey-Bass, 1988, pp. 91.

9. Deming W. E., and T. N. Grice "An Efficient Procedure for Audit of Accounts Receivable; Additional Gains, Over and Above Those Attributable to the More Conventional Approaches," *Management Accounting*, 51(9), Mar 1970, pp. 17–22.

10. Deming, W. E., "Improvement of Quality and Productivity Through Action by Management," *National Productivity Review*, Winter 1981–1982, pp. 12–22.

11. Dodge, H. F., and H. G. Roming, *Sampling inspection tables: single and double sampling*, 2nd ed., New York: John Wiley, 1959.

12. Drucker, P. F., *Post-Capitalist Society*, New York: Harper Collins, 1993.

13. Earl, M. J., "Knowledge as Strategy: Reflections on Skandia International and Shorko Films,"

Knowledge in Organizations, Boston: Oxford, 1997, pp. 1–16.

14. Fayol, H., *Industrial and General Administration*, Pitman Publishing Ltd., 1971.

15. Feigenbaum, A. V., *Total Quality Control: Engineering and Management*, 2nd ed., New York: McGraw-Hill, 1983.

16. Fielder, F. E., *A Theory of Leadership Effectiveness*, New York: McGraw-Hill, 1967.

17. Gantt, H. L., *Work, wages, and profits*, Bristol: Thoemmes Press , 1913.

18. Gary, H. and C. K. Prahalad, "Strategic Intent," *Harvard Business Review*, 67(3), 1989, pp. 63–78.

19. Gilbreth, F. B., *Motion Study*, New York: Nostrand, 1911.

20. Greniner, L. E., "Evoluation and Revolution as Organizations Grow" *Harvard Business Review*, 76(3), 1998, pp. 55–67.

21. Hackman, J. R. and G. R. Oldham, "Motivation Through the Design of Work-Test of a Theory," *Organizational Behavior and Human Performance*, 16(2), Aug. 1976, pp. 250.

22. Hackman, J. R. and G. R. Oldham, "Motivation Through the Design of Work: Test of a Theory," *Organizational Behavior and Human Performance*, Aug. 1976, pp. 79–250.

23. Hamel, G. and C. K. Prahalad, "Strategic Intent," *Harvard Business Review*, May-June, 1989, pp. 63–76.

24. Hersey, P., and K. H. Blanchard, "So You Want to Know Your Leadership Style?," Training and Development Journal, Feb. 1974, pp.1–15.

25. Herzberg, F., B. Mausener, and B. Snyderman, *The Motivation to Work*, New York: Wiley, 1959.

26. House, R. J., "A Path-Goal Theory of Leader Effectiveness," *Administrative Science Quarterly*, Sep. 1971, pp. 321–338.

27. Ishikawa, K., *The Economic Control of Quality of Manufactured Product*, D. Van Nostrand Co., 1931.

28. Juran, J. M., *Quality Control Handbook*, 3rd ed., McGraw-Hill, New York, 1974: 2–2.

29. Juran, J. M., "Japanese and Western Quality: A Contrast," *Quality Progress*, 11, 1978, 10–18.

30. Juran, J. M., "Product Quality: A Prescription for The West, Part I," *Management Review*, 70(6), 1981, 8–14.

31. Juran, J. M., and F. M. Gryna, *Quality Planning and Analysis*. New York: McGraw-Hill, 1980.

32. Kaplan, R. S. and D. P. Norton, "Using the Balance Scorecard and a Strategic Management System", *Harvard Business Review*, 74(1), Jan.-Feb. 1996, pp.75–85.

33. Kast, F. E. and J. E. Rosenzweig, *Experiential exercises and cases in management*, New York: Mc-

Graw-Hill, 1976.

34. Katz, R. L., "Skills of an Effective Administrator," *Harvard Business Review*, Sep.–Oct. 1974, pp. 90–102.

35. Knapp, E. M., "Knowledge management," *Business and Economic Review*, 44(4), 1998, pp. 3–6.

36. Koening, M., "The 1998 Conference Board Conference," *Information Today*, July–Aug., 1998, pp. 13–14.

37. Koontz, H., *The Management Theory Jungle, Academy of Management Journal*, 1961, pp. 174–178

38. Krajewski, L. J. and L. P. Ritzman, *Operations Management: Strategy and Analysis*, 5th ed., Addison-Wesley, 1999.

39. Lawrence, P. R. and J. W., Lorsch, *Organization and Environment: Managing Differentiation and Integration*, Irwin, Homewood, Illinois, 1969.

40. Lewin, K., D. K. Adams, and K. E. Zener, *A dynamic theory of personality selected papers*, New York: McGraw-Hill, 1935.

41. Lewin, K., *Field Theory in Social Science*, New York: Harper and Row, 1951.

42. Lieberman, M. B. and D. B. Montgomery, "First-Mover Advantage," *Strategic Management Journal*, 9, Summer 1988, pp. 41–58.

43. Likert, R. and S. P. Hayes, *Some Applications of Behavioural Research*, 1957.

44. Mansfield, E., Schwartz, M., and Wagner, S., "Imitation Costs and Patents: An Empirical Study," *Economical Journal*, 91, Dec. 1981, pp. 907–918.

45. March, J. G., and H. A. Simon, *Organizations*, New York: John Weley and Sons, 1958.

46. Marquardt, M. J., *Building the Learning rganization*, McGraw-Hill, 1996.

47. Maslow, A. H., *Motivation and Personality*, New York: Harper & Row, 1954.

48. Mayo, E., *The Human Problems of an Industrial Civilizatio*, MA: Harvard University Graduate School of Business Administration, 1946.

49. McClelland, D. C., The Achieving Society, New York: Van Nostrand Reinbold, 1961.

50. McGregor, D., *The Human Side of Enterprise*, New York: McGraw-Hill, 1960, pp. 33–48.

51. McNamara, R. S., *In retrospect: the tragedy and lessons of Vietnam*, New York: Times Books, 1995.

52. Miles, R. E. and C. C. Snow, *Organizational Strategy, Structure, and Process*, McGraw-Hills, 1978.

53. Mintzberg, H., *Structuring if Fives: Designing, Effective Organizations*, Englewood Cliffs, N. J. Prentice-Hall, 1983.

54. Mintzberg, H., *The Nature of Managerial Work*, New York: Haper & Row, 1973, pp. 93–94.

55. Mintzberg, H., *The Structuring of Organizations*, Englewood Cliffs, N. J. Prentice-Hall, 1979.

56. Mooney, J. D., *The principles of organization*, New York: Harper & Brothers, 1939.

57. Nonaka, I., and H. Takeuchi, *The knowledge-creating company*, New York: Oxford University Press, 1995.

58. Ouchi, W. C., *Theory Z*, MA: Addison-Wesley, 1981.

59. Paolill, J. G., "The Manager's Self Assessments of Managerial Roles: Small vs. Large Firms," *American Tourul of Small Business*, Jan.–Mar., 1984, pp. 61–62.

60. Pareto, V., *Cours d' Economic Politique*, Lausanne, Paris, 1897.

61. Paul Hersey and Kenneth Blanchard, *Management of Organizational Behavior: Utilizing Huaman Resource,* , 4th ed., Englewood Cliffs, N. J.: Prentice-Hall, 1982.

62. Perrow, C., *Organizational Analysis: A Sociological View*, Belmont, Calif: Wdasworth, 1970.

63. Porter, M. E., *Competitive Advantage: Creating and Sustaining Performance*, New York ： The Free Press, 1985.

64. Porter, M. E., *Competitive Strategy: Technique for Analyzing Industries and Competitor*, New York: The Free Press, 1980.

65. Ralph M. Stogdill and Alvin E. Coons, eds., *Leader Behavior: Its Description and Measurement*, Research Monograph No.88, Columbus: Ohio State University, Bureau of Business Research, 1951.

66. Robbins, S. P., *Fundamentals of Management*, Englewood Cliffs, N. J. Prentice-Hall International, 1995.

67. Senge, P. M., *The Fifth Discipline: The Art & Practice of The Learing Organization*, New York: Doubleday Dell Publishing, 1990a.

68. Senge, P. M., *The Leader's New Work: Building Learing Organization*, Sloan Management Review, 32(1), 1990b, pp. 7–23,.

69. Shewhart, W. A. and W. E. Deming, *Statistical method from the viewpoint of quality control*, Washington, D. C.: Graduate School of the Department of Agriculture, 1939.

70. Simon, H. A., *Administrative Behavior*, New York: John Wiley and Sons, 1957.

71. Stevenson, William, J. *Operations Management*, 7th, ed., Boston: Irwin/McGraw-Hill. 2002.

72. Tannenbaum, R. and W. H. Schmidt, "How to Choose a Leadership Pattern," *Harvard Business Review*, 51, May–June 1973, pp. 162–180.

73. Taylor, F. W., *The Principles of Scientific Management*, New York: Harper & Row, 1911.

74. Thompson, J. D., *Organizations in Action*, New York: McGraw-Hill, 1967.

75. Urwick, L. F., *The elements of administration*, New York, London, Harper, 1944.

76. Vroom, V. H. and P. W., Yetton, *Leadersip and Decsion Making*, Pittsburgh: University of Pittsburgh Press, 1973.

77. Vroom, V. H., *Work and Motivation*, New York: Wiley, 1964.

78. Weber, M., *Theory of Social and Economic Organization*, trans. J. Parsons, New york: Free Press, 1947.

79. Woodward, J., *Industrial Organization: Theory and Practice*, London: Oxford University Press, 1965.

● 網站部分

1. 中國信託商業銀行網站：http://www.chinatrustgroup.com.tw/

2. 中國鋼鐵公司網站：http://www.csc.com.tw/index.html

3. 中華電信企業網站：http://www.cht.com.tw/

4. 台塑企業集團網站：http://www.fpg.com.tw/

5. 台積電企業網站：http://www.tsmc.com/chinese/default.htm

6. 台灣麥當勞網站：http://www.mcdonalds.com.tw/

7. 台灣經貿網，〈成功品牌經驗分享：轉型成功——宏碁用品牌打造江山〉。http://www.taiwantrade.com.tw/tpt/sreport/brand10.htm

8. 宏碁集團網站：http://global.acer.com/t_chinese/about/company.htm

9. 李永正，〈迎戰戴爾，宏碁祭出「三個一、三個多」〉，《e 天下雜誌》，2003 年 5 月。http://www.techvantage.com.tw/content/029/029050.asp

10. 李驊芳，〈溝通高手，鋼鐵般領導——王鍾渝〉，中國生產力中心網站。http://www.cpcnets.com.tw/A05/USER/ASP/A05_1.asp

11. 和記黃埔有限公司新聞稿。http://www.irasia.com/listco/hk/hutchison/newsflash/cn030801.htm

12. 奇美企業集團網站：http://www.chimei.com.tw/

13. 屈臣氏企業網站：http://www.watsons.com.tw/CHINESE_PAGE/About.htm

14. 長榮企業集團網站：http://www.evergreen.com.tw/

15. 張殿文，〈宏碁——要分才會拼，要合才會贏〉，《e 天下雜誌》，2001 年 9 月。http://www.techvantage.com.tw/content/009/009036.asp

16. 理律法律事務所網站：http://www.leeandli.com/

17. 楊雅民,〈藥妝連鎖店龍頭土洋對決〉,自由時報電子新聞網。http://www.libertytimes.com.tw/2004 /new/mar/15/today—e6.htm

18. 裕隆汽車公司網站: http://www.yulon—motor.com.tw/intro/index.jsp

19. 熊毅晰,〈中國信託「最賺錢銀行」的秘密〉,《e 天下雜誌》, 2004 年 3 月。http://www.techvan-tage.com.tw/content/039/039036.asp

20. 熊毅晰,〈中國信託「感謝篇」廣告幕後——挑戰「金控」的祕密武器〉,《e 天下雜誌》, 2002 年 4 月。 http://www.techvantage.com.tw/content/016/016182.asp

21. 熊毅晰,〈從宏碁獨立後,緯創如何力用中國?〉,《e 天下雜誌》, 2003 年 4 月。http://www.tech-vantage.com.tw/content/028/028092.asp

22. 網路流傳文章,〈台積電的知識管理〉, http://www.bliayad.org/articles/pages/0315.htm

23. 聯強 e 城市網站: http://www.synnex.com.tw/

24. 趨勢公司網站: http://www.trendmicro.com/tw/about/overview.htm

25. 鴻海企業集團網站: http://www.foxconn.com.tw/

經濟學　　王銘正／著

　　作者大量利用實務印證與鮮活例子，使讀者可以清楚了解本書所要介紹的內容。在全球金融整合程度日益升高之際，國際金融知識也愈顯重要，因此本書也用了較多的篇幅介紹「國際金融」知識，並利用相關理論說明臺灣與日本的「泡沫經濟」，以及「亞洲金融風暴」。本書也在各章的開頭列舉該章的學習重點，有助於讀者一開始便對每一章的內容建立起基本概念，並提供讀者在複習時自我檢視學習成果。

生產與作業管理　　潘俊明／著

　　本書取材豐富，多所比較東、西方不同的營運管理概念及作法。本書第四版中再次充實國內外此一領域的新課題，內容更完整。書中文字深入淺出，相關討論分門別類且兼具理論與實務，適合作為各學習階段之教科書。「生產與作業管理」課程內容豐富，本書已將此一學門所有重要課題包括在內，章節之編排有條有理，可協助讀者瞭解本學門中各重要課題之起源、發展、相關專有名詞、常見問題與討論，以及可用之模型、決策思潮與方法等，並可藉以建立讀者的管理思想體系及管理能力。

國際企業管理　　陳弘信／著

　　想知道通用汽車如何打破障礙勇闖中國大陸市場？友訊科技如何妥善利用國際人才走出臺灣邁向國際？鴻海集團如何利用國際資本市場幫助自己全球化？如果你的競爭對手是 Wal-Mart 你該怎麼辦？本書不只告訴你知識，更要你懂得自己思考。國際企業經營管理涉及層面廣且深，有鑑於此，本書綜合各領域，歸納成國際經濟與環境、國際金融市場、國際經營與策略、國際營運管理四大範疇說明。在內容編排上，每章都附有架構圖，並列有學習重點；另外配合實務個案以及章末的個案問題與討論，讓讀者運用所學，進行邏輯思考與運用。